金融科技
FINANCIAL TECHNOLOGY SERIES

大数据与人工智能系列

现代密码学

郑志勇 / 著

MODERN CRYPTOGRAPHY

中国人民大学出版社
·北京·

图书在版编目（CIP）数据

现代密码学／郑志勇著. -- 北京：中国人民大学出版社，2022. 1
（大数据与人工智能系列）
ISBN 978-7-300-30136-5

Ⅰ. ①现… Ⅱ. ①郑… Ⅲ. ①密码学 Ⅳ. ①TN918. 1

中国版本图书馆 CIP 数据核字（2021）第 279013 号

大数据与人工智能系列
现代密码学
郑志勇　著
Xiandai Mimaxue

出版发行	中国人民大学出版社		
社　址	北京中关村大街 31 号	邮政编码	100080
电　话	010－62511242（总编室）		010－62511770（质管部）
	010－82501766（邮购部）		010－62514148（门市部）
	010－62515195（发行公司）		010－62515275（盗版举报）
网　址	http://www.crup.com.cn		
经　销	新华书店		
印　刷	北京密兴印刷有限公司		
规　格	185 mm×260 mm　16 开本	版　次	2022 年 1 月第 1 版
印　张	19. 5 插页 1	印　次	2022 年 1 月第 1 次印刷
字　数	425000	定　价	48. 00 元

前言

我组织了几届密码学讨论班, 同学们普遍反映: 密码不需要多少数学, 计算机语言和计算机的工作环境其实更为重要. 后来, 我检视了几本国内外通用的密码学教材, 情况果真如此. 这些教材面向工科学生, 目的是培养密码工程师. 为数学系的学生和理科研究生撰写一本理论密码学教材, 系统讲授密码系统的统计特征、密码算法的计算复杂性理论以及各种加密解密算法的数学原理, 是我编写本书的初衷.

随着新一代数字技术的高速发展, 我国已全面进入信息化、网络化与智能化时代. 密码学在信息化时代不仅是国家安全的基石, 也是保护人民财产安全、个人隐私及个人尊严的一把利剑. 我国在创建网络空间安全一级学科之后, 又设立了安全学一级学科, 特别是 2019 年 10 月 26 日, 我国正式颁布了《中华人民共和国密码法》, 针对一门学科专门制定一部法律, 这在全世界都是不多见的. 最近中央明确要求，要培养我国自己的密码学专门人才. 可见密码学的学科建设以及人才培育已提升到国家安全的高度, 成为国家重大的战略需求. 撰写一本密码学理论方面的教材, 以培养我国自己的密码学家, 这是我编写本书的最终原因.

密码是一门古老的技艺, 自从有了人类, 就有了密码. 比如，人类在战争中使用的通信手段, 特殊人群所使用的记号和约定都可归诸密码技艺范畴, 其中著名的凯撒密码堪称古代密码的代表工作. 几千年来, 密码作为一门技术, 凭借的是个人的聪明才智和匠心独著, 间或零碎地使用一些数学思想和方法, 这种密码工匠时代自从伟大的美国数学家 M. 香农问世之后才有了根本性的改变.

1948 年和 1949 年, 香农在贝尔实验室的技术通报上接连发表了两篇划时代的论文. 在第一篇论文中香农建立了通信的数学理论, 运用概率论方法建立了信息的随机度量, 从而奠定了现代信息论的基础; 在第二篇论文中香农建立了密码的信息学原理, 把数学中的概率统计原理系统引入密码结构和密码分析之中, 把古老的密码技术从艺术变成了科学. 因此, 人们不仅称香农为现代信息论之父, 也称之为现代密码学之父.

古老的密码技艺经历了从密码工匠时代到密码科学时代的巨变之后, 1976 年又迎来了第二次历史性的飞跃 —— 对称密码时代转变为公钥密码时代. 1976 年斯坦福大学的两位学者 W. 迪菲与 M. 赫尔曼在 *IEEE Transactions on Information Theory* 杂志上发表了有关非对称密码体制的开创性论文, 从此进入公钥密码时代. 公钥密码与数学深度的交叉和融合使密码学成为数学的一个不可分割的学科分支. 公钥密码的时代特征是把密码从少数几个用户变成大众消费产品, 极大地提高了密码的使用效率和社会价值. 如今消息认证、身份验证、数字签名以及数字货币和区块链架构中广泛使用的是非对称密码体制, 这是经典密码所不能替代的.

本书以香农的信息理论为背景系统介绍密码的信息学原理、统计特征、计算复杂性理论, 重点讲述公钥密码的三大主流算法 —— RSA、离散对数以及椭圆曲线密码体制的数学原理, 力争做到 "知其然, 也知其所以然", 为新的密码设计、密码分析和密码攻击打下坚实的理论基础.

基于格理论的密码体制是后量子密码的代表性技术, 学术界公认这一类密码是可以抗击量子计算攻击的. 目前, 有关格密码的理论和技术还没有进入大学教材, 各种成果和介绍散见于最近二十年来的国内外研究论文中. 本书的最大特色是对格密码的理论和技术做了系统的简化和梳理, 使之成为高年级大学生和密码学研究生的课堂教材, 对加速培养我国现代密码学人才将起到重要的推动作用.

本书要求读者有较好的代数学、数论以及概率统计学的基础, 适合数学专业高年级学生选修、密码学专业以及理工科研究生必修, 也可作为从事密码学研究和密码工程的科研工作人员的主要参考用书.

本书的主要内容曾在讨论班上讲授, 我的博士研究生洪子巍、陈曼、许洁、张铭沛等以及黄文林副教授、田昆博士等对本书的内容都提出了很多有益的建议和帮助, 特别是陈曼同学在文字打印和校对上付出了大量时间和精力, 在此, 我向他们致以深深的感谢!

郑志勇

于中国人民大学

目录

第一章 预备知识 …… 1

1.1 单映射 …… 1
1.2 计算复杂性 …… 2
1.3 詹森不等式 …… 8
1.4 斯特林公式 …… 10
1.5 n 重伯努利试验 …… 12
1.6 切比雪夫不等式 …… 15
1.7 随机过程 …… 22
习题 1 …… 25
参考文献 1 …… 27

第二章 码论基础 …… 28

2.1 汉明距离 …… 29
2.2 线性码 …… 36
2.3 Lee 距离 …… 42
2.4 一些典型码 …… 45
2.5 香农定理 …… 62
习题 2 …… 71
参考文献 2 …… 73

第三章 香农理论 …… 76

3.1 信息空间 …… 76
3.2 联合熵、条件熵、互信息量 …… 81

3.3 冗余度 …… 87
3.4 马氏链 …… 93
3.5 信源编码定理 …… 97
3.6 最优码理论 …… 103
3.7 压缩编码的几个例子 …… 111
3.8 信道编码定理 …… 115
习题 3 …… 126
参考文献 3 …… 127

第四章 密码系统与认证系统 …… 129

4.1 密码系统的定义及统计特征 …… 129
4.2 完全保密系统 …… 133
4.3 理想保密系统 …… 135
4.4 消息认证 …… 138
4.5 伪造攻击 …… 139
4.6 代替攻击 …… 141
4.7 基础算法 …… 145
习题 4 …… 162
参考文献 4 …… 164

第五章 素数测试 …… 167

5.1 费马测试 …… 167
5.2 欧拉测试 …… 171
5.3 蒙特卡罗方法 …… 181
5.4 费马分解与因子基方法 …… 184
5.5 连分数方法 …… 188
习题 5 …… 192
参考文献 5 …… 193

第六章 椭圆曲线 …… 195

6.1 基础理论 …… 195
6.2 椭圆曲线公钥密码系统 …… 201
6.3 椭圆曲线因子分解 …… 207
习题 6 …… 212

参考文献 6 · · · 213

第七章 格密码 · · · 214

7.1 数的几何 · · · 214
7.2 格的基本性质 · · · 223
7.3 整格与 q 元格 · · · 236
7.4 缩减基 · · · 242
7.5 SVP 与 CVP 的逼近 · · · 250
7.6 GGH/HNF 密码 · · · 260
7.7 NTRU 密码 · · · 270
7.8 McEliece/Niederreiter 密码 · · · 283
7.9 Ajtai/Dwork 密码 · · · 291
习题 7 · · · 296
参考文献 7 · · · 297

参考文献 · · · 299

第一章

预备知识

现代密码学与信息论是数学中发展非常迅速的一个分支, 几乎所有的数学知识, 如代数学、几何学、分析学、概率统计都在信息理论中有非常重要的应用. 特别是一些现代数学理论如代数几何、椭圆曲线、遍历论等在编码与密码中的作用越来越凸显. 可以说信息理论是应用面广、交叉性强、最富有活力的一个现代数学分支. 本章需要读者具备分析学、代数学、数论以及概率统计方面的初步知识.

1.1 单映射

令 σ 为两个非空集合 A 到 B 的一个映射, 记为 $A \xrightarrow{\sigma} B$. 通常集合之间的映射可分为三类: 单映射、满映射和 $1-1$ 对应.

定义 1.1 令 σ 为两个非空集合 $A \to B$ 的一个映射, 我们定义

(i) $a, b \in A$, 如果 $a \neq b \Rightarrow \sigma(a) \neq \sigma(b)$, 则称 σ 为 $A \to B$ 的一个单映射, 简称为单映射.

(ii) 如果任意的 $b \in B$, 存在一个 $a \in A \Rightarrow \sigma(a) = b$, 则称 σ 为 $A \to B$ 的一个满映射.

(iii) 如果 $A \xrightarrow{\sigma} B$ 既为单映射又是满映射, 则称 σ 为 $A \to B$ 的一个 $1-1$ 对应.

(iv) 我们以 1_A 表示 $A \to A$ 的恒等映射, 定义为

$$1_A(a) = a, \forall a \in A.$$

(v) 假设 $A \xrightarrow{\sigma} B \xrightarrow{\tau} C$ 为两个映射, 定义 τ 与 σ 的乘积映射 $\tau\sigma : A \to C$, 定义为

$$\tau\sigma(a) = \tau(\sigma(a)), \ \forall a \in A.$$

显然, 两个映射的乘积没有交换性, 但有如下结合律.

性质 1.1 令 $A \xrightarrow{\sigma} B \xrightarrow{\tau} C \xrightarrow{\delta} D$ 为三个映射, 则我们有

$$(\delta \cdot \tau) \cdot \sigma = \delta \cdot (\tau \cdot \sigma). \tag{1.1}$$

证明: 由定义可以直接验证. □

如果 $A \xrightarrow{\sigma} B$ 为给定的映射, 则显然有

$$\sigma 1_A = \sigma,\ 1_B \sigma = \sigma. \tag{1.2}$$

上式表明恒等映射在映射的乘积中扮演的是乘法单位的角色.

定义 1.2 (i) 假设 $A \xrightarrow{\sigma} B \xrightarrow{\tau} A$ 为两个映射, 如果 $\tau\sigma = 1_A$, 则称 τ 为 σ 的左逆映射, σ 为 τ 的右逆映射.

(ii) 令 $A \xrightarrow{\sigma} B \xrightarrow{\tau} A$, 如果 $\tau\sigma = 1_A, \sigma\tau = 1_B$, 则称 τ 为 σ 的逆映射. 记为 $\tau = \sigma^{-1}$.

集合之间的单映射、满映射以及 $1-1$ 对应这三类映射的本质性可数学刻画为下述引理.

引理 1.1 (i) 如果 $A \xrightarrow{\sigma} B$ 有逆映射 $B \xrightarrow{\tau} A$ 存在, 即 $\sigma\tau = 1_B$ 及 $\tau\sigma = 1_A$, 则 τ 是唯一存在的 (所以记为 $\tau = \sigma^{-1}$).

(ii) $A \xrightarrow{\sigma} B$ 为单映射的充要条件是 σ 有左逆映射 $B \xrightarrow{\tau} A$ 存在, 即 $\tau\sigma = 1_A$.

(iii) $A \xrightarrow{\sigma} B$ 为满映射的充要条件是 σ 有右逆映射 $B \xrightarrow{\tau} A$ 存在, 即 $\sigma\tau = 1_B$.

(iv) $A \xrightarrow{\sigma} B$ 为 $1-1$ 对应的充要条件是 σ 有逆映射 τ 存在, 而且 τ 为唯一的.

证明: 我们先证 (i). 令 $B \xrightarrow{\tau_1} A$ 及 $B \xrightarrow{\tau_2} A$ 为 σ 的两个逆映射, 则有

$$\tau_1\sigma = 1_A, \tau_2\sigma = 1_A, \quad 以及\ \sigma\tau_1 = 1_B, \sigma\tau_2 = 1_B,$$

因此由式 (1.2), 我们有

$$\tau_1 = \tau_1 1_B = \tau_1(\sigma\tau_2) = (\tau_1\sigma)\tau_2 = 1_A\tau_2 = \tau_2,$$

所以如果 σ 有逆映射存在, 则这个逆映射是唯一的.

为证 (ii), 我们注意到如果 σ 有左逆映射 τ 存在, 即 $\tau\sigma = 1_A$, 则 σ 一定为单映射, 因为如果 $a, b \in A, a \neq b$, 那么我们有 $\sigma(a) \neq \sigma(b)$. 原因是如果 $\sigma(a) = \sigma(b) \Rightarrow \tau(\sigma(a)) = \tau(\sigma(b)) \Rightarrow a = b$, 与 $a \neq b$ 矛盾. 反过来, 如果 $A \xrightarrow{\sigma} B$ 为单映射, 则对 $\sigma(A) \subset B$ 中的元素 $\sigma(a) \in \sigma(A)$, 令 $\tau(\sigma(a)) = a$, 对差集合 $B\backslash\sigma(A)$ 中的元素随意安排一个像, 则有 $B \xrightarrow{\tau} A$ 满足 $\tau\sigma = 1_A$. 同理我们可以证明 (iii) 与 (iv), 引理证毕. □

在很多信息论的书中, 常常把单映射和 $1-1$ 对应混淆, 但在数学上它们是两个不同的概念, 这一点需引起注意.

1.2 计算复杂性

在二进制计算机运算环境下, 一个算法的计算复杂性是依据比特运算的次数来进行度量的. 比特 (bit) 为 "binary digit" 的缩写, 是基本的信息量, 一个比特代表二进制的一个位

数，两个比特代表二进制的个位与十位两个位数，那么什么是“比特运算”呢?

要准确理解“比特运算”，我们需从实数的 b 进制表达开始. 令 $b>1$ 为一个正整数，任意的非负实数 x 均可以唯一地展开成如下几何级数:

$$\begin{aligned} x &= \sum_{-\infty<i\leqslant k-1} d_i b^i \\ &= d_{k-1}b^{k-1}+d_{k-2}b^{k-2}+\cdots+d_1 b+d_0+\sum_{i=1}^{+\infty} d_{-i}b^{-i}, \end{aligned} \tag{1.3}$$

其中 $\forall\ d_i$ 满足 $0\leqslant d_i<b$. 所以可把 x 表示成

$$x=(d_{k-1}d_{k-2}\cdots d_0 d_{-1}d_{-2}\cdots)_b, \tag{1.4}$$

其中 $(d_{k-1}d_{k-2}\cdots d_0)_b$ 称为 b 进制整数，$(0.d_{-1}d_{-2}\cdots)_b$ 称为 b 进制小数，且

$$x=(d_{k-1}d_{k-2}\cdots d_0)_b+(0.d_{-1}d_{-2}\cdots)_b. \tag{1.5}$$

如果 $b=2$，则 $x=(d_{k-1}d_{k-2}\cdots d_0 d_{-1}\cdots)_2$ 称为 x 的二进制表示. 如果 $b=10$，则记

$$\begin{aligned} x &= (d_{k-1}d_{k-2}\cdots d_1 d_0 d_{-1}d_{-2}\cdots)_{10} \\ &= d_{k-1}d_{k-2}\cdots d_1 d_0.d_{-1}d_{-2}\cdots, \end{aligned} \tag{1.6}$$

就是我们习惯的十进制表达. 值得注意的是，在任何进制下整数与整数是一一对应的，小数与小数是一一对应. 比如说十进制下的整数对应二进制下的整数，十进制下的小数对应二进制下的小数. 换言之，实数轴上 $(0,1)$ 区间的实数与二进制下 $(0,1)$ 区间的小数是一一对应的. 需要注意，我们常常忽视二进制小数，实际上它在压缩编码中是各种算术码，比如香农 (Shannon) 码的主要技术支撑.

现在我们看在十进制下一个正整数 n 的 b 进制表达. 令

$$n=(d_{k-1}d_{k-2}\cdots d_1 d_0)_b, 0\leqslant d_i<b, d_{k-1}\neq 0,$$

称 k 为 n 的 b 进制位数.

引理 2.1 正整数 n 的 b 进制位数 k 可依如下公式计算:

$$k=[\log_b n]+1, \tag{1.7}$$

其中 $[x]$ 表示不大于 x 的最大整数.

证明: 因为 $d_{k-1}\neq 0$，所以有 $b^{k-1}\leqslant n<b^k$，也就是

$$k-1\leqslant \log_b n<k,$$

上式左边有 $k-1\leqslant[\log_b n]$，上式右边有 $[\log_b n]+1\leqslant k$，合起来则有

$$k=[\log_b n]+1.$$

引理 2.1 成立. □

下面我们来看 b 进制下的加法运算. 为简单起见, 我们考察二进制下的两个正整数相加. 令 $n=(1111000)_2$, $m=(11110)_2$, 则 $n+m=1111000+0011110=10010110$, 即 $n+m=(10010110)_2$. 相同位上的数字相加实际上包含了如下五项内容 (或操作):

(1) 观察同一个位上的数字, 并注意是否右边的位上有进位数 (逢 2 进 1).

(2) 如果同一个位上的上下两个数字为 0, 且右边没有进位数, 则这两个数字相加结果为 0.

(3) 同一个位数上的上下两个数字都为 0, 但有一个进位数, 或者两个数字有一个为 0, 另一个为 1, 且没有进位数, 此时这个位上的两数相加为 1.

(4) 同一个位数上的两个数字有一个为 0, 另一个为 1, 且有一个进位数, 或者两个数字为 1, 没有进位数, 则相加结果为 0, 且向前放置一个进位数.

(5) 两个数字为 1, 且有一个进位数, 则相加结果为 1, 且向前放置一个进位数.

定义 2.1 一次比特运算就是在二进制加法中同一个位上的包含上述五种操作的相加运算. 假设 A 为二进制中的一个算法, 我们用 $\mathrm{Time}(A)$ 表示算法 A 中比特运算的次数, 即 $\mathrm{Time}(A)=$ 完成算法 A 所进行的比特运算的总次数.

由定义 2.1 不难推出二进制下加减法运算的比特运算次数. 令 n,m 为两个正整数, 它们的二进制表达的位数分别为 k 与 l, 则显然有

$$\mathrm{Time}(n\pm m)=\max\{k,l\}. \tag{1.8}$$

同样的道理, n 与 m 在二进制下相乘所需的比特运算的次数满足

$$\mathrm{Time}(nm)\leqslant(k+l)\cdot\min\{k,l\}\leqslant 2kl. \tag{1.9}$$

比特运算次数的估计采用数论中常用符号 "O" 是非常方便的. 如果 $f(x)$ 与 $g(x)$ 为两个实值函数, $g(x)>0$, 假设存在两个绝对常数 B 与 C 使得当 $|x|>B$ 时, 我们有

$$|f(x)|\leqslant Cg(x),\quad \text{则记 } f(x)=O(g(x)).$$

这个符号表明当 $x\to\infty$ 时, $f(x)$ 增长的阶与 $g(x)$ 是同级的. 例如, 令 $f(x)=a_dx^d+a_{d-1}x^{d-1}+\cdots+a_1x+a_0(a_d>0)$, 则显然有

$$f(x)=O(|x|^d),\quad \text{或 } f(n)=O(n^d),\ n\geqslant 1.$$

对于任意的 $\varepsilon>0$, 均显然有

$$\log n=O(n^{\varepsilon}),\ n\geqslant 1.^{*}$$

由引理 2.1, 式 (1.8) 及式 (1.9), 我们有

引理 2.2 令 n 与 m 为两个正整数, k 及 l 分别为其二进制表达的位数, 如果 $m\leqslant n$, 则有 $l\leqslant k$, 且

---

* 对数 $\log N$ 的底可以为任意实数 $b>1$. 若 $b=2$, 则为二进制对数; 若 $b=q$, 则为 q 进制对数. $\log N$ 有时也表示自然对数, 根据具体情况确定.

$$\text{Time}(n \pm m) = O(k) = O(\log n);$$

$$\text{Time}(nm) = O(kl) = O(\log n \log m);$$

$$\text{Time}\left(\frac{n}{m}\right) = O(kl) = O(\log n \log m).$$

上述引理中除法与乘法是类似的. 下面我们讨论一个二进制表达数转化成十进制表达数所需的比特运算次数, 及 $n!$ 在二进制下运算所需的比特运算次数.

引理 2.3 令 n 在二进制下的位数为 k, 则

$$\text{Time}\ (n\ \text{转化成十进制表达}) = O(k^2) = O(\log^2 n)$$

以及

$$\text{Time}\ (n!) = O(n^2k^2) = O(n^2 \log^2 n).$$

证明: 欲把 $n = (d_{k-1}d_{k-2}\cdots d_1d_0)_2$ 转化成十进制表达, 则用 n 除以 $10 = (1010)_2$, 余数为 0, 1, 10, 11, 100, 101, 110, 111, 1000 或者 1001 这 10 个二进制数中的某一个, 这 10 个数对应于 0 到 9, 记余数为 $a_0(0 \leqslant a_0 \leqslant 9)$, 把 a_0 作为 n 在十进制下的个位数. 同样地, 用商数再除以 $10 = (1010)_2$ 所得余数转化成 0 到 9 中的某个数, 作为 n 在十进制下的十位数, 如此下去, 则我们用了 $[\log_{10} n] + 1$ 次除法, 每次除法所需的比特运算为 $O(4k)$, 因此

$$\text{Time}\ (n\ \text{转化成十进制表达}) \leqslant k \cdot O(4k) = O(k^2).$$

同理我们可证 $n!$ 所需的比特运算估计. 引理 2.3 证毕. □

下面我们来推导一些常用数论算法的计算复杂性. 令 m 与 n 为两个正整数, 则存在一个非负整数 r 使得 $m \equiv r(\text{mod}\, n)$, 其中 $0 \leqslant r < n$, 称 r 为 m 在 $\text{mod}\, n$ 下的最小非负剩余, 记为 $r = m \bmod n$. 如果 $1 \leqslant m \leqslant n$, 求 n 与 m 的最大公约数 (n, m) 通常使用 Euclid 的辗转相除法. 如果 $(m, n) = 1$, 则存在一个正整数 a 使得 $ma \equiv 1(\text{mod}\, n)$, 称 a 为 m 在 $\text{mod}\, n$ 下的乘法逆. 记为 $m^{-1} \bmod n$. 由 Bezout 公式, 如果 $(n, m) = 1$, 则存在整数 x 与 y 使得 $xm + yn = 1$, 求 x 与 y 通常使用的是拓展的 Euclid 算法, 找到了 x, 实际上就计算出了 $m^{-1} \bmod n$. 在上面的定义和符号下, 我们有

引理 2.4 (i) 假设 m 与 n 为两个正整数, 则

$$\text{Time}\ (\text{计算}\ m \bmod n) = O(\log n \cdot \log m).$$

(ii) 假设 m 与 n 为两个正整数, 且 $m \leqslant n$, 则

$$\text{Time}\ (\text{计算}\ (n, m)) = O(\log^3 n).$$

(iii) 假设 m 与 n 为两个正整数, 且 $(m, n) = 1$, 则

$$\text{Time}\ (\text{计算}\ m^{-1} \bmod n) = O(\log^3 \max(n, m)).$$

(iv) 假设 n, m, b 为正整数, $b < n$, 则

$$\text{Time}\ (b^m \bmod n) = O(\log m \cdot \log^2 n).$$

证明: 求 m 在 $\bmod n$ 下的最小非负剩余 r, 实际上使用的是一次带余除法,

$$m = kn + r,\ 0 \leqslant r < n.$$

(i) 由引理 2.2 可知

$$\text{Time}\ (\text{计算}\ m \bmod n) = O(\log n \cdot \log m),$$

故 (i) 成立.

(ii) 计算 n 与 m 的最大公约数 (n, m) 所使用的 Euclid 算法, 实际上是 $O(\log_2 n)$ 次带余除法, 所以

$$\text{Time}\ (\text{计算}\ (n, m)) = O(\log^3 n).$$

(iii) 在 Euclid 算法中, 从底部往上逐推, 可以得到 x 与 y, 使得 $xm + yn = 1$, 这个逐推过程称为 Euclid 算法的拓展, 所以, 如果 $m \leqslant n$, 则

$$\text{Time}\ (\text{计算}\ m^{-1} \bmod n) = \text{Time}\ (\text{计算}(n, m)) = O(\log^3 n).$$

(iv) 为一个整数的方幂在 $\bmod n$ 下的计算复杂性, 证明方法是著名的"重复平方法". 令

$$\begin{aligned} m &= (m_{k-1} m_{k-2} \cdots m_1 m_0)_2 \\ &= m_0 + 2m_1 + 4m_2 + \cdots + 2^{k-1} m_{k-1} \end{aligned}$$

为 m 的 2 进制表示, 其中 $m_i = 0$ 或 1. 首先令 $a = 1$. 如果 $m_0 = 1$, 则以 b 代 a, 如果 $m_0 = 0$, 则保持 $a = 1$ 不变, 并令 $b_1 = b^2 \bmod n$, 此为第 1 次平方. 如果 $m_1 = 1$, 则以 $ab_1 \bmod n$ 代 a, 如果 $m_1 = 0$, 则保持 a 不变, 并令 $b_2 = b_1^2 \bmod n$, 此为第 2 次平方. 如此继续到第 j 次平方, 我们有

$$b_j \equiv b^{2^j} \bmod n.$$

我们的计算到 $(k-1)$ 次平方后终止, 此时有

$$a \equiv b^{m_0 + 2m_1 + 4m_2 + \cdots + 2^{k-1} m_{k-1}} \equiv b^m \bmod n.$$

显然, 每次平方所需的比特运算次数为 $O((\log n^2)^2) = O(\log^2 n)$. 总共有 k 次平方运算, $k = O(\log m)$. 所以 (iv) 成立. 引理证毕. □

定义 2.2 如果一个算法 f 涉及正整数 $n_1, n_2, \ldots, n_r$, 其二进制位数分别为 $k_1, k_2, \ldots, k_r$, 且存在绝对非负整数 $d_1, d_2, \ldots, d_r$ 使得

$$\text{Time}(f) = O(k_1^{d_1} k_2^{d_2} \cdots k_r^{d_r}), \tag{1.10}$$

则称算法 f 的复杂度为多项式次的, 否则称为非多项式次的.

由引理 2.2 和引理 2.3 可以看出, 正整数之间的加减乘除运算都是多项式次算法, 但 $n!$ 运算是非多项式次算法的最简单的例子. 如果不需 $n!$ 的精确值, 仅需一个近似值, 则依据斯特林 (Stirling) 公式 (见 1.4 节) 做近似计算, 我们用一个多项式项算法可以得到 $n!$ 的一个近似值. 在式 (1.10) 中如果 $d_1 = d_2 = \cdots = d_r = 0$, 则称算法 f 的复杂度是常数, 如果 $d_1 = d_2 = \cdots = d_r = 1$, 则称算法 f 的复杂度为线性的 (同理于二次、三次等). 为了刻画非多项式的算法, 我们引进指数次与亚指数次算法两个概念.

定义 2.3 假设一个算法 f 涉及正整数 n, 其二进制位数为 k, 如果

$$\mathrm{Time}(f) = O(t^{g(k)}), \tag{1.11}$$

其中 t 为大于 1 的常数, $g(k)$ 为 k 的一个多项式函数且 $\deg g \geqslant 1$, 则称 f 的计算复杂度为指数次. 如果 $g(k)$ 不是多项式函数, 而是一个比一次多项式更小的函数, 比如 $\mathrm{e}^{\sqrt{k\log k}}$, 则称 f 的计算复杂度为亚指数次的.

由上述定义我们来看 $n!$ 的计算复杂度, 令 k 为 n 的二进制位数, 由引理 2.1, 则 $n = O(2^k)$, 再由引理 2.3,

$$\mathrm{Time}(n!) = O(n^2k^2) = O(k^2 2^{2k}) = O(2^{3k}),$$

所以 $n!$ 在 2 进制下的计算复杂度为指数次的. 这也是指数次算法的一个最简单的例子.

比特算法不仅可以定义计算复杂度, 也可以刻画计算机的运行速度与计算机运行的时间复杂度. 所谓计算机的运行速度是指该台计算机在单位时间 (比如一秒或一微妙) 内所能完成的比特运算的总次数. 因此, 一个算法的计算复杂度同时也是计算的时间复杂度, 二者并没有区别. 我们可以用表 1.1 来说明, 假设一台计算机可以在 1 秒内完成 10^6 次比特运算, 在算法所输入的二进制位 $k = 10^6$ 时, 表 1.1 列出了在这台计算机上执行不同计算复杂度算法的大概运行时间.

表 1.1 不同计算复杂度算法的时间需求量级 ($k = 10^6$)

算法类型	复杂度	比特运算次数	时间
常数次的	$O(1)$	1	1 微秒
线性的	$O(k)$	10^6	1 秒
二次方的	$O(k^2)$	10^{12}	11.6 天
三次方的	$O(k^3)$	10^{18}	32 000 年
亚指数的	$O(\mathrm{e}^{\sqrt{k\log k}})$	约 $1.8\times 10^{1\,618}$	$6\times 10^{1\,604}$年
指数次的	$O(2^k)$	$10^{301\,030}$	$3\times 10^{301\,016}$年

注意到 1 年 $\approx 3\times 10^7$ 秒, 宇宙的年龄约为 10^{10} 年, 则当二进制位数 k 比较大时, 计算复杂度为指数次的或亚指数次的算法在计算机上实际上是不可能完成的, 因此提高计算机的运行速度是解决问题的唯一途径.

计算复杂度常常用来刻画问题的复杂度, 因为在计算机的硬件条件（比如计算速度、储存容量）不变的情况下, 计算复杂度也是时间复杂度. 目前算法的计算复杂度都是定义

在一种称为图灵机 (Turing Machine) 模型上的. 图灵机是一种具有无限读写能力的有限状态机, 如果每一步操作结果和下一步操作内容都是唯一确定的, 则这样的图灵机被称为确定性图灵机. 因此, 一个多项式次算法的确定性是指在确定性图灵机上完成.

定义 2.4 如果一个问题在确定性图灵机上可以用多项式次算法求解, 则称这个问题是 P 类问题. P 类问题常常称为易处理问题. 如果一个问题在不确定性图灵机上可以用多项式次算法求解, 则称这个问题为 NP 类问题.

由定义知, P 类问题肯定是 NP 类问题, 因为在确定性图灵机上可以多项式求解, 则在非确定性图灵机上也可以用多项式次算法求解. 反过来 NP 类问题是否严格大于 P 类问题? 这是理论计算机领域没有解决的公开问题, 既没有严格的证明, 也没有反例说明一个在非确定性图灵机上可以多项式求解的问题, 在确定性图灵机上不能用多项式次算法求解. 普遍猜测 P 类与 NP 类问题是不等价的, 这个观点也是很多密码体制安全的基石.

1.3 詹森不等式

一个实值函数 $f(x)$ 在区间 (a,b) 称为一个严格上凸的函数, 如果对 $\forall x_1, x_2 \in (a,b), \lambda_1 > 0, \lambda_2 > 0, \lambda_1 + \lambda_2 = 1$, 则有

$$\lambda_1 f(x_1) + \lambda_2 f(x_2) \leqslant f(\lambda_1 x_1 + \lambda_2 x_2),$$

且等号成立当且仅当 $x_1 = x_2$. 用归纳法, 我们可以证明如下詹森 (Jensen) 不等式.

引理 3.1 如果 $f(x)$ 为 (a,b) 上严格上凸的函数, 则对任意的正整数 $n > 1$, 任意的正数 $\lambda_i (1 \leqslant i \leqslant n)$, $\lambda_1 + \lambda_2 + \cdots + \lambda_n = 1$ 以及任意的 $x_i \in (a,b) (1 \leqslant i \leqslant n)$, 我们有

$$\sum_{i=1}^{n} \lambda_i f(x_i) \leqslant f\left(\sum_{i=1}^{n} \lambda_i x_i\right), \tag{1.12}$$

等号成立当且仅当 $x_1 = x_2 = \cdots = x_n$.

证明: 用归纳法, 当 $n=1$ 和 $n=2$ 时命题显然成立. 假设命题对 $n-1$ 成立, 则当 $n>2$ 时, 令

$$x' = \frac{\lambda_1}{\lambda_1 + \lambda_2} x_1 + \frac{\lambda_2}{\lambda_1 + \lambda_2} x_2,$$

可以看出 $x' \in (a,b)$ 且 $(\lambda_1 + \lambda_2) x' = \lambda_1 x_1 + \lambda_2 x_2$, 因此

$$\begin{aligned}
\sum_{i=1}^{n} \lambda_i f(x_i) &= \lambda_1 f(x_1) + \lambda_2 f(x_2) + \sum_{i=3}^{n} \lambda_i f(x_i) \\
&\leqslant (\lambda_1 + \lambda_2) f(x') + \sum_{i=3}^{n} \lambda_i f(x_i) \\
&\leqslant f(\lambda_1 x_1 + \lambda_2 x_2 + \cdots + \lambda_n x_n).
\end{aligned}$$

我们有命题对 n 成立. 从而不等式 (1.12) 成立. □

由数学分析知识可知, $f(x)$ 在区间 (a,b) 上称为一个严格上凸函数的充要条件是 $f''(x)<0$. 取 $f(x)=\log_2 x$, 则 $f''(x)=\dfrac{-1}{x^2\ln 2}$, 从而 $\log_2 x$ 在 $(0,+\infty)$ 区间上为严格上凸函数, 由詹森不等式, 我们有如下不等式.

引理 3.2 令 $g(x)$ 为正值函数, 即 $g(x)>0$, 则对任意的正数 $\lambda_i(1\leqslant i\leqslant n)$, $\lambda_1+\lambda_2+\cdots+\lambda_n=1$, 以及任意的 $a_1,a_2,\ldots,a_n$, 我们有

$$\sum_{i=1}^{n}\lambda_i\log g(a_i)\leqslant\log\sum_{i=1}^{n}\lambda_i g(a_i),\tag{1.13}$$

等号成立当且仅当 $g(a_1)=g(a_2)=\cdots=g(a_n)$.

证明: 因为 $\log x$ 为严格上凸函数, 令 $x_i=g(a_i)$, 则 $x_i\in(0,+\infty)(1\leqslant i\leqslant n)$, 由詹森不等式

$$\begin{aligned}\sum_{i=1}^{n}\lambda_i\log g(a_i)&=\sum_{i=1}^{n}\lambda_i\log x_i\\&\leqslant\log\left(\sum_{i=1}^{n}\lambda_i x_i\right)\\&=\log\left(\sum_{i=1}^{n}\lambda_i g(a_i)\right).\end{aligned}$$

所以引理成立. □

一个实值函数 $f(x)$ 在区间 (a,b) 上称为一个严格下凸的函数, 如果对 $\forall\, x_1,x_2\in(a,b),\lambda_1>0,\lambda_2>0,\lambda_1+\lambda_2=1$, 有

$$f(\lambda_1x_1+\lambda_2x_2)\leqslant\lambda_1f(x_1)+\lambda_2f(x_2),$$

等号成立当且仅当 $x_1=x_2$. 由归纳法我们可以证明如下的一般不等式.

引理 3.3 如果 $f(x)$ 在区间 (a,b) 称为一个严格下凸的函数, 则对任意的正整数 $n\geqslant 2$, 任意的正数 $\lambda_i(1\leqslant i\leqslant n)$, $\lambda_1+\lambda_2+\cdots+\lambda_n=1$ 以及任意的 $x_i\in(a,b)(1\leqslant i\leqslant n)$, 我们有

$$f\left(\sum_{i=1}^{n}\lambda_i x_i\right)\leqslant\sum_{i=1}^{n}\lambda_i f(x_i),\tag{1.14}$$

等号成立当且仅当 $x_1=x_2=\cdots=x_n$.

我们知道, $f(x)$ 在区间 (a,b) 严格下凸的充要条件是 $f''(x)>0$. 令 $f(x)=x\log_2 x$, 则 $f''(x)=\dfrac{1}{x\ln 2}>0$, 当 $x\in(0,+\infty)$ 时, 我们有如下对数型不等式:

引理 3.4 如果 $a_1,a_2,\ldots,a_n$ 及 $b_1,b_2,\ldots,b_n$ 为两组正数, 则有

$$\sum_{i=1}^{n} a_i \log \frac{a_i}{b_i} \geqslant \left(\sum_{i=1}^{n} a_i\right) \log \frac{\sum\limits_{i=1}^{n} a_i}{\sum\limits_{i=1}^{n} b_i}. \tag{1.15}$$

证明: 因为 $f(x) = x\log x$ 为严格下凸函数, 由引理 3.3, 我们有

$$f\left(\sum_{i=1}^{n} \lambda_i x_i\right) \leqslant \sum_{i=1}^{n} \lambda_i f(x_i),$$

其中 $\sum\limits_{i=1}^{n} \lambda_i = 1$. 取 $\lambda_i = \dfrac{b_i}{\sum\limits_{j=1}^{n} b_j}, x_i = \dfrac{a_i}{b_i}$, 则

$$\frac{1}{\sum\limits_{j=1}^{n} b_j} \left(\sum_{i=1}^{n} a_i\right) \log \frac{\sum\limits_{i=1}^{n} a_i}{\sum\limits_{i=1}^{n} b_i} \leqslant \sum_{i=1}^{n} \frac{a_i}{\sum\limits_{j=1}^{n} b_j} \log \frac{a_i}{b_i},$$

两边同时消去 $\sum\limits_{j=1}^{n} b_j$, 则有

$$\left(\sum_{i=1}^{n} a_i\right) \log \frac{\sum\limits_{i=1}^{n} a_i}{\sum\limits_{i=1}^{n} b_i} \leqslant \sum_{i=1}^{n} a_i \log \frac{a_i}{b_i},$$

从而式 (1.15) 成立. □

上式称为对数和不等式, 在信息论中会经常用到.

1.4 斯特林公式

在数论中, 利用欧拉求和公式可以得到一些算术函数的平均渐近公式, 其中最重要的是如下的斯特林 (Stirling) 公式. 对一切实数 $x \geqslant 1$, 我们有

$$\sum_{1 \leqslant m \leqslant x} \log m = x\log x - x + O(\log x), \tag{1.16}$$

其中 O 常数是绝对常数. 取 $x = n \geqslant 1$ 为正整数, 则有斯特林公式

$$\log n! = n\log n - n + O(\log n). \tag{1.17}$$

在数论中, 斯特林公式以下面更为精确的形式出现,

$$n! \approx \sqrt{2\pi n}\left(\frac{n}{\mathrm{e}}\right)^n$$

或

$$\lim_{n\to\infty}\frac{n!}{\sqrt{2\pi n}\left(\frac{n}{\mathrm{e}}\right)^n}=1.$$

引理 4.1 令 $0\leqslant m\leqslant n, n, m$ 为非负整数, $\binom{n}{m}$ 为组合数, 则

$$\binom{n}{m}\leqslant\frac{n^n}{m^m(n-m)^{n-m}}.\tag{1.18}$$

证明:

$$n^n=(m+(n-m))^n\geqslant\binom{n}{m}m^m(n-m)^{n-m},$$

我们立即有式 (1.18). □

我们定义如下的二进制熵函数 $H(x)(0\leqslant x\leqslant 1)$.

$$H(x)=\begin{cases}0, & \text{如果 } x=0.\\ -x\log x-(1-x)\log(1-x), & \text{如果 } 0<x\leqslant 1.\end{cases}\tag{1.19}$$

显然 $H(x)=H(1-x)$. 所以我们只要考虑 $0\leqslant x\leqslant\frac{1}{2}$ 时的情况即可.$H(x)$ 为二进制信息空间 (见 3.1 节例 5) 的信息熵, 见图 1.1 的图像描述:

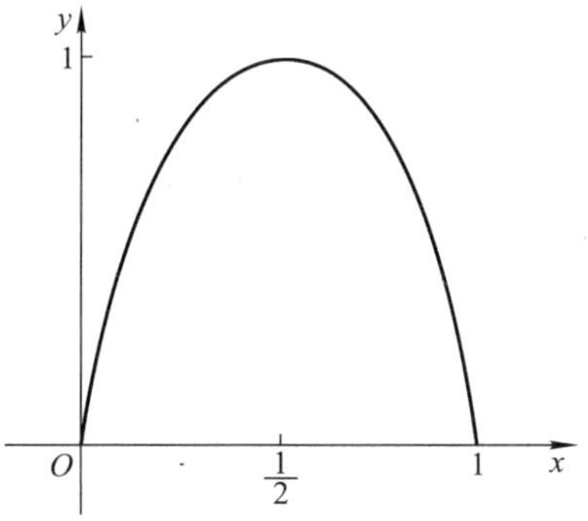

图 1.1

引理 4.2 令 $0\leqslant\lambda\leqslant\frac{1}{2}$, 则我们有

(i) $\displaystyle\sum_{0\leqslant i\leqslant\lambda n}\binom{n}{i}\leqslant 2^{nH(\lambda)}$.

(ii) $\displaystyle\log\sum_{0\leqslant i\leqslant\lambda n}\binom{n}{i}\leqslant nH(\lambda)$.

(iii) $\displaystyle\lim_{n\to\infty}\frac{1}{n}\log\sum_{0\leqslant i\leqslant\lambda n}\binom{n}{i}=H(\lambda)$.

证明: 我们首先证明 (i), (ii) 可以直接由 (i) 取对数得到.

$$\begin{aligned}1=(\lambda+(1-\lambda))^n &\geqslant \sum_{0\leqslant i\leqslant \lambda n}\binom{n}{i}\lambda^i(1-\lambda)^{n-i}\\&=\sum_{0\leqslant i\leqslant \lambda n}\binom{n}{i}(1-\lambda)^n\left(\frac{\lambda}{1-\lambda}\right)^i\\&\geqslant \sum_{0\leqslant i\leqslant \lambda n}\binom{n}{i}(1-\lambda)^n\left(\frac{\lambda}{1-\lambda}\right)^{\lambda n}\\&=2^{-nH(\lambda)}\sum_{0\leqslant i\leqslant \lambda n}\binom{n}{i}.\end{aligned}$$

为了证明 (iii), 我们写 $m=[\lambda n]=\lambda n+O(1)$, 由 (ii) 有

$$\frac{1}{n}\log\sum_{0\leqslant i\leqslant \lambda n}\binom{n}{i}\leqslant H(\lambda).$$

另外,

$$\begin{aligned}\frac{1}{n}\log\sum_{0\leqslant i\leqslant \lambda n}\binom{n}{i}&\geqslant \frac{1}{n}\log\binom{n}{m}\\&=\frac{1}{n}\{\log n!-\log m!-\log(n-m)!\}.\end{aligned}$$

由斯特林公式 (1.17), 我们有

$$\log n!-\log m!-\log(n-m)!=n\log n-m\log m-(n-m)\log(n-m)+O(\log n).$$

所以有

$$\begin{aligned}\frac{1}{n}\log\sum_{0\leqslant i\leqslant \lambda n}\binom{n}{i}&\geqslant \log n-\lambda\log\lambda n-(1-\lambda)\log n(1-\lambda)+O\left(\frac{\log n}{n}\right)\\&=-\lambda\log\lambda-(1-\lambda)\log(1-\lambda)+O\left(\frac{\log n}{n}\right)\\&=H(\lambda)+O\left(\frac{\log n}{n}\right).\end{aligned}$$

最后我们有

$$\lim_{n\to\infty}\frac{1}{n}\log\sum_{0\leqslant i\leqslant \lambda n}\binom{n}{i}=H(\lambda).$$

引理 4.2 成立. □

1.5 n 重伯努利试验

在一个给定的概率空间中, 假设 x 为一个随机事件, y 为一个随机事件, 我们以 $p(x)$ 记事件 x 发生的概率, 以 $p(xy)$ 记 x 与 y 联合发生的概率, 而以 $p(x|y)$ 表示 x 在事件 y 发生的条件下发生的概率 (称为条件概率). 显然有如下乘法公式:

$$p(xy) = p(y)p(x|y). \tag{1.20}$$

对于两个事件 x 与 y, 如果 $p(xy)=0$, 则称 x 与 y 是不相容的; 如果 $p(xy)=p(x)p(y)$, 则称两个事件是独立的或彼此独立的.

一个有限的事件集合 $\{x_1, x_2, \ldots, x_n\}$ 称为完备事件组, 如果

$$\sum_{i=1}^{n} p(x_i) = 1, \text{ 且当 } i \neq j \text{ 时}, p(x_i y_j) = 0. \tag{1.21}$$

在一个完备事件组中, 我们可以恒假定 $0 < p(x_i) \leqslant 1 (1 \leqslant i \leqslant n)$.

全概率公式: 如果 $\{x_1, x_2, \ldots, x_n\}$ 为一个完备事件组, y 为任意的随机事件, 则我们有

$$p(y) = \sum_{i=1}^{n} p(yx_i) \tag{1.22}$$

以及

$$p(y) = \sum_{i=1}^{n} p(x_i)p(y|x_i). \tag{1.23}$$

引理 5.1 设 $\{x_1, x_2, \ldots, x_n\}$ 为完备事件组, 则事件 y 能且只能与某一个 x_i 同时发生, 于是对于任意的 i, $1 \leqslant i \leqslant n$, 我们有如下贝叶斯 (Bayes) 公式:

$$p(x_i|y) = \frac{p(x_i)p(y|x_i)}{\sum_{j=1}^{n} p(x_j)p(y|x_j)}, \quad 1 \leqslant i \leqslant n. \tag{1.24}$$

证明: 由乘积公式 (1.20) 有

$$p(x_i y) = p(y)p(x_i|y) = p(x_i)p(y|x_i).$$

则有

$$p(x_i|y) = \frac{p(x_i)p(y|x_i)}{p(y)}.$$

再由全概率公式 (1.23) 可知

$$p(x_i|y) = \frac{p(x_i)p(y|x_i)}{\sum_{j=1}^{n} p(x_j)p(y|x_j)}, \quad 1 \leqslant i \leqslant n,$$

从而贝叶斯公式 (1.24) 得证. □

现在我们讨论 n 重伯努利试验. 在统计测试中, 只有两个可能结果的试验称为伯努利试验, 把满足如下约定的 n 次伯努利试验称为 n 重伯努利试验:

(1) 每次试验至多出现两个可能结果: a 或 $\bar{a}$.

(2) a 在每次试验中出现的概率 p 保持不变.

(3) 各次试验相互统计独立.

(4) 总共进行了 n 次试验.

引理 5.2 (伯努利定理) 在伯努利试验中, 事件 a 出现的概率为 p, 则在 n 重伯努利试验中 a 出现 k 次 $(0 \leqslant k \leqslant n)$ 的概率 $B(k;n,p)$ 为

$$B(k;n,p) = \binom{n}{k} p^k q^{n-k}, \quad q = 1 - p. \tag{1.25}$$

证明: 把第 i 次伯努利试验的结果记为 $x_i(x_i = a$ 或 $\bar{a})$, 那么 n 重伯努利试验形成如下联合事件 x:

$$x = x_1 x_2 \cdots x_n, \quad x_i = a \text{ 或 } \bar{a}.$$

由于试验具有独立性, 当恰好有 k 个 $x_i = a$ 时, x 的发生概率为

$$p(x) = p(x_1)p(x_2)\cdots p(x_n) = p^k q^{n-k}.$$

显然, 恰好有 k 个 $x_i = a$ 的联合事件总共 $\binom{n}{k}$ 个, 因此

$$B(k;n,p) = \binom{n}{k} p^k q^{n-k}.$$

引理 5.2 得证. □

同样的道理, 我们可以计算在多重伯努利试验中事件 a 在第 k 次才出现的概率.

引理 5.3 假设 a 与 $\bar{a}$ 为伯努利试验中两个可能出现的事件, 则在第 k 次伯努利试验中 a 首次出现的概率为 pq^{k-1}.

证明: k 重伯努利试验所形成的联合事件 $x = x_1 x_2 \cdots x_k$, 其中前 $k-1$ 个 $x_i = \bar{a}$, 而 $x_k = a$, 则

$$p(x) = p(x_1)\cdots p(x_{k-1})p(x_k) = pq^{k-1}.$$

引理成立. □

n 重伯努利试验不仅在概率统计中是最基本的概率模型, 在通信领域也是常用的工具. 下面我们以二进制信道传输的误差为例来加以说明.

例 1 (二进制信道的误差概率) 在二进制信道传输中, 一个长度为 n 的码字 x 为 n 维向量空间 $\mathbb{F}_2^n$ 中的一个向量 $x = (x_1, x_2, \ldots, x_n)$, 其中 $x_i = 0$ 或 $1 (1 \leqslant i \leqslant n)$. 为方便起见, 我们写为 $x = x_1 x_2 \cdots x_n$. 由于信道干扰的原因, 字符 0 和 1 可能在传输中出现误差, 即 0 变成 1, 1 变成 0, 设这种误差概率为 p (p 可能非常小), 而且每次传输中误差概率 p 不变. 在上述假设下, 传输长度为 n 的码字 x 可以看作 n 重伯努利试验, 则 x 在传输中出现 k 次错误 $(0 \leqslant k \leqslant n)$ 的误差概率 $B(k;n,p)$ 为

$$B(k;n,p) = \binom{n}{k} p^k q^{n-k}, \quad q = 1 - p.$$

1.6 切比雪夫不等式

我们把定义在一个概率空间中且取值为实数的变量 ξ 称为随机变量. 对于任意实数 $x \in (-\infty, +\infty)$, 定义 $p(x)$ 为随机变量 ξ 取值 x 的概率, 即

$$p(x) = P\{\xi = x\}, \tag{1.26}$$

称 $p(x)$ 为 ξ 的概率函数. 如果 ξ 仅有有限个取值或可列无限个取值, 即 ξ 的取值空间是有限多个实数或可列无限多个实数, 则称 ξ 为离散型随机变量, 否则称 ξ 为连续型随机变量. 一个随机变量 ξ 的分布函数 $F(x)$ 定义为

$$F(x) = P\{\xi \leqslant x\},\ x \in (-\infty, +\infty). \tag{1.27}$$

显然 ξ 的分布函数 $F(x)$ 定义在整个实轴 $(-\infty, +\infty)$, 为单调上升函数, 而且是右连续函数, 即 $F(x_0) = \lim\limits_{x \to x_0+0} F(x)$. 一个随机变量 ξ 的概率分布是由其分布函数 $F(x)$ 完全决定的, 实际上对任意的 x,

$$p(x) = P\{\xi = x\} = F(x) - F(x-0).$$

令 $f(x)$ 为实轴上的非负可积函数, 且

$$F(x) = \int_{-\infty}^{x} f(t)\,\mathrm{d}t, \tag{1.28}$$

称 $f(x)$ 为随机变量 ξ 的密度函数. 显然密度函数满足:

$$f(x) \geqslant 0,\ \forall x \in (-\infty, +\infty), \text{以及} \int_{-\infty}^{+\infty} f(x)\,\mathrm{d}x = 1. \tag{1.29}$$

反过来, 满足式 (1.29) 的函数 $f(x)$ 一定可以作为某一个随机变量的密度函数. 下面我们介绍几种常见的连续型随机变量及其概率分布.

1. 均匀分布 (等概分布)

一个随机变量 ξ 在区间 $[a, b]$ 上等概率取值, 称 ξ 服从均匀分布, 或称 ξ 为均匀分布的随机变量, 其密度函数为

$$f(x) = \begin{cases} \dfrac{1}{b-a}, & a \leqslant x \leqslant b. \\ 0, & \text{否则}. \end{cases}$$

其分布函数 $F(x)$ 为

$$F(x) = \begin{cases} 0, & x < a. \\ \dfrac{x-a}{b-a}, & a \leqslant x \leqslant b. \\ 1, & x > b. \end{cases}$$

2. 指数分布

随机变量 ξ 的密度函数为

$$f(x)=\begin{cases}\lambda \mathrm{e}^{-\lambda x}, & x \geqslant 0. \\ 0, & x<0.\end{cases}$$

这里 $\lambda \geqslant 0$ 为给定参数, 其分布函数为

$$F(x)=\begin{cases}1-\mathrm{e}^{-\lambda x}, & x \geqslant 0. \\ 0, & x<0.\end{cases}$$

称 ξ 为服从参数为 λ 的指数分布, 或称 ξ 为服从指数分布的随机变量.

3. 正态分布

一个连续型随机变量 ξ, 它的密度函数 $f(x)$ 定义为:

$$f(x)=\frac{1}{\sqrt{2 \pi} \sigma} \mathrm{e}^{-\frac{(x-\mu)^{2}}{2 \sigma^{2}}},\ x \in(-\infty,+\infty),$$

其中 μ 与 σ 为常数, $\sigma>0$. 称 ξ 服从参数为 μ 与 σ^{2} 的正态分布, 记为 $\xi \sim N\left(\mu, \sigma^{2}\right)$. 由泊松 (Possion) 积分

$$\int_{-\infty}^{+\infty} \mathrm{e}^{-x^{2}} \mathrm{~d} x=\sqrt{\pi},$$

不难验证

$$\int_{-\infty}^{+\infty} f(x) \mathrm{~d} x=1.$$

正态分布 $N\left(\mu, \sigma^{2}\right)$ 的分布函数 $F(x)$ 为

$$F(x)=\frac{1}{\sqrt{2 \pi} \sigma} \int_{-\infty}^{x} \mathrm{e}^{-\frac{(t-\mu)^{2}}{2 \sigma^{2}}} \mathrm{~d} t.$$

当 $\mu=0, \sigma=1$ 时, 称 $N(0,1)$ 为标准正态分布.

下面我们来定义一个随机变量 ξ 的数学期望和方差. 首先我们看一个离散型随机变量的数学期望.

(1) 令 ξ 为一个离散型随机变量, 其取值空间为 $\left\{x_{1}, x_{2}, \ldots, x_{n}, \ldots\right\}$. 令 $p\left(x_{i}\right)=P\left\{\xi=x_{i}\right\}$. 如果

$$\sum_{i=1}^{+\infty}\left|x_{i}\right| p\left(x_{i}\right)<\infty,$$

则 ξ 的数学期望 $E(\xi)$ (或期望值 $E(\xi)$) 定义为

$$E \xi=E(\xi)=\sum_{i=1}^{+\infty} x_{i} p\left(x_{i}\right). \tag{1.30}$$

(2) 令 ξ 为一个连续型随机变量, $f(x)$ 为其密度函数, 如果

$$\int_{-\infty}^{+\infty}|x| f(x) \mathrm{d} x<+\infty,$$

则 ξ 的数学期望 $E(\xi)$ 定义为

$$E\xi = E(\xi) = \int_{-\infty}^{+\infty} xf(x)\mathrm{d}x. \tag{1.31}$$

(3) 令 $h(x)$ 为一个实值函数, 则 $h(\xi)$ 也是一个随机变量, 称 $h(\xi)$ 为随机变量 ξ 的函数.$h(\xi)$ 的数学期望 $E(h(\xi))$ 记为 $E_h(\xi)$.

引理 6.1 (1) 令 ξ 为离散型随机变量, 其取值空间为 $\{x_1, x_2, \ldots, x_n, \ldots\}$, 若 $E(\xi)$ 存在, 则 $E_h(\xi)$ 也存在, 且

$$E_h(\xi) = \sum_{i=1}^{+\infty} h(x_i)\, p(x_i).$$

(2) 如果 ξ 为连续型随机变量, 若 $E(\xi)$ 存在, 则 $E_h(\xi)$ 也存在, 且

$$E_h(\xi) = \int_{-\infty}^{+\infty} h(x)f(x)\mathrm{d}x.$$

证明: (1) 令 $\eta = h(\xi)$ 的取值空间为 $\{y_1, y_2, \ldots, y_n, \ldots\}$, 则

$$P\{\eta = y_j\} = P\left(\bigcup_{\substack{i=1 \\ h(x_i)=y_j}}^{+\infty} \{\xi = x_i\}\right) = \sum_{\substack{i=1 \\ h(x_i)=y_j}}^{+\infty} P\{\xi = x_i\}.$$

由 $E(\eta)$ 的定义, 则

$$\begin{aligned}
E_h(\xi) = E(\eta) &= \sum_{j=1}^{+\infty} y_j P\{\eta = y_j\} \\
&= \sum_{j=1}^{+\infty} y_j \sum_{\substack{i=1 \\ h(x_i)=y_j}}^{+\infty} P\{\xi = x_i\} \\
&= \sum_{i=1}^{+\infty} \left(\sum_{\substack{j=1 \\ h(x_i)=y_j}}^{+\infty} y_j \right) P\{\xi = x_i\} \\
&= \sum_{i=1}^{+\infty} h(x_i)p(x_i).
\end{aligned}$$

同理可证 (2). □

关于数学期望的如下基本性质是容易证明的.

引理 6.2 (1) 如果 $\xi = c$ 为常量, 则 $E(\xi) = c$.

(2) 假设 a 与 b 为常数, 则 $E(a\xi + b\xi) = aE(\xi) + bE(\xi)$.

(3) 如果 $a \leqslant \xi \leqslant b$, 则 $a \leqslant E(\xi) \leqslant b$.

如果一个随机变量的数学期望 $E(\xi)$ 存在, 则 $(\xi - E(\xi))^2$ 也是一个随机变量 (取 $h(x) = (x-a)^2$, 其中 $a = E(\xi)$), 我们把 $h(\xi)$ 的数学期望 $E_h(\xi)$ 定义为 ξ 的方差, 记为 $D(\xi)$, 即

$$D(\xi) = E((\xi - E(\xi))^2).$$

称 $\sigma = \sqrt{D(\xi)}$ 为 ξ 的标准差. 下面是有关方差的一些基本性质.

引理 6.3 (1) $D(\xi)=E(\xi^2)-E^2(\xi)$.

(2) 如果 $\xi=a$ 为常量, 则 $D(\xi)=0$.

(3) $D(\xi+c)=D(\xi)$.

(4) $D(c\xi)=c^2D(\xi)$.

(5) 若 $c\neq E(\xi)$, 则 $D(\xi)<E((\xi-c)^2)$.

证明: (1) 可由定义知

$$\begin{aligned}D(\xi)&=E((\xi-E(\xi))^2)\\&=E(\xi^2-2\xi E(\xi)+E^2(\xi))\\&=E(\xi^2)-2(E(\xi))^2+(E(\xi))^2\\&=E(\xi^2)-(E(\xi))^2.\end{aligned}$$

(2) 为平凡的.

我们来证性质 (3). 由 (1),

$$\begin{aligned}D(\xi+c)&=E((\xi+c)^2)-(E(\xi+c))^2\\&=E(\xi^2+2c\xi+c^2)-((E(\xi))^2+2cE(\xi)+c^2)\\&=E(\xi^2)+2cE(\xi)+c^2-(E(\xi))^2-2cE(\xi)-c^2\\&=E(\xi^2)-(E(\xi))^2=D(\xi).\end{aligned}$$

性质 (4) 也可直接由 (1) 导出. 事实上,

$$\begin{aligned}D(c\xi)&=E(c^2\xi^2)-(E(c\xi))^2\\&=c^2E(\xi^2)-c^2(E(\xi))^2\\&=c^2D(\xi).\end{aligned}$$

为证 (5), 由引理 6.2, 我们注意到 $(\xi-E(\xi))$ 的数学期望值为 0, 因此若 $c\neq E(\xi)$, 由 (3) 有

$$D(\xi)=D(\xi-c)=E((\xi-c)^2)-(E(\xi-c))^2.$$

由于上式最后一项不为 0, 所以我们恒有

$$D(\xi)<E((\xi-c)^2).$$

性质 (5) 成立. 这条性质表明 $E((\xi-c)^2)$ 在 $c=E(\xi)$ 时达到最小值 $D(\xi)$. 证毕. □

下面我们给出本节的主要结果, 在数学上称为切比雪夫不等式, 这类不等式本质上是所谓矩不等式, 因为一个随机变量 ξ 的数学期望 $E(\xi)$ 是一阶原点矩, 而方差是二阶矩.

定理 1 假设 $h(x)$ 为 x 的非负实值函数, ξ 为一个随机变量, 且期望值 $E(\xi)$ 存在, 则对任意的 $\varepsilon>0$ 均有

$$P\{h(\xi) \geqslant \varepsilon\} \leqslant \frac{E_h(\xi)}{\varepsilon}, \tag{1.32}$$

以及

$$P\{h(\xi) > \varepsilon\} < \frac{E_h(\xi)}{\varepsilon}. \tag{1.33}$$

证明: 我们仅对连续型随机变量 ξ 来证明定理. 令 $f(x)$ 为 ξ 的密度函数, 则由引理 6.1,

$$\begin{aligned} E_h(\xi) &= \int_{-\infty}^{+\infty} h(x)f(x)\,\mathrm{d}x \\ &\geqslant \int_{h(x)\geqslant\varepsilon} h(x)f(x)\,\mathrm{d}x \\ &\geqslant \varepsilon \int_{h(x)\geqslant\varepsilon} f(x)\,\mathrm{d}x \\ &= \varepsilon P\{h(x) \geqslant \varepsilon\}. \end{aligned}$$

所以有式 (1.32). 同理可证式 (1.33). 定理证毕. □

在定理中以 $\xi - E(\xi)$ 代替 $h(\xi)$, 我们可以得到不同类型的切比雪夫不等式:

推论 1 (切比雪夫不等式) 如果随机变量 ξ 的方差 $D(\xi)$ 存在, 则对任意的 $\varepsilon > 0$, 我们有

$$P\{|\xi - E(\xi)| \geqslant \varepsilon\} \leqslant \frac{D(\xi)}{\varepsilon^2}. \tag{1.34}$$

证明: 在定理 1 中取 $h(\xi) = (\xi - E(\xi))^2$, 则 $|\xi - E(\xi)| \geqslant \varepsilon$ 当且仅当 $h(\xi) \geqslant \varepsilon^2$, 由定义, $E_h(\xi) = D(\xi)$. 因此

$$P\{|\xi - E(\xi)| \geqslant \varepsilon\} = P\{h(\xi) \geqslant \varepsilon^2\} \leqslant \frac{E_h(\xi)}{\varepsilon^2}.$$

推论成立. □

推论 2 (切比雪夫不等式) 假设随机变量 ξ 的期望值 $E(\xi)$ 与方差 $D(\xi)$ 都存在, 则对任意的 $k > 0$ 我们有

$$P\{|\xi - E(\xi)| \geqslant k\sqrt{D(\xi)}\} \leqslant \frac{1}{k^2}. \tag{1.35}$$

证明: 在推论 1 中取 $\varepsilon = k\sqrt{D(\xi)}$, 则

$$P\{|\xi - E(\xi)| \geqslant k\sqrt{D(\xi)}\} \leqslant \frac{D(\xi)}{k^2 D(\xi)} = \frac{1}{k^2}.$$

推论 2 成立. □

在数学中常以 μ 记期望值, 以 $\sigma = \sqrt{D(\xi)}(\sigma \geqslant 0)$ 记标准差, 即

$$\mu = E(\xi),\ \sigma = \sqrt{D(\xi)},\ \sigma \geqslant 0,$$

则推论 2 中的切比雪夫不等式可写为:

$$P\{|\xi-\mu|\geqslant k\sigma\}\leqslant\frac{1}{k^2}. \tag{1.36}$$

推论 3 (马尔可夫不等式) 如果随机变量 ξ 满足对 $k\geqslant 1$ 的正整数, $|\xi|^k$ 的期望值存在, 则

$$P\{|\xi|\geqslant\varepsilon\}\leqslant\frac{E(|\xi|^k)}{\varepsilon^k}.$$

证明: 在定理 1 中取 $h(\xi)=|\xi|^k$, 用 ε^k 代替原来的 ε, 则由定理 1 可直接推出马尔可夫不等式. 证毕. □

下面我们介绍几种常见的离散型随机变量及其概率分布, 并计算其期望与方差.

例 1 (退化分布) 一个随机变量 ξ 以概率 1 取某一个常数 a, 即 $\xi=a$, $P\{\xi=a\}=1$, 称 ξ 为退化分布. 由引理 6.2 (1) 可知, $E(\xi)=a$, 其方差 $D(\xi)=0$.

例 2 (两点分布) 一个随机变量 ξ 只有两个取值 $\{x_1,x_2\}$, 其概率分布为

$$P\{\xi=x_1\}=p,\ P\{\xi=x_2\}=1-p,\ 0<p<1.$$

称 ξ 为服从参数 p 的两点分布, 其数学期望与方差分别为

$$E(\xi)=x_1p+x_2(1-p),$$
$$D(\xi)=p(1-p)(x_1-x_2)^2.$$

特别地, 取 $x_1=1,x_2=0$, 则此两点分布的期望与方差分别为

$$E(\xi)=p,\ D(\xi)=p(1-p).$$

例 3 (等概分布) 设随机变量 ξ 有 n 个取值 $\{x_1,x_2,\ldots,x_n\}$, 且为等概分布, 即

$$P\{\xi=x_i\}=\frac{1}{n},1\leqslant i\leqslant n.$$

称 ξ 服从 n 个点 $x_1,x_2,\ldots,x_n$ 的等概分布或均匀分布. 其期望和方差分别为

$$E(\xi)=\frac{1}{n}\sum_{i=1}^{n}x_i,\ D(\xi)=\frac{1}{n}\sum_{i=1}^{n}(x_i-E(\xi))^2.$$

例 4 (二项式分布) 在 n 重伯努利试验中事件 a 发生的次数 ξ 为一个取值 0 到 n 的随机变量. 其概率分布为 (见伯努利试验)

$$P\{\xi=k\}=b(k;n,p)=\binom{n}{k}p^kq^{n-k},$$

其中 $0\leqslant k\leqslant n$, p 为事件 a 在每次试验中发生的概率. 称 ξ 为服从参数 n,p 的二项式分布, 记为 $\xi\sim b(n,p)$. 事实上, $b(k;n,p)$ 为二项式 $(p+q)^n$ 的展开式中的各项.

引理 6.4 令 $\xi\sim b(n,p)$, 则

$$E(\xi)=np,\ D(\xi)=npq,\ q=1-p.$$

证明: 由定义,

$$
\begin{aligned}
E(\xi) &= \sum_{k=0}^{n} kb(k;n,p) = \sum_{k=1}^{n} k\binom{n}{k}p^k q^{n-k} \\
&= np\sum_{k=1}^{n}\binom{n-1}{k-1}p^{k-1}q^{(n-1)-(k-1)} \\
&= np\sum_{k=0}^{n-1}\binom{n-1}{k}p^k q^{n-1-k} \\
&= np\sum_{k=0}^{n-1} b(k;n-1,p) \\
&= np.
\end{aligned}
$$

同理可以计算

$$E(\xi^2) = \sum_{k=0}^{n} k^2 b(k;n,p) = n^2p^2 + npq.$$

因此

$$D(\xi) = E(\xi^2) - (E(\xi))^2 = npq.$$

引理成立. □

引理 6.5 以 p_n 表示在 n 重伯努利试验中事件 a 出现的概率. 如果 $np_n \to \lambda$, 则我们有

$$\lim_{n\to\infty} b(k;n,p_n) = \frac{\lambda^k}{k!}\mathrm{e}^{-\lambda}.$$

证明: 记 $\lambda_n = np_n$, 则

$$
\begin{aligned}
b(k;n,p_n) &= \binom{n}{k}(p_n)^k(1-p_n)^{n-k} \\
&= \frac{n(n-1)\cdots(n-(k-1))}{k!}\left(\frac{\lambda_n}{n}\right)^k\left(1-\frac{\lambda_n}{n}\right)^{n-k} \\
&= \frac{(\lambda_n)^k}{k!}\left(1-\frac{1}{n}\right)\cdots\left(1-\frac{k-1}{n}\right)\left(1-\frac{\lambda_n}{n}\right)^{n-k}.
\end{aligned}
$$

因为对于固定的 k, 有 $\lim\limits_{n\to\infty}(\lambda_n)^k = \lambda^k$, 以及

$$\lim_{n\to\infty}\left(1-\frac{\lambda_n}{n}\right)^{n-k} = \mathrm{e}^{-\lambda},$$

还有

$$\lim_{n\to\infty}\left(1-\frac{1}{n}\right)\left(1-\frac{2}{n}\right)\cdots\left(1-\frac{k-1}{n}\right) = 1.$$

因此有

$$\lim_{n\to\infty} b(k;n,p_n) = \frac{\lambda^k}{k!}\mathrm{e}^{-\lambda}.$$

所以引理 6.5 成立. □

例 5 (泊松分布) 离散型随机变量 ξ 取值为 $0, 1, \ldots, n, \ldots$, $\lambda \geqslant 0$ 为非负实数, 如果 ξ 的概率分布为

$$P\{\xi = k\} = p(k, \lambda) = \frac{\lambda^k}{k!}\mathrm{e}^{-\lambda},$$

则称 ξ 为服从泊松分布的随机变量. 可以证明, 泊松分布 ξ 的期望与方差均为 λ. 当 p 很小时, n 重伯努利试验的随机变量 ξ_n 可以认为逼近泊松分布的 ξ. 此时概率分布函数 $b(k; n, p)$ 可以近似地用泊松分布来替代, 即

$$b(k; n, p) \approx \frac{(np)^k}{k!}\mathrm{e}^{-np}.$$

1.7 随机过程

所谓随机过程就是考虑一列相容的随机变量 $\{\xi_i\}_{i=1}^n$ 的统计特征. 我们可以用 n 维随机向量加以描述. 令 $\{\xi_i\}_{i=1}^n$ 为一个给定概率空间的 n 个相容的随机变量, 称 $\xi = (\xi_1, \xi_2, \ldots, \xi_n)$ 为该概率空间中在 $\mathbb{R}^n$ 中取值的一个 n 维随机向量.

一个随机过程或一个 n 维随机向量 $\xi = (\xi_1, \xi_2, \ldots, \xi_n)$ 是由下面联合事件的发生概率唯一决定的. 令 $A(\xi_i) \subset \mathbb{R}$ 为随机变量 ξ_i 的取值空间 $(1 \leqslant i \leqslant n)$, 则对任意的 $(x_1, x_2, \ldots, x_n) \in A(\xi_1) \times A(\xi_2) \times \cdots \times A(\xi_n) \subset \mathbb{R}^n$, 下面联合事件发生的概率记为

$$\begin{aligned} p(x_1 x_2 \cdots x_n) &= p((x_1, x_2, \ldots, x_n)) \\ &= P\{\xi_1 = x_1, \xi_2 = x_2, \ldots, \xi_n = x_n\}. \end{aligned}$$

定义 7.1 如果对任意的 $x_i \in \mathbb{R}(1 \leqslant i \leqslant n)$, 我们有

$$p(x_1 x_2 \cdots x_n) = p(x_1)p(x_2)\cdots p(x_n).$$

则称随机过程 $\{\xi_i\}_{i=1}^n$ 是统计独立的.

严格来说, 定义 7.1 中的每个实数 x_i 应属于直线上的 Borel 集, 以保证 ξ_i 生成的事件 $\{\xi_i = x_i\}$ 为给定概率空间中的事件.

同样地, 我们可以在 $\mathbb{R}^n$ 中定义一个向量函数 $F(x_1, x_2, \ldots, x_n)$ 为

$$F(x_1, x_2, \ldots, x_n) = P\{\xi_1 \leqslant x_1, \xi_2 \leqslant x_2, \ldots, \xi_n \leqslant x_n\},$$

此为随机向量 $\xi = (\xi_1, \xi_2, \ldots, \xi_n)$ 的分布函数. 其边缘分布函数为

$$F_i(x_i) = P\{\xi_i \leqslant x_i\} = F(+\infty, +\infty, \ldots, x_i, +\infty, \ldots, +\infty).$$

对于下面随机过程的有关性质, 我们不给出证明, 读者可以在经典的概率论教材中找到 (见参考文献 1 的 [9], [14], [15]).

引理 7.1 (1) 随机过程 $\{\xi_i\}_{i=1}^n$ 为统计独立的充要条件是

$$F(x_1x_2\cdots x_n)=F(x_1)F(x_2)\cdots F(x_n).$$

(2) 假设 $\{\xi_i\}_{i=1}^n$ 为统计独立的, 则对任意的实值函数 $g_i(x)$, $\{g_i(\xi_i)\}_{i=1}^n$ 也是统计独立的.

(3) 如果 ξ_i 为 n 个随机变量, 则

$$E(\xi_1+\xi_2+\cdots+\xi_n)=E(\xi_1)+E(\xi_2)+\cdots+E(\xi_n).$$

(4) 如果 $\{\xi_i\}_{i=1}^n$ 为统计独立的, 每个随机变量的期望 $E(\xi_i)$ 存在, 则随机变量 $\xi=(\xi_1,\xi_2,\ldots,\xi_n)$ 的期望存在, 且

$$E(\xi)=E(\xi_1,\xi_2,\ldots,\xi_n)=E(\xi_1)E(\xi_2)\cdots E(\xi_n).$$

定义 7.2 令 $\{\xi_i\}_{i=1}^\infty$ 为一列随机变量, ξ 为给定的随机变量, 如果对于任意的 $\xi>0$, 我们有

$$\lim_{n\to\infty}P\{|\xi_n-\xi|>\varepsilon\}=0,$$

则称 $\{\xi_n\}$ 依概率收敛于 ξ, 记为 $\xi_n\xrightarrow{P}\xi$.

显然, $\xi_n\xrightarrow{P}\xi$ 当且仅当对任意的 $\varepsilon>0$, 有

$$\lim_{n\to\infty}P\{|\xi_n-\xi|\leqslant\varepsilon\}=1.$$

如果一个事件的发生概率为 p, 则在统计测试中这个事件发生的频率逐渐逼近它的概率 p. 严格的数学陈述和证明归结为下面的伯努利大数定律.

定理 2 (伯努利大数定律) 设 μ_n 为 n 重伯努利试验中的事件 a 所发生的次数, 已知在每次试验中 a 发生的概率为 $p(0<p<1)$, 则 a 所发生的频率 $\left\{\dfrac{\mu_n}{n}\right\}$ 依概率收敛于 p, 即对任意的 $\varepsilon>0$, 均有

$$\lim_{n\to\infty}P\left\{\left|\frac{\mu_n}{n}-p\right|>\varepsilon\right\}=0.$$

证明: 把 $\dfrac{\mu_n}{n}$ 看作一个随机变量, 它的期望与方差分别为

$$E\left(\frac{\mu_n}{n}\right)=\frac{1}{n}E(\mu_n)=p$$

和

$$D\left(\frac{\mu_n}{n}\right)=\frac{1}{n^2}D(\mu_n)=\frac{pq}{n},\ q=1-p.$$

由切比雪夫不等式 (1.34), 我们有

$$P\left\{\left|\frac{\mu_n}{n}-p\right|>\varepsilon\right\}<\frac{pq}{n\varepsilon^2}.$$

则对任意给定的 $\varepsilon>0$, 我们均有

$$\lim_{n\to\infty} P\left\{\left|\frac{\mu_n}{n}-p\right|>\varepsilon\right\}=0.$$

所以伯努利大数定律成立. □

为了更好地理解伯努利大数定律, 我们可以用一个随机过程来描述. 定义

$$\xi_i=\begin{cases}1, & \text{如果在第 } i \text{ 次试验中事件 } a \text{ 发生},\\ 0, & \text{如果在第 } i \text{ 次试验中事件 } a \text{ 不发生},\end{cases}$$

则 ξ_i 服从参数为 p 的两点分布 (见 1.6 节例 2), 而且 $\{\xi_i\}_{i=1}^{+\infty}$ 为一个独立同分布的随机过程. 显然

$$\mu_n=\sum_{i=1}^{n}\xi_i,\ E(\xi_i)=p.$$

所以伯努利大数定律可以改写为:

$$\lim_{n\to\infty} P\left\{\left|\frac{1}{n}\sum_{i=1}^{n}\xi_i-\frac{1}{n}E(\sum_{i=1}^{n}\xi_i)\right|<\varepsilon\right\}=1,$$

其中 $\{\xi_i\}$ 为独立且服从参数 p 的同一个 $0-1$ 两点分布的随机变量序列. 我们不难把这个结论推广到更一般的情形.

定理 3 (切比雪夫大数定律) 设 $\{\xi_i\}_{i=1}^{+\infty}$ 为一列两两独立的随机变量, 它们的期望 $E(\xi_i)$ 及方差 $D(\xi_i)$ 均存在, 且方差有界, 即 $D(\xi_i)\leqslant C$ 对一切 $i\geqslant 1$ 成立, 则对任意的 $\varepsilon>0$, 有

$$\lim_{n\to\infty} P\left\{\left|\frac{1}{n}\sum_{i=1}^{n}\xi_i-\frac{1}{n}\sum_{i=1}^{n}E(\xi_i)\right|<\varepsilon\right\}=1.$$

证明: 由切比雪夫不等式,

$$\begin{aligned}&P\left\{\left|\frac{1}{n}\sum_{i=1}^{n}\xi_i-\frac{1}{n}E\left(\sum_{i=1}^{n}\xi_i\right)\right|\geqslant\varepsilon\right\}\\ \leqslant\ &\frac{D\left(\frac{1}{n}\sum_{i=1}^{n}\xi_i\right)}{\varepsilon^2}\\ =\ &\frac{D\left(\sum_{i=1}^{n}\xi_i\right)}{n^2\varepsilon^2}\\ =\ &\frac{1}{n^2\varepsilon^2}\sum_{i=1}^{n}D(\xi_i)\\ \leqslant\ &\frac{C}{n\varepsilon^2}.\end{aligned}$$

所以有

$$\lim_{n\to\infty} P\left\{\left|\frac{1}{n}\sum_{i=1}^{n}\xi_i - \frac{1}{n}\sum_{i=1}^{n}E(\xi_i)\right| \geqslant \varepsilon\right\} = 0.$$

即定理 3 成立. □

切比雪夫大数定律比伯努利大数定律更具一般性, 可以理解为, 对于两两独立的随机变量序列 $\{\xi_i\}$, 随机变量的算术平均值依概率收敛于其期望的算术平均值.

作为一个特例, 我们考虑一个独立同分布的随机过程 $\{\xi_i\}$, 因为有相同的概率分布, 则有相同的期望与方差.

推论 1 设 $\{\xi_i\}$ 为独立同分布的随机过程, 它们共同的期望为 μ, 方差为 σ^2, 即 $E(\xi_i) = \mu, D(\xi_i) = \sigma^2 (i = 1, 2, \ldots)$, 则我们有

$$\lim_{n\to\infty} P\left\{\left|\frac{1}{n}\sum_{i=1}^{n}\xi_i - \mu\right| < \varepsilon\right\} = 1,$$

即 $\frac{1}{n}\sum\limits_{i=1}^{n}\xi_i \xrightarrow{P} \mu$.

在上述推论中, 方差的存在性是不必要的, 辛钦证明了, 对于一个独立同分布的随机过程 $\{\xi_i\}$, 只要期望 $E(\xi_i) = \mu$ 存在, $\frac{1}{n}\sum\limits_{i=1}^{n}\xi_i$ 就依概率收敛到它的期望. 这个结论称为辛钦大数定律.

最后, 我们不加证明地陈述所谓的林德伯格 – 列维中心极限定理.

定理 4 (中心极限定理) 设 $\{\xi_i\}_{i=1}^{+\infty}$ 为独立同分布的随机过程, 期望 $E(\xi_i) = \mu$, 方差 $D(\xi_i) = \sigma^2 > 0 (i = 1, 2, \ldots)$, 则对任意实数 x, 有

$$\lim_{n\to\infty} P\left\{\frac{\sum\limits_{i=1}^{n}\xi_i - n\mu}{\sigma\sqrt{n}} \leqslant x\right\} = \frac{1}{\sqrt{2\pi}}\int_{-\infty}^{x} \mathrm{e}^{-\frac{t^2}{2}}\mathrm{d}t,$$

即随机变量的和 $\sum\limits_{i=1}^{n}\xi_i$ 的标准化变量依概率收敛于标准正态分布 $N(0,1)$.

习题 1

1. 设 A, B, C 为三个非空集合, $A \xrightarrow{\sigma} B$ 为给定的映射, τ_1 与 τ_2 为 $B \to C$ 的任意两个映射. 证明: 当且仅当 σ 为满射时 $\tau_1\sigma = \tau_2\sigma$.
2. 令 τ_1 与 τ_2 为 $A \to B$ 的任意两个映射, σ 为 $B \to C$ 给定的映射. 证明: 当且仅当 σ 为单射时, $\sigma\tau_1 = \sigma\tau_2$.
3. 假设 $A \xrightarrow{\sigma} B$ 为一个单射, $\tau : B \to A$ 为 σ 的左逆, σ 的左逆 τ 是唯一的吗?
4. 令 $A \xrightarrow{\sigma} B$ 为满射, 则 σ 的右逆是唯一的吗?
5. 假设 a, m, n 为整数, $a \geqslant 0, m \geqslant 1, n \geqslant 1$, 证明

$$(a^{2^m}+1, a^{2^n}+1) = 1 \text{ 或者 } 2.$$

从而证明波利亚 (Polya) 定理: 有无穷多个素数.

6. 正整数集上莫比乌斯 (Möbius) 函数 $\mu(n)$ 定义为

$$\mu(n) = \begin{cases} 1, & n=1, \\ 0, & n \text{ 含有平方因子}, \\ (-1)^t, & n = p_1p_2\cdots p_t, p_i \text{ 为不同的素数}. \end{cases}$$

证明莫比乌斯恒等式

$$\sum_{d|n}\mu(d) = \begin{cases} 1, & n=1, \\ 0, & n>1. \end{cases}$$

7. 假设 $\varphi(n)$ 为欧拉函数, 证明

$$\varphi(n) = n\sum_{d|n}\frac{\mu(d)}{d}.$$

8. 令 $n \geqslant 1$ 为正整数, 证明威尔逊 (Wilson) 定理: 当且仅当 n 为素数时

$$(n-1)!+1 \equiv 0 (\bmod n).$$

9. 令 n 与 b 为正整数, $n > b$, 证明 n 可以唯一地表示成如下的 b 进制数:

$$n = b_0 + b_1 b + b_2 b^2 + \cdots + b_{r-1}b^{r-1}, \text{其中 } 0 \leqslant b_i < b, r \geqslant 1.$$

$n = (b_{r-1}b_{r-2}\cdots b_1 b_0)_b$ 称为 n 的 b 进制表达, r 称为 n 的 b 进制位数.

10. 令 $f(n)$ 为正整数集上的复值函数, 证明莫比乌斯反演公式:

$$F(n) = \sum_{d|n} f(d),\ \forall n \geqslant 1 \Leftrightarrow \sum_{d|n}\mu(d)F\left(\frac{n}{d}\right),\ \forall n \geqslant 1.$$

11. 证明如下求和公式:

$$\sum_{\substack{1\leqslant r\leqslant n \\ (r,n)=1}} r = \frac{n\varphi(n)}{2}.$$

12. 证明: 有无穷多个素数 p 满足 $p \equiv -1(\bmod 6)$.
13. 解同余方程: $27x \equiv 25(\bmod 33)$.
14. 令 p 为一个素数, $n \geqslant 1$ 为正整数, 求二次同余方程 $x^2 \equiv 1(\bmod p^n)$ 的解的个数.
15. 为了减少比赛场次, 把 20 个球队分成两组, 每组 10 队进行比赛, 求最强的两队被分在同一组的概率, 以及最强的两队被分在不同组的概率.
16. (巴拿赫 (Banach) 问题) 某数学家有两盒火柴, 每一盒装有 N 根, 每次使用时, 他任在一盒中取一根, 求一盒有 k 根而另一盒已空的概率.
17. 一根长度为 l 的棍子在任意两点折断, 求得到的三段木棍能围成一个三角形的概率.
18. 设有 k 个坛子, 每一个装有 n 个球, 分别编号为 1 至 n. 今从每个坛子中任取一个球, 问

m 是所取的球的最大编号的概率.

19. 从 $1,2,3,4,5$ 这五个数中任取三个数, 再按从小到大的顺序排列, 设 X 表示中间那个数, 求 X 的概率分布.

20. 设 $F(x)$ 为一个连续型随机变量的分布函数, $a>0$, 证明

$$\int_{-\infty}^{+\infty}|F(x+a)-F(x)|\mathrm{d}x=a.$$

21. (伯努利大数定律的推广) 设 μ_n 为一列独立的伯努利试验的前 n 次试验中事件 A 发生的次数, 已知其中第 i 次试验中事件 A 发生的概率为 p_i, 试写出相应的大数定律并证明之.

参考文献 1

[1] T.M.Apostol. Introduction to Analytic Number Theory. New York, Heidelberg, Berlin: Springer-Verlag, 1976.

[2] G.H.Hardy and E.M.Wright. An Introduction to the Theory of Number. Oxford University Press, 1979.

[3] W.J.Leveque. Fundamentals of Number Theory. Addison-Wesley, 1977.

[4] R.Lidl and H.Niederreiter. Finite Fields. Addison-Wesley, 1983.

[5] J.H.van Lint. Introduction to Coding Theory. Berlin, Heidelberg, NewYork: Springer-Verlag, 1991.

[6] K.H.Rosen. Elementaty Number Theory and its Applications. Addison-Wesley, 1984.

[7] M.H.Rosen. Number Theory in Function Fields. New York, Heidelberg: Springer-Verlag, 2002.

[8] D.Spencer. Computers in Number Theory. Computer Science Press, 1982.

[9] A.Rényi. Probability Theory. North-Holland, 1970.

[10] B.L. 范德瓦尔登. 代数学 (Ⅰ). 丁石孙, 曾肯成, 郝钠新, 译. 北京, 科学出版社, 1963.

[11] B.L. 范德瓦尔登. 代数学 (Ⅱ). 曹锡华, 曾肯成, 郝钠新, 译. 北京, 科学出版社, 1976.

[12] N.Jacobson, 基础代数学 (Ⅰ). 上海师范大学数学系代数教研室, 译. 北京, 高等教育出版社, 1989.

[13] 聂灵沼, 丁石孙. 代数学引论. 北京: 高等教育出版社, 2000.

[14] 李贤平. 基础概率论. 北京: 高等教育出版社, 2010.

[15] 龙永红. 概率论与数理统计. 北京: 高等教育出版社, 2020.

第二章
码论基础

信息传输的通道简称为信道. 常用的信道包括电缆、光纤、电波传播的介质以及载波线路等, 也包括磁带、光盘等. 信道构成了社会信息跨空间、跨时间实施交互的物理条件. 除此之外, 一条社会信息, 比如各种语言信息、图片信息、数据信息等跨时空远距离交换时, 信息编码是基本的技术手段. 什么是信息编码呢? 简言之, 就是把各种社会信息数字化的过程. 数字化并非把社会信息进行简单的数字替代, 而是充满了深刻的数学原理和优美的数学技术. 比如, 用于数据压缩和储存的信源编码利用的是概率论与统计学原理, 给社会信息附加所需要的统计特征, 所以信源编码又称为随机编码或随机码. 另一类编码是用于克服信道干扰的所谓信道编码, 这类码集优美的代数学、几何学以及组合学中的各种数学技术于一身, 以期提高信息传输的准确率, 所以信道编码又称为代数组合码. 本章的主要目的是介绍用于信道编码所必需的码论基础知识, 信源编码将主要在第三章介绍.

有了信道的硬件支撑和信息编码的软件技术, 我们才能对各种社会信息实施跨时空的远距离交换, 以信道编码为例, 这个过程可以表述为示意图 2.1.

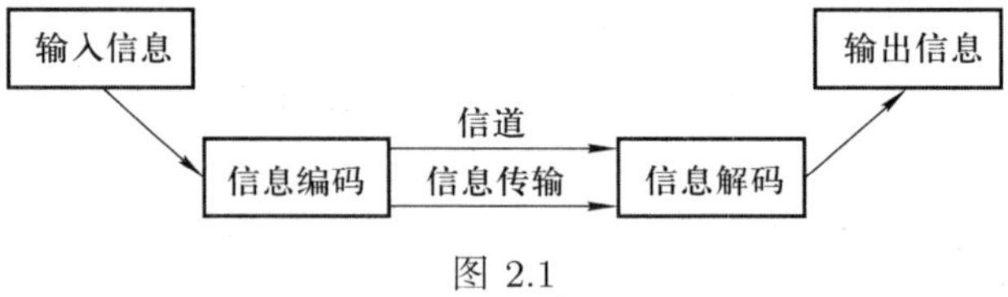

图 2.1

1948 年, 美国数学家香农在贝尔实验室的技术通报上发表了开创性论文《通信的数学原理》, 标志着电子信息时代的来临. 在这篇论文中, 香农用概率论证明了码率无限接近信道容量且传输失误概率任意小的 "好码" 是存在的 (见本章定理 10). 另外, 传输失误概率任意小的好码的码率 (传输效率) 不超过一个上界 (信道容量) (见第三章定理), 这个上界被称为香农极限, 被电子通信工程技术领域奉为金科玉律.

香农定理是存在性证明而非构造性证明. 怎样构造既能保证通信效率 (码率尽可能

大), 又能控制传输失误率的所谓 "好码" 是香农理论问世之后人们不懈的奋斗目标. 从汉明 (Hamming)、Golay 到 Elias、Goppa、Berrou 以及土耳其数学家 Arikan, 从汉明码、Golay 码到卷积码、Turbo 码, 再到 Polar 码, 几十年来, 电子通信迈过了一个又一个顶峰, 创造了一项又一项技术奇迹, 直至今天 5G 时代的来临. 1969 年, 美国火星探测器使用 Hadamard 码传输图片信息, 人类有幸第一次同步目睹了外太空一幅又一幅精美的画卷. 1971 年, 美国木星和土星探测器使用著名的 Golay 码 G23, 将成百帧木星和土星上的彩色照片传回地球……70 年信道编码的探索历程, 堪称一段波澜壮阔的电子通信史.

本章的主要目的是从理论上严格定义和严谨证明一般码的数学特征, 为进一步学习编码技术和密码技术提供坚实的数学基础. 本章内容包括码字的汉明距离、Lee 距离、线性码、一些典型的好码, 以及麦克威廉斯 (MacWilliams) 定理和著名的香农编码定理. 掌握了本章的内容, 你将对信道编码理论 (纠错码) 有一个基本和全面的了解.

2.1 汉明距离

在信道编码中字母表通常选用一个 q 元有限域 $\mathbb{F}_q$, 有时也选用一个环 $\mathbb{Z}_m$, 其中 q 为一个素数的方幂. 令 $n \geqslant 1$ 为正整数, $\mathbb{F}_q^n$ 为 $\mathbb{F}_q$ 上的 n 维线性空间, 又称码字空间:

$$\mathbb{F}_q^n = \{x = (x_1, x_2, \ldots, x_n) | \forall x_i \in \mathbb{F}_q\}.$$

$\mathbb{F}_q^n$ 中的一个向量 $x = (x_1, x_2, \ldots, x_n)$ 称为长度 n 的一个码字. 为方便起见, 我们将一个码字 x 写为 $x = x_1 x_2 \ldots x_n$, 每个 $x_i \in \mathbb{F}_q$ 称为字符, 记 $0 = (0, 0, \ldots, 0)$.

对于两个码字 $x = x_1 x_2 \cdots x_n$ 与 $y = y_1 y_2 \cdots y_n$, 定义其汉明距离为 x 与 y 不相同的字符的个数, 即

$$d(x, y) = \#\{i | 1 \leqslant i \leqslant n, x_i \neq y_i\} \tag{2.1}$$

显然, $0 \leqslant d(x, y) \leqslant n$ 为一个正整数, 一个码字 $x \in \mathbb{F}_q^n$ 的权函数定义为 $w(x) = d(x, 0)$, 即 x 与 0 码字的汉明距离. 下面的性质是显而易见的.

性质 1.1 如果 $x, y \in \mathbb{F}_q^n$, 则

(i) $d(x, y) \geqslant 0$, $d(x, y) = 0$ 当且仅当 $x = y$.

(ii) $d(x, y) = d(y, x)$.

(iii) $w(-x) = w(x)$.

(iv) $d(x, y) = d(x - z, y - z)$, $\forall z \in \mathbb{F}_q^n$.

(v) 特别地, $d(x, y) = w(x - y)$.

性质 (i) 称为非负性, 性质 (ii) 称为对称性, 性质 (iv) 称为平移不变性. 这是数学上距离函数的基本性质, 我们可以用平面上或欧氏空间中两个点之间的距离与之类比.

引理 1.1 令 $x, y \in \mathbb{F}_q^n$ 为两个码字, 则

$$w(x \pm y) \leqslant w(x) + w(y).$$

证明: 因为 $w(-x) = w(x)$, 所以 $w(x-y) = w(x+(-y))$. 我们仅证 $w(x+y) \leqslant w(x) + w(y)$ 即可. 令 $x = x_1 \cdots x_n$, $y = y_1 \cdots y_n$, 则

$$x + y = (x_1 + y_1)(x_2 + y_2) \cdots (x_n + y_n).$$

显然, 如果 $x_i + y_i \neq 0$, 则 $x_i \neq 0$ 或 $y_i \neq 0 (1 \leqslant i \leqslant n)$. 因此, $w(x+y) \leqslant w(x) + w(y)$.

$$w(x-y) = w(x+(-y)) \leqslant w(x) + w(-y) = w(x) + w(y).$$

引理 1.1 成立. □

引理 1.2 (三角不等式) 如果 $x, y, z \in \mathbb{F}_q^n$ 为三个码字, 则

$$d(x, y) \leqslant d(x, z) + d(z, y).$$

证明: 由引理 1.1, 如果 $z \in \mathbb{F}_q^n$, 则

$$w(x-y) \leqslant w(x-z) + w(z-y).$$

再由性质 (v), $d(x, y) = w(x-y)$, 我们有

$$d(x, y) \leqslant d(x, z) + d(z, y).$$

引理 1.2 成立. □

汉明距离的非负性、对称性、平移不变性以及引理 1.2 所描述的三角不等式合起来说明了两个码字的汉明距离等同于物理空间中的两个点之间的距离, 是真正的数学意义上的距离函数. 同样地, 我们可以定义球的概念. 一个以码字 x 为中心、半径为 ρ 的汉明球定义为

$$B_\rho(x) = \{y | y \in \mathbb{F}_q^n, d(x, y) \leqslant \rho\}, \tag{2.2}$$

这里 ρ 为非负整数. 显然, $B_0(x) = \{x\}$ 仅含一个码字.

引理 1.3 对任意的 $x \in \mathbb{F}_q^n$, $0 \leqslant \rho \leqslant n$, 我们有

$$|B_\rho(x)| = \sum_{i=0}^{\rho} \binom{n}{i} (q-1)^i, \tag{2.3}$$

其中 $|B_\rho(x)|$ 为汉明球 $B_\rho(x)$ 中码字的个数.

证明: 令 $x = x_1 x_2 \cdots x_n$, $0 \leqslant i \leqslant \rho$, i 给定, 令

$$A_i = \#\{y \in \mathbb{F}_q^n | d(y, x) = i\}.$$

显然有

$$A_i = \binom{n}{i} (q-1)^i,$$

所以

$$|B_\rho(x)| = \sum_{i=0}^{\rho} A_i = \sum_{i=0}^{\rho} \binom{n}{i}(q-1)^i. \qquad \square$$

推论 1 对 $\forall x \in \mathbb{F}_q^n$, 我们有

$$|B_\rho(x)| = |B_\rho(0)|.$$

即 $B_\rho(x)$ 中码字的个数为一个仅依赖于半径 ρ 的常数. 通常把这个常数记为 B_ρ.

定义 1.1 如果 $C \subsetneqq \mathbb{F}_q^n$, 则称 C 为一个 q 元码, 简称为码, $|C|$ 为码 C 中码字的个数. 如果 $|C| = 1$, 则称 C 为平凡码. 我们所讨论的码都是非平凡码.

对于一个码 C 来说, 如下五个数学量具有基本的重要性.

定义 1.2 如果 C 为一个码, 则定义

C 的码率	$R = R_C = \dfrac{1}{n}\log_q \|C\|$
C 的极小距离	$d = \min\{d(x,y)\|x, y \in C, x \neq y\}$
C 的极小权	$w = \min\{w(x)\|x \in C, x \neq 0\}$
C 的覆盖半径	$\rho = \max\{\min\{d(x,c)\|c \in C\}\|x \in \mathbb{F}_q^n\}$
C 的不相交半径	$\rho_1 = \max\{r\|0 \leqslant r \leqslant n,\ B_r(c_1)\bigcap B_r(c_2) = \phi,\ \forall c_1,\ c_2 \in C,\ c_1 \neq c_2\}$

讨论上述五个数学量之间的关系, 对于研究码具有极为重要的意义. 我们从证明引理 1.4 开始.

引理 1.4 令 d 为码 C 的极小距离, ρ_1 为 C 的不相交半径, 则

$$d = 2\rho_1 + 1, \text{ 或者 } d = 2\rho_1 + 2.$$

证明: 我们仅证 $2\rho_1 + 1 \leqslant d \leqslant 2\rho_1 + 2$ 即可. 如果 $d \leqslant 2\rho_1$, 则存在码字 $c_1 \in C$, $c_2 \in C$, $c_1 \neq c_2$, 使得

$$d(c_1, c_2) \leqslant 2\rho_1.$$

这说明 c_1 与 c_2 最多有 $2\rho_1$ 个字符不相同. 不失一般性, 我们可以令 c_1 与 c_2 的最初 $2\rho_1$ 个字符不相同, 即

$$c_1 = a_1 a_2 \ldots a_{\rho_1} a_{\rho_1+1} \ldots a_{2\rho_1} ** \cdots *,$$
$$c_2 = b_1 b_2 \ldots b_{\rho_1} b_{\rho_1+1} \ldots b_{2\rho_1} ** \cdots *,$$

其中 * 代表相同的字符. 我们可以令

$$x = a_1 a_2 \ldots a_{\rho_1} b_{\rho_1+1} \ldots b_{2\rho_1} * \cdots *,$$

这表明

$$d(x, c_1) \leqslant \rho_1, \quad d(x, c_2) \leqslant \rho_1,$$

也即

$$x \in B_{\rho_1}(c_1) \bigcap B_{\rho_1}(c_2).$$

这与 $B_{\rho_1}(c_1) \bigcap B_{\rho_1}(c_2) = \phi$ 矛盾. 所以我们有 $d \geqslant 2\rho_1 + 1$. 如果 $d > 2\rho_1 + 2 = 2(\rho_1 + 1)$, 则我们可以证明下式,

$$B_{\rho_1+1}(c_1) \bigcap B_{\rho_1+1}(c_2) = \phi, \ \forall c_1, \ c_2 \in C, \ c_1 \neq c_2,$$

从而导出与不相交半径 ρ_1 的定义相矛盾. 因为如果上式不成立, 则有 $c_1, c_2 \in C, c_1 \neq c_2$, $B_{\rho_1+1}(c_1)$ 与 $B_{\rho_1+1}(c_2)$ 相交, 不妨令

$$x \in B_{\rho_1+1}(c_1) \bigcap B_{\rho_1+1}(c_2),$$

则由引理 1.2 的三角不等式

$$d(c_1, c_2) \leqslant d(c_1, x) + d(c_2, x) \leqslant 2(\rho_1 + 1),$$

与 $d > 2(\rho_1 + 1)$ 的假设矛盾. 因此我们有 $2\rho_1 + 1 \leqslant d \leqslant 2\rho_1 + 2$. 引理成立. □

为了讨论覆盖半径 ρ 的几何意义, 我们考虑码 C 上的球的集合 $\{B_\rho(c)|c \in C\}$, 如果

$$\bigcup_{c \in C} B_\rho(c) = \mathbb{F}_q^n,$$

那么称 $\{B_\rho(c)|c \in C\}$ 为码字空间 $\mathbb{F}_q^n$ 的一个覆盖.

引理 1.5 令 ρ 为 C 的覆盖半径, 则 ρ 为 $\{B_\rho(c)|c \in C\}$ 覆盖 $\mathbb{F}_q^n$ 的最小正整数.

证明: 由 ρ 的定义, 对一切 $x \in \mathbb{F}_q^n$ 有

$$\min\{d(x, c)|c \in C\} \leqslant \rho.$$

因此, 当 $x \in \mathbb{F}_q^n$ 给定时, 存在一个码字 $c \in C \Rightarrow d(x, c) \leqslant \rho$, 即 $x \in B_\rho(c)$, 这表明

$$\bigcup_{c \in C} B_\rho(c) = \mathbb{F}_q^n,$$

即 $\{B_\rho(c)|c \in C\}$ 构成 $\mathbb{F}_q^n$ 的一个覆盖. 很显然 $\{B_{\rho-1}(c)|c \in C\}$ 不能覆盖 $\mathbb{F}_q^n$, 因为如果

$$\bigcup_{c \in C} B_{\rho-1}(c) = \mathbb{F}_q^n,$$

则对任意的 $x \in \mathbb{F}_q^n$, $\exists\, c \in C \Rightarrow x \in B_{\rho-1}(c)$, 所以

$$\min\{d(x, c)|c \in C\} \leqslant \rho - 1.$$

从而

$$\rho = \max\{\min\{d(x, c)|c \in C\}|x \in \mathbb{F}_q^n\} \leqslant \rho - 1,$$

矛盾, 表明 ρ 为最小的正整数. 引理 1.5 成立. □

引理 1.6 令 d 为码 C 的极小距离, ρ 为 C 的覆盖半径, 则

$$d \leqslant 2\rho + 1.$$

证明: 如果 $d > 2\rho + 1$, 令 $c_0 \in C$ 给定, 则我们有

$$B_{\rho+1}(c_0) \bigcap B_\rho(c) = \phi, \ \forall c \in C, \ c \neq c_0.$$

因此可以选取 $x \in B_{\rho+1}(c_0)$, 且 $d(x, c_0) = \rho + 1$, 则

$$x \notin B_\rho(c_0), \ x \notin B_\rho(c), \ \forall c \in C,$$

即 $\{B_\rho(c)|c \in C\}$ 不能覆盖 $\mathbb{F}_q^n$, 这与引理 1.5 矛盾. 因此我们恒有 $d \leqslant 2\rho + 1$. 引理得证. □

结合上述三个引理, 我们可以得到下列简单但十分重要的推论.

推论 2 令 $C \subset \mathbb{F}_q^n$ 为任意的一个 q 元码. d, ρ, ρ_1 分别为 C 的极小距离、覆盖半径及不相交半径, 则

(i) $\rho_1 \leqslant \rho$.

(ii) 如果 C 的极小距离 $d = 2e + 1$, 则 $e = \rho_1$.

证明: (i) 直接由 $2\rho_1 + 1 \leqslant d \leqslant 2\rho + 1$ 推出, 如果 $d = 2e + 1$ 为奇数, 则由引理 1.4, $d = 2\rho_1 + 1 = 2e + 1 \Rightarrow e = \rho_1$. □

定义 1.3 一个码 C, 如果 $\rho = \rho_1$, 则称 C 为一个完美码.

推论 3 (i) 任意一个完美码 C 的极小距离 $d = 2\rho + 1$.

(ii) 若一个码 C 的极小距离 $d = 2e + 1$, 则 C 为完美码的充要条件是: $\forall\, x \in \mathbb{F}_q^n$, $\exists$ 唯一的球 $B_e(c)$, $c \in C \Rightarrow x \in B_e(c)$.

证明: (i) 可以由 $2\rho_1 + 1 \leqslant d \leqslant 2\rho + 1$ 直接推出.

(ii) 如果 C 为完美码, 且极小距离 $d = 2e + 1$, 则我们有 $\rho_1 = \rho = e$. 反过来, 如果条件成立, 则 C 的覆盖半径 $\rho \leqslant e = \rho_1 \leqslant \rho$, 所以 $\rho_1 = \rho$. C 为完美码. □

为了引进纠错码的概念, 在电子信息传输中我们讨论一下所谓的解码原则. 这个原则俗称为 "看起来最像" 的解码原则. 什么是看起来最像呢? 当我们通过有干扰的信道传输后收到一个码字 $x' \in \mathbb{F}_q^n$, 一个码字 $x \in C$, 如果

$$d(x, x') = \min\{d(c, x')|c \in C\},$$

则称 x 是码 C 上看起来与 x' 最像的码字. 因此我们把 x' 解码为 x. 如果这个看起来最像的码字 x 是 C 中唯一存在的, 则从理论上来说, x' 就是 x 传输后收到的码字, 因此 $x' \xrightarrow{\text{解码}} x$ 就是准确的.

定义 1.4 一个码 C 称为 e-纠错码 $(e \geqslant 1)$. 如果对于任意码字 $x \in \mathbb{F}_q^n$, 存在一个 $c \in C \Rightarrow x \in B_e(c)$, 则 c 是唯一的.

一个纠错码是允许传输失误而不影响正确解码的. 比如假设 C 为一个 e-纠错码, 那么任意 $c \in C$ 经过有干扰的信道传输后, 我们收到的码字为 x, 如果 c 传输时最多不超过 e 个字符出现错误, 即 $d(c,x) \leqslant e$, 那么 C 中看起来最像的那个码字一定就是 c, 因此我们能够正确解码 $x \xrightarrow{\text{解码}} c$.

推论 4 一个极小距离 $d=2e+1$ 的完美码为 e-纠错码.

证明: 因为 C 的不相交半径 ρ_1 与覆盖半径 ρ 满足 $\rho_1=\rho=e$, 因此, 对于任意收到的码字 $x \in \mathbb{F}_q^n$, 有且仅有一个 $c \in C \Rightarrow x \in B_e(c)$, 即 C 为 e-纠错码. □

最后, 我们证明本节最主要的结论.

定理 1 一个码 C 的极小距离 $d=2e+1$, 则 C 为完美码的充要条件为如下的球装箱 (sphere-packing) 条件成立:

$$|C|\sum_{i=0}^{e}\binom{n}{i}(q-1)^i=q^n. \tag{2.4}$$

证明: 如果 C 的极小距离 $d=2e+1$, 且 C 为完美码, 则 $\rho=\rho_1=e$. 因此

$$\bigcup_{c\in C} B_e(c)=\mathbb{F}_q^n.$$

则有

$$\left|\bigcup_{c\in C} B_e(c)\right|=q^n,$$

所以

$$|C|B_e=|C|\sum_{i=0}^{e}\binom{n}{i}(q-1)^i=q^n.$$

反过来, 如果球装箱条件式 (2.4) 成立, 因为 C 的极小距离 $d=2e+1$, 则由推论 2 可知 $\rho_1=e$, 因此我们有

$$\bigcup_{c\in C} B_e(c)=\mathbb{F}_q^n.$$

由此可得 $\rho \leqslant e=\rho_1 \leqslant \rho$, 因此 $\rho=\rho_1$, C 为完美码. 证毕. □

当 $q=2$ 时, 字母表 $\mathbb{F}_2$ 为两个元素 $\{0,1\}$ 的有限域, 此时的编码称为二进制码或二元码, 传输信道称为二进制信道. 在二进制信道传输中, 最重要的是二进制熵函数 $H(\lambda)$, 定义为

$$H(\lambda)=\begin{cases}0, & \lambda=0 \text{ 或 } \lambda=1,\\ -\lambda\log\lambda-(1-\lambda)\log(1-\lambda), & 0<\lambda<1.\end{cases} \tag{2.5}$$

显然, $H(\lambda)=H(1-\lambda)$, 且 $0\leqslant H(\lambda)\leqslant 1$, $H\left(\frac{1}{2}\right)=1$, 即当 $\lambda=\frac{1}{2}$ 时达到极大值. 关于

$H(\lambda)$ 的进一步的性质, 可参考第 1 章预备知识的相关内容.

定理 2 令 C 为一个极小距离 $d=2e+1$ 的完美码, R_C 为 C 的码率, 则

(i) $1-R_C=\frac{1}{n}\log_2\sum_{i=0}^{e}\binom{n}{i}\leqslant H\left(\frac{e}{n}\right)$.

(ii) 当码字长度 $n\to\infty$ 时, 如果 $\lim\limits_{n\to\infty}R_C=a$, 则

$$\lim_{n\to\infty}H\left(\frac{e}{n}\right)=1-a.$$

证明: (i) 由球装箱条件, 因为 C 为完美码, 所以

$$|C|\sum_{i=0}^{e}\binom{n}{i}=2^n.$$

我们有

$$\frac{1}{n}\log_2|C|+\frac{1}{n}\log_2\sum_{i=0}^{e}\binom{n}{i}=1,$$

即

$$1-R_C=\frac{1}{n}\log_2\sum_{i=0}^{e}\binom{n}{i}\leqslant H\left(\frac{e}{n}\right),$$

最后的不等式由第一章的引理 4.2 推出. 所以 (i) 成立.

(ii) 如果 R_C 当 $n\to\infty$ 时的极限存在, 再次由第一章的引理 4.2, 我们有

$$\lim_{n\to\infty}H\left(\frac{e}{n}\right)=1-\lim_{n\to\infty}R_C=1-a.$$

定理 2 得证. □

最后, 我们举一个完美码的例子.

例 1 令 $n=2e+1$ 为奇数, 则 $\mathbb{F}_2^n$ 中的重复码 $A=\{0,1\}$, 其中 $0=00\cdots0$, $1=11\cdots1$ 为长度 n 的完美码.

首先重复码 $A=\{0,1\}\subset\mathbb{F}_2^n$ 仅含有两个码 $0=0\cdots0\in\mathbb{F}_2^n, 1=1\cdots1\in\mathbb{F}_2^n$, 因为 $n=2e+1$ 为奇数, 所以由推论 2, A 的不相交半径 $\rho_1=e$, 我们来证 A 的覆盖半径 $\rho=\rho_1=e$, 对于任意的码字 $x\in\mathbb{F}_2^n$, 如果 $d(0,x)>e$, 即 $d(0,x)\geqslant e+1$, 则表明 $x=x_1x_2\cdots x_n\in\mathbb{F}_2^n$ 中至少有 $e+1$ 个字符为 1, 最多有 e 个字符为 0, 从而 $d(1,x)\leqslant e$. 这说明 $x\notin B_e(0)$, 则 $x\in B_e(1)$, 即

$$B_e(0)\bigcup B_e(1)=\mathbb{F}_2^n,$$

所以 $\rho\leqslant e=\rho_1\leqslant\rho$, 我们有 $\rho=\rho_1$, 即 A 为完美码. 注意到在这个例子中 e 可以取任意正整数, 所以重复码的码率有极限值

$$\lim_{n\to\infty}R_A=0\Rightarrow\lim_{n\to\infty}H\left(\frac{e}{n}\right)=1.$$

作为本节的结束, 我们讨论和定义两个码等价的概念. 令 $C \subset \mathbb{F}_q^n$ 是长度为 n 的一个码, S_n 为 n 元置换群. 任意 $\sigma \in S_n$ 为一个 n 元置换, $x = x_1x_2\cdots x_n \in \mathbb{F}_q^n$, 我们定义 $\sigma(x)$ 为

$$\sigma(x) = x_{\sigma(1)}x_{\sigma(2)}\cdots x_{\sigma(n)} \in \mathbb{F}_q^n, \tag{2.6}$$

$$\sigma(C) = \{\sigma(c) \mid c \in C\}. \tag{2.7}$$

定义 1.5 令 C 与 C_1 为 $\mathbb{F}_q^n$ 中的两个码, 如果存在一个 $\sigma \in S_n \Rightarrow \sigma(C) = C_1$, 则称 C 与 C_1 为等价的, 记为 $C \sim C_1$. 显然, 等价为码之间的一个等价关系, 因为取 $\sigma = 1$, 故有 $C \sim C$. 如果 $C \sim C_1$, 即 $C_1 = \sigma(C)$, 则我们有 $C = \sigma^{-1}(C_1)$, 即 $C \sim C_1 \Rightarrow C_1 \sim C$. 同理, 如果 $C \sim C_1$, $C_1 \sim C_2$, 则 $C \sim C_2$. 因为 $C_1 = \sigma(C), C_2 = \tau(C_1) \Rightarrow C_2 = \tau\sigma(C)$. 另一个显然的性质是 σ 的作用不改变两个码字之间的汉明距离, 即我们有

$$d(\sigma(x), \sigma(y)) = d(x, y), \forall \sigma \in S_n. \tag{2.8}$$

引理 1.7 假设 $C \sim C_1$ 为两个等价码, 则它们有相同的码率、相同的极小距离、相同的覆盖半径、相同的不相交半径. 特别地, 如果 C 为完美码, 则所有与 C 等价的码 C_1 都是完美码.

证明: 应用等式 (2.8), 可以很容易证明引理的所有结论. □

2.2 线性码

令 $C \subset \mathbb{F}_q^n$ 为一个码, 如果 C 为 $\mathbb{F}_q^n$ 的一个 k 维线性子空间, 则称 C 为一个线性码, 记为 $C = [n, k]$. 所以对一个线性码 C, 有

$$R_C = \frac{1}{n}\log_q |C| = \frac{k}{n}, \text{ 极小距离 } d = \text{极小权 } w.$$

令 $\{\alpha_1, \alpha_2, \ldots, \alpha_k\} \subset C$ 为线性码 C 的一组基, 其中

$$\alpha_i = \alpha_{i_1}\alpha_{i_2}\cdots\alpha_{i_n} \in \mathbb{F}_q^n, \ 1 \leqslant i \leqslant k.$$

定义 2.1 如果 $\{\alpha_1, \alpha_2, \ldots, \alpha_k\}$ 为线性码 $C = [n, k]$ 的一组基, 则 $k \times n$ 阶矩阵

$$G = \begin{bmatrix} \alpha_1 \\ \alpha_2 \\ \vdots \\ \alpha_k \end{bmatrix} = \begin{bmatrix} \alpha_{11} & \alpha_{12} & \cdots & \alpha_{1n} \\ \alpha_{21} & \alpha_{22} & \cdots & \alpha_{2n} \\ \vdots & \vdots & & \vdots \\ \alpha_{k1} & \alpha_{k2} & \cdots & \alpha_{kn} \end{bmatrix}$$

称为 C 的生成矩阵, 写为

$$G = [I_k, A_{k\times(n-k)}], I_k \text{ 为 } k \text{ 阶单位矩阵}.$$

上式称为 G 的标准形式.

引理 2.1 $C = [n, k]$ 为一个线性码, G 为生成矩阵, 则

$$C = \{aG | a \in \mathbb{F}_q^k\}.$$

证明: 因为 $\{\alpha_1, \alpha_2, \ldots, \alpha_k\}$ 为 C 的一组基, 故 $\forall\, x \in C$, 有

$$x = a_1\alpha_1 + a_2\alpha_2 + \cdots + a_k\alpha_k = (a_1, a_2, \ldots, a_k)\begin{bmatrix}\alpha_1 \\ \vdots \\ \alpha_k\end{bmatrix} = a \cdot G.$$

其中 $a = (a_1, a_2, \ldots, a_k) \in \mathbb{F}_q^k$, 引理成立. □

在 $\mathbb{F}_q^n$ 中定义内积, $x = x_1 \cdots x_n, y = y_1 \cdots y_n \in \mathbb{F}_q^n$, 则定义 $< x, y > = \sum_{i=1}^{n} x_i y_i$, 如果 $< x, y > = 0$, 称 x 与 y 正交, 记为 $x \perp y$.

定义 2.2 令 $C = [n, k]$ 为一个线性码, 它的正交补空间 $C^{\perp}$ 为

$$C^{\perp} = \{y \in \mathbb{F}_q^n | < x, y > = 0, \forall\, x \in C\}.$$

显然, $C^{\perp}$ 为一个 $[n, n-k]$ 线性码, 称 $C^{\perp}$ 为 C 的对偶码. $C^{\perp}$ 的生成矩阵 H 称为 C 的校验矩阵.

引理 2.2 $C = [n, k]$ 为线性码, H 为校验矩阵, 则我们有

$$xH' = 0 \Leftrightarrow x \in C.$$

其中 H' 为 H 的转置矩阵.

证明: 我们仅以 C 的生成矩阵 G 取标准形式的情况来证明结论. 令

$$G = [I_k, A_{k\times(n-k)}] = [I_k, A], \qquad A = A_{k\times(n-k)},$$

则 C 的校验矩阵, 亦即对偶码 $C^{\perp}$ 的生成矩阵为

$$H = [-A', I_{n-k}],\ H' = \begin{bmatrix}-A \\ I_{n-k}\end{bmatrix}.$$

由引理 2.1, 如果 $x \in C$, 则 $\exists\, a \in \mathbb{F}_q^k \Rightarrow x = aG$, 因此

$$xH' = aGH' = a[I_k, A]\begin{bmatrix}-A \\ I_{n-k}\end{bmatrix} = 0.$$

反过来, 如果 $xH' = 0$, 由 H 为 $C^{\perp}$ 的生成矩阵, 再次由引理 2.1, 对 $\forall\, y \in C^{\perp}, \exists\, b \in \mathbb{F}_q^{n-k} \Rightarrow y = bH$, 因此

$$< x, y > = xy' = xH'b' = 0 \Rightarrow x \in (C^{\perp})^{\perp} = C.$$

于是引理得证! □

由引理 2.2, $\forall\, x, y \in \mathbb{F}_q^n$, 则

$$xH' = yH' \Leftrightarrow x - y \in C.$$

因为 C 为 $\mathbb{F}_q^n$ 的一个加法子群, 故称 xH' 为码字 x 的校验值. 则两个码字的校验值相等 $\Leftrightarrow$ 这两个码字位于 C 的同一个加法陪集内. 由此产生了线性码的如下解码原则.

解码原则: 如果利用 $C = [n, k]$ 线性码进行编码, 通过一个有干扰的信道, 当收到的码字为 $x \in \mathbb{F}_q^n$ 时, 则在 x 的加法陪集 $x + C$ 中找一个权最小的码字 x_0, 即 x_0 满足

$$x_0 \in x + C, \text{且 } w(x_0) = \min\{w(\alpha) | \alpha \in x + C\}.$$

称 x_0 为陪集 $x + C$ 中的领导码字. 我们将把 x 解码为 $x - x_0$.

引理 2.3 如果线性码 $C = [n, k]$ 的极小距离 $d = 2e + 1$, 则在 C 的任意一个加法陪集 $x + C$ 中至多存在一个码字 $x_0 \Rightarrow w(x_0) \leqslant e$.

证明: 如果 $\alpha, \beta \in x+C$, 且 $w(\alpha) \leqslant e, w(\beta) \leqslant e$. 则 $\alpha - \beta \in C$. 且 $w(\alpha - \beta) \leqslant w(\alpha) + w(\beta) = 2e$, 但 C 的极小权 $= C$ 的极小距离 $= 2e + 1$, 于是矛盾, 因此 $\alpha = \beta$. 引理成立. □

推论 1 对于一个极小距离 $d = 2e + 1$ 的完美线性码 $C = [n, k]$, 则 C 的任意一个加法陪集 $x + C$ 中有且仅有一个权 $\leqslant e$ 的码字. 亦即任意一个加法陪集中的领导码字是唯一存在的.

证明: $x \in \mathbb{F}_q^n \Rightarrow \exists\, c \in C$ 使得 $x \in B_e(c)$, 即 $d(c, x) \leqslant e$. 所以 $w(x - c) \leqslant e$. 而 $x - c \in x + C$. 因此命题成立. □

定义 2.3 一个线性码 $C = [n, k]$ 的生成矩阵 G 的任意两个列向量是线性无关的, 称 C 为一个射影码.

为了讨论射影码的真正内涵, 我们在 $\mathbb{F}_q$ 上考虑 $(k-1)$ 维射影空间 $PG(k-1, q)$.

在 $\mathbb{F}_q^k$ 上, 对于任意两个向量 $a = (a_1, a_2, \ldots, a_k), b = (b_1, b_2, \ldots, b_k)$, 如果 $\exists\, \lambda \in \mathbb{F}_q^* \Rightarrow a = \lambda b$, 则称 $a \sim b$. 此为 $\mathbb{F}_q^k$ 上的一个等价关系. 显然 $b \sim 0 \Leftrightarrow b = 0$, 任意 $a \in \mathbb{F}_q^k, \overline{a} = \{\lambda a | \lambda \in \mathbb{F}_q^*\}$, 称商集 $\mathbb{F}_q^k/_\sim$ 为 $\mathbb{F}_q$ 上的 $(k-1)$ 维射影空间. 记为 $PG(k-1, q)$, 于是

$$PG(k-1, q) = \mathbb{F}_q^k/_\sim = \{\overline{a} | a \in \mathbb{F}_q^k\}.$$

$(k-1)$ 维射影空间 $PG(k-1, q)$ 中非 0 点的个数有

$$|PG(k-1, q)| = \frac{q^k - 1}{q - 1} = 1 + q + \cdots + q^{k-1}.$$

一个线性码 $[n, n-k]$ 的校验矩阵 H 为一个 $k \times n$ 阶矩阵, 它的任意两个列向量为线性无关的, 即 $H = [a_1, a_2, \ldots, a_n]$, 则 $\{a_1, a_2, \ldots, a_n\} \subset PG(k-1, q)$ 为 n 个不同的非零点. 所以一个 $[n, k]$ 射影码的生成矩阵由射影空间 $PG(k-1, q)$ 中 n 个不同的非零点构成. 因为 $n \leqslant |PG(k-1, q)|$, 故当达到最大值时,

$$n = |PG(k-1, q)| = \frac{q^k - 1}{q - 1}.$$

这便产生了一个完美的线性码的例子, 即所谓的汉明码.

定义 2.4 令 $k>1, n=\dfrac{q^k-1}{q-1}$, 如果 C 的校验矩阵 H 的任意两个列向量是线性无关的, 则线性码 $C=[n,n-k]$ 称为一个汉明码.

由于 C 为 $n-k$ 维线性子空间, $C^{\perp}$ 为 k 维线性子空间, 其生成矩阵 H 为 $k\times n$ 阶矩阵, 因此 H 的任意两个列向量线性无关, 代表了射影空间 $PG(k-1,q)$ 中 n 个不同的点. 由于 $n=\dfrac{q^k-1}{q-1}$, 故汉明码的构造已是最大可能.

定理 3 任意一个汉明码 $C=[n,n-k]$ 为完美码, 它的极小距离 $d=3$, 因此汉明码为 1–纠错的完美码.

证明: 我们首先证明汉明码 C 的极小距离 $d\geqslant 3$. 如果 $d\leqslant 2$, 则存在 $x=x_1x_2\cdots x_n\Rightarrow w(x)\leqslant 2$, 即最多存在两个字符 x_i 与 x_j 不为零, 因为一个线性码的极小距离 $d=$ 极小权 w.

令 $H=(\alpha_1,\alpha_2,\ldots,\alpha_n)$ 为 C 的校验矩阵, 由 $xH'=0$, 则

$$(x_1,x_2,\ldots,x_n)\begin{bmatrix}\alpha_1\\ \alpha_2\\ \vdots\\ \alpha_n\end{bmatrix}=0.$$

我们有 $\alpha_ix_i+\alpha_jx_j=0$, 从而 α_i 与 α_j 是线性相关的, 矛盾. 所以 $d\geqslant 3$, 由引理 1.4, 则 C 的不相交半径 $\rho_1\geqslant 1$.

另外, $c\in C$, 由本章引理 1.3 可知, 球 $B_1(c)$ 中所含元素的个数为

$$|B_1(c)|=1+n(q-1)=q^k.$$

因为 C 为 $(n-k)$ 维线性子空间, 即 $|C|=q^{n-k}$, 所以有

$$\left|\bigcup_{c\in C}B_1(c)\right|=|C|q^k=q^n=|\mathbb{F}_q^n|,$$

$$\Rightarrow \bigcup_{c\in C}B_1(c)=\mathbb{F}_q^n.$$

所以有 $1\leqslant\rho_1\leqslant\rho\leqslant 1\Rightarrow\rho_1=\rho=1$. C 为完美码, 它的极小距离 $d=2\rho+1=3$, 定理成立! □

下面我们讨论一个线性码 C 的权多项式, 并证明著名的麦克威廉斯定理.

若 $x\in C=[n,k]$, 则权函数 $w(x)$ 的取值从 0 到 n, 实际上 $w(x)=0\Leftrightarrow x=0\in C$, $w(x)=n\Leftrightarrow x=x_1\cdots x_n, \forall\ x_i\neq 0$. 因此, 对每个 $i, 0\leqslant i\leqslant n$, 定义

$$A(i)=\#\{x\in C|w(x)=i\}$$

以及 C 的权多项式

$$A(z)=\sum_{i=0}^{n}A_iz^i,\ z\text{ 为变量}.$$

显然, 对于任意给定的 $c\in C$, C 中与 c 的汉明距离恰等于 i 的码字的个数为 A_i, 即

$$A_i=\#\{x\in C|d(x,c)=i\}.$$

具有上述性质的码称为距离不变码, 显然, 线性码为距离不变码.

下面的结果是麦克威廉斯在 1963 年证明的, 他建立了一个线性码 C 的权多项式与其对偶码 $C^{\perp}$ 的权多项式之间的关系, 是码论中最基础的成果.

定理 4 (麦克威廉斯定理) 令 $C=[n,k]$ 为 $\mathbb{F}_q$ 上的一个线性码, 权多项式为 $A(z)$, $C^{\perp}$ 为 C 的对偶码, 权多项式为 $B(z)$, 则

$$B(z)=q^{-k}(1+(q-1)z)^nA\left(\frac{1-z}{1+(q-1)z}\right).$$

特别地, 当 $q=2$ 时,

$$2^kB(z)=(1+z)^nA\left(\frac{1-z}{1+z}\right).$$

证明: 令 $\psi(a)$ 为 $\mathbb{F}_q$ 上的加法特征, $\psi(a)$ 可以构造如下:

$$\psi(a)=\exp\left(\frac{2\pi i tr(a)}{p}\right), tr(a):\mathbb{F}_q\to\mathbb{F}_p.$$

对于任意的 $c\in C$, 我们定义多项式 $g_c(z)$ 为

$$g_c(z)=\sum_{x\in\mathbb{F}_q^n}z^{w(x)}\psi(<x,c>), \tag{2.9}$$

于是,

$$\sum_{c\in C}g_c(z)=\sum_{x\in\mathbb{F}_q^n}z^{w(x)}\sum_{c\in C}\psi(<x,c>), \tag{2.10}$$

我们来计算式 (2.10) 的内层和. 如果 $x\in C^{\perp}$, 则

$$\sum_{c\in C}\psi(<x,c>)=|C|.$$

如果 $x\notin C^{\perp}$, 我们来证明

$$\sum_{c\in C}\psi(<x,c>)=0. \tag{2.11}$$

如果 $x\in\mathbb{F}_q^n$, $x\notin C^{\perp}$, 令

$$T(x)=\{y\in C\ |<y,x>=0\}\subsetneq C,$$

于是 $T(x)$ 为 C 的一个线性子空间. $c\in C$, 我们考虑加法陪集 $c+T(x)$, 对于这个陪集中的任意两个码字 $c+y_1$ 与 $c+y_2$, 我们有

$$<c+y_1,x>=<c+y_2,x>=<c,x>.$$

反之, 对于任意两个加法陪集 $c_1+T(x)$, $c_2+T(x)$, 如果 $<c_1,x>=<c_2,x>$, 则 $<c_1-c_2,x>=0$, 即 $c_1-c_2\in T(x)$, 所以 $c_1+T(x)=c_2+T(x)$. 因此 $c+T(x)\subset C$ 中任意两个码字与 x 的内积是相同的. 反过来, 不同的加法陪集与 x 的内积是不相等的. 因为 $x\notin C^{\perp}$, 故 $\exists\, c_0\in C$, 使得 $<c_0,x>\neq 0$. 令 $<c_0,x>=a\neq 0$, 则 $<a^{-1}c_0,x>=1$, 令 $c_1=a^{-1}c_0\in C$, 则 $<c_1,x>=1$. 因此, $\forall a\in\mathbb{F}_q\Rightarrow<ac_1,x>=a$. $<c,x>$ 取遍 $\mathbb{F}_q$ 的每一个元素, 所以

$$\sum_{c\in C}\psi(<x,c>)=[C:T(x)]\sum_{a\in\mathbb{F}_q}\psi(a)=0.$$

即式 (2.11) 成立. 由式 (2.10) 可以得到

$$\sum_{c\in C}g_c(z)=|C|\sum_{\substack{x\in\mathbb{F}_q^n\\ x\in C^{\perp}}}z^{w(x)}=|C|B(z). \tag{2.12}$$

如果 $a\neq 0$, $w(0)=0$, 对 $a\in\mathbb{F}_q$ 定义权函数 $w(a)=1$. 对任意的 $x\in\mathbb{F}_q^n$, $c\in C$, 记 $x=x_1x_2\cdots x_n$, $c=c_1c_2\cdots c_n$, 由 $g_c(z)$ 的定义, 有

$$\begin{aligned}g_c(z)&=\sum_{\substack{1\leqslant i\leqslant n\\ x_i\in\mathbb{F}_q}}z^{w(x_1)+w(x_2)+\cdots+w(x_n)}\psi(c_1x_1+\cdots+c_nx_n)\\&=\prod_{i=1}^{n}\sum_{x\in\mathbb{F}_q}z^{w(x)}\psi(c_ix).\end{aligned} \tag{2.13}$$

上式的内层和可以计算为

$$\sum_{x\in\mathbb{F}_q}z^{w(x)}\psi(c_ix)=\begin{cases}1-z, & c_i\neq 0,\\ 1+(q-1)z, & c_i=0.\end{cases}$$

由式 (2.13), 则有

$$g_c(z)=(1-z)^{w(c)}(1+(q-1)z)^{n-w(c)}.$$

因此

$$\begin{aligned}\sum_{c\in C}g_c(z)&=(1+(q-1)z)^n\sum_{c\in C}\left(\frac{1-z}{1+(q-1)z}\right)^{w(c)}\\&=(1+(q-1)z)^nA\left(\frac{1-z}{1+(q-1)z}\right).\end{aligned}$$

最后, 由式 (2.12), 有

$$\begin{aligned}B(z)&=\frac{1}{|C|}(1+(q-1)z)^nA\left(\frac{1-z}{1+(q-1)z}\right)\\&=q^{-k}(1+(q-1)z)^nA\left(\frac{1-z}{1+(q-1)z}\right).\end{aligned}$$

我们完成了定理的证明. □

2.3 Lee 距离

$m>1$ 为正整数, $\mathbb{Z}_m$ 为 $\bmod m$ 的剩余类环, 以 $\mathbb{Z}_m$ 为字母表, $C\subset\mathbb{Z}_m^n$ 为真子集, 则 C 称为一个 m 进制码. 在这种情况下, 汉明距离并不是误差测量的最好工具, 我们代之以 Lee 距离与 Lee 权. 令 $i\in\mathbb{Z}_m$, 定义 Lee 权为

$$W_L(i)=\min\{i,m-i\}. \tag{2.14}$$

显然有

$$W_L(0)=0,\ W_L(-i)=W_L(m-i)=W_L(i). \tag{2.15}$$

设 $a=(a_1,a_2,\ldots,a_n)=a_1a_2\cdots a_n\in\mathbb{Z}_m^n$, $b=b_1b_2\cdots b_n\in\mathbb{Z}_m^n$, 在 m 进制码 C 上定义 Lee 权和 Lee 距离, 如下:

$$W_L(a)=\sum_{i=1}^n W_L(a_i),$$
$$d_L(a,b)=W_L(a-b).$$

由式 (2.15), 我们有

$$W_L(-a)=W_L(a), d_L(a,b)=d_L(b,a), \forall\ a,b\in\mathbb{Z}_m^n.$$

引理 3.1 对 $\forall\ a,b,c\in\mathbb{Z}_m^n$, 我们有如下三角不等式:

$$d_L(a,b)\leqslant d_L(a,c)+d_L(c,b).$$

证明: 假设 $0\leqslant i<m$, $0\leqslant j<m$, 我们有

$$W_L(i+j)\leqslant W_L(i)+W_L(j). \tag{2.16}$$

因为如果 $0\leqslant i+j\leqslant\frac{m}{2}$, 则

$$W_L(i+j)=i+j=W_L(i)+W_L(j).$$

如果 $\frac{m}{2}<i+j<m$, 我们分三种情况讨论:

(1) $i\leqslant\frac{m}{2}$, $j\leqslant\frac{m}{2}$, 此时有

$$W_L(i+j)=m-i-j<i+j=W_L(i)+W_L(j).$$

(2) $i\leqslant\frac{m}{2}$, $j>\frac{m}{2}$, 此时有

$$W_L(i+j)=m-i-j\leqslant m-j=W_L(j)\leqslant W_L(i)+W_L(j).$$

(3) $i>\frac{m}{2}$, $j\leqslant\frac{m}{2}$, 此时有

$$W_L(i+j)=m-i-j\leqslant m-i=W_L(i)\leqslant W_L(i)+W_L(j).$$

因此, 我们总有式 (2.16), 在 $\mathbb{Z}_m^n$ 上式 (2.16) 可扩展为

$$W_L(a+b)\leqslant W_L(a)+W_L(b),\forall\ a,b\in\mathbb{Z}_m^n.$$

所以

$$\begin{aligned}d_L(a,b)&=W_L(a-b)=W_L((a-c)+(c-b))\\&\leqslant W_L(a-c)+W_L(c-b)=d_L(a,c)+d_L(c,b).\end{aligned}$$

引理得证. □

下面我们令 $m=4$, 以 $\mathbb{Z}_4$ 为字母表, 在一个四进制的码上讨论 Lee 权与 Lee 距离. 假设 $a\in\mathbb{Z}_4^n$, $0\leqslant i\leqslant 3$, 令

$$n_i(a)=\#\{j|1\leqslant j\leqslant n,a=a_1a_2\cdots a_n,a_j=i\}. \tag{2.17}$$

$n_i(a)$ 表示码字 a 中等于 i 的字符的个数. $C\subset\mathbb{Z}_4^n$ 为一个四进制码, C 的对称多项式和 Lee 权多项式分别定义为:

$$swe_C(w,x,y)=\sum_{c\in C}w^{n_0(c)}x^{n_1(c)+n_3(c)}y^{n_2(c)} \tag{2.18}$$

和

$$Lee_C(x,y)=\sum_{c\in C}x^{2n-W_L(c)}y^{W_L(c)}. \tag{2.19}$$

引理 3.2 令 $C\subset\mathbb{Z}_4^n$ 为一个码字长度为 n 的四进制码, 则 C 上的对称多项式与 Lee 权多项式有下面的关系式

$$Lee_C(x,y)=swe_C(x^2,xy,y^2).$$

证明: $a\in\mathbb{Z}_4^n$, 由定义可知

$$n_0(a)+n_1(a)+n_2(a)+n_3(a)=n.$$

令 $a=a_1a_2\cdots a_n$, 则

$$W_L(a)=\sum_{i=1}^{n}W_L(a_i)=n_1(a)+2n_2(a)+n_3(a).$$

因此

$$\begin{aligned}Lee_C(x,y)&=\sum_{c\in C}x^{2n_0(c)}\cdot(xy)^{n_1(c)+n_3(c)}y^{2n_2(c)}\\&=swe_C(x^2,xy,y^2).\end{aligned}$$

引理得证. □

运用 Lee 权与 Lee 距离, 我们可以把上一节的麦克威廉斯定理推广到 $\mathbb{Z}_4$ 码上, 我们有:

定理 5 令 $C \subset \mathbb{Z}_4^n$ 为一个线性码, $C^{\perp}$ 为其对偶码, $Lee_C(x,y)$ 为 C 的 Lee 权多项式, 则

$$Lee_{C^{\perp}}(x,y) = \frac{1}{|C|} Lee_C(x+y, x-y).$$

证明: 取 ψ 为 $\mathbb{Z}_4$ 的一个非平凡特征, ψ 可以取定为

$$\psi(i) = (\sqrt{-1})^i, i = 0, 1, 2, 3.$$

令 $f(u)$ 为定义在 $\mathbb{Z}_4^n$ 上的一个函数, 我们令

$$g(c) = \sum_{u \in \mathbb{Z}_4^n} f(u)\psi(< c, u >). \tag{2.20}$$

与证明定理 4 的方法一样, 有

$$\sum_{c \in C} g(c) = |C| \sum_{u \in C^{\perp}} f(u). \tag{2.21}$$

取

$$f(u) = w^{n_0(u)} x^{n_1(u)+n_3(u)} y^{n_2(u)},\ u \in \mathbb{Z}_4^n.$$

记 $u = u_1 u_2 \cdots u_n \in \mathbb{Z}_4^n$, 则对每个 i, $0 \leqslant i \leqslant 3$, 我们有

$$n_i(u) = n_i(u_1) + n_i(u_2) + \cdots + n_i(u_n).$$

因此

$$f(u) = \prod_{i=1}^{n} f(u_i).$$

令 $c = c_1 c_2 \cdots c_n \in \mathbb{Z}_4^n$, 则由式 (2.20)

$$g(c) = \prod_{i=1}^{n} \left(\sum_{u \in \mathbb{Z}_4} f(u)\psi(< c_i, u >) \right). \tag{2.22}$$

下面我们计算式 (2.22) 右边的内层和.

$$\sum_{u \in \mathbb{Z}_4^n} f(u)\psi(< c_i, u >) = \begin{cases} w + 2x + y, & \text{如果 } c_i = 0, \\ w - y, & \text{如果 } c_i = 1 \text{ 或 } 3, \\ w - 2x + y, & \text{如果 } c_i = 2. \end{cases}$$

由式 (2.22) 有

$$g(c) = (w + 2x + y)^{n_0(c)} (w - y)^{n_1(c)+n_3(c)} (w - 2x + y)^{n_2(c)}.$$

所以

$$\sum_{c \in C} g(c) = swe_C(w + 2x + y, w - y, w - 2x + y).$$

由式 (2.21)

$$|C|swe_{C^\perp}(w,x,y) = swe_C(w+2x+y, w-y, w-2x+y).$$

运用引理 3.2, 并作变量替换, 我们最后有

$$Lee_{C^\perp}(x,y) = \frac{1}{|C|}Lee_C(x+y, x-y).$$

定理得证. □

2.4 一些典型码

2.4.1 哈达玛码

为了介绍哈达玛 (Hadamard) 码, 我们首先定义一个 n 阶哈达玛矩阵. 令 $H=(a_{ij})$, 如果 $a_{ij}=\pm 1$, 且

$$HH' = nI_n = \begin{bmatrix} n & 0 & \cdots & 0 \\ 0 & n & \cdots & 0 \\ \vdots & \vdots & & \vdots \\ 0 & 0 & \cdots & n \end{bmatrix},$$

则称 H 为一个 n 阶哈达玛矩阵. 容易验证下述 H_2 为一个二阶哈达玛矩阵

$$H_2 = \begin{bmatrix} 1 & 1 \\ 1 & -1 \end{bmatrix}.$$

为了得到更高阶的哈达玛矩阵, 一个有用的工具是所谓的克罗内克 (Kronecker) 乘积. 令 $A=(a_{ij})_{m\times m}$, $B=(b_{ij})_{n\times n}$, 则 A 与 B 的克罗内克乘积 $A\otimes B$ 定义为

$$A\otimes B = \begin{bmatrix} a_{11}B & a_{12}B & \cdots & a_{1m}B \\ a_{21}B & a_{22}B & \cdots & a_{2m}B \\ \vdots & \vdots & & \vdots \\ a_{m1}B & a_{m2}B & \cdots & a_{mm}B \end{bmatrix}.$$

显然, $A\otimes B$ 为一个 $nm\times nm$ 阶方阵. 下面的结果可以很容易加以证明.

引理 4.1 令 A 为一个 m 阶哈达玛矩阵, B 为一个 n 阶哈达玛矩阵, 则 $A\otimes B$ 为一个 $mn\times mn$ 阶哈达玛矩阵.

证明: 令 $A=(a_{ij})_{m\times m}$, $B=(b_{ij})_{n\times n}$, $H=A\otimes B$, 则

$$
\begin{aligned}
HH' &= \begin{bmatrix} a_{11}B & a_{12}B & \cdots & a_{1m}B \\ a_{21}B & a_{22}B & \cdots & a_{2m}B \\ \vdots & \vdots & & \vdots \\ a_{m1}B & a_{m2}B & \cdots & a_{mm}B \end{bmatrix} \cdot \begin{bmatrix} a_{11}B' & a_{21}B' & \cdots & a_{m1}B' \\ a_{12}B' & a_{22}B' & \cdots & a_{m2}B' \\ \vdots & \vdots & & \vdots \\ a_{1m}B' & a_{2m}B' & \cdots & a_{mm}B' \end{bmatrix} \\
&= \begin{bmatrix} c_{11}BB' & c_{12}BB' & \cdots & c_{1m}BB' \\ \vdots & \vdots & & \vdots \\ c_{m1}BB' & c_{m2}BB' & \cdots & c_{mm}BB' \end{bmatrix} \\
&= \begin{bmatrix} mnI_n & 0 & \cdots & 0 \\ 0 & mnI_n & \cdots & 0 \\ \vdots & \vdots & \cdots & \vdots \\ 0 & 0 & \cdots & mnI_n \end{bmatrix} \\
&= mnI_{nm}.
\end{aligned}
$$

引理得证. □

由于 H_2 为一个 2 阶哈达玛矩阵, 于是

$$H_2 \otimes H_2 = H_2^{\otimes_2}, H_2 \otimes H_2 \otimes \cdots \otimes H_2 = H_2^{\otimes_n}$$

分别为 4 阶哈达玛矩阵和 2^n 阶哈达玛矩阵.

令 n 为一个偶数, H_n 为一个 n 阶哈达玛矩阵, 以 $\alpha_1, \alpha_2, \ldots, \alpha_n$ 为 n 个行向量, 即

$$H_n = \begin{bmatrix} \alpha_1 \\ \alpha_2 \\ \vdots \\ \alpha_n \end{bmatrix}, -H_n = \begin{bmatrix} -\alpha_1 \\ -\alpha_2 \\ \vdots \\ -\alpha_n \end{bmatrix}.$$

我们得到了 $2n$ 个行向量 $\{\pm\alpha_1, \pm\alpha_2, \ldots, \pm\alpha_n\}$, 对于每个行向量, 我们把分量 -1 换成 0, 经过如此置换的行向量 α_i 记为 $\overline{\alpha_i}$, $-\alpha_i$ 记为 $\overline{-\alpha_i}$, 因此 $\overline{\mp\alpha_i}$ 构成了 $\mathbb{F}_2^n$ 的一个向量, 记

$$C = \{\overline{\pm\alpha_1}, \overline{\pm\alpha_2}, \ldots, \overline{\pm\alpha_n}\} \subset \mathbb{F}_2^n.$$

称 C 为一个哈达玛码.

定理 6 长度为 n(n 为偶数) 的哈达玛码 C 的极小距离 $d = \dfrac{n}{2}$.

证明: 令 H_n 为 n 阶哈达玛矩阵, $H_n = \begin{bmatrix} \alpha_1 \\ \alpha_2 \\ \vdots \\ \alpha_n \end{bmatrix}$, 每个 α_i 为 H_n 的一个行向量, 置换 $\alpha_i \xrightarrow{\sigma} \overline{\alpha_i}$, 使得每个 $\overline{\alpha_i} \subset \mathbb{F}_2^n$ 成为一个二元码字. 我们看到, 这种置换不改变相应的汉明距离, 即

$$d(\alpha_i,\alpha_j)=d(\overline{\alpha}_i,\overline{\alpha}_j),$$
$$d(-\alpha_i,-\alpha_j)=d(\overline{\alpha}_i,\overline{\alpha}_j),$$

其中 $i\neq j$. 我们现来证明 C 的极小距离为 $\frac{n}{2}$. 令 $a=a_1a_2\cdots a_n$, $b=b_1b_2\cdots b_n$ 为哈达玛矩阵 H_n 的两个不同的行向量,

$$ab'=0\Rightarrow\sum_{i=1}^{n}a_ib_i=0.$$

$a_i=\pm1$, $b_i=\pm1$. 令相同字符的个数为 d_1, 不同字符的个数为 $d=d(a,b)$, 因此有 $d_1-d=0$, 即 $d_1=d$, 而 $d_1+d=n$, 所以 $d=\frac{n}{2}$. 定理得证. □

推论 1 $C=\{\overline{\pm\alpha_1},\overline{\pm\alpha_2},\ldots,\overline{\pm\alpha_n}\}$ 为哈达玛码, 则 C 上任意两个不相同的码字的汉明距离都为 $\frac{n}{2}$.

证明: $\{\pm\alpha_1,\pm\alpha_2,\ldots,\pm\alpha_n\}$ 为哈达玛矩阵的行向量, 令 $a=\pm\alpha_i, b=\pm\alpha_j(i\neq j)$, 则

$$ab'=\pm\sum_{i=1}^{n}a_ib_i=0\Rightarrow d(a,b)=\frac{n}{2}.$$ □

一个长度为 n, 码字个数为 M, 极小距离为 d 的码, 记为 (n,M,d), 区别于线性码 $[n,k]$ 或 $[n,k,d]$, 哈达玛码为

$$C=\left(n,2n,\frac{n}{2}\right).$$

当 $n=8$ 时, $d=4$, 这是汉明码的一种扩张. 当 $n=32$ 时, $(32,64,16)$ 为 1969 年美国火星探测器使用的码, 用来传输火星上拍摄的图片.

2.4.2 二元戈莱码

在信道编码理论与应用中, 二元戈莱 (Golay) 码是最著名的码. 为了完整介绍戈莱码 G_{23}, 我们首先引进 $t-(m,k,\lambda)$ 设计的概念.

令 S 为一个有 m 个元素的集合, 即 $|S|=m$. S 中元素称为点. 令 $\mathfrak{R}$ 为 S 中元素个数为 k 的一些子集的集合, 令 $|\mathfrak{R}|=M$, 即

$$\mathfrak{R}=\{B_1,B_2,\ldots,B_M\},B_i\subset S,|B_i|=k,1\leqslant i\leqslant M.$$

$\mathfrak{R}$ 中元素 B_i 称为区块.

定义 4.1 $(S,\mathfrak{R})$ 称为 $t-(m,k,\lambda)$ 设计, 如果对于任意的 $T\subset S,|T|=t$, 则 $\mathfrak{R}$ 中恰好有 λ 个区块 B 使得 $T\subset B$. 如果 $(S,\mathfrak{R})$ 为一个 $t-(m,k,\lambda)$ 设计, 记 $(S,\mathfrak{R})=t-(m,k,\lambda)$. 如果 $\lambda=1$, 则称 $t-(m,k,1)$ 为一个 Steiner 系统.

在一个 $t-(m,k,\lambda)$ 设计 $(S,\mathfrak{R})$ 中, 我们引进它的发生矩阵, 对于任意的 $a\in S$, 特征函数 $\chi_i(a)$ 定义为

$$\chi_i(a)=\begin{cases}1, & \text{如果 } a\in B_i,\\ 0, & \text{如果 } a\notin B_i,\end{cases}$$

记 $S=\{a_1,a_2,\ldots,a_m\},\mathfrak{R}=\{B_1,B_2,\ldots,B_M\},|\mathfrak{R}|=M$. 矩阵

$$A=(\chi_j(a_i))_{m\times M}=\begin{bmatrix}\chi_1(a_1) & \chi_2(a_1) & \cdots & \chi_M(a_1)\\ \chi_1(a_2) & \chi_2(a_2) & \cdots & \chi_M(a_2)\\ \vdots & \vdots & & \vdots\\ \chi_1(a_m) & \chi_2(a_m) & \cdots & \chi_M(a_m)\end{bmatrix},$$

称 A 为 $t-(m,k,\lambda)$ 设计的发生矩阵.

我们现在考虑一个具体的例子, 即 $2-(11,6,3)$ 设计. 其中, S 中有 11 个点, $\mathfrak{R}$ 中每个区块含有 6 个点, 且 S 中任意 2 个点恰好有 3 个区块包含它.

引理 4.2 $2-(11,6,3)$ 设计是唯一确定的, 即令 $S=\{a_1,a_2,\ldots,a_{11}\}$, 则 $\mathfrak{R}$ 中共有 11 个区块

$$\mathfrak{R}=\{B_1,B_2,\ldots,B_{11}\}.$$

且任意 $a\in S,\mathfrak{R}$ 中恰好有 6 个区块 B_j 包含 a.

证明: 设 $\forall\ a\in S$, 恰有 l 个 B_j 包含它, 因为任意 2 个点恰有 3 个区块包含, 所以有 $6l-l=10\times 3, l=6$. 另外, 设 $|\mathfrak{R}|=M$, 因为每个点恰有 6 个区块包含它, 则有 $6\times M=11\times 6$, 可得 $M=11$. □

由引理 4.2 可知, $2-(11,6,3)$ 设计的发生矩阵 N 为一个 11 阶方阵

$$N=\begin{bmatrix}\chi_1(a_1) & \chi_2(a_1) & \cdots & \chi_{11}(a_1)\\ \chi_1(a_2) & \chi_2(a_2) & \cdots & \chi_{11}(a_2)\\ \vdots & \vdots & & \vdots\\ \chi_1(a_{11}) & \chi_2(a_{11}) & \cdots & \chi_{11}(a_{11})\end{bmatrix}.$$

且 N 的每一行恰有 6 个 1 和 5 个 0, N 的每一列也恰有 6 个 1 和 5 个 0.

引理 4.3 令 N 为 $2-(11,6,3)$ 设计的发生矩阵, 则

$$NN'=3I_{11}+3J_{11}, J_{11}=\begin{bmatrix}1 & 1 & \cdots & 1\\ \vdots & \vdots & & \vdots\\ 1 & 1 & \cdots & 1\end{bmatrix}.$$

把 N 看作 $\mathbb{F}_2$ 上的 11 阶方阵, 则

$$NN'=I_{11}+J_{11}.$$

进一步 $\operatorname{rank}(N)=10$, 且线性方程组 $XN=0$ 的解恰好为 $\mathbb{F}_2^{11}$ 中的两个重复码字 0 和 $1(0=(0,0,\ldots,0),1=(1,1,\ldots,1))$.

证明: 令 $NN'=(b_{ij})_{11\times 11}$, 则由定义

$$b_{ij}=\sum_{k=1}^{11}\chi_k(a_i)\chi_k(a_j).$$

当 $i\neq j$ 时 $b_{ij}=3$, 当 $i=j$ 时 $b_{ij}=6$, 从而我们有

$$NN'=3I_{11}+3J_{11}\equiv I_{11}+J_{11}(\bmod 2).$$

把 $N(\bmod 2)$ 仍记为 N, 此为 $\mathbb{F}_2$ 上的 11 阶方阵, 我们有

$$\operatorname{rank}(N)=\operatorname{rank}(I_{11})-\operatorname{rank}(J_{11})=10.$$

所以 $XN=0$ 的解空间为 $\mathbb{F}_2^{11}$ 中的一个一维线性子空间. 由于 N 的每个列向量恰好有 6 个 1 和 5 个 0, 故

$$(1,1,\ldots,1)N=(0,0,\ldots,0)\in\mathbb{F}_2^{11}.$$

所以 $XN=0$ 的解恰有两个:

$$x=(0,0,\ldots,0),\ x=(1,1,\ldots,1).$$

引理得证. □

下面我们构造一个 12×24 阶矩阵 G, $G=(I_{12},P)$, 其中

$$P=\begin{pmatrix}0 & 1\cdots 1\\ 1 & \\ \vdots & \text{N}\\ 0 & \end{pmatrix},\ 及\ G=\begin{bmatrix}\alpha_1\\ \alpha_2\\ \vdots\\ \alpha_{12}\end{bmatrix}.$$

这里 $\alpha_i\in\mathbb{F}_2^{24}$ 为 G 的 12 个行向量. 显然我们有权函数

$$w(\alpha_1)=12,\ w(\alpha_i)=8,\ 2\leqslant i\leqslant 12. \tag{2.23}$$

引理 4.4 令 $G=\begin{bmatrix}\alpha_1\\ \alpha_2\\ \vdots\\ \alpha_{12}\end{bmatrix}$, 则 $\{\alpha_1,\alpha_2,\ldots,\alpha_{12}\}\subset\mathbb{F}_2^{24}$ 为线性无关组, 且它的任意一个非零的线性组合的权至少为 8, 即

$$w(a_1\alpha_1+a_2\alpha_2+\cdots+a_{12}\alpha_{12})\geqslant 8,\ a_i\ 不全为零. \tag{2.24}$$

证明: 我们来证 $\{\alpha_i\}_{i=1}^{12}$ 为两两正交的向量组, 即内积 $<\alpha_i,\alpha_j>=\alpha_i\alpha_j'=0$. 显然我们有

$$<\alpha_1,\alpha_j>=\alpha_1\alpha_j'=6\equiv 0(\bmod 2),\ j\neq 1.$$

如果 $i\neq 1, j\neq 1, i\neq j$, 则

$$< \alpha_i, \alpha_j >= 1 + \sum_{k=1}^{11} \chi_k(a_i)\chi_k(a_j) = 4 \equiv 0 (\mathrm{mod}\, 2).$$

所以 $< \alpha_i, \alpha_j >= 0$, 当 $i \neq j$ 时, $\{\alpha_1, \alpha_2, \ldots, \alpha_{12}\}$ 为 $\mathbb{F}_2^{24}$ 中的线性无关组. 如果 $a_i \in \mathbb{F}_2$, 不全为 0, 令 $a = a_1 a_2 \cdots a_{12}$, 我们对 $w(a)$ 做归纳法来证明式 (2.24). 如果 $w(a) = 1$, 则由式 (2.23) 知命题成立. 当 $w(a) \geqslant 8$ 时, 命题平凡, 对 $2 \leqslant w(a) \leqslant 7$, 我们仍可以证明

$$w(a_1\alpha_1 + a_2\alpha_2 + \cdots + a_{12}\alpha_{12}) \geqslant 8.$$

所以引理成立. □

定义 4.2 G 的行向量组 $\{\alpha_1, \alpha_2, \ldots, \alpha_{12}\}$ 在 $\mathbb{F}_2^{24}$ 中生成的线性码 $[24, 12]$ 称为戈莱码, 记为 G_{24}. 把 α_i 的最后一个分量去掉, $\alpha_i \to \overline{\alpha}_i$, 则 $\overline{\alpha}_i \in \mathbb{F}_2^{23}$, 由 $\{\overline{\alpha}_1, \overline{\alpha}_2, \ldots, \overline{\alpha}_{12}\}$ 在 $\mathbb{F}_2^{23}$ 中生成的线性码 $[23, 12]$ 称为戈莱码, 记为 G_{23}.

定理 7 戈莱码 G_{23} 是极小距离 $d = 7$ 的完美码 $[23, 12]$.

证明: 因为线性码的极小距离为极小权, 由引理 4.4 可知

$$w(a_1\overline{\alpha}_1 + a_2\overline{\alpha}_2 + \cdots + a_{12}\overline{\alpha}_{12}) \geqslant w(a_1\alpha_1 + a_2\alpha_2 + \cdots + a_{12}\alpha_{12}) - 1 \geqslant 7.$$

一方面, $\forall\, \alpha_i$ 有 $w(\alpha_i) = 8$, $i \neq 1$, 因此存在 $\overline{\alpha}_i \Rightarrow w(\overline{\alpha}_i) = w(\alpha_i) - 1 = 7$. 所以 G_{23} 的极小距离 $d = 7$. 另一方面, 我们注意到

$$|G_{23}| \sum_{i=0}^{3} \binom{23}{i} = 2^{12} \sum_{i=0}^{3} \binom{23}{i} = 2^{23}.$$

由定理 1 的球装箱条件 $\Rightarrow G_{23}$ 为完美码, 定理成立. □

2.4.3 三元戈莱码

为了引进三元戈莱码, 我们首先定义一个 q 阶佩利 (Paley) 矩阵. 令 $q \geqslant 3$ 为奇数, 在有限域 $\mathbb{F}_q$ 中定义一个 2 阶实值乘法特征 $\chi(a)$ 为

$$\chi(a) = \begin{cases} 0, & \text{如果 } a = 0, \\ 1, & \text{如果 } a \in (\mathbb{F}_q^*)^2, \\ -1, & \text{如果 } a \notin (\mathbb{F}_q^*)^2. \end{cases}$$

显然, χ 为 $\mathbb{F}_q^*$ 上的一个特征. 因为 $\mathbb{F}_q^*$ 为 $(q-1)$ 阶循环乘法群, 所以, 我们有

$$\chi(-1) = (-1)^{\frac{q-1}{2}} = \begin{cases} 1, & \text{如果 } q \equiv 1 (\mathrm{mod}\, 4), \\ -1, & \text{如果 } q \equiv 2 \text{ 或 } 3 (\mathrm{mod}\, 4). \end{cases}$$

记 $\mathbb{F}_q = \{a_0, a_1, \ldots, a_{q-1}\}$, 其中 $a_0 = 0$, 则 q 阶佩利矩阵 S_q 定义为

$$S_q=(\chi(a_i-a_j))_{q\times q}=\begin{bmatrix}0 & \chi(-a_1) & \chi(-a_2) & \cdots & \chi(-a_{q-1})\\ \chi(a_1) & 0 & \chi(a_1-a_2) & \cdots & \chi(a_1-a_{q-1})\\ \chi(a_2) & \chi(a_2-a_1) & 0 & \cdots & \chi(a_2-a_{q-1})\\ \vdots & \vdots & \vdots & & \vdots\\ \chi(a_{q-1}) & \chi(a_{q-1}-a_1) & \chi(a_{q-1}-a_2) & \cdots & 0\end{bmatrix}.$$

引理 4.5 q 阶佩利矩阵 S_q 有如下性质:

(i) $S_qJ_q=J_qS_q=0$.

(ii) $S_qS_q'=qI_q-J_q$.

(iii) $S_q'=(-1)^{\frac{q-1}{2}}S_q$.

其中 I_q 为 q 阶单位阵, J_q 为所有元素为 1 的 q 阶方阵.

证明: (i) 令 $S_qJ_q=(b_{ij})_{q\times q}$, 则对 $\forall\, 0\leqslant i\leqslant q-1,\ 0\leqslant j\leqslant q-1$, 有

$$b_{ij}=\sum_{k=0}^{q-1}\chi(a_i-a_k)=\sum_{c\in\mathbb{F}_q}\chi(c)=0.$$

因此 (i) 成立.

(ii) 令 $S_qS_q'=(c_{ij})_{q\times q}$, 则

$$c_{ij}=\sum_{k=0}^{q-1}\chi(a_i-a_k)\chi(a_j-a_k).$$

显然我们有

$$c_{ij}=\begin{cases}q-1, & \text{如果 } i=j,\\ -1, & \text{如果 } i\neq j.\end{cases}$$

所以 (ii) 成立.

(iii) 注意到 $\chi(-1)=(-1)^{\frac{q-1}{2}}$, 所以

$$S_q=\chi(-1)S_q'=(-1)^{\frac{q-1}{2}}S_q',$$

引理得证. □

令 $q=5$, 我们考虑 5 阶佩利矩阵 S_5, 经计算有

$$S_5=\begin{bmatrix}0 & 1 & -1 & -1 & 1\\ 1 & 0 & 1 & -1 & -1\\ -1 & 1 & 0 & 1 & -1\\ -1 & -1 & 1 & 0 & 1\\ 1 & -1 & -1 & 1 & 0\end{bmatrix}.$$

我们在 $\mathbb{F}_3^{11}$ 中考虑一个线性码 C, 此码的生成矩阵为

$$G=\begin{pmatrix}I_6 & \begin{matrix}1\ 1\ 1\ 1\ 1\\ S_5\end{matrix}\end{pmatrix},$$

所以 C 为 $\mathbb{F}_3^{11}$ 中的一个 6 维线性子空间, 即 $C=[11,6]$. 此码称为三元戈莱码. 为了进一步讨论三元戈莱码 $[11,6]$, 我们讨论线性码的扩张码的概念.

如果 $C\subset\mathbb{F}_q^n$ 为长度 n 的 q 元线性码, C 的扩张码 $\overline{C}$ 定义为

$$\overline{C}=\{(c_1,c_2,\ldots,c_{n+1})|(c_1,c_2,\ldots,c_n)\in C,\ \text{且}\sum_{i=1}^{n+1}c_i=0\}.$$

显然, $\overline{C}\subset\mathbb{F}_q^{n+1}$ 为一个线性码.

引理 4.6 如果 $C\subset\mathbb{F}_q^n$ 为一个线性码, 生成矩阵为 G, 检验矩阵为 H, 则扩张码 $\overline{C}\subset\mathbb{F}_q^{n+1}$ 的长度为 $n+1$, 它的生成矩阵 $\overline{G}$ 与校验矩阵 $\overline{H}$ 分别为

$$\overline{G}=[G,\beta],\ \text{以及}\ \overline{H}=\begin{pmatrix}1 & 1 & \cdots & 1\\ & & 0 & \\ H & & & \vdots\\ & & & 0\end{pmatrix}.$$

其中 β 为一个列向量, 满足 β 与 G 的所有列向量之和为 0. 进一步地, 令 $q=2$, 如果 C 的极小距离 d 为奇数, 则 $\overline{C}$ 的极小距离为 $d+1$.

证明: $\overline{C}$ 的生成矩阵与校验矩阵可以直接由定义给出. 由 $c=c_1c_2\cdots c_n\in C$ 可得 C 的极小权 $w=w(c)$, 因为 $q=2$, 所以有 w 个 $c_i=1$, 又 w 为奇数, 则 $w\neq 0$, 令 $c_{n+1}=1$, 则

$$c^*=c_1c_2\cdots c_{n+1}\in\overline{C}\ \text{且}\ w(c^*)=d+1,$$

此为 $\overline{C}$ 中的极小权. 引理得证. □

考虑三元戈莱码 $C=[11,6]$ 的扩张码 $\overline{C}=[12,6]$, 它的生成矩阵为

$$\overline{G}=\begin{pmatrix} & 1\,1\,1\,1\,1 & 0\\ & & -1\\ I_6 & S_5 & \vdots\\ & & -1\end{pmatrix},\tag{2.25}$$

注意到 S_5 的每个行向量的分量之和为 0, 且不同行向量的内积为 -1, 相同行向量的内积为 1, 所以

$$\overline{G}\cdot\overline{G}'=0.$$

因此, 扩张码 $\overline{C}$ 为自对偶码, 即 $(\overline{C})^{\perp}=\overline{C}$.

定理 8 三元戈莱码 C 为一个完美线性码 $[11,6]$, 它的极小距离为 5, 因此为 2−纠错码.

证明: $\overline{G}$ 的每个行向量的权为 6, 由计算可知 $\overline{G}$ 的行向量的线性组合的权为 6, 因此, 扩张码 $\overline{C}$ 的极小距离是 $6\Rightarrow C$ 的极小距离为 5. 因此 C 的不相交半径 $\rho_1=2$. 又由于

$$|C|=3^6,\ \sum_{i=0}^{2}\binom{11}{i}2^i=3^5,$$

则球装箱条件满足

$$|C|\sum_{i=0}^{2}\binom{11}{i}2^i = 3^{11}.$$

因此, 由定理 1, C 为一个完美码, 定理成立. □

注: 值得注意的是, J.H.van Lint 于 1971 年 (见参考文献 2 的 [24]), A.Tietäváinen 于 1973 年 (见参考文献 2 的 [43]) 独立证明极小距离大于 3 的完美码 (非平凡) 在任意有限域上仅有二元戈莱码 G_{23} 与三元戈莱码.

2.4.4 Reed-Muller 码

Reed 与 Muller 于 1954 年基于有限几何提出了一类二元线性码. 为了讨论这种码的结构和性质, 我们首先证明几个数论上的结果.

引理 4.7 令 p 为一个素数, k, n 为两个非负整数, 它们的 $p-$进制表示为

$$n = \sum_{i=0}^{l} n_i p^i, \ k = \sum_{i=0}^{l} k_i p^i,$$

则

$$\binom{n}{k} \equiv \prod_{i=0}^{l}\binom{n_i}{k_i}(\bmod p), \ 这里\binom{n_i}{k_i} = 0\ (如果\ k_i > n_i).$$

证明: 如果 $k=0$, 则 $k_i = 0$, 所以上式成立. 如果 $n = k$, 则 $n_i = k_i$, 上式也成立. 不妨令 $1 \leqslant k < n$, 注意到多项式同余

$$(1+x)^p \equiv 1 + x^p(\bmod p),$$

所以我们有

$$\begin{aligned}(1+x)^n &= (1+x)^{\sum_{i=0}^{l} n_i p^i}\\ &\equiv \prod_{i=0}^{l}(1+x^{p^i})^{n_i}(\bmod p).\end{aligned}$$

比较上式两边 x^k 项的系数, 如果存在某一个 $k_j > n_j$, 则 x^k 项在上式的右边不出现, 这意味着, 左边的 x^k 项的系数有

$$\binom{n}{k} \equiv 0(\bmod p).$$

如果 $k_i \leqslant n_i$, $\forall\ 0 \leqslant i \leqslant l$, 则

$$\binom{n}{k} \equiv \prod_{i=0}^{l}\binom{n_i}{k_i}(\bmod p).$$

引理得证. □

Massey 于 1973 年首次定义了多项式权的概念, 在一个特征为 2 的有限域 ($q=2^r$) 上, 多项式 $f(x)\in\mathbb{F}_q[x]$, 定义 $f(x)$ 的汉明权为

$$w(f(x)) = f(x)\text{ 的非 0 系数的个数}.$$

引理 4.8 (Massey, 1973) 令 $f(x)=\sum_{i=0}^{l} b_i(x+c)^i\in\mathbb{F}_q[x]$ 且 $b_l\neq 0$, 令 i_0 为使得 $b_i\neq 0$ 的最小的下标 i, 则

$$w(f(x))\geqslant w((x+c)^{i_0}).$$

证明: $l=0$, 则 $i_0=0$, 引理平凡成立. 令 $l<2^n$ 时引理成立, 我们考虑 $2^n\leqslant l<2^{n+1}$, 把 $f(x)$ 写为

$$\begin{aligned}
f(x) &= \sum_{i=0}^{2^n-1} b_i(x+c)^i + \sum_{i=2^n}^{l} b_i(x+c)^i\\
&= f_1(x) + (x+c)^{2^n} f_2(x)\\
&= f_1(x) + c^{2^n} f_2(x) + x^{2^n} f_2(x),
\end{aligned}$$

其中 $\deg f_1(x)<2^n, \deg f_2(x)<2^n$. 下面分两种情况来讨论:

(i) 如果 $f_1(x)=0$, 则 $w(f(x))=2w(f_2(x))$. 因为 $i_0\geqslant 2^n$, 所以

$$\begin{aligned}
w((x+c)^{i_0}) &= w((x^{2^n}+c^{2^n})(x+c)^{i_0-2^n})\\
&= 2w((x+c)^{i_0-2^n}).
\end{aligned}$$

由归纳假设

$$w(f_2(x))\geqslant w((x+c)^{i_0-2^n}).$$

因此有

$$w(f(x)) = 2w(f_2(x)) > 2w((x+c)^{i_0-2^n}) = w((x+c)^{i_0}).$$

(ii) 如果 $f_1(x)\neq 0$, 则以 i_1 表示 $f_1(x)$ 对应的下标, 以 i_2 表示 $f_2(x)$ 对应的下标. 因为 $f_1(x)$ 不为 0 的项如果加上 $c^{2^n}f_2(x)$ 的对应项后变为 0, 则 $x^{2^n}f_2(x)$ 将有对应的不为 0 的项, 因此, 我们恒有

$$w(f(x))\geqslant w(f_1(x)),\ w(f(x))\geqslant w(f_2(x)).$$

如果 $i_1<i_2$, 则 $i_0=i_1$, 由归纳假设

$$w(f(x))\geqslant w(f_1(x))\geqslant w((x-c)^{i_1}) = w((x-c)^{i_0}).$$

同理, 如果 $i_2<i_1$, 则 $i_0=i_2$, 所以有

$$w(f(x))\geqslant w(f_2(x))\geqslant w((x-c)^{i_2}) = w((x-c)^{i_0}).$$

如果 $i_1=i_2$, 则总可以化为 $i_1\neq i_0$ 的情形, 所以引理恒成立. □

下面我们应用 Massey 的方法来构造 Reed-Muller 码. 令 $m \geqslant 1$, 把 $\mathbb{F}_2^m$ 作为 m 维仿射空间, 记为 $AG(m,2)$, $\alpha \in AG(m,2)$ 为仿射空间的一个点, 把 α 写为 m 维列向量, 令 $\{u_0, u_1, \ldots, u_{m-1}\}$ 为 $\mathbb{F}_2^m$ 的标准基, 即

$$\alpha = \begin{bmatrix} a_0 \\ a_1 \\ \vdots \\ a_{m-1} \end{bmatrix}, u_0 = \begin{bmatrix} 1 \\ 0 \\ 0 \\ \vdots \\ 0 \end{bmatrix}, \ldots, u_{m-1} = \begin{bmatrix} 0 \\ 0 \\ 0 \\ \vdots \\ 1 \end{bmatrix},$$

其中 $a_i = 0$ 或 1. 我们现在来建立整数集 $\{0 \leqslant j < 2^m\}$ 与 $AG(m,2)$ 中的点之间的一个 $1-1$ 对应关系. 令 $0 \leqslant j < 2^m$, 则

$$j = \sum_{i=0}^{m-1} a_{ij} 2^i, a_{ij} \in \mathbb{F}_2.$$

我们定义

$$x_j = \sum_{i=0}^{m-1} a_{ij} u_i = \begin{bmatrix} a_{0j} \\ a_{1j} \\ \vdots \\ a_{(m-1)j} \end{bmatrix} \in \mathbb{F}_2^m,$$

由于当 $j_1 \neq j_2$ 时, 有 $x_{j_1} \neq x_{j_2}$, 因此 $\{x_j | 0 \leqslant j < 2^m\}$ 给出了 $\mathbb{F}_2^m$ 中的全部点. 记 $n = 2^m$, 考虑矩阵

$$E = [x_0, x_1, \ldots, x_{n-1}] = \begin{bmatrix} a_{00} & a_{01} & \cdots & a_{0(n-1)} \\ a_{10} & a_{11} & \cdots & a_{1(n-1)} \\ \vdots & \vdots & & \vdots \\ a_{(m-1)0} & a_{(m-1)1} & \cdots & a_{(m-1)(n-1)} \end{bmatrix}_{m \times n},$$

E 的每个行向量 $\alpha_i = (a_{i0}, a_{i1}, \ldots, a_{i(n-1)})(0 \leqslant i \leqslant m-1)$ 为 $\mathbb{F}_2^n$ 中的一个向量, 写为

$$E = \begin{bmatrix} \alpha_0 \\ \alpha_1 \\ \vdots \\ \alpha_{m-1} \end{bmatrix} = (a_{ij})_{m \times n} (0 \leqslant i < m, 0 \leqslant j < 2^m = n).$$

对于每个 i, $0 \leqslant i < m$, 定义 $\mathbb{F}_2^m$ 中的一个线性子空间

$$B_i = \{x_j \in \mathbb{F}_2^m | a_{ij} = 0\}.$$

显然, B_i 为一个线性子空间, B_i 的加法陪集称为 $\mathbb{F}_2^m$ 中的一个 $m-1$ 维平台 (flat). 考虑 $A_i = B_i + u_i$,

$$A_i = \{x_j \in \mathbb{F}_2^m | a_{ij} = 1, 0 \leqslant j < n\} \Rightarrow |A_i| = 2^{m-1}.$$

我们在 $\mathbb{F}_2^m$ 中依照 A_i 来定义特征函数 $\chi_i(\alpha)$ 为

$$\chi_i(\alpha)=\begin{cases}1, & \text{如果 } \alpha\in A_i,\\ 0, & \text{如果 } \alpha\notin A_i.\end{cases}$$

其中 $\alpha\in\mathbb{F}_2^m$. 因此 E 中的每个行向量 $\alpha_i(0\leqslant i<m)$ 可表示为

$$\alpha_i=(\chi_i(x_0),\chi_i(x_1),\dots,\chi_i(x_{n-1})).$$

对于 $\mathbb{F}_2^n$ 中的任意两个向量 $\alpha=(b_0,b_1,\dots,b_{n-1}),\beta=(c_0,c_1,\dots,c_{n-1})$. 定义乘积向量

$$\alpha\beta=(b_0c_0,b_1c_1,\dots,b_{n-1}c_{n-1})\in\mathbb{F}_2^n.$$

于是对于 $0\leqslant i_1,i_2<m$, 我们有 E 的行向量的乘积

$$\alpha_{i_1}\alpha_{i_2}=(\chi_{i_1}(x_0)\chi_{i_2}(x_0),\chi_{i_1}(x_1)\chi_{i_2}(x_1),\dots,\chi_{i_1}(x_{n-1})\chi_{i_2}(x_{n-1})).$$

因此, $\alpha_{i_1}\alpha_{i_2}$ 的第 j 个分量 $(0\leqslant j<2^m)$ 为

$$\chi_{i_1}(x_j)\chi_{i_2}(x_j)=\begin{cases}1, & \text{如果 } x_j\in A_{i_1}\bigcap A_{i_2},\\ 0, & \text{如果 } x_j\notin A_{i_1}\bigcap A_{i_2}.\end{cases}$$

由 A_i 的定义, 显然

$$|A_{i_1}\bigcap A_{i_2}|=2^{m-2}.$$

引理 4.9 令 $i_1,i_2,\dots,i_s$ 为 0 到 $m-1$ 的 s 个不同的指标数 $(0\leqslant s<m)$, 则

$$|A_{i_1}\bigcap A_{i_2}\bigcap\cdots\bigcap A_{i_s}|=2^{m-s},$$

而且 $\alpha_{i_1}\alpha_{i_2}\cdots\alpha_{i_s}\in\mathbb{F}_2^n$ 有权函数

$$w(\alpha_{i_1}\alpha_{i_2}\cdots\alpha_{i_s})=2^{m-s}.$$

证明: 第一个结论为显然的. 我们仅证第二个结论,

$$\alpha=\alpha_{i_1}\alpha_{i_2}\cdots\alpha_{i_s}=(x_{i_1}(x_0)\cdots x_{i_s}(x_0),x_{i_1}(x_1)\cdots x_{i_s}(x_1),\dots,x_{i_1}(x_{n-1})\cdots x_{i_s}(x_{n-1}))$$

有 2^{m-s} 个 $x_j\in A_{i_1}\bigcap A_{i_2}\bigcap\cdots\bigcap A_{i_s}$, 所以 α 中有 2^{m-s} 个分量为 1, 其他分量为 0, 所以

$$w(\alpha)=w(\alpha_{i_1}\alpha_{i_2}\cdots\alpha_{i_s})=2^{m-s},$$

引理成立. □

对于 $0\leqslant l<2^m$, $I(l)$ 定义为指标集

$$I(l)=\{i_1,i_2,\dots,i_s \mid l=\sum_{i=0}^{m-1}a_{il}2^i \text{ 满足 } a_{il}=0\}.$$

关于指标集 $I(l)$ 的下述性质是显然的:

(i) $l_1\neq l_2\Rightarrow I(l_1)\neq I(l_2)$.

(ii) $\bigcup\limits_{0\leqslant l<n} I(l)=\{0,1,2,\dots,m-1\}$.

(iii) $l=n-1 \Rightarrow I(n-1)$ 为空集合.

上述性质是容易验证的, 比如 (iii), 因为 $l=n-1=2^m-1=1+2+\cdots+2^{m-1}$, 所以 $a_{il}=0$ 的那些下标 i 是不存在的, 即 $I(n-1)=\varnothing$.

有时我们可以将指标集写为 $I(l)=\{i_1,i_2,\ldots,i_s\}_l$.

引理 4.10 令 $0\leqslant l<n=2^m, I(l)=\{i_1,i_2,\ldots,i_s\}$, 再假设

$$\alpha_{i_1}\alpha_{i_2}\cdots\alpha_{i_s}=(b_{l0},b_{l1},\ldots,b_{l(n-1)})\in\mathbb{F}_2^n,$$

则在环 $\mathbb{F}_2[x]$ 中有

$$(1+x)^l=\sum_{j=0}^{n-1}b_{lj}x^{n-1-j}. \tag{2.26}$$

证明: 对于 $0\leqslant j<n$, 记 $j=\sum\limits_{i=0}^{m-1}a_{ij}2^i$, 则

$$n-1-j=\sum_{i=0}^{m-1}c_{ij}2^i, \text{其中 } c_{ij}=1-a_{ij}.$$

由引理 4.7,

$$\binom{l}{n-1-j}\equiv\prod_{i=0}^{m-1}\binom{a_{il}}{c_{ij}}(\operatorname{mod} 2).$$

如果

$$\binom{l}{n-1-j}\equiv 1(\operatorname{mod} 2),$$

则当 $a_{il}=0$ 时, $c_{ij}=0\Rightarrow a_{ij}=1$, 换句话说

$$\binom{l}{n-1-j}\equiv 1(\operatorname{mod} 2)\Leftrightarrow a_{ij}=1,\ \text{对 }\forall\, i\in I(l).$$

另外, 由引理 4.9,

$$b_{lj}=1\Leftrightarrow x_j\in A_{i_1}\bigcap A_{i_2}\bigcap\cdots\bigcap A_{i_s}\Leftrightarrow a_{ij}=1, \text{当 } i\in I(l) \text{ 时}.$$

比较式 (2.26) 两边 x^{n-1-j} 项, 所以我们有

$$(1+x)^l=\sum_{j=0}^{n-1}b_{lj}x^{n-1-j}.$$

引理成立. □

对于任意 $0\leqslant l<n=2^m$, 我们定义了指标集 $I(l)=\{i_1,i_2,\ldots,i_s\}$ 以及 $\mathbb{F}_2^n$ 中的向量

$$N_l=\alpha_{i_1}\alpha_{i_2}\cdots\alpha_{i_s}.$$

不同的 l 所对应的指标集 $I(l)$ 是不同的, 所以对应的向量 N_l 是不同的, 由于 $l=n-1$ 对应的指标集为空集合, 故此时对应的向量 N_{n-1} 定义为

$$N_{n-1}=(1,1,\ldots,1)=e.$$

令 $e_0=(1,0,\ldots,0),\ldots,e_{n-1}=(0,0,\ldots,1)$ 为 $\mathbb{F}_2^n$ 的一组标准基.

引理 4.11 对于 $0\leqslant j<n$, 我们有

$$e_j=\prod_{i=0}^{m-1}(\alpha_i+(1+a_{ij})e),$$

其中 α_i 为矩阵 E 的第 i 行.

证明: 对于 $\mathbb{F}_2^n$ 中的向量 α, 定义它的补向量 $\overline{\alpha}$ 为把 α 中的分量 1 换成 0 , 把 α 中的分量 0 换成 1. 因此有

$$\alpha+\overline{\alpha}=e=(1,1,\ldots,1),\forall\ \alpha\in\mathbb{F}_2^n.$$

给定 $0\leqslant j<n$ 后, 我们定义矩阵 E 的行向量 $\alpha_i(0\leqslant i<m)$ 的第 j 个补向量为

$$\overline{\alpha_i(j)}=\begin{cases}\alpha_i, & \text{如果 } a_{ij}=1,\\ \overline{\alpha_i}, & \text{如果 } a_{ij}=0.\end{cases}$$

显然有

$$\alpha_i+(1+a_{ij})e=\overline{\alpha_i(j)},$$

由指标集 $I(l)$ 的定义, 我们有

$$\overline{\alpha_i(j)}=\begin{cases}\alpha_i, & \text{如果 } i\notin I(j),\\ e-\alpha_i, & \text{如果 } i\in I(j).\end{cases}$$

现在我们来计算

$$\begin{aligned}\prod_{i=0}^{m-1}(\alpha_i+(1+a_{ij})e)&=\prod_{i=0}^{m-1}\overline{\alpha_i(j)}\\&=\prod_{i\in I(j)}(e-\alpha_i)\prod_{i\notin I(j)}\alpha_i=b.\end{aligned}$$

这里 $b\in\mathbb{F}_2^n$, 令 $b=(b_0,b_1,\ldots,b_{n-1})$. 显然 $b_j=1$. 如果 $k\neq j$, 则

$$b_k=\prod_{i\notin I(j)}a_{ik}\cdot\prod_{i\in I(j)}(1-a_{ik})=0.$$

所以 $b=e_j$. 引理得证. □

引理 4.12 $\{N_l\}_{0\leqslant l<n}$ 构成了 $\mathbb{F}_2^n$ 的一组基, 其中 $N_{n-1}=e=(1,1,\ldots,1)$.

证明: $\{N_l\}_{0\leqslant l<n}$ 恰有 n 个不同的向量, 我们来证它们是线性无关的. 令

$$N_l = \alpha_{i_1}\alpha_{i_2}\cdots\alpha_{i_s} = (b_{l0}, b_{l1}, \ldots, b_{l(n-1)}),$$
$$\sum_{l=0}^{n-1} c_l N_l = (\sum_{l=0}^{n-1} c_l b_{l0}, \sum_{l=0}^{n-1} c_l b_{l1}, \ldots, \sum_{l=0}^{n-1} c_l b_{l(n-1)})$$

为一个线性组合. 其中 $c = (c_0, c_1, \ldots, c_{n-1}) \neq 0$. 因为

$$f(x) = \sum_{l=0}^{n-1} (1+x)^l \in \mathbb{F}_2[x],\ f(x) \neq 0.$$

由引理 4.10, 我们有

$$f(x) = \sum_{j=0}^{n-1} (\sum_{l=0}^{n-1} c_l b_{lj}) x^{n-1-j}.$$

所以有某个分量 $\sum_{l=0}^{n-1} c_l b_{lj} \neq 0$, 即 $\{N_l\}_{0 \leqslant l < n}$ 为一组基. 引理得证. □

定义 4.3 令 $0 \leqslant r < m$, 第 r 阶的线性码 —— Reed-Muller 码 $R(r,m)$ 为

$$R(r,m) = L(\{\alpha_{i_1}\alpha_{i_2}\ldots\alpha_{i_s} | 0 \leqslant s \leqslant r\}) \subset \mathbb{F}_2^n,$$

$s = 0$ 所对应的向量为 e.

显然, 当 $r = 0$ 时, $R(0,m)$ 所对应的为 $\mathbb{F}_2^n$ 中的重复码:

$$R(0,m) = \{(0,0,\ldots,0), (1,1,\ldots,1)\}.$$

对一般的 r, $0 \leqslant r < m$, $R(r,m)$ 为 $\mathbb{F}_2^n$ 中的一个 t 维线性子空间, 其中

$$t = \sum_{s=0}^{r} \binom{m}{s}.$$

引理 4.13 第 r 阶的 Reed-Muller 码 $R(r,m)$ 的对偶码为 $R(m-r-1,m)$.

证明: $R(r,m)$ 与 $R(m-r-1,m)$ 的维数分别为

$$\dim(R(r,m)) = \sum_{s=0}^{r} \binom{m}{s}$$

和

$$\dim(R(m-r-1,m)) = \sum_{s=0}^{m-r-1} \binom{m}{s}.$$

因为

$$\begin{aligned}&\sum_{s=0}^{r}\binom{m}{s}+\sum_{s=0}^{m-r-1}\binom{m}{m-s}\\=&\sum_{s=0}^{r}\binom{m}{s}+\sum_{s=r+1}^{m}\binom{m}{s}\\=&\sum_{s=0}^{m}\binom{m}{s}=(1+1)^m\\=&2^m=n,\end{aligned}$$

即

$$\dim(R(r,m))+\dim(R(m-r-1,m))=n.$$

令 $\alpha_{i_1}\alpha_{i_2}\cdots\alpha_{i_s}$, $\alpha_{j_1}\alpha_{j_2}\cdots\alpha_{j_t}$ 分别为 $R(r,m)$ 与 $R(m-r-1,m)$ 的基向量. 令

$$\alpha=\alpha_{i_1}\alpha_{i_2}\cdots\alpha_{i_s},\ \beta=\alpha_{j_1}\alpha_{j_2}\cdots\alpha_{j_t},$$

由引理 4.9,

$$w(\alpha)=2^{m-s},w(\beta)=2^{m-t},\ s\leqslant r<m,\ t\leqslant m-r-1,$$

由于 $s+t<m$, 乘积 $\alpha\beta=\alpha_{i_1}\alpha_{i_2}\cdots\alpha_{i_s}\cdot\alpha_{j_1}\alpha_{j_2}\cdots\alpha_{j_t}$ 有权

$$w(\alpha\beta)=w(\alpha_{i_1}\alpha_{i_2}\cdots\alpha_{i_s}\cdot\alpha_{j_1}\alpha_{j_2}\cdots\alpha_{j_t})=2^{m-(s+t)},$$

所以

$$<\alpha,\beta>=0,$$

即 $R(r,m)$ 的对偶码为 $R(m-r-1,m)$. 引理得证. □

定理 9 第 r 阶的 Reed-Muller 码 $R(r,m)$ 有极小距离 $d=2^{m-r}$, 特别地, 当 $r=m-2$ 时, $R(m-2,m)$ 为线性码 $[n,n-m-1]$.

证明: 由引理 4.9, 我们有

$$w(\alpha_{i_1}\alpha_{i_2}\cdots\alpha_{i_s})=2^{m-s},$$

所以 $R(r,m)$ 的极小距离 $d\leqslant 2^{m-r}$. 另外, 令 $I_1(r)$ 为对应的 $\{i_1,i_2,\ldots,i_s\}$ 在 $s\leqslant r$ 条件下的所有 l 的值, 令

$$\alpha_{i_1}\alpha_{i_2}\cdots\alpha_{i_s}=(b_{l0},b_{l1},\ldots,b_{l(n-1)}),$$

则

$$f(x)=\sum_{l\in I_1(r)}(1+x)^l=\sum_{j=0}^{n-1}(\sum_{l\in I_1(r)}c_lb_{lj})x^{n-1-j}.$$

所以线性组合的权函数有关系:

$$w\left(\sum_{l\in I_1(r)} c_l\alpha_{i_1}\alpha_{i_2}\cdots\alpha_{i_s}\right)=w(f(x)).$$

定义 i_0 为

$$i_0=\min\{l|l\in I_1(r)\}.$$

显然

$$i_0=1+2+\cdots+2^{m-r-1}=2^{m-r}-1,$$

由引理 4.8, 有

$$w(f(x))\geqslant w((x+1)^{i_0})=i_0+1=2^{m-r}.$$

因为组合数

$$\binom{i_0}{k}=\binom{2^{m-r}-1}{k}\ (0\leqslant k\leqslant 2^{m-r}-1)$$

全为奇数, 这是由于

$$i_0=1+2+\cdots+2^{m-r-1},$$
$$k=k_0+k_1\cdot 2+\cdots+k_{m-r-1}2^{m-r-1},$$

$\forall\ k_i\leqslant 1$, 从而推出

$$\binom{i_0}{k}\equiv\prod\binom{l}{k_i}(\bmod 2).$$

所以有

$$\binom{i_0}{k}\equiv 1(\bmod 2).$$

最后我们有 $d=2^{m-r}$. 如果令 $r=m-2$, 则极小距离为 4. $R(m-2,m)$ 的维数为

$$\begin{aligned}t&=\sum_{s=0}^{m-2}\binom{m}{s}\\&=\sum_{s=0}^{m}\binom{m}{s}-\binom{m}{m-1}-\binom{m}{m}\\&=2^m-m-1\\&=n-m-1.\end{aligned}$$

所以 $R(m-2,m)$ 为线性码 $[n,n-m-1]$. 定理得证. □

因为 $R(m-2,m)$ 为线性码 $[n,n-k]$ 的形式, 而且极小距离为 4, 所以把 $R(m-2,m)$ 作为一类扩张的汉明码, 尽管它不是完美码, 而汉明码为完美的线性码.

2.5 香农定理

在信道传输中, 由于信道的干扰, 一个码字 $x \in C$ 经过发送后, 有时不能正确解码, 这种失误的发生概率记为 $p(x)$, 称为码字 x 的失误概率. 根据汉明距离, 在码 C 选定之后, 由 "看起来最像" 的解码原则, 一个码字 $x \xrightarrow{\text{发送}} x'$ 的失误概率 $p(x)$ 满足

$$\begin{cases} p(x) = 0, & \text{如果 } d(x, x') \leqslant \rho_1 < \dfrac{1}{2}n, \\ p(x) > 0, & \text{如果 } d(x, x') > \rho_1. \end{cases}$$

其中 ρ_1 为码 C 的不相交半径. 因此码字 x 的失误概率 $p(x)$ 与码 C 是有关的. 记码 C 的失误概率为

$$p(C) = \frac{1}{|C|} \sum_{x \in C} p(x).$$

计算一个码字的失误概率在数学上是一件困难的事情, 我们以二进制信道为例, $C \subset \mathbb{F}_2^n$ 为一个长度为 n 的二元码, 要计算 $x \in C$ 的失误概率 $p(x)$, 我们约定字符 0 传输失误的概率为 p $(p < \frac{1}{2}$, 即 0 传输后接收成 1 的概率), 字符 1 传输失误的概率也为 p. 尽管这种失误概率很低, 即 p 的值很小, 但由于信道的干扰, 失误的可能性是存在的. 我们再约定, 字符 0 或 1 每次传输的失误概率不变, 都为 p, 这种信道称为无记忆信道. 在无记忆的二进制信道中, 一个码字 $x = x_1 x_2 \cdots x_n \in C$ 的传输刚好构成了 n 重伯努利试验, 这种概率模型为计算码字 x 的失误概率提供了理论依据, 下面我们以二元重复码为例.

引理 5.1 令 A_n 是长度为 n 的二元重复码, 即 $A_n = \{0, 1\} \subset \mathbb{F}_2^n$, $p(A_n)$ 为其失误概率, 则

$$\lim_{n \to \infty} p(A_n) = 0.$$

证明: 把码字 $0 = (0, 0, \ldots, 0)$ 的传输看作 n 重伯努利试验, 字符 0 每次传输后只有 0 和 1 两种结果, 0 发生的概率为 $q = 1 - p$, 1 发生的概率为 $p < \frac{1}{2}$. 令 $0 \leqslant k \leqslant n$, 则 0 出现 k 次的概率为

$$\binom{n}{k} q^k p^{n-k}.$$

如果 $k > \frac{1}{2}n$, 则码字 0 经过传输后收到的码字中有 $k > \frac{1}{2}n$ 个 0 字符. 设 $0 \to \overline{0}$, 则 $d(0, \overline{0}) \leqslant n - k < \frac{1}{2}n$. 由于重复码的不相交半径为 $\frac{1}{2}n$, 根据解码原则, 我们总能正确解码 $\overline{0} \to 0$, 因此码字 $0 = (0, 0, \ldots, 0) \in \mathbb{F}_2^n$ 出现失误的情况仅当 $k \leqslant \frac{1}{2}n$ 时出现, 其失误概率为:

$$p(0) = \sum_{0 \leqslant k \leqslant \frac{n}{2}} \binom{n}{k} q^k p^{n-k}.$$

同理, 码字 $1 = (1, 1, \ldots, 1) \in \mathbb{F}_2^n$ 的失误概率也为

$$p(1) = \sum_{0 \leqslant k \leqslant \frac{n}{2}} \binom{n}{k} q^k p^{n-k}.$$

因此重复码 A_n 的失误概率为

$$p(A_n) = \sum_{0 \leqslant k \leqslant \frac{n}{2}} \binom{n}{k} q^k p^{n-k}.$$

要计算上式 $n \to \infty$ 时的极限值, 我们看

$$\sum_{0 \leqslant k \leqslant \frac{n}{2}} \binom{n}{k} < \sum_{0 \leqslant k \leqslant n} \binom{n}{k} = 2^n.$$

由于 $p < \frac{1}{2}$, 所以 $p < q$, 且当 $k \leqslant \frac{n}{2}$ 时, 我们有

$$k \log_2 \frac{q}{p} \leqslant \frac{n}{2} \log_2 \frac{q}{p}.$$

由上式可以直接证明

$$q^k p^{n-k} \leqslant (qp)^{\frac{n}{2}}.$$

因此

$$p(A_n) \leqslant 2^n (qp)^{\frac{n}{2}} = (4qp)^{\frac{n}{2}}.$$

由于当 $p < \frac{1}{2}$ 时,

$$p^2 - p + \frac{1}{4} = \left(p - \frac{1}{2}\right)^2 > 0,$$

所以

$$p(1-p) = pq < \frac{1}{4}, \text{即 } 4pq < 1.$$

因此

$$0 \leqslant \lim_{n \to \infty} p(A_n) \leqslant \lim_{n \to \infty} (4qp)^{\frac{n}{2}} = 0.$$

引理得证. □

以下我们恒假设信道传输为二进制无记忆对称的信道. 每个码为二元码. 字符 0 和 1 每次传输的失误概率为 p, $q = 1 - p$, $p < \frac{1}{2}$. 对于给定码字长度 n 和码字个数 $M = M_n$, 我们定义香农的概率 $P^*(n, M_n, p)$ 为

$$P^*(n, M_n, p) = \min\{P(C) | C \subset \mathbb{F}_2^n,\ |C| = M_n\}.$$

香农在 1948 年证明了如下著名定理.

定理 10 (香农定理) 在一个无记忆对称的二进制信道中, 令 $0<\lambda<1+p\log p+q\log q$ 为给定的实数, $M_n=2^{[\lambda n]}$, 则我们有

$$\lim_{n\to\infty}P^*(n,M_n,p)=0.$$

为了理解香农定理的意义并给出香农定理的证明, 我们需要一些辅助性的结论.

引理 5.2 $0<\lambda<1+p\log p+q\log q$ 为给定的实数, 任意二元码 $C\subset\mathbb{F}_2^n$, 如果 $|C|=2^{[\lambda n]}$, 则 C 的码率 R_C 满足

$$\lambda-\frac{1}{n}<R_C\leqslant\lambda.$$

特别地, 当 $n\to\infty$ 时 C 的码率逼近 λ.

证明:

$$|C|=2^{[\lambda n]}\Rightarrow\log|C|=[\lambda n]\leqslant\lambda n.$$

因此

$$R_C=\frac{1}{n}\log|C|\leqslant\lambda.$$

又由方括号函数的性质

$$\lambda n<[\lambda n]+1,$$

所以

$$\lambda n-1<[\lambda n]=\log|C|.$$

因此有

$$\lambda-\frac{1}{n}<\frac{1}{n}\log|C|=R_C.$$

引理 5.2 成立. □

结合引理 5.2, 香农定理的意义在于当码字长度 n 不断增加而趋于无穷时, 码率趋于一个信道的容量 $1-H(p)$, 且失误概率任意小的码 C 是存在的, 按香农的理解, 这种码称为"好码". 香农首次用概率的方法在更一般的条件下证明了"好码"的存在性. 这里的定理 10 只是香农信道编码定理的一个特例. 为了证明香农定理, 我们必须在解码原则下对给定码字个数的码的失误概率进行精确的估计.

引理 5.3 在无记忆的二进制信道中, 设字符 0 和 1 每次传输失误的概率为 p, $q=1-p$, 一个码字 $x=x_1x_2\cdots x_n\in\mathbb{F}_2^n$ 在传输时恰好有 ω 个字符出错, 则对任意的 $\varepsilon>0$, 令 $b=\sqrt{\dfrac{npq}{\varepsilon}}$, 我们有

$$P\{\omega>np+b\}\leqslant\varepsilon.$$

证明: 对于任意一个码字 $x = x_1x_2\cdots x_n \in \mathbb{F}_2^n$, 当其在无记忆的二进制信道中传输时, 可以看作一个 n 重伯努利试验, x 恰好有 ω 次错误, 则 ω 可以看作取值为 $0,1,2,\ldots,n$ 的离散型随机变量, ω 的发生概率为 (即随机变量 ω 的取值为 ω 的概率)

$$b(\omega,n,p)=\binom{n}{\omega}p^{\omega}q^{n-\omega}.$$

所以 ω 的概率分布服从二项分布的离散型随机变量. 由第一章预备知识的引理 6.4, ω 的期望 $E(\omega)$ 和方差 $D(\omega)$ 分别为:

$$E(\omega)=np,\ D(\omega)=npq.$$

由推论 2 的切比雪夫不等式, 对任意的 $k>0$,

$$P\{|\omega-E(\omega)|\geqslant k\sqrt{D(\omega)}\}\leqslant\frac{1}{k^2}.$$

取 $k=\dfrac{1}{\sqrt{\varepsilon}}$, 则我们有

$$P\{w>np+b\}\leqslant P\{|\omega-np|>b\}\leqslant\varepsilon.$$

即

$$P\{w>np+b\}\leqslant\varepsilon.$$

引理 5.3 成立. □

引理 5.4　取 $\rho=[np+b]$, 其中 $b=\sqrt{\dfrac{np(1-p)}{\varepsilon}}$, 则

$$\frac{\rho}{n}\log\frac{\rho}{n}=p\log p+O\left(\frac{1}{\sqrt{n}}\right),$$
$$\left(1-\frac{\rho}{n}\right)\log\left(1-\frac{\rho}{n}\right)=q\log q+O\left(\frac{1}{\sqrt{n}}\right).$$

证明: 当 $\varepsilon>0$ 给定之后, $b=O(\sqrt{n})$, 所以 ρ 可以改写为

$$\rho=np+O(\sqrt{n}),\ \frac{\rho}{n}=p+O\left(\frac{1}{\sqrt{n}}\right).$$

因此

$$\begin{aligned}\frac{\rho}{n}\log\frac{\rho}{n}&=\left(p+O\left(\frac{1}{\sqrt{n}}\right)\right)\log\left(p+O\left(\frac{1}{\sqrt{n}}\right)\right)\\&=\left(p+O\left(\frac{1}{\sqrt{n}}\right)\right)\left(\log p+\log\left(1+O\left(\frac{1}{\sqrt{n}}\right)\right)\right).\end{aligned}$$

对于 $|x|<1$ 的实数 x, 我们有如下泰勒展开

$$\log(1+x)=x-\frac{1}{2}x^2+\frac{1}{3}x^3-\frac{1}{4}x^4\cdots.$$

所以当 $|x|<1$ 时, 我们有

$$\log(1+x)=O(|x|),$$

因此

$$\log\left(1+O\left(\frac{1}{\sqrt{n}}\right)\right)=O\left(\frac{1}{\sqrt{n}}\right),$$

我们有

$$\begin{aligned}\frac{\rho}{n}\log\frac{\rho}{n}&=\left(p+O\left(\frac{1}{\sqrt{n}}\right)\right)\left(\log p+O\left(\frac{1}{\sqrt{n}}\right)\right)\\&=p\log p+O\left(\frac{1}{\sqrt{n}}\right).\end{aligned}$$

同理, 对第 2 个渐近公式

$$\left(1-\frac{\rho}{n}\right)\log\left(1-\frac{\rho}{n}\right)=q\log q+O\left(\frac{1}{\sqrt{n}}\right),$$

引理 5.4 得证. □

为了证明香农定理, 我们定义下面的辅助函数, 对于任意两个码字 $x,y\in\mathbb{F}_2^n$, $\rho\geqslant 0$, 定义

$$f_\rho(x,y)=\begin{cases}0, & \text{如果 } d(x,y)>\rho,\\ 1, & \text{如果 } d(x,y)\leqslant\rho.\end{cases}$$

令 $C=\{x_1,x_2,\dots,x_M\}\subset\mathbb{F}_2^n$ 为 $|C|=M$ 的一个二元码, 定义

$$g_i(y)=1-f_\rho(y,x_i)+\sum_{j\neq i}f_\rho(y,x_j).$$

引理 5.5 假设 $y\in\mathbb{F}_2^n$ 为给定的码字, 则

$$\begin{cases}g_i(y)=0, & \text{如果 } x_i\in C \text{ 为唯一的码字, 使得 } d(y,x_i)\leqslant\rho,\\ g_i(y)\geqslant 1, & \text{否则}.\end{cases}$$

证明: 如果存在唯一的 $x_i\in C$, 使得 $d(y,x_i)\leqslant\rho$, 则 $f_\rho(y,x_i)=1$, 而 $f_\rho(y,x_j)=0(i\neq j)$, 所以

$$g_i(y)=1-f_\rho(y,x_i)+\sum_{j\neq i}f_\rho(y,x_j)=0.$$

如果 $d(y,x_i)>\rho$, 则 $f_\rho(y,x_i)=0$, 所以

$$g_i(y)=1-f_\rho(y,x_i)+\sum_{j\neq i}f_\rho(y,x_j)=1+\sum_{j\neq i}f_\rho(y,x_j)\geqslant 1.$$

如果 $d(y,x_i)\leqslant\rho$, 但存在至少一个 $x_k\neq x_i$, 使得 $d(y,x_k)\leqslant\rho$, 则

$$g_i(y) = 1 - f_\rho(y, x_i) + \sum_{j \neq i} f_\rho(y, x_j)$$

$$= 1 + \sum_{j \neq i, j \neq k} f_\rho(y, x_j) \geqslant 1.$$

引理 5.5 成立. □

有了上述的准备之后, 我们现给出香农定理的证明.

证明 (定理 10 的证明): 根据定理的假设条件, 我们恒假定 $0 < \lambda < 1 + p\log p + q\log q$ 为给定的正实数 $\left(p < \dfrac{1}{2}\right)$.

$$M = M_n = 2^{[\lambda n]},\ |C| = M.$$

令

$$|C| = \{x_1, x_2, \ldots, x_M\} \subset \mathbb{F}_2^n,$$

$\varepsilon > 0$ 为任意给定的正数,

$$b = \sqrt{\frac{npq}{\varepsilon}},\ \rho = [pn + b].$$

由于 $p < \dfrac{1}{2}$, 所以当 n 充分大时, 我们有 $\rho = pn + O(\sqrt{n}) < \dfrac{1}{2}n$. 为了计算码字 $x_i \in C$ 的失误概率, 假设 $x_i \xrightarrow{\text{传输}} y$, 如果 $d(x_i, y) \leqslant \rho$, 而且存在唯一的码字 $x_i \in C$, 使得 $d(y, x_i) \leqslant \rho$, 那么根据 "看起来最像" 的解码原则, x_i 为 C 中最像的码字, 因此我们能正确解码为 $y \xrightarrow{\text{传输}} x_i$, 即在这种情况下 x_i 的失误概率为 0. 否则才会出现真正的解码错误. 另外, y 成为 x_i 传输后接收的码字的发生概率为条件概率 $p = (y|x_i)$, 因此 x_i 的失误概率有如下估计

$$\begin{aligned} P_i = p(x_i) &\leqslant \sum_{y \in \mathbb{F}_2^n} p(y|x_i) g_i(y) \\ &= \sum_{y \in \mathbb{F}_2^n} p(y|x_i)(1 - f_\rho(y, x_i)) + \sum_{y \in \mathbb{F}_2^n} \sum_{\substack{j=1 \\ j \neq i}}^{M} p(y|x_i) f_\rho(y, x_j). \end{aligned} \tag{2.27}$$

根据 $f_\rho(y, x_i)$ 的定义, 上式第一项为由 x_i 发送而收到的码字 y 不在球 $B_\rho(x_i)$ 的概率, 即

$$\sum_{y \in \mathbb{F}_2^n} p(y|x_i)(1 - f_\rho(y, x_i)) = P\{\text{收到的码字} y | y \notin B_\rho(x_i)\}.$$

因为 $\omega = d(y, x_i)$ 恰好为 $x_i \to y$ 出现 ω 个错误字符的次数, 由引理 5.3 的切比雪夫不等式, 我们有

$$P\{\text{收到的码字} | y \notin B_\rho(x_i)\} = P\{\omega > \rho\} \leqslant P\{\omega \geqslant np + b\} < \varepsilon,$$

由式 (2.27), 我们有

$$P_i = p(x_i) \leqslant \varepsilon + \sum_{y \in \mathbb{F}_2^n} \sum_{\substack{j=1 \\ j \neq i}}^{M} p(y|x_i) f_\rho(y, x_j). \tag{2.28}$$

由码 C 的失误概率 $p(C)$ 的定义, 有

$$p(C)=\frac{1}{M}\sum_{i=1}^{M}p(x_i)\leqslant\varepsilon+M^{-1}\sum_{i=1}^{M}\sum_{y\in\mathbb{F}_2^n}p(y|x_i)\sum_{\substack{j=1\\j\neq i}}^{M}f_\rho(y,x_j).$$

由于 C 为随机选取的, 我们可以把 $p(C)$ 看作一个随机变量, 因此香农的概率 $P^*(n,M_n,p)$ 为 $p(C)$ 的最小值, 所以小于 $p(C)$ 的期望, 即

$$\begin{aligned}P^*(n,M_n,p)&\leqslant E(P(C))\\&\leqslant\varepsilon+M^{-1}\sum_{i=1}^{M}\sum_{y\in\mathbb{F}_2^n}\sum_{\substack{j=1\\j\neq i}}^{M}E(p(y|x_i)\cdot f_\rho(y,x_j)).\end{aligned}$$

当 i 给定之后, 随机变量 $p(y|x_i)$ 与 $f_\rho(y,x_j)(j\neq i)$ 是统计独立的, 所以

$$E(p(y|x_i)\cdot f_\rho(y,x_j))=E(p(y|x_i))E(f_\rho(y,x_j)).$$

所以有

$$P^*(n,M_n,p)\leqslant\varepsilon+M^{-1}\sum_{i=1}^{M}\sum_{y\in\mathbb{F}_2^n}\sum_{\substack{j=1\\j\neq i}}^{M}E(p(y|x_i))E(f_\rho(y,x_j)).\tag{2.29}$$

我们来计算 $f_\rho(y,x_j)$ 的期望, 因为 y 等概率地在 $\mathbb{F}_2^n$ 中选取, 所以

$$\begin{aligned}E(f_\rho(y,x_j))&=\sum_{y\in\mathbb{F}_2^n}p(y)f_\rho(y,x_j)\\&=\frac{1}{2^n}|B_\rho(x_j)|\\&=\frac{1}{2^n}|B_\rho(0)|.\end{aligned}$$

所以有

$$\begin{aligned}P^*(n,M_n,p)&=\varepsilon+M^{-1}\sum_{i=1}^{M}\sum_{y\in\mathbb{F}_2^n}E(p(y|x_i))\sum_{\substack{j=1\\j\neq i}}^{M}E(f_\rho(y,x_j))\\&=\varepsilon+M^{-1}\sum_{i=1}^{M}\sum_{y\in\mathbb{F}_2^n}E(p(y|x_i))\frac{(M-1)|B_\rho(0)|}{2^n}.\end{aligned}\tag{2.30}$$

现在我们来计算 $p(y|x_i)$ 的期望 (y 固定, x_i 随机地在 C 中选取)

$$E(p(y|x_i))=\sum_{i=1}^{M}p(x_i)p(y|x_i)=p(y),$$

因此

$$\sum_{i=1}^{M}\sum_{y\in\mathbb{F}_2^n}E(p(y|x_i))=\sum_{i=1}^{M}\sum_{y\in\mathbb{F}_2^n}p(y)=M.$$

由式 (2.30), 可得

$$P^*(n, M_n, p) \leqslant \varepsilon + \frac{M-1}{2^n}|B_\rho(0)|,$$
$$\log_2(P^*(n, M_n, p) - \varepsilon) \leqslant \log_2 M + \log_2 |B_\rho(0)| - n.$$

即

$$\frac{1}{n}\log_2(P^*(n, M_n, p) - \varepsilon) \leqslant \frac{1}{n}\log_2 M + \frac{1}{n}\log_2 |B_\rho(0)| - 1.$$

由第一章的引理 4.2,

$$\frac{1}{n}\log_2 B_\rho(0) = \frac{1}{n}\log_2 \sum_{i=0}^{\rho}\binom{n}{i} \leqslant H\left(\frac{\rho}{n}\right),$$

其中 $H(x) = -x\log x - (1-x)\log(1-x)\left(0 < x < \frac{1}{2}\right)$ 为二进制熵函数, 所以有

$$\frac{1}{n}\log_2(P^*(n, M_n, p) - \varepsilon) \leqslant \frac{1}{n}\log_2 M + H\left(\frac{\rho}{n}\right) - 1.$$

由假设 $M = 2^{[\lambda n]}$, $\rho = [pn + b]$, $b = O(\sqrt{n})$, 我们有

$$\begin{aligned}\frac{1}{n}\log_2(P^*(n, M_n, p) - \varepsilon) &\leqslant \frac{[\lambda n]}{n} + H\left(\frac{\rho}{n}\right) - 1\\ &= \lambda + H\left(\frac{\rho}{n}\right) - 1 + O\left(\frac{1}{n}\right).\end{aligned}$$

由引理 5.4,

$$\begin{aligned}H\left(\frac{\rho}{n}\right) &= -\left(\frac{\rho}{n}\log\frac{\rho}{n} + \left(1 - \frac{\rho}{n}\right)\log\left(1 - \frac{\rho}{n}\right)\right)\\ &= -\left(p\log p + q\log q + O\left(\frac{1}{\sqrt{n}}\right)\right).\end{aligned}$$

所以

$$\frac{1}{n}\log_2(P^*(n, M_n, p) - \varepsilon) \leqslant \lambda - (1 + p\log p + q\log q) + O\left(\frac{1}{\sqrt{n}}\right).$$

由假设 $\lambda < 1 + p\log p + q\log q$, 当 n 充分大时, 我们有

$$\frac{1}{n}\log_2(P^*(n, M_n, p) - \varepsilon) \leqslant -\beta(\beta > 0).$$

因此, $0 \leqslant P^*(n, M_n, p) \leqslant \varepsilon + 2^{-\beta n}$, 两边同取极限 $n \to \infty$, 最后有

$$\lim_{n\to\infty} P^*(n, M_n, p) = 0.$$

定理得证. □

按照香农的观点, 码率接近一个给定的正常数 λ,

$$0 < \lambda < 1 + p\log p + q\log q = 1 - H(p),$$

而失误概率任意小的码被称为“好码”, 我们进一步分析这种“好码”的构造. (香农仅仅在概率上证明了“好码”的存在性.)

定理 11 对于给定的 λ, $0 < \lambda < 1 + p\log p + q\log q \left(p < \frac{1}{2}\right)$, $M_n = 2^{[\lambda n]}$, 如果存在完美码 C_n, 且 $|C_n| = M_n$, 则我们有

$$\lim_{n\to\infty} p(C_n) = 0.$$

证明: 如果完美码 C_n 存在, 则由引理 5.2,

$$\lambda - \frac{1}{n} \leqslant R_{C_n} \leqslant \lambda.$$

因此 C_n 的码率可以任意接近 λ, 而 C_n 的失误概率可以任意小, 因此 C_n 就是数学意义上的“好码”. 为了证明定理 11, 鉴于 C_n 为完美码, 定义极小距离 d_n 为

$$d_n = 2e_n + 1,\ e_n < \frac{n}{2}.$$

由于 $\lim\limits_{n\to\infty} R_{c_n} = \lambda$, 由定理 2 我们有

$$\lim_{n\to\infty} H\left(\frac{e_n}{n}\right) = 1 - \lambda > H(p).$$

由于二进制熵函数 $H(x)$ 为单调连续的上升函数 $\left(0 < x < \frac{1}{2}\right)$. 所以 $\lim\limits_{n\to\infty} \frac{e_n}{n}$ 的极限存在, 而且

$$\lim_{n\to\infty} \frac{e_n}{n} > p,\ \text{即当 } n \text{ 充分大时}, \frac{e_n}{n} > p.$$

现在考虑码字 $x = x_1x_2\cdots x_n \in C_n$ 的失误概率 $p(x)$. 由于 C_n 为 e_n 纠错码, 所以 $x \to x'$. 当 $d(x,x') \leqslant e_n$ 时, 我们总能正确解码, 此时 x 的失误概率为 0. 因此, x 传输失误, 即 x' 不能正确解码的情形, 仅在 $d(x',x) = w_n > e_n$ 的情况下发生. 此时我们有 (当 n 充分大)

$$\frac{w_n}{n} > \frac{e_n}{n} > p + \varepsilon\ (\text{存在一个 } \varepsilon > 0),$$

所以 $x \in C_n$ 的失误概率 $p(x)$ 有估计

$$\begin{aligned} p(x) &\leqslant P\left\{\frac{w_n}{n} > p + \varepsilon\right\} \\ &\leqslant P\left\{\left|\frac{w_n}{n} - p\right| > \varepsilon\right\}. \end{aligned}$$

由于当 $n \to \infty$ 时, 随机变量序列 $\{w_n\}$ 为伯努利随机过程 (即对每个 n, 为 n 重伯努利试验), 由第一章定理 2 的伯努利大数定律, 我们有

$$\lim_{n\to\infty} p(x) \leqslant \lim_{n\to\infty} P\left\{\left|\frac{w_n}{n} - p\right| > \varepsilon\right\} = 0$$

对 $\forall\ x \in C_n$ 成立, 所以

$$\lim_{n\to\infty} p(C_n) = 0.$$

定理 11 证毕. □

从定理 10 和定理 11 的证明可以看出, 香农随机选择一个码和随机选择码字, 本质上是把输入信息看作在给定概率空间下的随机事件, 而信息的传输过程本质上是一个随机过程. 香农与同时代的其他数学家的根本区别在于, 他把信息或者说一个码看作一个随机变量, 信息传输的数学模型是动态的概率模型, 而不是静态的代数模型, 自然地研究一个码最重要的方法是概率统计, 而不是传统数学的代数组合方法. 从概率论上看定理 10 和定理 11, 虽然把一个码看作一个随机变量, 但有非常大的特殊性, 这种随机变量的概率分布服从的是伯努利二项分布, 特别是码率的统计特征没有被明确地表达出来. 把具有一般性概率分布的随机变量与码联系起来加以研究是香农的信息理论最核心的内容, 其中最基本的一个概念就是信息熵 (entropy), 或者说码熵. 利用码的熵的概念, 一个码的统计特征便清楚明确地展现了出来. 于是我们看到了现代信息论的一个基本框架和雏形. 在下一章, 我们将详细讲解和证明香农信息理论的这些基本思想和结果, 其中最重要的一个结果是香农信道编码定理 (见第三章定理 12). 香农运用概率方法, 对一般的无记忆信道 (不论对称与否) 证明了码率可达传输容量且误差概率任意小的所谓 "好码" 是存在的, 反过来说, 误差概率任意小的码其码率一定不大于信道容量. 这个信道容量被称为香农的极限, 是电子通信工程技术领域长期以来所追求的目标, 人们希望寻找一个误差概率在一个可控范围 (比如小于 ε) 内且传输效率 (即码率) 达到了香农极限的信道编码方案. 在 5G 时代下的今天, 这项工程技术难题似乎已经被攻克. 回到定理 10 上, 我们看到码率的上限 $1 - H(p)$ 正是无记忆对称的二进制信道的信道容量 (见 3.8 节的例 2). 由这个例子, 我们对香农的信道编码理论不难窥一斑而见全豹.

习题 2

1. 设计一个长度为 7 的码, 包含 8 个码字, 其中任意两个码字的汉明距离 $\geqslant 4$. 这个码通过对称二进制信道传输, 假设字符 0 与 1 的失误概率为 p, 求码字传输时的成功概率.
2. 令 C 是一个长度为 16 的二进制码, 满足:
   (i) 每一个码字有权 16.
   (ii) 任意两个码字有汉明距离 8.
   证明: $|C| \leqslant 16$. 其中 $|C| = 16$ 的二元码 C 存在吗?
3. 令 C 是一个长度为 n 的二元码, 且是纠错能力为 1 个字符的纠错码, 证明
$$|C| \leqslant \frac{2^n}{n+2}.$$
4. 令 $|C|$ 是长度为 n 的二元完美码, 极小距离为 7. 证明: $n = 7$ 或 $n = 23$.
5. 令 $C \subset \mathbb{F}_q^n$ 为一个线性码, $C = [n, k]$ 且任意 k 个坐标为对称的, 证明: C 的极小距离 $d = n - k + 1$.
6. 假设 $C = [2k+1, k] \subset \mathbb{F}_2^{2k+1}$, 且 $C \subset C^{\perp}$, 写出差集 $C^{\perp} \backslash C$.

7. 令 $x = x_1x_2\cdots x_6 \in \mathbb{F}_2^6$, 决定汉明球 $|B_1(x)|$. 我们能够找到一个码 $C \subset \mathbb{F}_2^6$, 其中 $|C| = 9$, 满足 C 中任意两个不同码字的汉明距离 $\geqslant 3$ 吗?
8. 令 $C = [n, k] \subset \mathbb{F}_q^n$ 为一个线性码, 生成矩阵为 G, 如果 G 的每一列不全为 0, 证明

$$\sum_{x \in C} w(x) = n(q-1)q^{k-1}.$$

其中 $w(x)$ 为码字 x 的权.
9. 令 $C = [n, k]$ 为二元线性码, 且 C 中存在权为奇数的码字, 证明 C 中权为偶数的码字形成了一个 $[n, k-1]$ 线性码.
10. 令 C 为一个二元线性码, 生成矩阵 G 为

$$\begin{pmatrix} 1 & 0 & 0 & 0 & 1 & 0 & 1 \\ 0 & 1 & 0 & 0 & 1 & 0 & 1 \\ 0 & 0 & 1 & 0 & 0 & 1 & 1 \\ 0 & 0 & 0 & 1 & 0 & 1 & 1 \end{pmatrix},$$

请解码如下收到的码字: $y_1 = (1101011), y_2 = (0110111), y_3 = (0111000)$.
11. 设 p 为一个素数, 在 $\mathbb{F}_p$ 上存在一个自对偶的线性码 $C = [8, 4]$ 吗?
12. 令 R_k 为二元汉明码的码率, 求 $\lim\limits_{k \to \infty} R_k$.
13. 令 C 为一个二元线性码, 权分布多项式为 $A(z)$, 求对偶码 $C^{\perp}$ 的权分布多项式 $B(z)$.
14. 令 $C = [n, k] \subset \mathbb{F}_2^n$, 权分布多项式为 $A(z)$, 我们使用二进制对称信道传输码字, 失误概率为 p(字符 0 与 1 的失误概率) , 我们希望一个码字传输失误后能够被察觉, 计算一个码字传输失误后不被发现的概率.
15. 证明在任意有限域 $\mathbb{F}_q$ 上极小距离为 5 的线性码 $C = [15, 8]$ 是不存在的.
16. 令 $n = 2^m$, 证明 Reed-Muller 码 $R(1, m)$ 为长度 n 的哈达玛码.
17. 证明三元戈莱有 132 个码字其权为 5. 令 x 为权 5 的码字, 考虑所有对 $(x, 2x)$, 其中 $w(x) = 5$, 把坐标分量不为 0 的分量拿出来作为一个子集. 证明共有 66 个这样的子集并形成 $4-(11, 5, 1)$ 设计.
18. 如果一个二元码 $C = (n, M, d)$, 其中极小距离 d 为偶数, 证明存在一个二元码使得它的所有码字都有偶数权.
19. 令 H 为哈达玛矩阵 H_{12}, 定义

$$A = H - I, G = (I, A), I \text{ 为单位阵}.$$

证明 G 为三元码 $[24, 12]$ 的生成矩阵, 且极小距离为 9.
20. 令 $C = [4, 2]$ 为三元汉明码. H 为 C 的校验矩阵, 令 I 为 4 阶单位阵, J 是所有元素为 1 的 4 阶方阵, 定义

$$G = \begin{bmatrix} J+I & I & I \\ 0 & H & -H \end{bmatrix},$$

证明 G 生成一个三元码 $C = [12, 6]$, 且极小距离为 6.

参考文献 2

[1] E. R. Berlekamp. Algebraic Coding Theory. New York: McGraw-Hill, 1968.

[2] E. R. Berlekamp. Decoding the Golay Code (JPL Technical Report). California: Jet Propulsion Laboratory, 1972.

[3] M. R. Best. On the Existence of Perfect Codes (Technical Report). Amsterdam: Mathematical Centre, 1978.

[4] M. R. Best. Binary cades with a minimum distance of four. IEEE Transactions on Information Theory, 1980, 26: 738-742.

[5] W. H. Bussey. Galois field tables for$p^n \leqslant 169$. Bull. Amer. Math. Soc. , 1905, 12: 22-38.

[6] W. H. Bussey. Tables of Galois fields of order less than 1000. Bull. Amer. Math. Soc., 1910, 16: 188-206.

[7] P. J. Cameron and J. H. van Lint. Designs, Graphs, Codes and Their Links. Cambridge: Cambridge University Press, 1991.

[8] C. W. Curtis and I. Reiner. Representation Theory of Finite Groups and Associative Algebras. New York, London: Interscience, 1962.

[9] P. Delsarte and J. M. Goethals. Unrestricted codes with the Golay parameters are unique. Discrete Mathematics, 1975, 12: 211-224.

[10] P. Elias. Coding for Noisy Channels. IRE Conv, Record, part 4, pp. 37-46.

[11] W. Feller. An Introduction to Probability Theory and Its Applications, Vol. I. New York, London: Wiley, 1950.

[12] G. D. Forney. Convolutional codes I: algebraic structure. IEEE Transactions on Information Theory, 1970, 16: 720-738.

[13] R. G. Gallagher. Information Theory and Reliable Communication. New York: Wiley, 1968.

[14] J. M. Goethals. The extended Nadler code is unique. IEEE Transactions on Information Theory, 1977, 23: 132-135.

[15] V. D. Goppa. A new class of linear error-correcting codes. Problems of Information Transmission, 1970, 6: 207-212.

[16] M. Goto. A note on perfect decimal AN codes. Information and Control, 1975, 29: 385-387.

[17] M. Goto and T. Fukumara. Perfect nonbinary AN codes with distance three. Information and Control. 1975, 27: 336-348.

[18] R. L. Graham and N. J. A. Sloane. Lower bounds for constant weight codes. IEEE Transactions on Information Theory, 1980, 26: 37-40.

[19] V. M. Gritsenko. Nonbinary arithmetic correcting codes. Problems of Information Transmission, 1969, 5: 15-22.

[20] H. J. Helgert and R. D. Stinaff. Minimum distance bounds for binary linear codes. IEEE Transactions on Information Theory, 1973, 19: 344-356.

[21] J. Justesen. An algebraic construction of rate$\frac{1}{v}$ convolutional codes. IEEE Transactions on Information Theory, 1975, 21: 577-580.

[22] T. Kasami. An upper bound on k/n for affine invariant codes with fixed d/n. IEEE Transactions on Information Theory, 1969, 15: 171-176.

[23] V. I. Levenshtein. Minimum redundancy of binary error-correcting codes. Information and Control, 1975, 28: 268-291.

[24] J. H. van Lint. Nonexistence theorems for perfect error-correcting codes. Computers in Algerbra and Theory, 1971, Vol. IV(SIAM-AMS Proceedings).

[25] J. H. van Lint. Introduction to Coding Theory, GTM86. Springer-Verlag, 1999.

[26] J. H. van Lint. A new description of the Nadler code. IEEE Transactions on Information Theory, 1972, 18: 825-826.

[27] J. H. van Lint. A survey of perfect codes. Rocky Mountain Journal of Mathematics, 1975, 5: 199-224.

[28] J. H. van Lint and F. J. Macwilliams. Generalized quadratic residue codes. IEEE Transactions on Information Theory, 1978, 24: 730-737.

[29] F. J. MacWilliams and N. J. A. Sloane. The Theory of Error-correcting Codes. Amsterdam, New York, Oxford: North Holland, 1977.

[30] J. L. Massey and O. N. Garcia. Error-correcting codes in computer arithmetic. In: Advances in Information Systems Science, Vol. 4, Ch. 5 (Edited by J. T. Ton). New York: Plenum Press, 1972.

[31] J. L. Massey, D. J. Costello and J. Justesen. Polynomial weights and code construction. IEEE Transactions on Information Theory, 1973, 19: 101-110.

[32] R. J. McEliece, E. R. Rodemich, H. C. Rumsey and L. R. Welch. New upper bounds on the rate of a code via the Delsarte- MacWilliams inequalities. IEEE Transactions on Information Theory, 1977, 23: 157-166.

[33] R. J. McEliece. The Theory of Information and Coding, Encyclopedia of Mathematics and its Applications, Vol. 3. Mass. : Addison-Wesley, 1977.

[34] R. J. McEliece. The bounds of Delsarte and Lovasz and their applications to coding theory. In: Algebraic Coding Theory and Applications (Edited by G. Longo, CISM Courses and Lectures, Vol. 258. New York: Springer, 1979.

[35] W. W. Peterson and E. J. Weldon. Error -correcting Codes (2nd ed.). Cambridge, Mass. : MIT Press, 1972.

[36] Ph. Piret. Algebraic properties of convolutional codes with automorphisms (Ph. D. Dissertation). Université Catholique de Louvain, 1977.

[37] E. C. Posner. Combinatorial structures in planetary reconnaissance. In: Error Correcting Codes. (Edited by H. B. Mann). pp. 15-46. New York, London, Sydney, Toronto: Wiley, 1968.

[38] T. R. N. Rao. Error Coding for Arithmetic Processors, New York, London: Academic Press, 1974.

[39] C. Roos. On the structure of convolutional and cyclic convolutional codes. IEEE Transactions on Information Theory, 1979, 25: 676-683.

[40] C. E. Shannon. A mathematical theory of communication. Bell System Technical Journal, 1948, 27: 379-423, 623-656.

[41] N. J. A. Sloane, S. M. Reddy and C. L. Chen. New binary codes. IEEE Transactions on Information Theory, 1972, 18: 503-510.

[42] G. Solomon and H. C. A. van Tilborg. A connection between block and convolutional codes. SIAM Journal on Applied Mathematics, 1979, 37: 358-369.

[43] A. Tietäváinen. On the nonexistence of perfect codes over finite fields. SIAM Journal on Applied Mathematics, 1973, 24: 88-96.

[44] G. van der Geer and J. H. van Lint. Introduction to Coding Theory and Algebraic Geometry. Basel: Birkhäuser, 1988.

[45] Y. Hong. On the nonexistence of unknown perfect 6- and 8-codes in Hamming schemes $H(n, q)$ with q arbitrary. Osaka Journal of Mathematics, 1984, 21: 687-700.

[46] A. M. Kerdock. A class of low-rate nonlinear codes. Information and Control, 1972. 20: 182-187.

[47] P. C. van Oorschot and S. A. Vanstone. An Introduction to Error Correcting Codes with Applications. Dordrecht: Kluwer, 1989.

[48] J. H. Peek. Communications aspects of the compact disc digital audio system. IEEE Communications Magazine, 1985, 23(2): 7-15.

[49] Ph. Piret. Convolutional Codes, An Algebraic Approach. Cambridge, Mass.: The MIT Press, 1988.

[50] A. M. Barg, S. L. Katsman and M. A. Tsfasman. Algebraic geometric codes from curves of small genus. Problems of Information Transmission, 1987, 23: 34-38.

[51] J. H. Conway and N. J. A. Sloane. Quaternary constructions for the binary single- error-correcting codes of Julin, Best, and others. Designs, Codes and Cryptography, 1994, 41: 31-42.

[52] G. -L. Feng and T. R. N. Rao. A simple approach for construction of algebraic-geometric codes from affine plane curves. IEEE Transactions on Information Theory, 1994, 40: 1003-1012.

[53] T. Høholdt and R. Pellikaan. On the decoding of algebraic-geometric codes. IEEE Transactions on Information Theory, 1995, 41: 1589-1614.

[54] T. Høholdt, J. H. van Lint, and R. Pellikaan. Algebraic geometry codes. In: Handbook of Coding Theory (edited by V. S. Pless, W. C. Huffman, and R. A. Brualdi). Amsterdam: Elsevier Science Publishers, 1998.

[55] J. Justesen, K. J. Larsen, Elbrønd H. Jensen, A. Havemose, and T. Høholdt. Construction and decoding of a class of algebraic geometry codes. IEEE Transactions on Information Theory, 1989, 35: 811-821.

[56] J. H. van Lint. Algebraic Geometric Codes: In: Coding Theory and Design Theory I, The IMA Volumes in Math and Appl. 20 (edited by D. Ray-Chaudhuri). Berlin: Springer Verlag, 1990.

[57] J. H. van Lint and R. M. Wilson. A Course in Combinatorics. Cambridge University Press, 1992.

[58] H. Stichtenoth. Algebraic Function Fields and Codes. Berlin: Springer Verlag, 1993.

第三章
香农理论

3.1 信息空间

依照香农的观点，一条信息 x 就是一个随机事件. 令 $p(x)$ 为事件 x 的发生概率，如果 $p(x)=0$，则这个事件不发生；如果 $p(x)=1$，则这个事件必定发生. 在 $p(x)=0$ 或 $p(x)=1$ 两种情况下，信息 x 可以称为平凡信息或者垃圾信息. 因此，信息 x 真正有数学意义的方面在于它的不确定性，即 $0<p(x)<1$. 对于非平凡信息的不确定性进行定量研究，构成了香农理论的出发点，这个出发点我们现在称之为信息量或者信息熵，或简称熵. 香农以及他在贝尔实验室的同事们经过深思熟虑之后把 "比特"(Bit) 作为信息量的基本定量单位. 什么是 "比特" 呢？我们可以简单地理解为二进制系统中的位数. 不过在香农看来，位数为 n 的二进制系统中最多可表达 2^n 个数. 从概率统计的角度来说，这 2^n 个数发生的概率为 $\frac{1}{2^n}$. 因此，一个比特就是概率为 $\frac{1}{2}$ 的事件 x 所含的 "信息量". 以此为出发点，香农经过严格的数学推导，把一条信息 x 所含的自信息量 $I(x)$ 定义为

$$I(x)=-\log_2 p(x). \tag{3.1}$$

因此，一条信息 x 含有 $I(x)$ 比特信息量，当 $p(x)=\frac{1}{2}$ 时，$I(x)=1$. 式 (3.1) 是香农在信息定量化研究上的第一个非平凡进展. 从另一个方面来说，随着电报和电话的出现，信息的转换和传输广泛采用二进制. 因此我们可以断言：没有二进制，也就没有香农的理论，更没有现在的信息学和信息时代. 本节的目的是对香农理论中最基本和最重要的结论进行严格数学推导和简化. 首先我们从式 (3.1) 的合理性开始.

如果以 $I(x)$ 表示一个随机事件 x 的自信息量，那么当发生概率 $p(x)$ 越大时，其不确定性越小，因此 $I(x)$ 应当为概率 $p(x)$ 的单调递减函数. 如果 xy 为联合事件，且是统计独立，

即 $p(xy)=p(x)p(y)$, 那么自信息量 $I(xy)=I(x)+I(y)$. 当然, 自信息量 $I(x)$ 都是非负的, 即 $I(x)\geqslant 0$. 香农证明, 满足上述三条假设的自信息量 $I(x)$ 一定是

$$I(x)=-c\log p(x),$$

其中 c 为一个常数. 这个结论可以从下述数学定理中直接推出.

引理 1.1 如果实函数 $f(x)$ 在区间 $[1,+\infty)$ 中满足如下条件:

(i) $f(x)\geqslant 0$,

(ii) $x<y\Rightarrow f(x)<f(y)$,

(iii) $f(xy)=f(x)+f(y)$,

则 $f(x)=c\log x$, 其中 c 为常数.

证明: 反复使用条件 (iii), 则对任意的正整数 k, 有

$$f(x^k)=kf(x),\ k\geqslant 1.$$

取 $x=1$, 则上式成立当且仅当 $f(1)=0$. 由 (ii) 可知, 当 $x>1$ 时 $f(x)>0$. 令 $x>1,y>1$ 以及 $k\geqslant 1$ 给定, 总可以找到非负整数 n 满足

$$y^n\leqslant x^k<y^{n+1},$$

两边同取对数可得

$$\frac{n}{k}\leqslant\frac{\log x}{\log y}<\frac{n+1}{k},$$

另外, 我们有

$$nf(y)\leqslant kf(x)<(n+1)f(y),$$

因此

$$\left|\frac{f(x)}{f(y)}-\frac{\log x}{\log y}\right|\leqslant\frac{1}{k},$$

当 $k\to\infty$ 时, 我们有

$$\frac{f(x)}{f(y)}=\frac{\log x}{\log y},\ \forall\ x,y\in(1,+\infty).$$

因此

$$\frac{f(x)}{\log x}=\frac{f(y)}{\log y}=c,\ \forall\ x,y\in(1,+\infty).$$

□

即 $f(x)=c\log x$. 引理得证!

在引理 1.1 中, 令 $I(x)=f\left(\dfrac{1}{p(x)}\right)$, 则 $f(x)$ 满足条件 (i)、(ii) 及 (iii), 故 $I(x)=-c\log p(x)$. 即定义式 (3.1) 成立.

为了引进信息空间的定义，我们用 X 表示一个原始信息的有限集合，或可列可加的信息集合，称 X 为信源状态集，它可以是一个字母表、有限多个符号或者一些数字的集合. 比如英文 26 个字母、二元有限域 $\mathbb{F}_2$ 等就是常用的信源状态集. X 中的元素可以称为消息、事件等，也可称为字符. 我们常用 X,Y,Z 等英文大写字母表示一个信源状态集，用小写希腊字母 ξ,η 等表示一个在给定概率空间下的随机变量.

定义 1.1 一个随机变量 ξ 的取值空间为一个信源状态集 X, X 上的字符作为事件的概率分布的定义为

$$p(x)=P\{\xi=x\},\ \forall\ x\in X. \tag{3.2}$$

我们称 (X,ξ) 为给定概率空间下的一个信息空间，在随机变量 ξ 明确的情况下，通常把信息空间 (X,ξ) 记为 X. 如果 η 为在 X 上取值的另一个随机变量，且 ξ 与 η 服从相同的概率分布，即

$$P\{\xi=x\}=P\{\eta=x\},\ \forall\ x\in X,$$

则称两个信息空间 $(X,\xi)=(X,\eta)$，通常都记为 X.

由定义 1.1 可以看出，一个信息空间 X 构成了一个有限的完备事件组，即我们有

$$\sum_{x\in X}p(x)=1,\ 0\leqslant p(x)\leqslant 1,\ x\in X. \tag{3.3}$$

需要注意的是，如果 X 上有两个取值的随机变量 ξ 与 η，当 ξ 与 η 所服从的概率分布不相等时，(X,ξ) 与 (X,η) 就是两个不同的信息空间，此时我们必须用 $X_1=(X,\xi)$ 与 $X_2=(X,\eta)$ 对这两个不同的信息空间加以区分.

定义 1.2 X 与 Y 为两个信源状态集，随机变量 ξ 与 η 分别取值于 X 和 Y 上，如果 ξ 与 η 为相容的随机变量，则联合事件 $xy(x\in X,y\in Y)$ 的概率分布定义为

$$p(xy)=P\{\xi=x,\eta=y\},\ \forall\ x\in X,\ y\in Y. \tag{3.4}$$

那么，我们将联合事件集

$$XY=\{xy|x\in X,y\in Y\}$$

连同相应的随机变量 ξ 与 η 称为信息空间 (X,ξ) 与 (Y,η) 的乘积空间，记为 (XY,ξ,η)，在 ξ 与 η 明确的情况下，可以简记为 $XY=(XY,\xi,\eta)$. 如果 $X=Y$ 为两个相同的信源状态集，ξ 与 η 有相同的概率分布，则乘积空间 XY 记为 X^2，称为幂空间.

由于信息空间是一个完备事件组，故由乘积信息空间的定义，我们有如下的全概率公式与概率乘积公式:

$$\begin{cases} \sum_{x\in X} p(yx) = p(y), \ \forall\ y \in Y, \\ \sum_{y\in Y} p(xy) = p(x), \ \forall\ x \in X, \end{cases} \tag{3.5}$$

以及

$$p(x)p(y|x) = p(xy), \ \forall\ x \in X, y \in Y,$$

其中 $p(y|x)$ 为在 x 发生的条件下, y 发生的条件概率.

定义 1.3 令 $X_1, X_2, \ldots, X_n (n \geqslant 2)$ 为 n 个信源状态集, $\xi_1, \xi_2, \ldots, \xi_n$ 为分别取值在 X_i 上的 n 个相容的随机变量, 联合事件 $x_1x_2\cdots x_n$ 的概率分布为

$$p(x_1x_2\cdots x_n) = P\{\xi_1 = x_1, \xi_2 = x_2, \ldots, \xi_n = x_n\}. \tag{3.6}$$

则称

$$X_1X_2\cdots X_n = \{x_1x_2\cdots x_n | x_i \in X_i, \ 1 \leqslant i \leqslant n\}$$

为 n 个信息空间的乘积, 特别地, 当 $X_1 = X_2 = \cdots = X_n = X$, 且每个 ξ_i 在 X 上有相同的概率分布时, $X^n = X_1X_2\cdots X_n$ 称为信息空间 X 的 n 次幂空间.

下面我们举几个经典的信息空间的例子.

例 1 (参数为 λ 的二点信息空间) 令 $X = \{0, 1\} = \mathbb{F}_2$ 为二元有限域, 取值在 X 上的随机变量 ξ 是服从参数为 λ 的两点分布, 即

$$\begin{cases} p(0) = P\{\xi = 0\} = \lambda, \\ p(1) = P\{\xi = 1\} = 1 - \lambda, \end{cases}$$

其中 $0 < \lambda < 1$, 则称 (X, ξ) 是参数为 λ 的二点信息空间, 仍记为 X.

例 2 (等概信息空间) 令 $X = \{x_1, x_2, \ldots, x_n\}$ 为一个信源状态集, 在 X 上的随机变量 ξ 服从等概率分布, 即

$$p(x) = P\{\xi = x\} = \frac{1}{|X|}, \ \forall\ x \in X.$$

则称 (X, ξ) 为等概信息空间, 仍记为 X.

例 3 (伯努利信息空间) 令 $X_0 = \{0, 1\} = \mathbb{F}_2$. 令随机变量 ξ_i 为第 i 次伯努利试验, 因此 $\{\xi_i\}_{i=1}^n$ 为一组独立同分布的随机变量. 我们令乘积空间

$$X = (X_0, \xi_1)(X_0, \xi_2)\cdots(X_0, \xi_n) = X_0^n \subset \mathbb{F}_2^n,$$

幂空间 X 称为伯努利信息空间, 又称为无记忆的二进制信息空间. X 中的概率函数 $p(x)$ 为

$$p(x) = p(x_1x_2\cdots x_n) = \prod_{i=1}^{n} p(x_i), \ x_i = 0 \text{ 或 } 1, \tag{3.7}$$

其中 $p(0)=\lambda$, $p(1)=1-\lambda$.

例 4 (退化信息空间) 如果 $X=\{x\}$, 仅含有一个字符, 则称 X 为一个退化信息空间, 或称平凡信息空间. 其随机变量 ξ 以概率 1 取值 x, 即 $P\{\xi=x\}=1$. 此时 ξ 在概率上是一个退化分布的随机变量.

定义 1.4 令 $X=\{x_1,x_2,\ldots,x_n\}$ 为一个信源状态集, 如果 X 为一个信息空间, 则定义 X 的信息熵 $H(X)$ 为

$$H(X)=-\sum_{x\in X}p(x)\log p(x)=-\sum_{i=1}^{n}p(x_i)\log p(x_i). \tag{3.8}$$

上式中如果 $p(x_i)=0$, 我们约定 $p(x_i)\log p(x_i)=0$, 对数的底可任意选取. 如果对数的底为 $D(D\geqslant 2)$, 则 $H(X)$ 称为 D 进制熵, 有时记为 $H_D(X)$.

定理 1 对任意的信息空间 X , 恒有

$$0\leqslant H(X)\leqslant \log|X|. \tag{3.9}$$

$H(X)=0$ 当且仅当 X 为退化信息空间, $H(X)=\log|X|$ 当且仅当 X 为等概信息空间.

证明: $H(X)\geqslant 0$ 为平凡的. 我们仅证式 (3.9) 右边的不等式. 因为 $f(x)=\log x$ 为严格上凸的实值, 由第一章预备知识的引理 3.2, 取 $g(x)=\dfrac{1}{p(x)}$ 为正值函数, $p(x)>0$, 因此令 $X=\{x_1,x_2,\ldots,x_m\}$,

$$H(X)=\sum_{i=1}^{m}p(x_i)\log\frac{1}{p(x_i)}\leqslant \log\sum_{i=1}^{m}\frac{p(x_i)}{p(x_i)}=\log m.$$

上式等号成立当且仅当 $p(x_1)=p(x_2)=\cdots=p(x_m)=\dfrac{1}{m}$, 即 X 为等概信息空间. 如果 $X=\{x\}$ 为退化信息空间, 则因 $p(x)=1$, 所以 $H(X)=0$. 反过来, 如果 $H(X)=0$, 令 $X=\{x_1,x_2,\ldots,x_m\}$, 假设 $\exists\, x_i\in X$, 使得 $0<p(x_i)<1$, 则

$$0<p(x_i)\log\frac{1}{p(x_i)}\leqslant H(X).$$

因此有 $p(x_i)=1$, 而 $p(x_j)=0(j\neq i)$, 此时 X 退化为 $X=\{x_i\}$, 为平凡信息空间, 定理得证!

□

一个信息空间就是一个动态码 (随着在其上取值的随机变量的变化而变化). 对于 "动态码" 即信息空间 X 的码率, 香农代替以 $\frac{1}{n}H(X)$ 即信息熵, 因此信息熵 $H(X)$ 成为刻画动态码的第一个数学量. 由定理 1 可知, 当码为退化码时, 一个动态码的码率最小, 为 0, 当码为等概率选取码字的等概码时, 其码率最大, 就是通常静态码的码率.

下面我们讨论几种典型的信息空间的信息熵.

例 5 (i) 设 X 是参数为 λ 的二点信息空间, 则

$$H(X)=-\lambda\log\lambda-(1-\lambda)\log(1-\lambda)=H(\lambda).$$

$H(\lambda)$ 我们在第一章已定义, 当时称其为二进制信息熵函数. 现在我们知道为什么称其为熵函数了.

(ii) 当 $X=\{x\}$ 为退化信息空间时, $H(X)=0$.

(iii) 当 X 为等概信息空间时, $H(X)=\log|X|$.

注: 大多数作者直接把一个随机变量作为一个信息空间. 从数学上看, 这样做是为了方便, 并称之为随机变量的信息度量. 但从信息的角度看, 采用信息空间的概念更能理解和简化香农的理论, 这个理论的核心思想是信息的随机度量, 而不是随机变量的信息度量.

3.2 联合熵、条件熵、互信息量

定义 2.1 令 X,Y 为两个信息空间, ξ,η 分别为相应取值的随机变量, 如果 ξ 与 η 为独立的随机变量, 即

$$P\{\xi=x,\eta=y\}=P\{\xi=x\}\cdot P\{\eta=y\},\ \forall\, x\in X,y\in Y.$$

则称 X 与 Y 为独立的信息空间, 其联合事件的概率分布为

$$p(xy)=p(x)p(y),\ \forall x\in X,y\in Y.$$

定义 2.2 令 X 与 Y 为两个信息空间, 乘积空间 XY 的信息熵 $H(XY)$ 称为 X 与 Y 的联合熵, 即

$$H(XY)=-\sum_{x\in X}\sum_{y\in Y}p(xy)\log p(xy). \tag{3.10}$$

X 对 Y 的条件熵 $H(X|Y)$ 定义为

$$H(X|Y)=-\sum_{x\in X}\sum_{y\in Y}p(xy)\log p(x|y). \tag{3.11}$$

引理 2.1 (熵的加法公式) 对任意的两个信息空间 X 与 Y, 有

$$H(XY)=H(X)+H(Y|X)=H(Y)+H(X|Y).$$

一般地, 对 n 个信息空间 $X_1,X_2,\ldots,X_n$, 我们有

$$H(X_1X_2\cdots X_n)=\sum_{i=1}^{n}H(X_i|X_{i-1}X_{i-2}\cdots X_1). \tag{3.12}$$

证明: 由式 (3.10) 及概率乘法公式,

$$\begin{aligned}H(XY) &= -\sum_{x\in X}\sum_{y\in Y} p(xy)\log p(xy)\\&= -\sum_{x\in X}\sum_{y\in Y} p(xy)(\log p(x)+\log p(y|x))\\&= -\sum_{x\in X} p(x)\log p(x) + H(Y|X)\\&= H(X)+H(Y|X).\end{aligned}$$

同理可证

$$H(XY) = H(Y) + H(X|Y).$$

我们用归纳法证明式 (3.12), 当 $n=2$ 时,

$$H(X_1X_2) = H(X_1) + H(X_2|X_1).$$

命题成立, 一般地, 对于 n, 我们有

$$\begin{aligned}H(X_1X_2\cdots X_n) &= H(X_1X_2\cdots X_{n-1}) + H(X_n|X_1X_2\cdots X_{n-1})\\&= \sum_{i=1}^{n-1} H(X_i|X_{i-1}X_{i-2}\cdots X_1) + H(X_n|X_1X_2\cdots X_{n-1})\\&= \sum_{i=1}^{n} H(X_i|X_{i-1}X_{i-2}\cdots X_1).\end{aligned}$$

引理 2.1 成立. □

定理 2 我们有

$$H(XY) \leqslant H(X) + H(Y). \tag{3.13}$$

当且仅当 X 与 Y 是统计独立的信息空间时,

$$H(XY) = H(X) + H(Y). \tag{3.14}$$

一般地, 我们有

$$H(X_1X_2\cdots X_n) \leqslant H(X_1) + H(X_2) + \cdots + H(X_n). \tag{3.15}$$

当且仅当 $X_1, X_2, \ldots, X_n$ 为独立的随机过程时,

$$H(X_1X_2\cdots X_n) = H(X_1) + H(X_2) + \cdots + H(X_n). \tag{3.16}$$

证明: 由定义及詹森不等式, 我们有

$$\begin{aligned}H(XY)-H(X)-H(Y)&=\sum_{x\in X}\sum_{y\in Y}p(xy)\log\frac{p(x)p(y)}{p(xy)}\\&\leqslant\log\sum_{x\in X}\sum_{y\in Y}p(x)p(y)\\&=0.\end{aligned}$$

上式等号成立当且仅当对一切 $x\in X$, $y\in Y$, $\dfrac{p(x)p(y)}{p(xy)}=c$ (其中 c 为一个常数), 从而 $p(x)p(y)=cp(xy)$. 两边同时求和, 我们有

$$1=\sum_{x\in X}p(x)\sum_{y\in Y}p(y)=c\sum_{x\in X}\sum_{y\in Y}p(xy),$$

因此, $c=1$, $p(xy)=p(x)p(y)$. 所以当且仅当 X 与 Y 是独立的信息空间时, 式 (3.14) 成立. 由归纳法我们有式 (3.15) 及式 (3.16). 定理 2 得证. □

由式 (3.15), 我们有如下直接的推论, 对任意的信息空间 X 及 $n\geqslant 1$, 我们有

$$H(X^n)\leqslant nH(X). \tag{3.17}$$

定义 2.3 令 X 与 Y 为两个信息空间, 称 X 由 Y 完全决定, 如果对于任意给定的 $x\in X$, 总存在 Y 的一个子集 $N_x\subset Y$, 满足

$$\begin{cases}p(x|y)=1, & \text{如果 } y\in N_x,\\ p(x|y)=0, & \text{如果 } y\notin N_x.\end{cases} \tag{3.18}$$

关于条件信息熵 $H(X|Y)$, 我们有如下两个重要的特例.

引理 2.2 (i) $0\leqslant H(X|Y)\leqslant H(X)$.

(ii) 如果信息空间 X 完全由 Y 决定, 则

$$H(X|Y)=0. \tag{3.19}$$

(iii) 如果 X 与 Y 为两个独立的信息空间, 则

$$H(X|Y)=H(X). \tag{3.20}$$

证明: (i) 是显然的. 我们先证式 (3.19). 由定义 2.3 及式 (3.18), 对给定的 $x\in X$, 我们有

$$p(xy)=p(y)p(x|y)=0,\ y\notin N_x.$$

因此

$$\begin{aligned}H(X|Y)&=-\sum_{x\in X}\sum_{y\in Y}p(xy)\log p(x|y)\\&=-\sum_{x\in X}\sum_{y\in N_x}p(xy)\log p(x|y)=0.\end{aligned}$$

式 (3.20) 的证明是明显的. 因为 X 与 Y 为独立的, 故条件概率

$$p(x|y) = p(x),\ \forall\ x \in X, y \in Y.$$

因此

$$\begin{aligned} H(X|Y) &= -\sum_{x\in X}\sum_{y\in Y} p(x)p(y)\log p(x) \\ &= -\sum_{x\in X} p(x)\log p(x) = H(X). \end{aligned}$$

引理 2.2 成立. □

下面我们定义两个信息空间 X 与 Y 的互信息量 $I(X,Y)$.

定义 2.4 设 X 与 Y 为两个信息空间, 则它们的互信息量 $I(X,Y)$ 定义为

$$I(X,Y) = \sum_{x\in X}\sum_{y\in Y} p(xy)\log\frac{p(x|y)}{p(x)}. \tag{3.21}$$

由概率的乘法公式, 对一切的 $x \in X, y \in Y$, 我们显然有

$$p(x)p(y|x) = p(y)p(x|y) = p(xy).$$

所以有

$$\frac{p(x|y)}{p(x)} = \frac{p(y|x)}{p(y)}.$$

因此由互信息量 $I(X,Y)$ 的定义直接有结论

$$I(X,Y) = I(Y,X).$$

引理 2.3

$$I(X,Y) = H(X) - H(X|Y) = H(Y) - H(Y|X).$$

证明: 由定义

$$\begin{aligned} I(X,Y) &= \sum_{x\in X}\sum_{y\in Y} p(xy)\log\frac{p(x|y)}{p(x)} \\ &= \sum_{x\in X}\sum_{y\in Y} p(xy)\log p(x|y) - \sum_{x\in X}\sum_{y\in Y} p(xy)\log p(x) \\ &= -H(X|Y) - \sum_{x\in X} p(x)\log p(x) \\ &= H(X) - H(X|Y). \end{aligned}$$

同理可证

$$I(X,Y) = H(Y) - H(Y|X).$$ □

引理 2.4 假设 X 与 Y 为两个信息空间, $I(X,Y)$ 为互信息量, 则

$$H(XY) = H(X) + H(Y) - I(X, Y). \tag{3.22}$$

进一步地, 我们有 $I(X, Y) \geqslant 0$, 当且仅当 X 与 Y 独立时 $I(X, Y) = 0$.

证明: 由引理 2.1 的加法公式,

$$\begin{aligned} H(XY) &= H(X) + H(Y|X) \\ &= H(X) + H(Y) - (H(Y) - H(Y|X)) \\ &= H(X) + H(Y) - I(X, Y). \end{aligned}$$

关于 $I(X, Y) \geqslant 0$ 的结论可由定理 2 直接推出. □

下面我们来证在密码的统计分析中常用的一个有关熵的等式.

定理 3 如果 X, Y, Z 为三个信息空间, 则

$$\begin{aligned} H(XY|Z) &= H(X|Z) + H(Y|XZ) \\ &= H(Y|Z) + H(X|YZ). \end{aligned} \tag{3.23}$$

证明: 由定义, 我们有

$$H(XY|Z) = -\sum_{x\in X}\sum_{y\in Y}\sum_{z\in Z} p(xyz)\log p(xy|z).$$

由概率乘积公式

$$p(xyz) = p(z)p(xy|z) = p(xz)p(y|xz).$$

所以

$$p(xy|z) = \frac{p(xz)p(y|xz)}{p(z)} = p(x|z)p(y|xz).$$

因此我们有

$$\begin{aligned} H(XY|Z) &= -\sum_{x\in X}\sum_{y\in Y}\sum_{z\in Z} p(xyz)\log p(x|z)p(y|xz) \\ &= -\sum_{x\in X}\sum_{y\in Y}\sum_{z\in Z} p(xyz)(\log p(x|z) + \log p(y|xz)) \\ &= -\sum_{x\in X}\sum_{z\in Z} p(xz)\log p(x|z) - \sum_{x\in X}\sum_{y\in Y}\sum_{z\in Z} p(xyz)\log p(y|xz) \\ &= H(X|Z) + H(Y|XZ). \end{aligned}$$

同理可证第二个式子. 定理得证. □

最后, 我们把式 (3.15) 推广到条件熵.

引理 2.5 令 $X_1, X_2, \ldots, X_n, Y$ 为信息空间, 则我们有

$$H(X_1X_2\cdots X_n|Y) \leqslant H(X_1|Y)+\cdots+H(X_n|Y). \tag{3.24}$$

特别地, 当 $X_1=X_2=\cdots=X_n=X$ 时,

$$H(X^n|Y) \leqslant nH(X|Y). \tag{3.25}$$

证明: 我们对 n 做归纳法. 当 $n=1$ 时命题平凡成立. 令 n 时命题成立, 即

$$H(X_1X_2\cdots X_n|Y) \leqslant H(X_1|Y)+\cdots+H(X_n|Y).$$

则当 $n+1$ 时, 我们令 $X=X_1X_2\cdots X_n$, 则

$$\begin{aligned}&H(X_1X_2\cdots X_{n+1}|Y)=H(XX_{n+1}|Y)\\ &=-\sum_{x\in X}\sum_{z\in X_{n+1}}\sum_{y\in Y}p(xzy)\log p(xz|y).\end{aligned}$$

由全概率公式,

$$H(X|Y)+H(X_{n+1}|Y)=-\sum_{x\in X}\sum_{z\in X_{n+1}}\sum_{y\in Y}p(xzy)\log p(x|y)p(z|y).$$

于是由詹森不等式,

$$\begin{aligned}&H(XX_{n+1}|Y)-H(X|Y)-H(X_{n+1}|Y)\\ &=\sum_{x\in X}\sum_{z\in X_{n+1}}\sum_{y\in Y}p(xzy)\log\frac{p(x|y)p(z|y)}{p(xz|y)}\\ &\leqslant \log\sum_{x\in X}\sum_{z\in X_{n+1}}\sum_{y\in Y}p(y)p(x|y)p(z|y).\end{aligned}$$

由乘积公式,

$$\begin{aligned}&\sum_{x\in X}\sum_{z\in X_{n+1}}\sum_{y\in Y}p(y)p(x|y)p(z|y)\\ &=\sum_{x\in X}\sum_{y\in Y}p(x|y)p(y)\\ &=\sum_{x\in X}p(x)=1.\end{aligned}$$

所以由归纳假设有

$$\begin{aligned}H(XX_{n+1}|Y)&\leqslant H(X_{n+1}|Y)+H(X|Y)\\ &\leqslant H(X_1|Y)+H(X_2|Y)+\cdots+H(X_{n+1}|Y).\end{aligned}$$

命题对 $n+1$ 成立. 因此引理成立. □

3.3 冗余度

选定一个字母表 $\mathbb{F}_q$ 或模 m 的剩余类环 $\mathbb{Z}_m$, 字母表中的每个元素称为字符, 在通信领域, 字母表又称为信源状态, 字符又称为传输信号. 增加一个 q 元码的长度, 则每个码字中将出现多余的传输信号或字符. "多余字符" 的数字度量称为冗余度, 是提高码字传输的准确率的一种技术手段, 而冗余度就是刻画这种技术手段的一个重要的数学量. 所以我们从证明下述引理开始.

引理 3.1　令 X, Y, Z 为三个信息空间, 则

$$H(X|YZ) \leqslant H(X|Z). \tag{3.26}$$

证明: 由全概率公式

$$\begin{aligned} H(X|Z) &= -\sum_{x\in X}\sum_{z\in Z} p(xz)\log p(x|z) \\ &= -\sum_{x\in X}\sum_{z\in Z}\sum_{y\in Y} p(xyz)\log p(x|z). \end{aligned}$$

所以

$$\begin{aligned} & H(X|YZ) - H(X|Z) \\ = & \sum_{x\in X}\sum_{y\in Y}\sum_{z\in Z} p(xyz)\log\frac{p(x|z)}{p(x|zy)} \\ \leqslant & \log\sum_{x\in X}\sum_{y\in Y}\sum_{z\in Z}\frac{p(xyz)p(x|z)}{p(x|zy)} \\ = & \log\sum_{x\in X}\sum_{y\in Y}\sum_{z\in Z} p(yz)p(x|z) \\ = & \log\sum_{x\in X}\sum_{z\in Z} p(z)p(x|z) \\ = & 0. \end{aligned}$$

所以 $H(X|YZ) \leqslant H(X|Z)$. 引理成立. □

令 X 为一个信源状态集, 随机选择码字而进入信息传输的信道, 是一个离散型随机过程. 这个数学模型可以通过一组随机变量 $\{\xi_i\}_{i\geqslant 1}$ 在 X 上取值来构造和研究. 首先我们假设 $\{\xi_i\}_{i\geqslant 1}$ 为在 X 上取值时服从相同的概率分布, 我们得到了一组信息空间 $\{X^i\}_{i\geqslant 1}$, 令 $H_0 = \log|X|$ 为 X 作为等概信息空间的熵, 对于 $n \geqslant 1$, 我们令

$$H_n = H(X|X^{n-1}),\ H_1 = H(X).$$

由引理 3.1, 则 $\{H_n\}$ 构成了一个单调下降有下界的数字序列, 从而其极限存在, 即

$$\lim_{n\to\infty} H_n = a\ (a \geqslant 0). \tag{3.27}$$

我们将把上述观察推广到一般情形: 令 $\{\xi_i\}_{i\geqslant 1}$ 为在 X 上取值的任意一组随机变量, 对于任意的 $n\geqslant 1$, 我们令

$$X_n=(X,\xi_n),\ n\geqslant 1.$$

定义 3.1 一个信源状态集 X 有一组随机变量 $\{\xi_i\}_{i\geqslant 1}$ 取值于 X 上, 则称 X 为一个信源.

(i) 如果 $\{\xi_i\}_{i\geqslant 1}$ 为一组独立同分布的随机变量, 则称 X 为无记忆信源.

(ii) 如果对任意的正整数 $k,t_1,t_2,\ldots,t_k$ 以及 h, 随机向量

$$(\xi_{t_1},\xi_{t_2},\ldots,\xi_{t_k}) \text{ 与 } (\xi_{t_1+h},\xi_{t_2+h},\ldots,\xi_{t_k+h})$$

服从相同的联合概率分布, 则称 X 为平稳信源.

(iii) 如果 $\{\xi_i\}_{i\geqslant 1}$ 为 k-阶马尔可夫过程, 即对 $\forall\ m>k\geqslant 1$,

$$\begin{aligned}&p(x_m|x_{m-1}x_{m-2}\cdots x_1)\\&=p(x_m|x_{m-1}x_{m-2}\cdots x_{m-k}),\ \forall\ x_1,x_2,\ldots,x_m\in X,\end{aligned}$$

则称 X 为 k-阶马氏信源. 特别地, $k=1$, 即

$$p(x_m|x_{m-1}x_{m-2}\cdots x_1)=p(x_m|x_{m-1}),\ \forall\ x_1,x_2,\ldots,x_m\in X,$$

称 X 为马氏信源.

从信息空间到信源的概念, 是从在 X 上取值的单个随机变量变成了无穷维的随机向量, 使得码 X 的传输过程构成了一个离散型随机过程. 由定义我们直接有:

引理 3.2 令 X 为一个信源状态集, $\{\xi_i\}_{i\geqslant 1}$ 为在 X 上取值的一组随机变量, 我们记

$$X_i=(X,\xi_i),\ i\geqslant 1. \tag{3.28}$$

(i) 如果 X 为无记忆的信源, 则 X 上的联合概率分布满足

$$p(x_1x_2\cdots x_n)=\prod_{i=1}^{n}p(x_i),\ x_i\in X_i,\ n\geqslant 1. \tag{3.29}$$

(ii) 如果 X 为平稳信源, 则对一切正整数 $t_1,t_2,\ldots,t_k(k\geqslant 1)$ 及 h, 有如下联合概率分布

$$p(x_{t_1}x_{t_2}\cdots x_{t_k})=p(x_{t_1+h}x_{t_2+h}\cdots x_{t_k+h}), \tag{3.30}$$

其中 $x_i\in X_i,\ i\geqslant 1$.

(iii) 如果 X 为平稳的马氏信源, 则 X 上的条件概率分布满足, 对任意的 $m\geqslant 1$ 及 $x_1x_2\cdots x_m\in X_1X_2\cdots X_m$, 有

$$\begin{aligned}p(x_m|x_1\cdots x_{m-1})&=p(x_m|x_{m-1})\\&=P\{\xi_{i+1}=x_m|\xi_i=x_{m-1}\},\ \forall\ 1\leqslant i\leqslant m-1.\end{aligned} \tag{3.31}$$

证明: (i) 与 (ii) 可以直接由定义推出. 我们仅证明 (iii). 由定义 3.1 的 (ii), 对 $\forall\, i \geqslant 1$, 我们有

$$P\{\xi_i = x_{m-1}, \xi_{i+1} = x_m\} = P\{\xi_{m-1} = x_{m-1}, \xi_m = x_m\}$$

以及

$$P\{\xi_i = x_{m-1}\} = P\{\xi_{m-1} = x_{m-1}\}.$$

因此

$$\begin{aligned}&P\{\xi_i = x_{m-1}\}P\{\xi_{i+1} = x_m|\xi_i = x_{m-1}\}\\ =\ &P\{\xi_{m-1} = x_{m-1}\}P\{\xi_m = x_m|\xi_{m-1} = x_{m-1}\}.\end{aligned}$$

我们有

$$P\{\xi_{i+1} = x_m|\xi_i = x_{m-1}\} = p(x_m|x_{m-1}).$$

引理得证. □

推论 1 一个无记忆信源 X 一定是平稳信源.

证明: 由定义 3.1 可直接推出. □

下面我们将式 (3.27) 所揭示的在无记忆信源中的极限公式推广到一般平稳信源中. 为此我们先证两个引理.

引理 3.3 令 $\{f(n)\}_{n\geqslant 1}$ 为一个实数序列, 满足如下的半可列可加性:

$$f(n+m) \leqslant f(n) + f(m), \quad \forall\, n \geqslant 1,\ m \geqslant 1,$$

则 $\lim\limits_{n\to\infty} \dfrac{1}{n} f(n)$ 存在, 且

$$\lim_{n\to\infty} \frac{1}{n} f(n) = \inf\left\{\frac{1}{n} f(n)|n \geqslant 1\right\}. \tag{3.32}$$

证明: 令

$$\delta = \inf\left\{\frac{1}{n} f(n)|n \geqslant 1\right\},\ \delta \neq -\infty.$$

对于任意的 $\varepsilon > 0$, 选取充分大的正整数 m 使得

$$\frac{1}{m} f(m) < \delta + \frac{\varepsilon}{2}.$$

令 $n = am + b$, 其中 a 为正整数, $0 \leqslant b < m$, 则由半可列可加性, 我们有

$$f(n) \leqslant a f(m) + (n - am) f(1).$$

两边同除以 n 我们有

$$\frac{1}{n}f(n) \leqslant \frac{a}{am+b}f(m) + \frac{b}{am+b}f(1).$$

对于给定的 b, 当 m 充分大时, 我们有

$$\frac{bf(1)}{am+b} < \frac{1}{2}\varepsilon.$$

所以有

$$\frac{1}{n}f(n) < \frac{1}{m}f(m) + \frac{1}{2}\varepsilon < \varepsilon + \delta. \tag{3.33}$$

因此我们有

$$\delta \leqslant \underline{\lim}_{n\to\infty} \frac{1}{n}f(n) \leqslant \overline{\lim}_{n\to\infty} \frac{1}{n}f(n) < \delta + \varepsilon.$$

所以

$$\lim_{n\to\infty} \frac{1}{n}f(n) = \delta.$$

如果 $\delta = -\infty$, 则由式 (3.33) 可知

$$\overline{\lim}_{n\to\infty} \frac{1}{n}f(n) = -\infty,$$

所以我们仍有

$$\lim_{n\to\infty} \frac{1}{n}f(n) = \delta = -\infty.$$

引理成立. □

引理 3.4 令 $\{a_n\}_{n\geqslant 1}$ 为实数序列, 且极限 $\lim\limits_{n\to\infty} a_n = a$, 则

$$\lim_{n\to\infty} \frac{1}{n}\sum_{i=1}^{n} a_i = a.$$

证明:

$$\begin{aligned}
\left|\frac{1}{n}\sum_{i=1}^{n} a_i - a\right| &= \left|\frac{1}{n}\sum_{i=1}^{n}(a_i - a)\right| \leqslant \frac{1}{n}\sum_{i=1}^{n}|(a_i - a)| \\
&= \frac{1}{n}\sum_{i=1}^{N}|a_i - a| + \frac{1}{n}\sum_{i=N+1}^{n}|a_i - a| \\
&< \frac{1}{n}\sum_{i=1}^{N}|a_i - a| + \frac{n-N}{n}\varepsilon \\
&< \frac{1}{n}\sum_{i=1}^{N}|a_i - a| + \varepsilon.
\end{aligned}$$

当 $\varepsilon > 0$ 给定后, N 也相应给定. 当 $n \to \infty$ 时, 上式第一项趋于 0. 因此, 对任意的 $\varepsilon > 0$, 我们有当 $n > N_0$ 时,

$$\left|\frac{1}{n}\sum_{i=1}^{n}a_i - a\right| < 2\varepsilon.$$

从而有

$$\lim_{n\to\infty}\frac{1}{n}\sum_{i=1}^{n}a_i = a.$$

引理成立. □

有了上述的准备工作之后, 我们现给出本节的主要结果.

定理 4 令 X 为任意一个信源, $\{\xi_i\}_{i\geqslant 1}$ 为在 X 上取值的一组随机变量. 对任意的正整数 $n\geqslant 1$, 令

$$X_n = (X, \xi_n), \quad n\geqslant 1,$$

则当 X 为平稳信源时, 下述两个极限存在且相等, 即

$$\lim_{n\to\infty}\frac{1}{n}H(X_1X_2\ldots X_n) = \lim_{n\to\infty}H(X_n|X_1X_2\ldots X_{n-1}).$$

我们把上述的公共极限值记为 $H_\infty(X)$.

证明: 因为 X 为平稳信源, 故对任意的 $n\geqslant 1, m\geqslant 1$, 随机向量 $\{\xi_{n+1},\xi_{n+2},\ldots,\xi_{n+m}\}$ 在 X 上取值所服从的联合事件概率分布等于随机向量 $(\xi_1,\xi_2,\ldots,\xi_m)$ 的联合概率分布, 因此, 我们有

$$H(X_1X_2\cdots X_m) = H(X_{n+1}X_{n+2}\cdots X_{n+m}). \tag{3.34}$$

由定理 2, 得

$$\begin{aligned}H(X_1X_2\cdots X_nX_{n+1}\cdots X_{n+m}) &\leqslant H(X_1\cdots X_n) + H(X_{n+1}\cdots X_{n+m})\\ &= H(X_1\cdots X_n) + H(X_1\cdots X_m).\end{aligned}$$

令 $f(n) = H(X_1\cdots X_n)$, 则 $f(n+m)\leqslant f(n)+f(m)$, 所以 $\{f(n)\}_{n\geqslant 1}$ 为具有半可列可加性的非负实数序列, 由引理 3.3, 我们有

$$\lim_{n\to\infty}\frac{1}{n}H(X_1X_2\cdots X_n) = \inf\left\{\frac{1}{n}H(X_1X_2\cdots X_n)|n\geqslant 1\right\}\geqslant 0.$$

接下来, 我们证明第二个极限也存在, 即

$$\lim_{n\to\infty}H(X_n|X_1X_2\cdots X_{n-1}) \text{ 存在.}$$

首先, 我们证明序列是单调递减的. 因为 X 为平稳信源, 所以

$$H(X_1X_2\cdots X_{n-1}) = H(X_2X_3\cdots X_n),$$

以及

$$H(X_2X_3\cdots X_nX_{n+1})=H(X_1X_2\cdots X_n).$$

从而我们有

$$H(X_{n+1}|X_2X_3\cdots X_n)=H(X_n|X_1X_2\cdots X_{n-1}). \tag{3.35}$$

由引理 3.1,

$$\begin{aligned}H(X_{n+1}|X_1X_2\cdots X_n)&\leqslant H(X_{n+1}|X_2X_3\cdots X_n)\\&=H(X_n|X_1X_2\cdots X_{n-1}).\end{aligned}$$

所以 $\{H(X_n|X_1X_2\cdots X_{n-1})\}_{n\geqslant 1}$ 为单调递减序列而且有下界, 因此 $\lim\limits_{n\to\infty}H(X_n|X_1X_2\cdots X_{n-1})$ 存在. 进一步地, 由引理 2.1 的加法公式,

$$\frac{1}{n}H(X_1X_2\cdots X_n)=\frac{1}{n}\sum_{i=1}^{n}H(X_i|X_1X_2\cdots X_{i-1}).$$

由引理 3.4, 我们最后有

$$\lim_{n\to\infty}\frac{1}{n}H(X_1X_2\cdots X_n)=\lim_{n\to\infty}H(X_n|X_1X_2\cdots X_{n-1})=H_\infty(X).$$

定理得证. □

我们把 $H_\infty(X)$ 称为信源 X 的熵率. 显然有如下推论.

推论 2 (i) 对任意的平稳信源 X, 我们有

$$H_\infty(X)\leqslant H(X_1)\leqslant\log|X|.$$

(ii) 如果 X 为无记忆信源, 则

$$H_\infty(X)=H(X_1).$$

(iii) 如果 X 为平稳马氏信源, 则

$$H_\infty(X)=H(X_2|X_1).$$

证明: (i) 由于 $\{H(X_n|X_1\cdots X_{n-1})\}_{n\geqslant 1}$ 为单调递减序列, 故

$$H_\infty(X)\leqslant H(X_1).$$

即 (i) 平凡成立.

(ii) 如果 X 为无记忆信源, 则

$$\begin{aligned}H(X_1\cdots X_n)&=-\sum_{x_1\in X_1}\cdots\sum_{x_n\in X_n}p(x_1x_2\cdots x_n)\log p(x_1x_2\cdots x_n)\\&=-\sum_{x_1\in X_1}\cdots\sum_{x_n\in X_n}p(x_1\ldots x_n)\left\{\log p(x_1)+\cdots+\log p(x_n)\right\}\\&=nH(X_1).\end{aligned}$$

所以我们有

$$H_\infty(X) = H(X_1).$$

同理, 我们可以证明 (iii). □

定义 3.2 令 X 为一个平稳信源, 我们定义

$$\delta = \log|X| - H_\infty(X),\ r = 1 - \frac{H_\infty X}{\log|X|}, \tag{3.36}$$

称 δ 为信息空间 X 的冗余度, r 为 X 的相对冗余度.

我们记

$$H_0 = \log|X|,\ H_n = H(X_n|X_1X_2\cdots X_{n-1}),\ \forall\ n \geqslant 1.$$

则由定理 4, 我们有 $H_\infty(X) = H_0 \leqslant H_n$, 所以

$$H_n \geqslant (1-r)H_0,\ \forall\ n \geqslant 1. \tag{3.37}$$

在信息论中冗余度用来描述信源输出符号所携带信息的有效程度, 冗余度越小, 信源输出符号所携带信息的有效性越高, 反之有效性越低.

3.4 马氏链

设 X, Y, Z 为三个信息空间, 如果有如下条件概率公式

$$p(xy|z) = p(x|z)p(y|z), \tag{3.38}$$

则称 X 与 Y 在给定条件 Z 下是统计独立的.

定义 4.1 如果信息空间 X 与 Y 在条件 Z 下是统计独立的, 则称 X, Y, Z 为一个马尔可夫链, 简称马氏链, 记为 $X \to Z \to Y$.

定理 5 $X \to Z \to Y$ 为马氏链当且仅当联合事件 xzy 发生时的概率, 为

$$p(xzy) = p(x)p(z|x)p(y|z), \tag{3.39}$$

当且仅当

$$p(xzy) = p(y)p(z|y)p(x|z). \tag{3.40}$$

证明: 如果 $X \to Z \to Y$ 为马氏链, 则 $p(xy|z) = p(x|z)p(y|z)$, 因此

$$\begin{aligned} p(xzy) &= p(z)p(xy|z) \\ &= p(z)p(x|z)p(y|z) \\ &= p(x)p(z|x)p(y|z). \end{aligned}$$

同理

$$\begin{aligned} p(xzy) &= p(z)p(y|z)p(x|z) \\ &= p(y)p(z|y)p(x|z). \end{aligned}$$

即式 (3.39) 与式 (3.40) 都成立. 反之, 如果式 (3.39) 成立, 则

$$\begin{aligned} p(xzy) &= p(x)p(z|x)p(y|z) \\ &= p(z)p(x|z)p(y|z). \end{aligned}$$

另外, 由乘积公式

$$p(xzy) = p(z)p(xy|z).$$

得

$$p(xy|z) = p(x|z)p(y|z).$$

即 $X \to Z \to Y$ 为一个马氏链. 同理, 如果式 (3.40) 成立, 则 $X \to Z \to Y$ 也是一个马氏链. 定理得证. □

由上述定理, 或直接由定义 4.1, 显然有: 假如 $X \to Z \to Y$ 为一个马氏链, 则 $Y \to Z \to X$ 也是一个马氏链.

定义 4.2 令 U, X, Z, Y 为四个信息空间, 且联合事件 $uxzy$ 发生的概率为

$$p(uxzy) = p(u)p(x|u)p(z|x)p(y|z), \tag{3.41}$$

称 U, X, Z, Y 为一个马氏链, 记为 $U \to X \to Z \to Y$.

定理 6 如果 $U \to X \to Z \to Y$ 为一个马氏链, 则 $U \to X \to Z$ 与 $U \to Z \to Y$ 都是马氏链.

证明: 由假设 $U \to X \to Z \to Y$ 为马氏链, 则

$$p(uxzy) = p(u)p(x|u)p(z|x)p(y|z),$$

两边同时对 $y \in Y$ 求和, 并注意到 $\sum_{y\in Y} p(y|z) = 1$, 则

$$p(uxz) = p(u)p(x|u)p(z|x).$$

由定理 5 可知 $U \to X \to Z$ 为一个马氏链. 上式左边可表示为

$$p(uxz) = p(ux)p(z|ux).$$

所以我们有

$$p(z|ux) = p(z|x).$$

由 $U \to X \to Z \to Y$ 为马氏链, 则

$$\begin{aligned}p(uxzy) &= p(u)p(x|u)p(z|x)p(y|z)\\&= p(ux)p(z|ux)p(y|z)\\&= p(uxz)p(y|z).\end{aligned}$$

两边同时对 $x \in X$ 求和, 则我们有

$$\begin{aligned}p(uzy) &= p(uz)p(y|z)\\&= p(u)p(z|u)p(y|z).\end{aligned}$$

因此, $U \to Z \to Y$ 也是一个马氏链. 定理证毕. □

在上节, 我们定义了两个信息空间 X 与 Y 的互信息量 $I(X,Y)$ 为

$$I(X,Y) = \sum_{x\in X}\sum_{y\in Y} p(xy)\log\frac{p(xy)}{p(x)p(y)}.$$

现在我们定义 X 与 Y 在条件 Z 下的互信息量 $I(X,Y|Z)$ 为

$$I(X,Y|Z) = \sum_{x\in X}\sum_{y\in Y}\sum_{z\in Z} p(xyz)\log\frac{p(xy|z)}{p(x|z)p(y|z)}. \tag{3.42}$$

由定义, 显然我们有

$$I(X,Y|Z) = I(Y,X|Z). \tag{3.43}$$

$I(X,Y|Z)$ 称为 X 与 Y 的条件互信息量.

对于条件互信息量, 我们先证如下公式.

定理 7 令 X,Y,Z 为三个信息空间, 则

$$I(X,Y|Z) = H(X|Z) - H(X|YZ) \tag{3.44}$$

以及

$$I(X,Y|Z) = H(Y|Z) - H(Y|XZ). \tag{3.45}$$

证明: 我们仅证式 (3.44), 同理于式 (3.45). 因为

$$\begin{aligned}H(X|Z) - H(X|YZ) &= \sum_{x\in X}\sum_{y\in Y}\sum_{z\in Z} p(xyz)\log\frac{p(x|yz)}{p(x|z)}\\&= \sum_{x\in X}\sum_{y\in Y}\sum_{z\in Z} p(xyz)\log\frac{p(xy|z)}{p(x|z)p(y|z)}\\&= I(X,Y|Z).\end{aligned}$$

所以式 (3.44) 成立. □

推论 1 我们有 $I(X,Y|Z) \geqslant 0$, 当且仅当 $X \to Z \to Y$ 为马氏链时 $I(X,Y|Z) = 0$.

证明: 由定理 7 可知

$$I(X,Y|Z)=H(X|Z)-H(X|YZ)\geqslant 0.$$

如果 $X\to Z\to Y$ 为马氏链, 则由式 (3.42) 可知

$$\log\frac{p(xy|z)}{p(x|z)p(y|z)}=\log 1=0,$$

即 $I(X,Y|Z)=0$. 反之亦然. □

条件互信息量可以用来建立互信息量的加法公式.

推论 2 (互信息量的加法公式) 如果 $X_1,X_2,\ldots,X_n,Y$ 为信息空间, 则

$$I(X_1X_2\cdots X_n,Y)=\sum_{i=1}^{n}I(X_i,Y|X_{i-1}\cdots X_1). \tag{3.46}$$

特别地, 当 $n=2$ 时我们有

$$I(X_1X_2,Y)=I(X_1,Y)+I(X_2,Y|X_1). \tag{3.47}$$

证明: 由引理 2.3, 我们有

$$\begin{aligned}I(X_1X_2\cdots X_n,Y)&=H(X_1X_2\cdots X_n)-H(X_1X_2\cdots X_n|Y)\\&=\sum_{i=1}^{n}H(X_i|X_{i-1}\cdots X_1)-\sum_{i=1}^{n}H(X_i|X_{i-1}\cdots X_1Y).\end{aligned}$$

再由条件熵的链法则可得

$$I(X_1X_2\cdots X_n,Y)=\sum_{i=1}^{n}I(X_i,Y|X_1X_2\cdots X_{i-1}).$$

因此推论 2 成立. □

最后, 我们应用马氏链来证明有关互信息量的不等式.

定理 8 假设 $X\to Z\to Y$ 为马氏链, 则有

$$I(X,Y)\leqslant I(X,Z) \tag{3.48}$$

以及

$$I(X,Y)\leqslant I(Y,Z). \tag{3.49}$$

证明: 我们仅证式 (3.48), 式 (3.49) 同理. 由式 (3.47) 及推论 1 可得:

$$I(YZ,X)=I(Y,X)+I(X,Z|Y).$$

从而有

$$\begin{aligned} I(X,Y) &= I(X,YZ) - I(X,Z|Y) \\ &\leqslant I(X,YZ) \\ &= I(X,Z) + I(X,Y|Z) \\ &= I(X,Z). \end{aligned}$$

最后一步, 我们运用了马氏链条件, 而 $I(X,Y|Z)=0$. 定理证毕. □

定理 9 (数据处理不等式) 假设 $U \to X \to Y \to V$ 为马氏链, 则有

$$I(U,V) \leqslant I(X,Y).$$

证明: 由条件可知, $U \to X \to Y$ 以及 $U \to Y \to V$ 都是马氏链, 由定理 8 可得

$$I(U,Y) \leqslant I(X,Y)$$

以及

$$I(U,V) \leqslant I(U,Y).$$

从而有

$$I(U,V) \leqslant I(X,Y).$$

定理证毕. □

3.5 信源编码定理

信息的编码理论通常分为信道编码与信源编码两个部分. 所谓的信道编码是通过增加码字的长度以保证通过有干扰信道传输为解码的成功率. 信道编码又称纠错码, 在第二章我们进行了详细讨论. 信源编码是对有冗余信息的数据进行压缩以提高信息或数据进行贮存后解码复原时的成功率. 香农理论的另一个重要结果则是在信源编码中也存在所谓的 "好码", 这种码的特点是码字尽可能少, 以提高贮存的空间效率, 而解码复原的误差可以任意小. 信源编码又称为典型码, 香农首先对无记忆信源证明了 "分组码" 的渐近等分性质, 由此刻画出了典型码的统计特征. 后来在香农的建议下, McMillan(1953) 和 Breiman(1957) 等人对平稳遍历信源也证明了类似的渐近等分性质, 这便是在信源编码中非常著名的香农 – 麦克米伦 – 布赖曼 (Shannon-McMillan-Breiman) 定理, 它构成了现代典型码论的核心内容. 本节的主要目的是对无记忆信源严格证明其渐近等分性, 由此导出用于数据压缩的信源编码定理 (见定理 10). 对于更一般的香农 – 麦克米伦 – 布赖曼定理, 叶中行的《信息论基础》(见参考文献 3 的 [28]) 第二章在平稳遍历马氏信源条件下给出了一个证明, 有兴趣的读者可以参考之, 或参考更原始的文件 (见参考文献 3 的 [15]、[16] 及 [20] 等).

首先, 令 $X=(X,\xi)$ 为一个信息空间, X 的熵 $H(X)$ 本质上只依赖于随机变量 ξ 的概率函数 $p(x)(x\in X)$. 我们可以依据 $p(x)$ 定义在 X 上取值的随机变量.

$$\eta_1=p(X),\ \eta_2=\log p(X). \tag{3.50}$$

概率函数为

$$P\{\eta_1 \text{ 取值 } x\}=P\{\eta_2 \text{ 取值 } x\}=p(x). \tag{3.51}$$

容易看出 η_2 的期望值

$$\begin{aligned}-E(\eta_2)&=-E(\log p(X))\\&=-\sum_{x\in X}p(x)\log p(x)=H(X).\end{aligned} \tag{3.52}$$

因此, 我们可以把 X 的熵 $H(X)$ 看作随机变量 $\log\dfrac{1}{p(X)}$ 的数学期望.

引理 5.1 令 X 为无记忆信源, $p(X^n)$ 及 $\log p(X^n)$ 为取值在幂空间 X^n 上的两个随机变量, 则 $-\dfrac{1}{n}\log p(X^n)$ 依概率收敛于 $H(X)$, 即

$$-\frac{1}{n}\log p(X^n)\xrightarrow{P}H(X).$$

证明: X 为无记忆信源, 令 $\{\xi_i\}_{i\geqslant 1}$ 为一组独立同分布的随机变量, $X_i=(X,\xi_i)(i\geqslant 1)$, $X^n=X_1X_2\cdots X_n(n\geqslant 1)$ 为幂空间, 则显然有

$$\begin{cases}p(X^n)=p(X_1)p(X_2)\cdots p(X_n),\\ \log p(X^n)=\displaystyle\sum_{i=1}^{n}\log p(X_i).\end{cases}$$

因为 $\{\xi_i\}_{i\geqslant 1}$ 独立同分布, 所以 $\{p(X^n)\}$ 以及 $\{\log p(X^n\}$ 也是一组独立同分布的随机变量. 依据切比雪夫大数定律 (见第一章定理 3),

$$-\frac{1}{n}\log p(X^n)=\frac{1}{n}\sum_{i=1}^{n}\log\frac{1}{p(X_i)}$$

依概率收敛于公共期望 $H(X)$, 即

$$E\left(\log\frac{1}{p(X_i)}\right)=E\left(\log\frac{1}{p(X)}\right)=H(X).$$

也就是说, 对任意的 $\varepsilon>0$, 对任意码字 $x=x_1x_2\cdots x_n\in X^n$ 有

$$P\left\{\left|-\frac{1}{n}\log p(X^n)-H(X)\right|<\varepsilon\right\}>1-\varepsilon. \tag{3.53}$$

证明完成. □

定义 5.1 令 X 为一个无记忆信源, 幂空间 X^n 又称为分组码,

$$X^n=\{x=x_1\cdots x_n|x_i\in X,\ 1\leqslant i\leqslant n\},n\geqslant 1. \tag{3.54}$$

对于任意 $\varepsilon>0, n\geqslant 1$ 给定, 我们在幂空间 X^n 中定义典型码或典型序列 $W_\varepsilon^{(n)}$ 为

$$W_\varepsilon^{(n)}=\{x=x_1\cdots x_n||-\frac{1}{n}\log p(x)-H(X)|<\varepsilon\}. \tag{3.55}$$

由定义, 对任意 $\varepsilon>0, n\geqslant 1$ 我们有

$$W_\varepsilon^{(n)}\subset X^n,\ |X^n|=|X|^n. \tag{3.56}$$

引理 5.2 (渐近等分性) 以 $|W_\varepsilon^{(n)}|$ 表示典型码 $W_\varepsilon^{(n)}$ 中码字的个数, 则对任意的 $\varepsilon>0$, 在二进制信道中我们有

$$(1-\varepsilon)2^{n(H(X)-\varepsilon)}\leqslant|W_\varepsilon^{(n)}|\leqslant 2^{n(H(X)+\varepsilon)}. \tag{3.57}$$

证明: 由引理 5.1 及式 (3.53), 则对任意 $x\in X^n$, 有

$$P\left\{\left|-\frac{1}{n}\log p(x)-H(X)\right|<\varepsilon\right\}>1-\varepsilon.$$

换而言之, 对一切码字 $x=x_1x_2\cdots x_n\in W_\varepsilon^{(n)}$, 我们有

$$H(X)-\varepsilon<-\frac{1}{n}\log p(x)<H(X)+\varepsilon.$$

等价地, 在二进制信道中

$$2^{-n(H(X)+\varepsilon)}\leqslant p(x)\leqslant 2^{-n(H(X)-\varepsilon)}, \tag{3.58}$$

把 $W_\varepsilon^{(n)}$ 的发生概率记为 $P\{W_\varepsilon^{(n)}\}$, 则

$$P\{W_\varepsilon^{(n)}\}=P\{x\in X^n:x\in W_\varepsilon^{(n)}\}>1-\varepsilon.$$

另外,

$$P\{W_\varepsilon^{(n)}\}=\sum_{x\in W_\varepsilon^{(n)}}p(x),$$

由式 (3.58)

$$|W_\varepsilon^{(n)}|\cdot 2^{-n(H(X)+\varepsilon)}\leqslant P\{W_\varepsilon^{(n)}\}\leqslant 1.$$

所以

$$|W_\varepsilon^{(n)}|\leqslant 2^{n(H(X)+\varepsilon)}.$$

再一次地, 由式 (3.58), 显然有

$$|W_\varepsilon^{(n)}|\cdot 2^{-n(H(X)-\varepsilon)}\geqslant P\{W_\varepsilon^{(n)}\}>1-\varepsilon.$$

所以我们也有

$$|W_\varepsilon^{(n)}|>(1-\varepsilon)2^{n(H(X)-\varepsilon)}.$$

结合上述两边不等式, 我们有

$$(1-\varepsilon)2^{n(H(X)-\varepsilon)} \leqslant |W_\varepsilon^{(n)}| \leqslant 2^{n(H(X)+\varepsilon)}.$$

证明完毕. □

由引理 5.2, 对无记忆的信源 X, 其幂空间 X^n 的概率分布 $p(x)$ 近似于

$$p(x) \sim 2^{-nH(X)},\ \forall\, x \in X^n.$$

而典型码 $W_\varepsilon^{(n)}$ 中码字的个数 $|W_\varepsilon^{(n)}|$ 近似于

$$|W_\varepsilon^{(n)}| \sim 2^{nH(X)}.$$

进一步分析可以发现典型码 $W_\varepsilon^{(n)}$ 在分组码 X^n 中的占比是很小的, 我们归纳为下面的引理.

引理 5.3 对给定的充分小的 $\varepsilon > 0$, 当 X 不是等概信息空间时, 我们有

$$\lim_{n\to\infty} \frac{|W_\varepsilon^{(n)}|}{|X|^n} = 0.$$

证明: 由引理 5.2, 我们有

$$\frac{|W_\varepsilon^{(n)}|}{|X|^n} \leqslant \frac{2^{n(H(X)+\varepsilon)}}{|X|^n}.$$

所以

$$\frac{|W_\varepsilon^{(n)}|}{|X|^n} \leqslant 2^{-n(\log_2|X|-H(X)-\varepsilon)}.$$

由定理 1, 由于 X 不是等概信息空间, 所以当 ε 充分小时我们有

$$H(X)+\varepsilon < \log_2|X|.$$

因此, 当 n 充分大时 $\dfrac{|W_\varepsilon^{(n)}|}{|X|^n}$ 的比值可以任意小. 引理 5.3 成立. □

把引理 5.1、引理 5.2 及引理 5.3 结合起来, 我们可以描述分组码中的典型码具有下列统计特征.

推论 1 假设 X 为无记忆的信源, 分组码 X^n 中的典型序列 (或称典型码)$W_\varepsilon^{(n)}$ 由式 (3.55) 定义, 则对任意的 $\varepsilon > 0$, $n \geqslant 1$, 我们有

(i) (渐近等分性)

$$(1-\varepsilon)2^{n(H(X)-\varepsilon)} \leqslant |W_\varepsilon^{(n)}| \leqslant 2^{n(H(X)+\varepsilon)}.$$

(ii) $W_\varepsilon^{(n)}$ 的发生概率 $P\{W_\varepsilon^{(n)}\}$ 无限接近于 1, 即

$$P\{W_\varepsilon^{(n)}\} = P\{x \in X^n : x \in W_\varepsilon^{(n)}\} > 1-\varepsilon.$$

(iii) 当 X 不是等概信息空间时, $W_\varepsilon^{(n)}$ 在分组码 X^n 中的占比任意小, 即

$$\lim_{n\to\infty}\frac{|W_\varepsilon^{(n)}|}{|X|^n}=0.$$

上述有关典型码的统计特征的刻画是信源编码或者称为数据压缩的重要的理论基础. 由此我们找到一条有效的途径对分组码进行信息压缩, 使得重新编排后的码字尽可能少, 而解码复原的误差概率尽可能小. 一个有效方法是把分组码 X^n 中的码字分成两个部分, 我们将典型码 $W_\varepsilon^{(n)}$ 的码字从 1 到 M 进行统一编号. 即 $W_\varepsilon^{(n)}$ 中的码字与下述正整数集合 I 形成一一对应,

$$I=\{1,2,\ldots,M\},\ M=|W_\varepsilon^{(n)}|.$$

对于不属于 $W_\varepsilon^{(n)}$ 中的码字我们统一编号为 1; 显然对于编号 $i, i\neq 1, 1\leqslant i\leqslant n$, $W_\varepsilon^{(n)}$ 中存在唯一的码字 $x^{(i)}\in W_\varepsilon^{(n)}$, 因此我们可以准确复原 i 到 $x^{(i)}$, 即 $i\xrightarrow{\text{解码}}x^{(i)}$ 为正确的解码. 对于 $i=1$, 我们不能正确解码, 将产生解码复原误差. 我们以 $\frac{1}{n}\log M$ 记典型码 $W_\varepsilon^{(n)}$ 的码率, 由引理 5.2,

$$(1-\varepsilon)2^{n(H(X)-\varepsilon)}\leqslant M\leqslant 2^{n(H(X)+\varepsilon)}.$$

等价地

$$\log_2(1-\varepsilon)+n(H(X)-\varepsilon)\leqslant\log_2 M\leqslant n(H(X)+\varepsilon),$$

所以典型码 $W_\varepsilon^{(n)}$ 的码率有如下估计:

$$\frac{1}{n}\log_2(1-\varepsilon)+H(X)-\varepsilon\leqslant\frac{1}{n}\log_2 M\leqslant H(X)+\varepsilon, \tag{3.59}$$

当 $0<\varepsilon<1$ 给定之后, 我们显然有

$$H(X)-\varepsilon\leqslant\lim_{n\to\infty}\frac{1}{n}\log M\leqslant H(X)+\varepsilon.$$

也就是说, 典型码的码率可以无限接近 $H(X)$. 我们再来看这种编号后的解码误差概率 P_e, 其中

$$P_e=P\{x\in X^n: x\notin W_\varepsilon^{(n)}\}.$$

因为

$$P_e+P\{W_\varepsilon^{(n)}\}=1,$$

由典型码 $W_\varepsilon^{(n)}$ 的统计特征 (ii) 可知,

$$P_e=1-P\{W_\varepsilon^{(n)}\}<\varepsilon. \tag{3.60}$$

由此我们导出本节的主要结果, 即所谓的信源编码定理.

定理 10 (Shannon, 1948) 假设 X 为无记忆信源, 则

(i) 当码率 $R=\frac{1}{n}\log M_1>H(X)$ 时, 存在码率为 R 的编码, 使得当 $n\to\infty$ 时解码复原

的误差概率 $P_e \to 0$.

(ii) 当码率 $R = \frac{1}{n}\log M_1 < H(X) - \delta$ 时, $\delta > 0$ 且不随 $n \to \infty$ 而变化, 则任何以 R 为码率的编码都有 $\lim\limits_{n\to\infty} P_e = 1$.

证明: (i) 上面的分析已经给出了 (i) 的证明. 实际上, 如果

$$R = \frac{1}{n}\log M_1 > H(X),$$

则当 ε 充分小时, 由式 (3.59) 可知, 分组码 X_n 中的典型码有

$$R > \frac{1}{n}\log |W_\varepsilon^{(n)}|,\ M_1 > |W_\varepsilon^{(n)}|.$$

因此, 我们构造一个码 $C \subset X^n$, 满足

$$W_\varepsilon^{(n)} \subset C,\ \text{以及}\ |C| = M_1.$$

从而 C 的码率刚好等于 R, 而压缩编码后的解码误差概率 $P_e(C)$ 满足 $P_e(C) < \varepsilon$. 因为 C 的发生概率

$$P\{C\} + P_e(C) = 1.$$

而

$$P\{C\} \geqslant P\{W_\varepsilon^{(n)}\} > 1 - \varepsilon,$$

从而 (i) 得证.

(ii) 我们注意到, $\forall\, x \in W_\varepsilon^{(n)}$, 有

$$\left|-\frac{1}{n}\log p(x) - H(X)\right| < \varepsilon.$$

上式含有 $\forall\, x \in W_\varepsilon^{(n)}$,

$$p(x) < 2^{-n(H(X)-\varepsilon)}.$$

从而 $W_\varepsilon^{(n)}$ 的发生概率

$$P\{W_\varepsilon^{(n)}\} = \sum_{x\in W_\varepsilon^{(n)}} p(x) \leqslant |W_\varepsilon^{(n)}| \cdot 2^{-n(H(X)-\varepsilon)}. \tag{3.61}$$

如果我们用 R 作码率, 由于

$$R = \frac{1}{n}\log M < H(X) - \delta,$$

故我们有

$$|W_\varepsilon^{(n)}| < M = 2^{n(H(X)-\delta)}.$$

由式 (3.61),

$$P\{W_\varepsilon^{(n)}\} < 2^{-n(\delta-\varepsilon)}, \tag{3.62}$$

当 $0<\varepsilon<\delta$ 时, 我们有

$$1-P_e = P\{W_\varepsilon^{(n)}\} < \varepsilon.$$

因此有

$$\lim_{n\to\infty} P_e = 1,$$

从而定理成立. □

3.6　最优码理论

令 X 为一个信源状态集, $x = x_1x_2\cdots x_n \in X^n$ 为一个消息序列, x 经压缩编码后输出一个长度为 k 的码字 $u = u_1u_2\cdots u_k \in \mathbb{Z}_D^k$, 其中 $D \geqslant 1$ 为正整数, $\mathbb{Z}_D$ 为 $\bmod D$ 的剩余类环, $u = u_1u_2\cdots u_k \in \mathbb{Z}_D^k$ 称为一个长度为 k 的 D 进制码字. u 经解码之后翻译成消息 x, 即 $u \to x$. 信源编码的目的是要寻找好的编码方案, 使得在解码误差充分小的要求下码率尽可能小. 以下我们给出等长码及变长码的严格数学定义.

定义 6.1　设 X 为一个信源状态集, $\mathbb{Z}_D$ 为 $\bmod D$ 的剩余类环, n, k 为正整数. 映射 $f: X^n \to \mathbb{Z}_D^k$ 称为等长码编码函数, $\mathbb{Z}_D^k \xrightarrow{\psi} X^n$ 称为相应的译码函数. 对于 $\forall\, x = x_1\cdots x_n \in X^n$, $f(x) = u = u_1\cdots u_k \in \mathbb{Z}_D^k$, $u = u_1\cdots u_k$ 称为长度为 k 的码字.

$$C = \{f(x) \in \mathbb{Z}_D^k | x \in X^n\}, \tag{3.63}$$

C 称为 f 编出的码,$R = \dfrac{k}{n}\log D$ 称为 f 的编码速率, 亦称为 C 的码率. C 称为等长码, 有时也称为分组长度为 k 的分组码.

由定义 6.1 可知, 一个等长码的编码方案 (f,ψ) 的误差概率

$$P_e = P\{\psi(f(x)) \neq x,\ \ x \in X^n\}. \tag{3.64}$$

首先我们来考虑无错误编码, 即 $P_e = 0$. 显然 $P_e = 0$ 当且仅当 f 为单映射, 而 $\psi = f^{-1}$ 为 f 的左逆映射. 能够选择一个编码函数 $f: X^n \to \mathbb{Z}_D^k$ 为单映射的充要条件为 $|\mathbb{Z}_D^k| \geqslant |X^n|$, 即 $D^k \geqslant N^n$, 此处 $N = |X|$, 两边同取对数, 得

$$R = \frac{k}{n}\log D \geqslant \log N = \log|X|. \tag{3.65}$$

因此无错误压缩编码 f 的码率至少为 $\log_2|X|$ 比特或 $\ln|X|$ 奈特.

其次我们考虑渐近无错误编码, 即对任意给定的 $\varepsilon > 0$, 要求译码误差概率 $P_e \leqslant \varepsilon$. 由定理 10 可知, 只需要码率 $R \geqslant H(X)$ 即可. 事实上把 X 作为一个信息空间, 对长度为 n 的消息列 $x = x_1x_2\cdots x_n \in X^n$ 进行编码, 如果 $x \in W_\varepsilon^{(n)}$ 为典型序列 (典型码), 则 x 对应于 $M = |W_\varepsilon^{(n)}|$ 中的某一个数字, 如果 $x \notin W_\varepsilon^{(n)}$, 则把 x 统一编码为 1. 如果用 D 进制数字表示

$W_\varepsilon^{(n)}$ 中的这 M 个码字, 不妨令 $D^k = M$ (不足部分补齐即可), 则码率 R 为

$$R = \frac{1}{n}\log M = \frac{k}{n}\log D.$$

由于 M 近似于 $2^{nH(X)}$, 所以 R 近似于 $H(X)$, 即 $R = \frac{1}{n}\log M \sim H(X)$. 由渐近等分性可知, 这样编码的误差概率

$$P_e = P\{x = x_1\cdots x_n \notin W_\varepsilon^{(n)}\} < \varepsilon,\ n \text{ 充分大时}.$$

但在实际应用中 n 不可能无限增大, 这就要求我们在给定有限的 n 时, 寻找尽可能好的编码方案, 使得码率尽可能接近理论值 $H(X)$. 但在应用中我们发现等长码并不是一个有效率的编码方案, 而变长码则更加实用. 下面举例说明.

例 1 令 $X = \{1,2,3,4\}$ 为一个信息空间, 取值在 X 上的随机变量 ξ 的概率分布为

$$\xi \sim \begin{pmatrix} 1 & 2 & 3 & 4 \\ \frac{1}{2} & \frac{1}{4} & \frac{1}{8} & \frac{1}{8} \end{pmatrix}.$$

信息空间 X 的熵 $H(X)$ 为

$$H(X) = -\frac{1}{2}\log_2\frac{1}{2} - \frac{1}{4}\log_2\frac{1}{4} - \frac{1}{8}\log_2\frac{1}{8} - \frac{1}{8}\log_2\frac{1}{8} = 1.75\ (\text{比特}).$$

若用等长码进行编码, 则码长为 2, 编码为

信源字母	码字
1	00
2	01
3	10
4	11

则码率 $R(k = 2, n = 1)$ 为

$$R = 2\log_2 2 = 2 > 1.75\ (\text{比特}).$$

显然, 等长码的使用效率不高. 如果把上述编码换成不等长码进行编码, 如

信源字母	码字
1	0
2	10
3	110
4	111

我们用 $l(x)$ 表示信源字母 x 编码后的码长, 则 X 编码所需的平均码长 L 为

$$L = \sum_{i=1}^{4} p(x_i)l(x_i) = \frac{1}{2}\times 1 + \frac{1}{4}\times 2 + \frac{1}{8}\times 3 + \frac{1}{8}\times 3 = 1.75\ (\text{比特}) = H(X).$$

由此可见, 使用不等长码对 X 进行编译有更高的使用效率. 这个例子也解释了如下压缩编码原则: 对出现概率较高的字符编制较短的码字, 对出现概率较低的字符编制较长的码字, 以保证平均编码长度尽可能小.

下面我们给出变长编码的数学定义. 为此令 X^* 及 $\mathbb{Z}_D^*$ 分别为有限长序列全体组成的集合, 即 $X^* = \bigcup\limits_{1\leqslant k<\infty} X^k$.

定义 6.2 (i) $X^n \xrightarrow{f} \mathbb{Z}_D^*$ 称为一个变长码函数, 如果任意的 $x \in X^n$, $f(x) \in \mathbb{Z}_D^*$, 当 x 不同时 $f(x)$ 的码长也不一定相同, 我们用 $l(x)$ 表示 $f(x)$ 的长度, 称为 x 的编码长度. $C = \{f(x) \in \mathbb{Z}_D^* | x \in X^n\}$ 称为变长码字集.

(ii) 令 $f: X^* \longrightarrow \mathbb{Z}_D^*$ 为一个映射, f 称为一个码映射, $f(X^*)$ 称为一个码.

(iii) $f: X^* \longrightarrow \mathbb{Z}_D^*$ 称为一个分组码映射, 如果存在一个映射 $g: X \longrightarrow \mathbb{Z}_D^*$, 使得对于任意的 $x \in X^n (n \geqslant 1)$, 记 $x = x_1x_2\cdots x_n$, 有 $f(x) = g(x_1)g(x_2)\cdots g(x_n)$.

(iv) $f: X^* \longrightarrow \mathbb{Z}_D^*$ 称为一个唯一可译码映射, 如果 f 为一个分组码映射, 且 f 为一个单映射.

(v) $f: X^* \longrightarrow \mathbb{Z}_D^*$ 称为一个即时码映射, 如果 f 为一个分组码映射, 且对任意的 $x, y \in X^*$, $f(x)$ 与 $f(y)$ 不能互为前缀.

注: $a = a_1a_2\cdots a_n \in \mathbb{Z}_D^n, b = b_1b_2\cdots b_m \in \mathbb{Z}_D^m$, 称码字 a 为 b 的前缀, 如果 $m \geqslant n$, 且对任意的 $1 \leqslant i \leqslant n$, 有 $a_i = b_i$.

引理 6.1 分组码映射 $f: X^* \longrightarrow \mathbb{Z}_D^*$ 称为一个唯一可译码映射当且仅当对 $\forall\, n \geqslant 1$, $X^n \longrightarrow \mathbb{Z}_D^*$, f 限制在 X^n 上为单映射.

证明: 必要性显然. 下面证充分性, 即证对 $\forall\, x = x_1x_2\cdots x_n \in X^n, y = y_1y_2\cdots y_m \in X^m, x \neq y$, 有 $f(x) \neq f(y)$. 假设有 $f(x) = f(y)$, 因为 f 为分组码映射, 所以存在一个映射 $g: X \longrightarrow \mathbb{Z}_D^*$, 有

$$f(x) = g(x_1)g(x_2)\cdots g(x_n) = g(y_1)g(y_2)\cdots g(y_m) = f(y).$$

则

$$\begin{aligned} f(xy) &= g(x_1)g(x_2)\cdots g(x_n)g(y_1)g(y_2)\cdots g(y_m) \\ &= g(y_1)g(y_2)\cdots g(y_m)g(x_1)g(x_2)\cdots g(x_n) \\ &= f(yx). \end{aligned}$$

但 $xy \neq yx$, 这与 f 限制在 X^{n+m} 上为单映射矛盾. □

引理 6.2 一个即时码为唯一可译码, 反之不然.

证明: 设 $f: X^* \longrightarrow \mathbb{Z}_D^*$ 为一个即时码映射, 且对 $x, y \in X^*, x \neq y$, 有 $f(x) = a_1a_2\cdots a_n \in \mathbb{Z}_D^n, f(y) = b_1b_2\cdots b_m \in \mathbb{Z}_D^m (m \geqslant n)$. 因为 $f(x)$ 不为 $f(y)$ 的前缀, 所以存在 $i(1 \leqslant i \leqslant n)$, 有

$a_i \neq b_i$, 所以 $f(x) \neq f(y)$, 即 f 为单映射. 反过来, 我们举一个反例:

信源字母	码字
1	0
2	01
3	011
4	111

这里 $X = \{1, 2, 3, 4\}$ 为信息空间, $f: X \to \mathbb{Z}_2^*$ 为一个变长编码. $f(1)$ 为 $f(2)$ 的前缀, 即 f 不是即时码映射, 但显然 f 为唯一可译码映射. 引理得证. □

一个即时码的码长需要满足什么条件呢? 下面的克拉夫特 (Kraft) 不等式给出了满意的回答.

引理 6.3 对于取值于 $\mathbb{Z}_D^*$ 中的唯一可译码 C, $|C| = m$, 其码长分别为 $l_1, l_2, \ldots, l_m$, 则有如下麦克米伦–克拉夫特不等式

$$\sum_{i=1}^{m} D^{-l_i} \leqslant 1. \tag{3.66}$$

反之, 对于满足上述条件的 l_i, 存在一个即时码 C, 使得 $\{l_1, l_2, \ldots, l_m\}$ 为 C 的码长集合.

证明: 考虑

$$\left(\sum_{i=1}^{m} D^{-l_i}\right)^n = (D^{-l_1} + D^{-l_2} + \cdots + D^{-l_m})^n,$$

每一项的形式都为 $D^{-l_{i_1} - l_{i_2} - \cdots - l_{i_n}} = D^{-k}$, 这里的 $l_{i_1} + l_{i_2} + \cdots + l_{i_n} = k$. 设 $l = \max\{l_1, l_2, \ldots, l_m\}$, 则 k 的范围是从 n 到 nl. 定义 N_k 为 D^{-k} 的项数, 则

$$\left(\sum_{i=1}^{m} D^{-l_i}\right)^n = \sum_{k=n}^{nl} N_k D^{-k}.$$

注意到 N_k 可看成是 C 中 n 个码字恰好拼成的总长度为 k 的码字序列数, 即

$$N_k = |\{(c_1, c_2, \ldots, c_n) \big| |c_1 c_2 \cdots c_n| = k, c_i \in C\}|.$$

而拼成的这个码字仍然在 $\mathbb{Z}_D^*$ 中, 又由于 $f: X^* \longrightarrow \mathbb{Z}_D^*$ 为一个单映射, 所以 $N_k \leqslant D^k$, 则有

$$\left(\sum_{i=1}^{m} D^{-l_i}\right)^n = \sum_{k=n}^{nl} N_k D^{-k} \leqslant \sum_{k=n}^{nl} D^k D^{-k} = nl - n + 1 \leqslant nl.$$

当 $x \geqslant 1$, 且 n 充分大时, $x^n > nl$. 但上式对任意的 n 都成立, 即 $\sum\limits_{i=1}^{m} D^{-l_i} \leqslant 1$.

反过来, 假设克拉夫特不等式存在, 即存在给定长度 $l_i (1 \leqslant i \leqslant m)$ 满足式 (3.66), 现在我们需要用这些长度构造一个即时码, $l_i (1 \leqslant i \leqslant m)$ 可以不是完全不同的. 定义 n_j 是码字长度为 j 的个数, 如果 $l = \max\{l_1, l_2, \ldots, l_m\}$, 则

$$\sum_{j=1}^{l} n_j = m.$$

式 (3.66) 等价于

$$\sum_{j=1}^{l} n_j D^{-j} \leqslant 1.$$

两边同时乘以 D^l, 则 $\sum_{j=1}^{l} n_j D^{l-j} \leqslant D^l$, 即有

$$\begin{aligned}
&n_l \leqslant D^l - n_1 D^{l-1} - n_2 D^{l-2} - \cdots - n_{l-1} D,\\
&n_{l-1} \leqslant D^{l-1} - n_1 D^{l-2} - n_2 D^{l-3} - \cdots - n_{l-2} D,\\
&\cdots\cdots\\
&n_3 \leqslant D^3 - n_1 D^2 - n_2 D,\\
&n_2 \leqslant D^2 - n_1 D,\\
&n_1 \leqslant D.
\end{aligned}$$

因为 $n_1 \leqslant D$, 所以我们可以任意选择这 n_1 个码, 剩下的 $D - n_1$ 个长度为 1 的码可以作为其他码字的前缀. 长度为 2 的码字可以有 $(D - n_1)D$ 种选择, 即 $n_2 \leqslant D^2 - n_1 D$. 类似地, 有 $(D - n_1)D - n_2$ 个码字可以作为后面码字的前缀. 长度为 3 的码字最多有 $((D - n_1)D - n_2)D$ 种选择, 即 $n_3 \leqslant D^3 - n_1 D^2 - n_2 D \ldots$, 这样下去总可构造出长度为 $\{l_1, l_2, \ldots, l_m\}$ 的即时码. 引理得证! □

下面我们举一个不是唯一可译码的例子.

例 2 　令 $X = \{1, 2, 3, 4\}$, $\mathbb{Z}_D = \mathbb{F}_2$, 编码方案为

信源字母	码字
1	$0 = f(1)$
2	$1 = f(2)$
3	$00 = f(3)$
4	$11 = f(4)$

因为编码器输入的与译码器接收的都是连续不断的码字符号, 如果译码器收到的字符为 001101, 则可能有两个译码结果: 112212 与 3412. 这表明 f^* 不是单映射, 即 f 编制的码不是唯一可译码.

由引理 6.3 知, 即时码或更一般的唯一可译码的码长必须满足克拉夫特不等式. 但按照克拉夫特不等式编制的变长码并不是最优码, 因为从随机编码的角度来说, 一个最优码不仅要求译码的准确性, 而且要保证效率, 也就是说, 平均随机码长要求最短, 我们把最优码的严格数学定义归纳如下:

定义 6.3 令 $X=\{x_1,x_2,\ldots,x_m\}$ 为一个信息空间, 一个即时码 $C=\{f(x_1),f(x_2),\ldots,f(x_m)\}$ 称为最优码, 如果它的平均随机码长

$$L=\sum_{i=1}^{m}p_il_i \tag{3.67}$$

最小, 其中 $p_i=p(x_i)$ 为 x_i 的发生概率, l_i 为 x_i 的码长.

对一个信源状态集 X 来说, 当它的统计特征确定后, 即 X 成为一个信息空间之后, 概率分布 $\{p(x)|x\in X\}$ 是给定的. 因此对一个信息空间 X 寻找最优的压缩编码方案, 就是在克拉夫特不等式的条件下寻求式 (3.67) 的最优解 $\{l_1,l_2,\ldots,l_m\}$. 通常我们使用拉格朗日 (Lagrange) 乘子法来求最优解. 令

$$J=\sum_{i=1}^{m}p_il_i+\lambda\left(\sum_{i=1}^{m}D^{-l_i}\right),$$

求对 l_i 的偏导数可得

$$\frac{\partial J}{\partial l_i}=p_i-\lambda D^{-l_i}\log D.$$

令 $\dfrac{\partial J}{\partial l_i}=0$, 得

$$D^{-l_i}=\frac{p_i}{\lambda\log D}.$$

由克拉夫特不等式, 即

$$\sum_{i=1}^{m}D^{-l_i}\leqslant 1.$$

我们得到

$$1\geqslant\sum_{i=1}^{m}D^{-l_i}=\frac{1}{\lambda\log D}\sum_{i=1}^{m}p_i\Rightarrow\lambda\geqslant\frac{1}{\log D}.$$

从而解得最优码长 l_i 为

$$l_i\geqslant-\log_D p_i,\ 及\ p_i\geqslant D^{-l_i}. \tag{3.68}$$

对应的最优平均码长 L 为

$$L=\sum_{i=1}^{m}p_il_i\geqslant-\sum_{i=1}^{m}p_i\log_D p_i=H_D(X). \tag{3.69}$$

即 L 为 X 的 D 进制信息熵 $H_D(X)$. 由此我们得到本节的主要结果.

定理 11 一个信息空间 X 的任何 D 进制即时码的平均长度 L 应满足

$$L\geqslant H_D(X).$$

等号成立当且仅当 $p_i=D^{-l_i}$.

下面我们将对定理 11 给出另一个证明. 为此我们考虑一个信源状态集 X 上有两个随机变量 ξ 与 η, 它们的概率分布分别为

$$p(x)=P\{\xi=x\},\ q(x)=P\{\eta=x\},\ \forall\, x\in X.$$

定义随机变量的相对熵为

$$D(p||q)=\sum_{x\in X}p(x)\log\frac{p(x)}{q(x)}. \tag{3.70}$$

引理 6.4 X 上两个随机变量的相对熵 $D(p||q)$ 满足

$$D(p||q)\geqslant 0,\ 且\ D(p||q)=0 \iff p(x)=q(x),\forall\, x\in X.$$

证明: 若实数 $x>0$, 由 e^x 的幂级数展开可得

$$\mathrm{e}^{x-1}=1+(x-1)+\frac{1}{2}(x-1)^2+\cdots.$$

所以 $\mathrm{e}^{x-1}\geqslant x$, 从而有 $\log x\leqslant x-1$, 由式 (3.70), 得

$$\begin{aligned}-D(p||q)&=\sum_{x\in X}p(x)\log\frac{q(x)}{p(x)}\\&\leqslant\sum_{x\in X}p(x)(\frac{q(x)}{p(x)}-1)=0.\end{aligned}$$

从而有 $D(p||q)\geqslant 0$, $D(p||q)=0$ 的结论显然. □

证明 (定理 11 的另一个证明): 考察 $L-H_D(X)$,

$$\begin{aligned}L-H_D(X)&=\sum_{i=1}^{m}p_il_i-\sum_{i=1}^{m}p_i\log_D\frac{1}{p_i}\\&=-\sum_{i=1}^{m}p_i\log_D D^{-l_i}+\sum_{i=1}^{m}p_i\log_D p_i.\end{aligned} \tag{3.71}$$

定义

$$r_i=\frac{D^{-l_i}}{c},\ c=\sum_{j=1}^{m}D^{-l_i}.$$

由克拉夫特不等式, 我们有

$$c\leqslant 1,\ 以及\ \sum_{i=1}^{m}r_i=1.$$

因此, $\{r_i,1\leqslant i\leqslant m\}$ 为 X 上的一个概率分布, 由式 (3.71),

$$L-H_D(X)=-\sum_{i=1}^{m}p_i\log_D cr_i+\sum_{i=1}^{m}p_i\log_D p_i=\sum_{i=1}^{m}p_i\left(\log_D\frac{p_i}{r_i}+\log_D\frac{1}{c}\right).$$

由引理 6.4 及 $c\leqslant 1$, 我们有

$$L-H_D(X)\geqslant 0,且\ L=H_D(X)\ 当且仅当\ c=1\ 及\ r_i=p_i,$$

也就是

$$p_i = D^{-l_i}, \text{ 或 } l_i = \log_D \frac{1}{p_i}.$$

我们完成了对定理 11 的证明. □

由定理 11 可知, 依照概率进行编码, 那么 D 进制最优码的码长为

$$l_i = \log_D \frac{1}{p_i}, \ 1 \leqslant i \leqslant m.$$

但在通常情况下, $\log_D \frac{1}{p_i}$ 不是整数, 我们用 $\lceil a \rceil$ 表示不小于实数 a 的最小整数. 取

$$l_i = \left\lceil \log_D \frac{1}{p_i} \right\rceil, \ 1 \leqslant i \leqslant m. \tag{3.72}$$

则

$$\sum_{i=1}^{m} D^{-l_i} \leqslant \sum_{i=1}^{m} D^{-\log_D \frac{1}{p_i}} = \sum_{i=1}^{m} p_i = 1.$$

则由式 (3.72) 定义的码长 $\{l_1, l_2, \ldots, l_m\}$ 满足克拉夫特不等式, 由引理 6.3, 我们可以定义相应的即时码.

定义 6.4 令 $X = \{x_1, x_2, \ldots, x_m\}$ 为一个信息空间, $p_i = p(x_i)$,

$$l(f(x_i)) = l_i = \left\lceil \log_D \frac{1}{p_i} \right\rceil, \ 1 \leqslant i \leqslant m.$$

则 $\{l_1, l_2, \ldots, l_m\}$ 所对应的即时码称为香农码.

推论 1 一个香农码 $C = \{f(x_i) | 1 \leqslant i \leqslant m\}$ 的码长 $l(f(x_i))$ 满足

$$l_i = \left\lceil \log_D \frac{1}{p(x_i)} \right\rceil, \text{ 且 } \log_D \frac{1}{p(x_i)} \leqslant l_i < \log_D \frac{1}{p(x_i)} + 1 \tag{3.73}$$

及

$$H_D(X) \leqslant L < H_D(X) + 1,$$

其中 L 为 C 的平均码长.

证明: 由 $\lceil a \rceil$ 的定义可知, $a \leqslant \lceil a \rceil < a + 1$, 所以

$$\log_D \frac{1}{p(x_i)} \leqslant l_i < \log_D \frac{1}{p(x_i)} + 1.$$

从而两边同乘以 $p(x_i)$, 并对 $1 \leqslant i \leqslant m$ 求和, 则有

$$\sum_{i=1}^{m} p(x_i) \log_D \frac{1}{p(x_i)} \leqslant \sum_{i=1}^{m} p(x_i) l_i < \sum_{i=1}^{m} p(x_i)(\log_D \frac{1}{p(x_i)} + 1).$$

即

$$H_D(X) \leqslant L < H_D(X) + 1.$$

推论成立. □

3.7 压缩编码的几个例子

3.7.1 摩尔斯码

在变长码中为使平均码长尽可能接近信源熵, 应使码长与对应的编码字符的发生概率尽可能匹配. 概率编码原则是发生概率高的字符配置短的码字, 发生概率低的字符配置较长的码字, 从而使平均码长尽可能接近信源熵. 这种思想早在香农理论之前就已经存在. 比如 1838 年发明的摩尔斯 (Morse) 码采用点、划线与空格三个符号对英文 26 个字母进行编码, 用二进制表示. 点是 10, 共 2 个比特; 划线是 1110, 共 4 个比特; 空格为 000, 共 3 个比特. 比如常用的英文字母 E 用一个点表示, 而不常用的字母 Q 用两个划线、一个点再加一个划线来表示, 这样可使英文文本的码字平均长度较短. 但摩尔斯码并没有做到与发生概率完全匹配, 因此不是最优码, 现在已基本不用了. 图 3.1 为摩尔斯码的编码表.

A	•–
B	–•••
C	–•–•
D	–••
E	•
F	••–•
G	––•
H	••••
I	••
J	•–––
K	–•–
L	•–••
M	––
N	–•
O	–––
P	•––•
Q	––•–
R	•–•
S	•••
T	–
U	••–
V	•••–
W	•––
X	–••–
Y	–•––
Z	––••

图 3.1

值得注意的是, 摩尔斯码早期是作为一种密码出现的, 它广泛应用于敏感政治信息（比如军事情报）的传递与储存. 早期的密码编译机也是基于摩尔斯码的原理来进行制造的, 从而迅速使密码的编制与翻译实现了机械化. 从这个意义上来说, 摩尔斯码对密码技术的发展起到了重要的推动作用.

3.7.2 哈夫曼码

香农、法诺和哈夫曼等人都曾研究过变长码的编码方法, 其中哈夫曼码的编码效率最高, 我们重点介绍哈夫曼二进制码和三进制码的编码方法.

令 $X=\{x_1,x_2,\ldots,x_m\}$ 为 m 个符号的信源字母集, 把 m 个符号依发生概率的大小次序排列, 取两个概率最小的字母分别配制以数字“0”和“1”, 然后把它们的概率相加, 并作为一个新的字母与其他未分配二进制数字的信源字母重新按概率大小次序排列; 取两个概率最小的字母分别配制数字“0”与“1”, 再把这两个字母的概率相加作为一个新字母的概率, 重新排队; 继续上述过程, 直到所剩字母的概率相加为 1. 此时所有信源字母都对应了一串“0”与“1”数字, 我们就得到一个变长码, 这个即时变长码称为哈夫曼码. 下面以 $X=\{1,2,3,4,5\}$ 为信息空间作为例子, 相应的概率分布为

$$\xi \sim \begin{pmatrix} 1 & 2 & 3 & 4 & 5 \\ 0.25 & 0.25 & 0.2 & 0.15 & 0.15 \end{pmatrix}.$$

二进制信息熵 $H_2(X)$ 及三进制信息熵 $H_3(X)$ 分别为

$$\begin{aligned} H_2(X) &= -0.25\log_2 0.25 - 0.25\log_2 0.25 - 0.2\log_2 0.2 - 0.15\log_2 0.15 - 0.15\log_2 0.15 \\ &\approx 2.28\ (\text{比特}), \\ H_3(X) &= -0.25\log_3 0.25 - 0.25\log_3 0.25 - 0.2\log_3 0.2 - 0.15\log_3 0.15 - 0.15\log_3 0.15 \\ &\approx 1.44\ (\text{比特}). \end{aligned}$$

X 的二进制哈夫曼编码图为图 3.2:

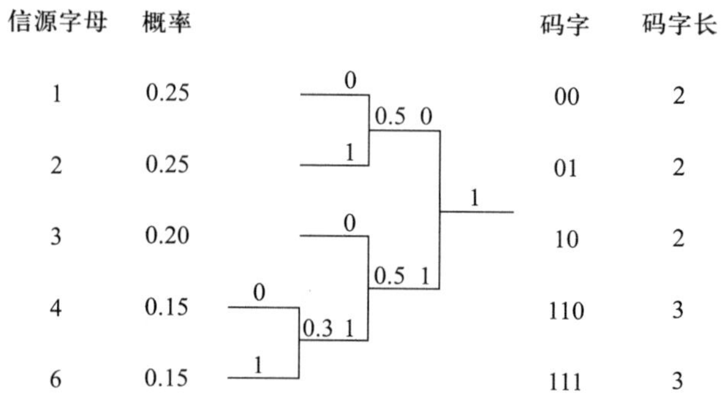

图 3.2

总结一下, 哈夫曼码有如下特点. 假设第 i 个信源字母的发生概率为 p_i, 对应的码长为 l_i, 则

(1) 如果 $p_i > p_j$, 则 $l_i \leqslant l_j$, 即概率小的信源字母有较长的码字;

(2) 最长的两个码字有相同的码长;

(3) 最长的两个码字的码字字母只是最后一个字母不同, 前面的都相同;

(4) 在即时码中, 哈夫曼码的平均码长最小, 在这个意义下, 哈夫曼码为最优码.

X 的三进制哈夫曼编码图为图 3.3:

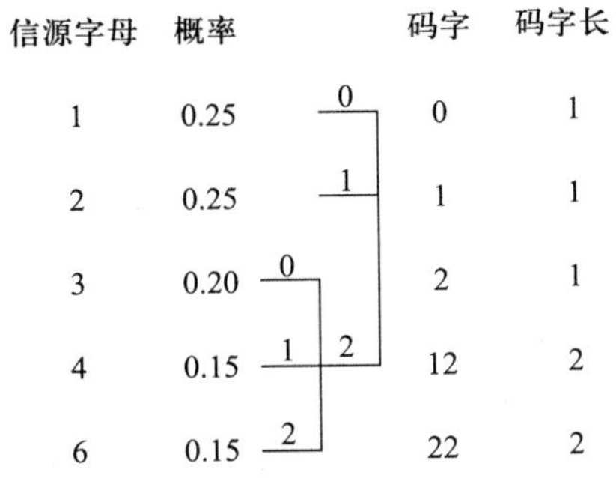

图 3.3

哈夫曼码在实际中已有所应用, 主要用于传真图像的压缩标准. 但在实际数据压缩中有的信源的统计特征前后是有变化的, 为使编码依据的统计特征能适应信源实际统计特征的变化, 自适应编码技术发展了起来. 对于该技术, 在编码的每一步, 新的一段消息的编码依据的是以往消息的统计特征. 比如 1978 年 R. G. Gallager 首先提出对哈夫曼码的逐步更新技术, 1985 年 D.E. Knuth 使该技术成为一种实用算法. 自适应哈夫曼编码技术需要比较复杂的数据结构并且根据信源统计特征不断更新码字集, 此处我们不做详细介绍.

3.7.3 香农 – 法诺码

香农 – 法诺 (Shannon-Fano) 码为一种算术码. 令 X 为一个信息空间, 由上一节推论 1 可知 X 上的香农码的码长为

$$l(x)=\left\lceil\log\frac{1}{p(x)}\right\rceil, \forall x\in X.$$

此处我们介绍一种利用累积分布函数来分配码字的构造性编码方法, 通常称为香农 – 法诺编码方法. 不失一般性, 令对 X 中每个字母 x, 有 $p(x)>0$, 定义累积分布函数 $F(x)$ 及修正分布函数 $\bar{F}(x)$ 为

$$F(x)=\sum_{a\leqslant x}p(a),\ \bar{F}(x)=\sum_{a<x}p(a)+\frac{1}{2}p(x), \tag{3.74}$$

其中 $X=\{1,2,\ldots,m\}$ 为一个给定的信息空间. 不失一般性, 可令 $p(1)\leqslant p(2)\leqslant\cdots\leqslant p(m)$.

由定义可以看出, 如果 $x\in X$, 则 $p(x)=F(x)-F(x-1)$, 特别地, 如果 $x,y\in X$, 则有

$$\bar{F}(x)\neq\bar{F}(y).$$

因此, 如果我们知道了 $\bar{F}(x)$, 就可以找到对应的 x. 香农 – 法诺码的基本思想就是用 $\bar{F}(x)$ 给 x 编码. 因为 $\bar{F}(x)$ 为实数, 它的二进制小数表达的前 $l(x)$ 位记为 $\{\bar{F}(x)\}_{l(x)}$, 显然有

$$\bar{F}(x)-\{\bar{F}(x)\}_{l(x)}<2^{-l(x)}. \tag{3.75}$$

取 $l(x)=\left\lceil\log\dfrac{1}{p(x)}\right\rceil+1$, 则有

$$\frac{1}{2^{l(x)}}=\frac{1}{2\cdot 2^{\lceil\log\frac{1}{p(x)}\rceil}}<\frac{p(x)}{2}=\bar{F}(x)-F(x-1), \tag{3.76}$$

现在令 $\bar{F}(x)$ 的二进制小数表示为

$$\bar{F}(x)=0.a_1a_2\cdots a_{l(x)}a_{l(x)+1}\cdots,\ \forall\ a_i\in\mathbb{F}_2.$$

那么香农 – 法诺编码为

$$f(x)=a_1a_2\cdots a_{l(x)},\ 即\ x\xrightarrow{编码}a_1a_2\cdots a_{l(x)}\in\mathbb{F}_2^{l(x)}. \tag{3.77}$$

引理 7.1 二进制香农 – 法诺码为一个即时码, 其平均长度 L 与理论最优值 $H(X)$ 最多差两个比特.

证明: 由式 (3.76),

$$2^{-l(x)}<\frac{1}{2}p(x)=\bar{F}(x)-F(x-1).$$

令 $\bar{F}(x)$ 的二进制小数表示为

$$\bar{F}(x)=0.a_1a_2\cdots a_{l(x)}\cdots,\ \forall\ a_i\in\mathbb{F}_2.$$

我们用 $[A,B]$ 表示实轴上的一个闭区间, 因此

$$\bar{F}(x)\in[0.a_1a_2\cdots a_{l(x)},0.a_1a_2\cdots a_{l(x)}+\frac{1}{2^{l(x)}}].$$

如果 $y\in X$, $x\neq y$, 且 $f(x)$ 为 $f(y)$ 的前缀, 则有

$$\bar{F}(y)\in[0.a_1a_2\cdots a_{l(x)},0.a_1a_2\cdots a_{l(x)}+\frac{1}{2^{l(x)}}].$$

但是

$$\bar{F}(y)-\bar{F}(x)\geqslant\frac{1}{2}p(y)\geqslant\frac{1}{2}p(x)>\frac{1}{2^{l(x)}},$$

这与 $\bar{F}(x)$ 与 $\bar{F}(y)$ 同处一个区间是矛盾的. 所以我们有 f 为即时编码, 即香农 – 法诺码为即时码. 考虑其平均码长 L,

$$L=\sum_{x\in X}p(x)l(x)=\sum_{x\in X}p(x)\left(\left\lceil\log\frac{1}{p(x)}\right\rceil+1\right)<\sum_{x\in X}p(x)\left(\log\frac{1}{p(x)}+2\right)=H(X)+2.$$

我们完成了对引理的证明. □

令 $n\geqslant 1$, X^n 为信息空间的幂空间, $x=x_1\cdots x_n\in X^n$ 称为一个长度为 n 的消息列. 为了提高编码效率, 往往需要对幂空间 X^n 进行压缩编码, 这种编码称为算术编码. 香农 – 法诺码也可以用作算术编码, 其基本方法是要找到计算联合概率分布 $p(x_1x_2\cdots x_n)$ 和累积分布函数 $F(x)$ 的快速算法, 然后用香农 – 法诺方法对 $x=x_1\cdots x_n$ 进行编码. 具体细节我们在此不做详细介绍.

3.8 信道编码定理

设 X 为输入字母表, Y 为输出字母表, 令 ξ 与 η 为取值在 X 与 Y 上的两个随机变量. X 与 Y 的概率函数 $p(x)$ 与 $p(y)$ 以及条件概率函数 $p(y|x)$ 分别为

$$p(x)=P\{\xi=x\},\ p(y)=P\{\eta=y\},\ p(y|x)=P\{\eta=y|\xi=x\}.$$

由全概率公式,

$$\begin{cases} p(y|x)\geqslant 0, & \forall\, x\in X, y\in Y. \\ \sum\limits_{y\in Y} p(y|x)=1, & \forall\, x\in X. \end{cases} \tag{3.78}$$

如果 X 与 Y 都是有限集合, 则条件概率矩阵 $T=(p(y|x))_{|X|\times|Y|}$ 称为从 X 到 Y 的转移概率矩阵, 即

$$T=\begin{pmatrix} p(y_1|x_1) & p(y_2|x_1) & \dots & p(y_N|x_1) \\ p(y_1|x_2) & p(y_2|x_2) & \dots & p(y_N|x_2) \\ \vdots & \vdots & & \vdots \\ p(y_1|x_M) & p(y_2|x_M) & \dots & p(y_N|x_M) \end{pmatrix}, \tag{3.79}$$

其中 $|X|=M$, $|Y|=N$. 由式 (3.78) 可知, 转移概率矩阵 T 的每一行相加为 1.

定义 8.1 (i) 一个离散信道由有限信息空间 X 作为输入字母表、有限信息空间 Y 作为输出字母表以及从 X 到 Y 的转移概率矩阵 T 构成, 记这个离散信道为 $\{X,T,Y\}$. 如果 $X=Y=\mathbb{F}_q$ 为 q 元有限域, 则 $\{X,T,Y\}$ 为离散的 q 进制信道. 特别地, 如果 $q=2$, 则 $\{X,T,Y\}$ 称为离散的二进制信道.

(ii) 如果 $\{X,T,Y\}$ 为一个离散的 q 进制信道, $T=I_q$ 为 q 阶单位矩阵, 则 $\{X,I_q,Y\}$ 称为一个无噪声信道.

(iii) 如果 $\{X,T,Y\}$ 为一个离散的 q 进制信道, $T=T'$ 为 q 阶对称矩阵, 则 $\{X,T,Y\}$ 称为一个对称信道.

在离散信道 $\{X,T,Y\}$ 中, 定义长度为 n 的码字空间 X^n 及 Y^n 分别为

$$X^n=\{x=x_1\cdots x_n|x_i\in X\}, Y^n=\{y=y_1\cdots y_n|y_i\in Y\}, n\geqslant 1,$$

定义联合事件 $x=x_1\cdots x_n$ 及 $y=y_1\cdots y_n$ 的概率分别为

$$p(x)=p(x_1\cdots x_n)=\prod_{i=1}^n p(x_i),\quad p(y)=p(y_1\cdots y_n)=\prod_{i=1}^n p(y_i), \tag{3.80}$$

则 X 与 Y 成为无记忆信源, X^n 与 Y^n 分别是幂空间.

定义 8.2 如果对于任意的正整数 $n\geqslant 1$, $x=x_1\cdots x_n\in X^n$, $y=y_1\cdots y_n\in Y^n$, 我们有

$$\begin{cases} p(y|x) = \prod_{i=1}^{n} p(y_i|x_i), \\ p(x_iy_i) = p(x_1y_1), \forall\ i \geqslant 1. \end{cases} \tag{3.81}$$

则离散信道 $\{X, T, Y\}$ 称为一个无记忆信道.

由式 (3.81) 中的联合事件概率 $p(x_iy_i) = p(x_1y_1)$, 有

$$p(y_i|x_i) = \frac{p(x_1)}{p(x_i)} p(y_1|x_1). \tag{3.82}$$

上式表明在一个无记忆信道中条件概率 $p(y_i|x_i)$ 并不依赖于 y_i.

定义 8.2 是一个无记忆信道的统计特征, 下面的引理给出了一个无记忆信道的数学刻画.

引理 8.1 一个离散信道 $\{X, T, Y\}$ 为无记忆信道的充要条件是乘积信息空间 XY 是一个无记忆信源, 且幂空间 $(XY)^n = X^nY^n$.

证明: 如果 XY 为一个无记忆信源 (见定义 3.1), 则对任意的 $n \geqslant 1$, 以及 $x = x_1 \cdots x_n \in X^n$, $y = y_1 \cdots y_n \in Y^n$, $xy \in X^nY^n$, 有

$$p(xy) = p(x_1 \cdots x_n y_1 \cdots y_n) = p(x_1y_1 \cdots x_ny_n) = \prod_{i=1}^{n} p(x_iy_i).$$

从而

$$p(x)p(y|x) = p(x) \prod_{i=1}^{n} p(y_i|x_i),$$

因此有

$$p(y|x) = \prod_{i=1}^{n} p(y_i|x_i).$$

又 $p(x_iy_i) = p(x_1y_1)$ 由无记忆信源的定义给出, 因此 $\{X, T, Y\}$ 为一个无记忆信道. 反过来, 如果 $\{X, T, Y\}$ 为一个无记忆信道, 则由式 (3.81) 有

$$p(xy) = \prod_{i=1}^{n} p(x_iy_i)$$

以及 $p(x_iy_i) = p(x_1y_1)$, 则对任意的 $a = a_1a_2 \cdots a_n \in (XY)^n$, 这里 $a_i = x_iy_i$, 我们有

$$p(a) = p(x_1 \cdots x_n y_1 \cdots y_n) = p(xy) = \prod_{i=1}^{n} p(x_iy_i) = \prod_{i=1}^{n} p(a_i)$$

以及 $p(a_i) = p(a_1)$, 所以 XY 为一个无记忆信源, 即由一组独立同分布的随机向量 $\xi = (\xi_1, \xi_2, \ldots, \xi_n, \ldots)$ 取值于 XY 上, 而 $(XY)^n = X^nY^n$ 称为幂空间. 引理得证! □

下面的引理进一步刻画了一个无记忆信道的统计特征.

引理 8.2 如果 $\{X, T, Y\}$ 为一个离散的无记忆信道, 则信息空间 X^n, Y^n 的条件熵 $H(Y^n|X^n)$ 以及信息量 $I(X^n, Y^n)$ 满足 $\forall\ n \geqslant 1$,

$$\begin{cases} H(Y^n|X^n) = nH(Y|X), \\ I(X^n, Y^n) = nI(X, Y). \end{cases} \tag{3.83}$$

证明: 因为 XY 为无记忆信源, 故我们有

$$H(X^nY^n) = H((XY)^n) = nH(XY) = nH(X) + nH(Y|X).$$

另外, 由熵的加法公式有

$$H(X^nY^n) = H(X^n) + H(Y^n|X^n) = nH(X) + H(Y^n|X^n).$$

上述两个式子结合起来有

$$H(Y^n|X^n) = nH(Y|X).$$

由互信息量的定义有

$$\begin{aligned} I(X^n, Y^n) &= H(Y^n) - H(Y^n|X^n) \\ &= nH(Y) - nH(Y|X) \\ &= n(H(Y) - H(Y|X)) = nI(X, Y). \end{aligned}$$

引理得证. □

下面我们来定义一个离散信道的信道容量, 这个概念在信道编码中有至关重要的作用. 首先我们注意到乘积空间 XY 中的联合概率分布 $p(xy)$ 是由 X 上的概率分布 $p(x)$ 以及概率转换矩阵 T 唯一确定的, 即 $p(xy) = p(x)p(y|x)$, 因此 X 与 Y 的互信息量 $I(X,Y)$ 也是由 $p(x)$ 与 T 唯一决定的. 事实上,

$$\begin{aligned} I(X, Y) &= \sum_{x\in X}\sum_{y\in Y} p(xy) \log \frac{p(xy)}{p(x)p(y)} \\ &= \sum_{x\in X} p(x) \sum_{y\in Y} p(y|x) \log \frac{p(y|x)}{\sum\limits_{x\in X} p(x)p(y|x)}. \end{aligned}$$

定义 8.3 一个离散的无记忆信道 $\{X, T, Y\}$ 的信道容量 B 定义为

$$B = \max_{p(x)} I(X, Y), \tag{3.84}$$

其中式 (3.84) 是对 X 上的所有概率分布 $p(x)$ 求极大值.

引理 8.3 一个离散无记忆信道 $\{X, T, Y\}$ 的信道容量 B 有如下估计:

$$0 \leqslant B \leqslant \min\{\log|X|,\ \log|Y|\}.$$

证明: 两个信息空间的互信息量 $I(X, Y) \geqslant 0$(见引理 2.4), 所以有 $B \geqslant 0$. 由引理 2.3,

$$I(X, Y) = H(X) - H(X|Y) \leqslant H(X) \leqslant \log|X|$$

以及

$$I(X,Y)=H(Y)-H(Y|X)\leqslant H(Y)\leqslant \log|Y|,$$

所以我们有

$$0\leqslant B\leqslant \min\{\log|X|,\ \log|Y|\}.$$ □

信息容量的计算是一个有约束的凸函数的条件极值的求解问题, 在此我们不做详细讨论, 仅就两种简单的信道计算其信道容量.

例 1 无噪声信道 $\{X,T,Y\}$ 的信道容量 $B=\log|X|$.

证明: 设 $\{X,T,Y\}$ 为一个无噪声信道, 则 $|X|=|Y|$, 且概率转移矩阵 T 为单位矩阵, 因此

$$\begin{aligned}I(X,Y)&=\sum_{x\in X}\sum_{y\in Y}p(xy)\log\frac{p(y|x)}{p(y)}\\&=\sum_{x\in X}p(x)\sum_{y\in Y}p(y|x)\log\frac{p(y|x)}{p(y)}.\end{aligned}$$

因为如果 $y\neq x$, $p(y|x)=0$, 如果 $x=y$, $p(y|x)=1$, 所以有

$$I(X,Y)=\sum_{x\in X}p(x)\log\frac{1}{p(x)}=H(X)\leqslant\log|X|.$$

因此

$$B=\max_{p(x)}I(X,Y)=\log|X|.$$ □

例 2 二进制对称信道 $\{X,T,Y\}$ 的信道容量 B 为

$$B=1-p\log p-(1-p)\log(1-p)=1-H(p),$$

其中 $p<\dfrac{1}{2}$, $H(p)$ 为二进制熵函数.

证明: 在二进制对称信道 $\{X,T,Y\}$ 中, $X=Y=\mathbb{F}_2=\{0,1\}$, T 为 2 阶对称矩阵

$$T=\begin{pmatrix}1-p & p\\ p & 1-p\end{pmatrix},\ p<1.$$

令 a 为输入空间 $\mathbb{F}_2$ 中取值的随机变量, b 为输出空间 $\mathbb{F}_2$ 中取值的随机变量, 都服从二点分布, 则对称的二进制信道的转移矩阵 T 可用下面更清楚的示意图 3.4 表示:

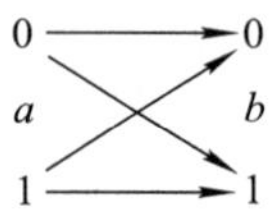

图 3.4

$$\begin{cases}P\{b=1|a=0\}=P\{b=0|a=1\}=p,\\ P\{b=0|a=0\}=P\{b=1|a=1\}=1-p.\end{cases}$$

计算互信息量 $I(X,Y)$, 则有

$$I(X,Y)=H(X)-H(X|Y),$$

而

$$\begin{aligned}H(X|Y)&=\sum_{x\in\mathbb{F}_2}\sum_{y\in\mathbb{F}_2}p(xy)\log p(x|y)\\&=-p\log p-(1-p)\log(1-p)=H(p).\end{aligned}$$

所以

$$B=\max\{I(X,Y)\}=\max\{H(X)-H(p)\}=1-H(p).\qquad\square$$

为了陈述并证明信道编码定理, 我们引进联合典型序列的概念. 由 3.5 节中定义 5.1 可知, 如果 X 为一个无记忆信源, 对于任意小的 $\varepsilon>0$ 及正整数 $n\geqslant 1$, 在幂空间 X^n 中我们将典型序列 $W_\varepsilon^{(n)}$ 定义为

$$W_\varepsilon^{(n)}=\left\{x=x_1\cdots x_n\in X^n\Big|\Big|-\frac{1}{n}\log p(x)-H(X)\Big|<\varepsilon\right\}.$$

如果 $\{X,T,Y\}$ 为一个无记忆信道, 则由引理 8.1, XY 是一个无记忆信源, 在幂空间 $(XY)^n=X^nY^n$ 中, 我们定义联合典型序列 $W_\varepsilon^{(n)}$ 为

$$\begin{aligned}W_\varepsilon^{(n)}=\Big\{xy\in X^nY^n\Big|&\Big|-\frac{1}{n}\log p(x)-H(X)\Big|<\varepsilon,\\&\Big|-\frac{1}{n}\log p(y)-H(Y)\Big|<\varepsilon,\ \Big|-\frac{1}{n}\log p(xy)-H(XY)\Big|<\varepsilon\Big\}.\end{aligned}\tag{3.85}$$

引理 8.4 (渐近等分性) 在无记忆信道 $\{X,T,Y\}$ 中, 联合典型序列 $W_\varepsilon^{(n)}$ 满足如下渐近等分性质:

(i) $\lim\limits_{n\to\infty}P\{xy\in W_\varepsilon^{(n)}\}=1$;

(ii) $(1-\varepsilon)\ 2^{n(H(XY)-\varepsilon)}\leqslant|W_\varepsilon^{(n)}|\leqslant 2^{n(H(XY)+\varepsilon)}$;

(iii) 如果 $x\in X^n$, $y\in Y^n$, 且 $p(xy)=p(x)p(y)$, 则

$$(1-\varepsilon)\ 2^{-n(I(X,Y)+3\varepsilon)}\leqslant P\{xy\in W_\varepsilon^{(n)}\}\leqslant 2^{-n(I(X,Y)-3\varepsilon)}.$$

证明: (i) 由引理 5.1, 我们有

$$-\frac{1}{n}\log p(X^n)\to H(X),\ \text{当 } n\to\infty \text{ 时依概率收敛};$$

$$-\frac{1}{n}\log p(Y^n)\to H(Y),\ \text{当 } n\to\infty \text{ 时依概率收敛};$$

$$-\frac{1}{n}\log p(X^nY^n)\to H(XY),\ \text{当 } n\to\infty \text{ 时依概率收敛}.$$

所以当 ε 给定, 只要 n 充分大, 就有

$$P_1 = P\left\{\left|-\frac{1}{n}\log p(x) - H(X)\right| > \varepsilon\right\} < \frac{1}{3}\varepsilon,$$
$$P_2 = P\left\{\left|-\frac{1}{n}\log p(y) - H(Y)\right| > \varepsilon\right\} < \frac{1}{3}\varepsilon,$$
$$P_3 = P\left\{\left|-\frac{1}{n}\log p(xy) - H(XY)\right| > \varepsilon\right\} < \frac{1}{3}\varepsilon,$$

其中 $x \in X^n, y \in Y^n$. 由此可得

$$P\{xy \notin W_\varepsilon^{(n)}\} \leqslant P_1 + P_2 + P_3 < \varepsilon.$$

因此

$$P\{xy \in W_\varepsilon^{(n)}\} > 1 - \varepsilon,$$

也就是说,

$$\lim_{n\to\infty} P\{xy \in W_\varepsilon^{(n)}\} = 1.$$

性质 (i) 成立.

(ii) 令 $x \in X^n, y \in Y^n$, 且 $xy \in W_\varepsilon^{(n)}$, 则

$$H(XY) - \varepsilon < -\frac{1}{n}\log p(xy) < H(XY) + \varepsilon.$$

等价地,

$$2^{-n(H(XY)+\varepsilon)} < p(xy) < 2^{-n(H(XY)-\varepsilon)}.$$

由全概率公式

$$1 = \sum_{xy\in X^nY^n} p(xy) \geqslant \sum_{xy\in W_\varepsilon^{(n)}} p(xy) \geqslant |W_\varepsilon^{(n)}|\ 2^{-n(H(XY)+\varepsilon)}.$$

因此有

$$|W_\varepsilon^{(n)}| \leqslant 2^{n(H(XY)+\varepsilon)}.$$

另外, 当 n 充分大时,

$$\begin{aligned}1 - \varepsilon < P\{xy \in W_\varepsilon^{(n)}\} &= \sum_{xy\in W_\varepsilon^{(n)}} p(xy)\\ &\leqslant |W_\varepsilon^{(n)}|\ 2^{-n(H(XY)-\varepsilon)}.\end{aligned}$$

所以有

$$(1-\varepsilon)\ 2^{n(H(XY)-\varepsilon)} \leqslant |W_\varepsilon^{(n)}| \leqslant 2^{n(H(XY)+\varepsilon)}.$$

(iii) 如果 $p(xy) = p(x)p(y)$, 则

$$
\begin{aligned}
P\{xy \in W_\varepsilon^{(n)}\} &= \sum_{xy \in W_\varepsilon^{(n)}} p(x)p(y) \\
&\leqslant |W_\varepsilon^{(n)}| 2^{-n(H(X)-\varepsilon)} 2^{-n(H(Y)-\varepsilon)} \\
&\leqslant 2^{n(H(XY)+\varepsilon-H(X)-H(Y)+2\varepsilon)} \\
&= 2^{-n(I(X,Y)-3\varepsilon)}.
\end{aligned}
$$

类似地, 可以证明其下界, 故我们有

$$(1-\varepsilon)\, 2^{-n(I(X,Y)+3\varepsilon)} \leqslant P\{xy \in W_\varepsilon^{(n)}\} \leqslant 2^{-n(I(X,Y)-3\varepsilon)}.$$

我们完成了对引理的证明. □

下面的引理在证明信道编码定理时有重要应用, 实际上引理的结论在一般概率空间中都是成立的.

引理 8.5 在无记忆信道 $\{X, T, Y\}$ 中, 如果码字 $y \in Y^n$ 是由 $x \in X^n$ 唯一决定的, $x' \in X^n$, x' 与 x 独立, 则 y 与 x' 也是独立的.

证明: 如果 y 是由 x 唯一决定的, 则 $p(x) = p(y) = p(xy)$, 或者 $p(y|x) = 1$. 因此联合事件 yxx' 的概率

$$p(yxx') = p(xx') = p(x)p(x') = p(y)p(x').$$

另外,

$$p(yxx') = p(yx').$$

从而

$$p(yx') = p(y)p(x').$$

引理成立. □

为了定义信道传输的误差概率, 我们先介绍一下信道编码的工作流程. 给信源压缩编码后, 产生了一个信源消息输入集

$$W = \{1, 2, \ldots, M\},\ M \geqslant 1 \text{ 为正整数}.$$

单映射 $f: W \to X^n$ 称为编码函数, f 把输入的每个消息 $w \in W$ 编码为 $f(w) \in X^n$. 码字 $x = f(w) \in X^n$ 经信道 $\{X, T, Y\}$ 传输后接收码字 $y \in Y^n$, 我们记为 $x \xrightarrow{T} y$ 或 $y = T(x)$. 映射 $g: Y^n \to W$ 称为解码函数. 因此所谓的信道编码就是一对映射 (f, g). 显然

$$C = f(W) = \{f(w) | w \in W\} \subset X^n$$

为码字空间 X^n 中的一个长度为 n 的码, 码字个数 $|C| = |W| = M$. 称 C 为 f 编的码. 码率 R_C 为

$$R_C = \frac{1}{n}\log|C| = \frac{1}{n}\log M.$$

对于每个输入消息 $w \in W$, 如果 $g(T(f(w))) \neq w$, 则称信道传输出现失误, 其传输误差概率 λ_w 为

$$\lambda_w = P\{g(T(f(w))) \neq w\}, \quad w \in W. \tag{3.86}$$

对码字 $x = f(w) \in C$ 的传输误差概率记为 $P_e(x)$, 显然 $P_e(x) = \lambda_w$, 即 $P_e(x)$ 为条件概率

$$\begin{aligned} P_e(x) &= P\{g(T(x)) \neq w | x = f(w)\} \\ &= P\{g(T(f(w))) \neq w\} = \lambda_w. \end{aligned} \tag{3.87}$$

我们定义码 $C = f(W) \subset X^n$ 的传输误差概率为 $P_e(C)$,

$$P_e(C) = \frac{1}{M}\sum_{x\in C} P_e(x) = \frac{1}{M}\sum_{w=1}^{M}\lambda_w. \tag{3.88}$$

像以前一样, 一个长度为 n、码字个数为 M 的码 C 记为 $C = (n, M)$.

定理 12 (香农的信道编码定理, 1948) 令 $\{X, T, Y\}$ 为一个无记忆信道, B 为信道容量, 则

(i) 当 $R < B$ 时, 存在一列码 $C_n = (n, 2^{[nR]})$, 其传输误差概率 $P_e(C_n)$ 满足

$$\lim_{n\to\infty} P_e(C_n) = 0; \tag{3.89}$$

(ii) 反过来说, 如果码 $C_n = (n, 2^{[nR]})$ 的传输误差概率满足式 (3.89), 则存在一个绝对正常数 N_0, 我们有 C_n 的码率 R_{C_n} 满足

$$R_{C_n} \leqslant B, \text{ 当 } n \geqslant N_0 \text{ 时}.$$

如果码 $C_n = (n, 2^{[nR]})$, 由第二章引理 5.2 可知

$$R - \frac{1}{n} < R_{C_n} \leqslant R. \tag{3.90}$$

因此, 定理 12 的 (i) 说明了码率充分接近信道容量 B, 而传输误差概率充分小的“好码”是存在的. (ii) 说明传输误差概率充分小的所谓“好码”的码率则不超过信道容量. 香农证明定理 12 利用的是随机码技术, 这种利用随机方法证明确定性结果的思想在信息论中被广泛采用, 目前, 在其他领域中也有越来越多的应用.

证明 (定理 12 的证明): (i) 首先在输入字母表 X 上任意选定概率函数 $p(x_i)$, 在幂空间 X^n 上定义联合概率为

$$p(x) = \prod_{i=1}^{n} p(x_i), \quad x = x_1\cdots x_n \in X^n, \tag{3.91}$$

这样我们得到一个无记忆信源 X, 幂空间 X^n 构成了信道编码的码字空间. 然后随机在 X^n 中选取 $M = 2^{[nR]}$ 个码字, 得到了一个随机码 $C_n = (n, 2^{[nR]})$. 为了说明码字选择的随机性,

我们借用信源消息集 $W=\{1,2,\ldots,M\}$, 其中 $M=2^{[nR]}$. 对于每个消息 w, $1\leqslant w\leqslant M$, 随机产生的码字记为 $X^{(n)}(w)$. 由此我们得到了一个随机码

$$C_n=\{X^{(n)}(1),X^{(n)}(2),\ldots,X^{(n)}(M)\}\subset X^n.$$

C_n 的产生概率 $P\{C_n\}$ 为

$$P\{C_n\}=\prod_{w=1}^{M}P\{X^{(n)}(w)\}=\prod_{w=1}^{M}\prod_{i=1}^{n}p(x_i(w)),$$

其中 $X^{(n)}(w)=x_1(w)x_2(w)\cdots x_n(w)\in X^n$.

我们以 $A_n=\{C_n\}$ 为所有随机码 C_n 的集合, 称为随机码集. 定义随机码集 A_n 上的平均传输误差概率为

$$\bar{P}_e(A_n)=\sum_{C_n\in A_n}P\{C_n\}P_e(C_n).\tag{3.92}$$

如果想证明对任意 $\varepsilon>0$, 当 n 充分大时, $\bar{P}_e(A_n)<\varepsilon$, 则至少存在一个码 $C_n\in A_n$ 使得 $P_e(C_n)<\varepsilon$, 这就证明了定理的 (i). 为此我们分两步来证明.

第一步: 构造随机码和编译码原则.

我们以等概选取信源消息集 $W=\{1,2,\ldots,M\}$ 中的每条消息, 即 $w\in W$, w 的选择概率

$$p(w)=\frac{1}{M}=2^{-[nR]},\ w=1,2,\ldots,M.$$

这样 W 成为一个等概信息空间. 对于输入的每条消息 w, 随机编码为 $X^{(n)}(w)\in X^n$, 其中

$$X^{(n)}(w)=x_1(w)x_2(w)\cdots x_n(w)\in X^n.$$

码字 $X^{(n)}(w)$ 通过无记忆信道 $\{X,T,Y\}$ 传输后, 以条件概率

$$p(y|X^{(n)}(w))=\prod_{i=1}^{n}p(y_i|x_i(w))$$

收到码字 $y=y_1y_2\cdots y_n\in Y^n$. 对 y 的解码原则为: 如果 $X^{(n)}(w)$ 是唯一的输入码字使得 $X^{(n)}(w)y$ 是联合典型的, 即 $X^{(n)}(w)y\in W_{\varepsilon}^{(n)}$, 则解码 $g(y)=w$; 如果不存在这样的码字 $X^{(n)}(w)$, 或存在两个或两个以上的码字 $X^{(n)}(w)$ 与 y 为联合典型的, 则 y 不能正确解码.

第二步估计随机码集 A_n 的平均误差概率.

由式 (3.92) 和式 (3.88),

$$\begin{aligned}\bar{P}_e(A_n)&=\sum_{C_n\in A_n}P\{C_n\}P_e(C_n)\\&=\sum_{C_n\in A_n}P\{C_n\}\frac{1}{M}\sum_{x\in C_n}P_e(x)\\&=\frac{1}{M}\sum_{w=1}^{M}\lambda_w\sum_{C_n\in A_n}P\{C_n\}\\&=\frac{1}{M}\sum_{w=1}^{M}\lambda_w,\end{aligned}\tag{3.93}$$

其中 λ_w 由式 (3.86) 给出. 由于 w 是以等概率输入, 换言之,w 是以等概率被编码的. 因此 w 的传输误差概率 λ_w 不依赖于 w, 即

$$\lambda_1 = \lambda_2 = \cdots = \lambda_M.$$

由式 (3.93), 我们有 $\bar{P}_e(A_n) = \lambda_1$. 为了估计 λ_1, 我们定义

$$E_i = \{y \in Y^n | X^n(i)y \in W_\varepsilon^{(n)}\},\ i = 1, 2, \ldots, M, \tag{3.94}$$

令 $E_1^c = Y^n \backslash E_1$ 为 E_1 的余集, 则由解码原则

$$\lambda_1 = P\{E_1^c \bigcup E_2 \bigcup \cdots \bigcup E_M\} \leqslant P\{E_1^c\} + \sum_{i=2}^{M} P\{E_i\}. \tag{3.95}$$

由引理 8.4 性质 (i) 可知

$$\lim_{n\to\infty} P\{xy \notin W_\varepsilon^{(n)}\} = 0.$$

于是有

$$\lim_{n\to\infty} P\{X^{(n)}(1)y \notin W_\varepsilon^{(n)}\} = 0.$$

因此, 当 n 充分大时有

$$P\{E_1^c\} < \varepsilon.$$

显然码字 $X^{(n)}(1)$ 与其他码字 $X^{(n)}(i)$ $(i = 2, \ldots, M)$ 是相互独立的 (见式 (3.91)). 由引理 8.5, $y = T(X^{(n)}(1))$ 与 $X^{(n)}(i)$ $(i \neq 1)$ 也是相互独立的. 再由引理 8.4 的性质 (iii),

$$P\{E_i\} = P\{X^{(n)}(i)y \in W_\varepsilon^{(n)}\} \leqslant 2^{-n(I(X,Y)-3\varepsilon)}\ (i \neq 1).$$

综上所得

$$\begin{aligned}\bar{P}_e(A_n) = \lambda_1 &\leqslant \varepsilon + \sum_{i=2}^{M} 2^{-n(I(X,Y)-3\varepsilon)} \\ &\leqslant \varepsilon + 2^{[nR]} 2^{-n(I(X,Y)-3\varepsilon)} \\ &\leqslant \varepsilon + 2^{-n(I(X,Y)-R-3\varepsilon)}.\end{aligned}$$

如果 $R < I(X,Y)$, 则有 $I(X,Y) - R - 3\varepsilon > 0$(当 ε 充分小), 所以当 n 充分大时, 我们有 $\bar{P}_e(A_n) < 2\varepsilon$. 由于信道容量 $B = \max\{I(X,Y)\}$, 我们开始可以选择 $p(x)$ 使得 $B = I(X,Y)$. 因此当 $R < B$ 时, 我们有 $\bar{P}_e(A_n) < 2\varepsilon$, 这样就完成了对 (i) 的证明.

(ii) 我们先看一个特例. 如果 $C = (n, 2^{[nR]})$ 的误差概率 $P_e(C) = 0$, 则 C 的码率 $R_C < B + \dfrac{1}{n}$, 所以当 n 充分大时有 $R_C \leqslant B$.

事实上, 因为 $P_e(C) = 0$, 解码函数 $g: Y^n \to W$ 唯一决定了 W, 因此有 $H(W|Y^n) = 0$. 由于 W 为等概信息空间, 因此

$$H(W) = \log|W| = [nR].$$

利用互信息量的分解则有

$$I(W, Y^n) = H(W) - H(W|Y^n) = H(W) = [nR]. \tag{3.96}$$

另外, $W \to X^n \to Y^n$ 构成马氏链, 由数据不等式 (见定理 8)

$$I(W, Y^n) \leqslant I(X^n, Y^n).$$

因此由引理 8.2,

$$I(W, Y^n) \leqslant I(X^n, Y^n) = nI(X, Y) \leqslant nB.$$

由式 (3.96), 有 $[nR] \leqslant nB$. 由于 $nR - 1 < [nR] \leqslant nR$, 所以有 $nR < nB + 1$, 即 $R < B + \frac{1}{n}$. 由式 (3.90) 我们有

$$R_C \leqslant R < B + \frac{1}{n},$$

因此

$$R_C \leqslant B, \text{当 } n \text{ 充分大时}.$$

上式表明当传输误差概率为 0 时, 只要 n 充分大, 就有 $R_C \leqslant B$. 另外, 如果允许传输误差, 即 C_n 的误差概率 $P_e(C_n) < \varepsilon$, 这里 $C_n = (n, 2^{[nR]})$, 则当 n 充分大时, 我们仍然有 $R_{C_n} \leqslant B$.

为证明上述结论, 我们注意到随机码 C_n 的误差概率

$$P_e(C_n) = \lambda_w, \tag{3.97}$$

其中 $w \in W$ 为任意给定的消息. 当 w 给定之后, 我们定义取值在 $\{0, 1\}$ 上的一个随机变量 ξ_w 为

$$\xi_w = \begin{cases} 1, & \text{如果 } g(T(f(w))) \neq w; \\ 0, & \text{如果 } g(T(f(w))) = w. \end{cases}$$

令 $E = (\mathbb{F}_2, \xi_w)$ 为二值信息空间, 由式 (3.97), 我们有

$$P_e(C_n) = P\{\xi_w = 1\}.$$

由定理 3,

$$\begin{aligned} H(EW|Y^n) &= H(W|Y^n) + H(E|WY^n) \\ &= H(E|Y^n) + H(W|EY^n). \end{aligned} \tag{3.98}$$

注意到 E 是由 Y^n 与 W 唯一决定的, 故而 $H(E|WY^n) = 0$. 同时 E 为二值信息空间, $H(E) \leqslant \log_2 2 = 1$, 因此有

$$H(E|Y^n) \leqslant H(E) \leqslant 1.$$

另外, 随机变量 ξ_w 仅与 $w \in W$ 有关, 因此

$$H(W|EY^n) = P_e(C_n)\log(|W|-1) \leqslant nRP_e(C_n).$$

由式 (3.98), 我们有

$$H(W|Y^n) \leqslant 1 + nRP_e(C_n).$$

因为 $f(W) = X^n(W)$ 为 W 的函数, 故我们有下述法诺不等式

$$H(f(W)|Y^n) \leqslant H(W|Y^n) \leqslant 1 + nRP_e(C_n).$$

最后有

$$\begin{aligned}[nR] = H(W) &= H(W|Y^n) + I(W, Y^n) \\ &\leqslant H(W|Y^n) + I(f(W), Y^n) \\ &\leqslant 1 + nRP_e(C_n) + I(X^n, Y^n) \\ &\leqslant 1 + nRP_e(C_n) + nB,\end{aligned}$$

由 $nR - 1 < [nR]$, 有

$$nR < 2 + nRP_e(C_n) + nB.$$

因此有

$$R_{C_n} \leqslant R < B + \frac{2}{n} + \varepsilon,$$

当 n 充分大时, 我们得到了 $R_{C_n} \leqslant B$, 从而完成对定理的证明. □

由例 2 可知, 一个二进制对称信道的信道容量 $B = 1 - H(p)$, 因此定理 12 把第二章的定理 10 推广到更一般的无记忆信道, 同时还证明了好码的码率不超过信道的容量.

习题 3

1. 两个信息空间 X 与 Y 的联合概率函数如下:

Y	X: 0	X: 1
0	$\frac{1}{4}$	$\frac{1}{4}$
1	$\frac{1}{12}$	$\frac{5}{12}$

求 $H(X), H(Y), H(XY), H(X|Y), H(Y|X)$, 以及 $I(X,Y)$.

2. 令 X_1, X_2, X_3 为 $\mathbb{F}_2$ 上的三个信息空间, 已知 $I(X_1, X_2) = 0, I(X_1, X_2, X_3) = 1$, 证明:

$$H(X_3) = 1, \text{以及 } H(X_1X_2X_3) = 2.$$

3. 举例说明 $I(X,Y|Z) \geqslant I(X,Y)$.
4. 由 $I(X,Y)=0$ 能推出 $I(X,Y|Z)=0$ 吗? 反过来由 $I(X,Y|Z)=0$ 能推出 $I(X,Y)=0$ 吗? 请证明或举例说明.
5. 令 X,Y,Z 为三个信息空间, 证明:
   (i) $H(XY|Z) \geqslant H(X|Z)$;
   (ii) $I(XY,Z) \geqslant I(X,Z)$;
   (iii) $H(XYZ)-H(XY) \leqslant H(XZ)-H(X)$;
   (iv) $I(X,Z|Y)=I(Z,Y|Z)-I(Z,Y)+I(X,Z)$.
   并说明上述不等式在什么条件下等号成立.
6. $I(X,Y)=0$ 能推出 $I(X,Z)=I(X,Z|Y)$ 吗?
7. 设信息空间 $X=\{0,1,2,\ldots\}$, 随机变量 ξ 的取值概率 $p(n)$ 为
   $$p(n)=P\{\xi=n\}, n=0,1,\ldots.$$
   已知 ξ 的数学期望 $E(\xi)=A>0$, 求使 $H(X)$ 达到最大的概率分布 $\{p(n)|n=0,1,\ldots\}$ 以及对应的最大的信息熵.
8. 设信息空间 $X=\{0,1,2,\ldots\}$, 举一个取值于 X 的随机变量 ξ 的例子, 使得 $H(X)=\infty$.
9. 令 $X_1=(X,\xi), X_2=(X,\eta)$ 为两个信息空间, 且 ξ 为 η 的函数, 证明 $H(X_1)\leqslant H(X_2)$, 并解释这一结果.
10. 令 $X_1=(X,\xi), X_2=(X,\eta)$ 为两个信息空间, 且 $\eta=f(\xi)$, 证明
   (i) $H(X_1)\geqslant H(X_2)$, 给出等号成立的条件.
   (ii) $H(X_1|X_2)\geqslant H(X_2|X_1)$, 给出等号成立的条件.

参考文献 3

[1] R. Bassoli, H. Marques, J. Rodriguez. Network coding theory, a survey.IEEE Communications Surveys&Tutorials, 2013, 15(4): 1950-1978.

[2] T. Berger. Rate Distortion Theory: A Mathematical Basis for Data Compression. Englewood Clifis: Prentice-Hall, 1971.

[3] R. E. P. Blahut. Ergodic theory and informtion. New York:Wiley, 1965.

[4] K. L. Chung. A note on the ergodic theorem of information theory. Math. Statist., 1961, 32: 612-614.

[5] T. M. Cover and J. A. Thomas. Elements of information theory. New York:Wiley, 1991.

[6] I. Csiszár, J. Körner. Informaton Theory: Coding Theorems for Discrete Memoryless Systems. New York: Academic Press, 1981.

[7] A. EI Gamal, Y. H. Kim. Network Information Theory. Cambridge: Cambrige University Press, 2011.

[8] C. Fragouli, J. Y. Le Boudec, J. Widmer. Network coding: an instant primer. ACMSIGCOMM

Computer Communiation Review, 2006 36: 63-68.
[9] R. G. Gallager. Information Theory and Reliable Communication. New York:Wiley, 1968.
[10] R. M. Gray. Entropy and Information Theory. New York: Springer, 1990.
[11] S. Guiasu. Inormation Theory with Applications. New York:McGraw-Hill, 1977.
[12] X. H. Hu, Z. X. Ye. Generalized quantum entropy. J. Math. Phys., 2006, 47(2): 1-7.
[13] S. Ihara. Information Theory for Continuous Systems. Singapore:World Scientific, 1993.
[14] Y. Kakihara. Abstract Methods in Information Theory. Singapore: World Scientific, 1999.
[15] B. McMillan. The Basic Theorems of Information Theory. Ann. Math. Stat., 1953, 24(2): 196-219.
[16] S. C. Moy. A note on generalizations of Shannon-McMilllan theorem. Pacific J.Math., 1961, 11: 705-714.
[17] M. A. Nielsen and I. L. Chuang. Quantum Computation and Quantum Information. Cambridge: Cambridge University Press, 2000.
[18] C. E. Shannon. A mathematical theory of communication. Bell Sys. Tech. Journal, 1948, 27(4): 379-423, 623-656.
[19] C. E. Shannon. Coding theorem for a discrete source with a fidelity criterion. IRE National Convention Record, 1959, 4: 142-163.
[20] C. E. Shannon. Channels with side information at the transmitter. IBM J. Res. Develop. 2(4): 189-193, 1958.
[21] C. E. Shannon. Two-way communication channels. Proc Fourth Berkeley Symp. on Math. Stat. and Prob., 1961, 1: 611-644.
[22] A. J. Thomasian. An elementaty proof of the AEP of information theory. Ann. Math. Stat., 1960, 31(2): 452-456.
[23] J. Wolfowitz Coding Theorems of Infromation Theory, 3rd edition. New York: Springer- Verlag, 1978.
[24] Z. X. Ye, T. Berger. Information Measures for Discrete Random Fields. NewYork: Science Press, 1998.
[25] R. W. Yeung. A First Course in Information Theory. New York: Kluwer Academic, 2002.
[26] 仇佩亮. 信息论与编码. 北京: 高等教育出版社, 2003.
[27] 仇佩亮, 张朝阳, 杨胜天, 等. 多用户信息论. 北京: 科学出版社, 2012.
[28] 叶中行. 信息论基础. 北京: 高等教育出版社, 2003.
[29] 章照止, 林须端. 信息论与最优编码. 上海: 上海科学技术出版社, 1993.

第四章

密码系统与认证系统

1949 年, 香农在贝尔实验室的技术通报上发表了题为《保密系统的通信理论》(Communication Theory of Secrecy Systems) 的著名论文. 此文在他 1948 年所建立的信息的数学理论 (见第三章) 的基础上, 对保密通信问题做了全面论述, 建立了保密通信系统的数学理论, 对后来密码学的发展产生了巨大影响. 普遍认为, 香农把密码学从艺术 (富有创造性的方式和方法) 转变为科学, 他因此也被称为现代密码学之父. 本章的主要目的是介绍香农在密码学理论上的重要思想和结果, 这是整个现代密码学的基石.

4.1 密码系统的定义及统计特征

令 $X=\{a_1,a_2,\ldots,a_q\}$ 为明文字母表, 也是一个信源, $\{\xi_i\}_{i=1}^{\infty}$ 为一组在 X 上取值的随机变量, 对任意给定的正整数 $n\geqslant 1$, 我们定义明文空间 P 为乘积信息空间 $X_1X_2\cdots X_n$, 即

$$P=X_1X_2\cdots X_n, \text{其中 } X_i=(X,\xi_i),\ 1\leqslant i\leqslant n.$$

如果 $m=m_1m_2\cdots m_n\in P(m_i\in X_i)$, 则称 m 为字母表长度为 n 的一个明文信息列, 或称长度为 n 的一个明文串, 其联合概率 $p(m)$ 定义为

$$p(m)=p(m_1m_2\cdots m_n)=P\{\xi_1=m_1,\xi_2=m_2,\ldots,\xi_n=m_n\}. \tag{4.1}$$

令 $Z=\{b_1,b_2,\ldots,b_s\}$ 为密钥字母表, 也是一个无记忆信源 (见第三章定义 3.1), 令 $\{\eta_i\}_{i=1}^{\infty}$ 为一组在 Z 上取值的独立且同为等概分布的随机变量, 则对每个 $b\in Z$,

$$p(b)=P\{\eta_i=b\}=\frac{1}{|Z|}=\frac{1}{s},\ \forall\, i\geqslant 1. \tag{4.2}$$

我们定义幂空间 Z^r 为一个密钥空间, 记为 K, 即

$$K = Z^r = \{k = k_1k_2\cdots k_r | k_i \in Z, 1 \leqslant i \leqslant r\}.$$

每个 $k = k_1k_2\cdots k_r \in K$ 称为长度为 r 的密钥, 联合概率 $p(k)$ 为

$$p(k) = p(k_1k_2\cdots k_r) = \prod_{i=1}^{r} p(k_i) = \frac{1}{|Z|^r} = \frac{1}{|K|}. \tag{4.3}$$

这表明在密钥空间 K 上取值的 r 维随机向量 $\eta = (\eta_1, \eta_2, \ldots, \eta_r)$ 在 K 上也是等概分布的. 若无特殊说明, 一般情况下我们规定明文空间 P 与密钥空间 K 是独立的信息空间, 即

$$p(mk) = p(m)p(k), \forall\, m \in P, k \in K. \tag{4.4}$$

对于每个 $k \in K$, k 定义或控制一个加密变换 E_k, 记

$$E = \{E_k | k \in K\},$$

称 E 为加密算法. 当 $k \in K$ 给定后, 加密变换 E_k 作用在明文 $m \in P$ 上, 产生一条密文 $E_k(m)$, 每个加密变换 E_k 为单映射, 它的左逆映射记为 D_k, 称 D_k 为解密变换. 1_P 为明文空间的恒等变换, 即 $1_P(m) = m, \forall\, m \in P$, 则我们有

$$D_kE_k = 1_P, \text{或 } D_k(E_k(m)) = m, \forall\, m \in P. \tag{4.5}$$

定义密文空间 C 为

$$C = \{E_k(m) | m \in P, k \in K\} \subset X_1X_2\cdots X_n. \tag{4.6}$$

即密文空间 C 与明文空间 P 有相同的字母表, 也有相同的字母长度.

对于每个密文 $c \in C, c = E_k(m)$, c 是由明文 m 和密钥 k 唯一决定的, 因此我们可以定义密文 c 的发生概率 $p(c)$ 为

$$p(c) = p(E_k(m)) = p(km) = p(k)p(m). \tag{4.7}$$

显然

$$\sum_{c\in C} p(c) = \sum_{k\in K}\sum_{m\in P} p(km) = \sum_{k\in K} p(k) \sum_{m\in P} p(m) = 1,$$

因此, 概率分布由式 (4.7) 所定义的密文空间 C 也是一个信息空间.

当 $k \in K$ 给定时, 我们令

$$A_k = \{E_k(m) | m \in P\} \subset C, \tag{4.8}$$

则加密变换 E_k 为 $P \to A_k$ 的满映射, 因此 E_k 为 $P \to A_k$ 的一个 1-1 对应, 它的逆映射就是解密变换 D_k, 即

$$D_kE_k = 1_P, E_kD_k = 1_{A_k}, k \in K.$$

我们以 D 记全体解密变换, 即

$$D = \{D_k | k \in K\}, \tag{4.9}$$

称 D 为解密算法.

定义 1.1　在上述规定下, $\mathfrak{R}=\{P,C,K,E,D\}$ 称为一个密码系统, 其中 P,C,K 为信息空间, K 与 P 是统计独立的, E 为加密算法, D 为解密算法.

一个密码系统的统计特征归诸下面的定理:

定理 1　如果 $\mathfrak{R}=\{P,C,K,E,D\}$, 则

(1) $\forall\, c\in C$, 我们有

$$p(c)=\sum_{\substack{k\in K\\ c\in A_k}}p(k)p(D_k(c)). \tag{4.10}$$

(2) $c\in C, m\in P$, 则

$$p(c|m)=\sum_{\substack{k\in K\\ E_k(m)=c}}p(k). \tag{4.11}$$

(3) $c\in C, m\in P$, 则

$$p(m|c)=\frac{p(m)\displaystyle\sum_{\substack{k\in K\\ D_k(c)=m}}p(k)}{\displaystyle\sum_{\substack{k\in K\\ c\in A_k}}p(k)p(D_k(c))}. \tag{4.12}$$

其中 A_k 由式 (4.8) 给出.

证明: (1) 由式 (4.7) 可知, 如果 $c\in C$, 则

$$\begin{aligned}p(c)&=\sum_{\substack{k\in K,m\in P\\ E_k(m)=c}}p(km)=\sum_{\substack{k\in K,m\in P\\ E_k(m)=c}}p(k)p(m)\\&=\sum_{k\in K}p(k)\sum_{\substack{m\in P\\ E_k(m)=c}}p(m)=\sum_{\substack{k\in K\\ c\in A_k}}p(k)p(D_k(c)).\end{aligned}$$

(2) 为平凡的. 因为当 $m\in P$ 给定之后, 密文 c 的发生概率 $p(c|m)$ 有

$$p(c|m)=\sum_{\substack{k\in K\\ E_k(m)=c}}p(k).$$

(3) 由式 (1.24),

$$p(m|c)=\frac{p(m)p(c|m)}{\displaystyle\sum_{m'\in P}p(m')p(c|m')},$$

分母中的项有

$$\sum_{m'\in P} p(m')p(c|m') = \sum_{m'\in P} p(m') \sum_{\substack{k\in K \\ E_k(m')=c}} p(k)$$
$$= \sum_{k\in K} p(k) \sum_{\substack{m'\in P \\ E_k(m')=c}} p(m')$$
$$= \sum_{\substack{k\in K \\ c\in A_k}} p(k)p(D_k(c)).$$

所以最后有

$$p(m|c) = \frac{p(m) \sum\limits_{\substack{k\in K \\ E_k(m)=c}} p(k)}{\sum\limits_{\substack{k\in K \\ c\in A_k}} p(k)p(D_k(c))},$$

定理 1 得证! □

由定理 1, 一个密码系统的统计特征可概括为: 密文空间的概率分布以及明文关于密文的条件概率分布由明文空间和密钥空间的概率分布完全决定. 也就是说, 任何人知道了明文空间和密钥空间的概率分布, 也就知道了密文的概率分布以及明文关于密文的条件概率分布.

由假设, 明文空间与密钥空间是统计独立的, 由第三章定理 2 的式 (3.14), 我们有

$$H(PK) = H(P) + H(K). \tag{4.13}$$

前面已经规定密钥源字母表 Z 为无记忆的等概信息空间, 密钥空间 $K = \{k = k_1k_2\cdots k_r|k_i \in Z\}$ 的概率 $p(k)$ 为

$$p(k) = \prod_{i=1}^{r} p(k_i) = \frac{1}{|Z|^r} = \frac{1}{|K|}. \tag{4.14}$$

因此密钥空间也是等概信息空间.

从密码系统的定义可知, 当明文空间和密钥空间给定之后, 密文空间是完全确定的, 反之, 当密文空间和密钥空间已知时, 明文空间也是已知的. 结合第三章的引理 2.2, 我们有:

定理 2 在一个密码系统 $\mathfrak{R} = \{P, C, K, E, D\}$ 中, 我们有

$$H(P|KC) = 0,\ H(C|KP) = 0,\ H(K|PC) = 0.$$

证明: 我们仅证 $H(P|KC) = 0$, 同理于 $H(C|KP) = 0$ 及 $H(K|PC) = 0$. 对于给定的 $m \in P$, 令

$$N_m = \{kc|c \in C, k \in K \text{且 } E_k(m) = c\}.$$

于是 $N_m \subset KC$, 且有

$$\begin{cases} p(m|kc)=1, & \text{如果 } kc\in N_m, \\ p(m|kc)=0, & \text{如果 } kc\notin N_m. \end{cases}$$

因为假设 $kc\in N_m$ 选定, $E_k(m)=c$, 从而 $m=D_k(c)$, m 也就确定下来. 反之, 如果 $kc\notin N_m$, 当 kc 联合事件发生之后, m 必定不能发生, 从而 $p(m|kc)=0$. 由第三章的引理 2.2 可知, $H(P|KC)=0$, 我们完成对定理 2 的证明. □

推论 1 在一个密码系统 $\mathfrak{R}=\{P,C,K,E,D\}$ 中, 我们恒有

$$H(P)\leqslant H(C).$$

证明: 由规定, P 与 K 是统计独立的, 所以有

$$\begin{aligned} H(P)=H(P|K)&=H(P|K)+H(C|PK) \\ &=H(PC|K) \\ &=H(C|K)+H(P|KC) \\ &=H(C|K) \\ &\leqslant H(C). \end{aligned}$$

推论成立. □

由推论可以看出在密码系统中明文的不确定性小于密文的不确定性.

4.2 完全保密系统

一般来说, 明文空间与密文空间的互信息量 $I(P,C)$ (见第三章定义 2.4) 反映了密文空间所包含的明文空间的信息, 因此 $I(P,C)$ 最小化是密码系统的一个重要设计目标. 如果密文不提供任何关于明文的信息, 或者分析者通过观察密文不能获取任何关于明文的信息, 则这样的密码系统称为完全保密的.

定义 2.1 如果一个密码系统 $\mathfrak{R}=\{P,C,K,E,D\}$ 满足 $H(P|C)=H(P)$, 或者 $I(P,C)=0$, 则称 $\mathfrak{R}$ 为完全保密系统, 或者无条件保密系统.

定理 3 对任意密码系统 $\mathfrak{R}=\{P,C,K,E,D\}$, 我们有

$$I(P,C)\geqslant H(P)-H(K). \tag{4.15}$$

证明: 由定理 2 我们有 $H(P|KC)=0$, 又因为

$$\begin{aligned} H(P|C)&=H(P|C)+H(K|PC) \\ &=H(PK|C) \\ &=H(K|C)+H(P|KC). \end{aligned}$$

所以我们有

$$H(P|C) = H(K|C) \leqslant H(K).$$

由定义

$$I(P,C) = H(P) - H(P|C) \geqslant H(P) - H(K).$$

所以定理成立. □

由第三章我们知互信息量 $I(X,Y) \geqslant 0$, 所以有如下推论.

推论 1 在一个完全保密的密码系统 $\mathfrak{R} = \{P,C,K,E,D\}$ 中恒有

$$H(P) \leqslant H(K) = \log_2 |K|. \tag{4.16}$$

证明: 由定义, $\mathfrak{R} = \{P,C,K,E,D\}$ 为一个完全保密系统, 所以 $I(P,C) = 0$. 再由上面的定理则有

$$H(P) - H(K) \leqslant I(P,C) = 0,$$

从而有 $H(P) \leqslant H(K)$. 最后由式 (4.14), K 是等概分布的, 所以有

$$H(P) \leqslant \log_2 |K|.$$

□

由上可以看出, 密钥空间的尺度 $|K|$ 越大, 系统的保密性就越好!

定义 2.2 如果对给定的 $m \in P$ 与 $c \in C$, 存在唯一的密钥 $k \in K$ 使得 $c = E_k(m)$, 则密码系统 $\mathfrak{R} = \{P,C,K,E,D\}$ 称为"一次一密"系统.

由上述定义可知, 对于给定的 $m \in P$, 如果 $k \neq k'$, 则 $E_k(m) \neq E_{k'}(m)$. 换言之, 对同一组明文和密文, 我们仅用唯一的密钥 k 进行加密. 这也是一次一密概念的由来. 由此, 对于任意给定的明文 $m \in P$ 和密文 $c \in C$, 恰好有唯一的密钥 $k \in K$ 使得 $E_k(m) = c$. 所以当 k 遍历密钥空间 K 时, m 遍历明文空间 P, 而且每个 m 出现且仅出现一次. 由此, 对 $c \in C$, 我们有

$$\begin{aligned} p(c) &= \sum_{\substack{k \in K \\ E_k(m)=c}} \sum_{m \in P} p(k)p(m) \\ &= \sum_{\substack{k \in K \\ E_k(m)=c}} p(k) \sum_{m \in P} p(m) \\ &= \frac{1}{|K|} \sum_{m \in P} p(m) = \frac{1}{|K|}. \end{aligned} \tag{4.17}$$

也就是说, 在一次一密的密码系统中, 密文空间 C 也是等概信息空间.

定理 4 一次一密密码系统是完全保密系统.

证明: 当 c, m 给定时, 由式 (4.11) 我们有

$$p(c|m) = \sum_{\substack{k\in K \\ E_k(m)=c}} p(k) = \frac{1}{|K|}.$$

再由式 (4.12) 及式 (4.17),

$$\begin{aligned} p(m|c) &= \frac{p(m)}{\sum\limits_{\substack{k\in K \\ E_{m'}(k)=c}} \sum\limits_{m'\in P} p(m')} \\ &= \frac{p(m)}{\sum\limits_{m'\in P} p(m')} \\ &= p(m). \end{aligned}$$

所以

$$\begin{aligned} H(P|C) &= -\sum_{m\in P}\sum_{c\in C} p(mc)\log_2 p(m|c) \\ &= -\sum_{m\in P}\sum_{c\in C} p(mc)\log_2 p(m) \\ &= -\sum_{m\in P} p(m)\log_2 p(m) \\ &= H(P). \end{aligned}$$

因此 $\mathfrak{R} = \{P, C, K, E, D\}$ 为完全保密系统. □

4.3 理想保密系统

为了引进香农关于唯一解距离以及理想密码系统的概念, 我们先考虑唯密攻击的场景. 在唯密攻击的场景下, 当密码分析者截获密文 c 时, 他可能用所有解密密钥 D_k 来解密 c, 得到

$$m' = D_k(c),\ k \in K.$$

因此, 他记录所有有意义的消息 m' 对应的密钥, 这些密钥组成的集合中仅有一个是正确的密钥, 而其他不正确的密钥称为伪密钥. 在唯密攻击时需要大量密文作为样本, 因此我们将考虑明文和密文的乘积空间 P^n 以及 C^n, P^n 和 C^n 中的联合事件称为明文串和密文串.

定义 3.1 对给定长度为 n 的密文串 $y \in C^n$, 令

$$K(y) = \{k \in K | \exists 一个\ x \in P^n,\ 使得\ E_k(x) = y\}. \tag{4.18}$$

则伪密钥的个数为 $|K(y)| - 1$. 伪密钥的数学期望 S_n 定义为

$$S_n = \sum_{y \in C^n} p(y)(|K(y)| - 1). \tag{4.19}$$

因此, 伪密钥的数学期望为每个密文串的伪密钥数的加权平均. 我们先证明如下两个定理.

定理 5 如果 $\mathfrak{R} = \{P, C, K, E, D\}$ 为一个密码系统, 则有

$$H(K|C) = H(K) + H(P) - H(C). \tag{4.20}$$

证明: 由信息熵的加法公式 (见第三章定理 2),

$$H(KPC) = H(KP) + H(C|KP) = H(KC) + H(P|KC).$$

由定理 2 我们有

$$H(C|KP) = H(P|KC) = 0.$$

所以有

$$H(KP) = H(KC).$$

再一次由加法公式并注意到 K 与 P 是统计独立的, 所以

$$H(KP) = H(P) + H(K|P) = H(P) + H(K)$$

以及

$$H(P) + H(K) = H(KC) = H(C) + H(K|C).$$

因此我们有

$$H(K|C) = H(P) + H(K) - H(C).$$

定理成立. □

定理 6 令 $\mathfrak{R} = \{P, C, K, E, D\}$ 为一个密码系统, 且 $|C| = |P|$, 设 r 为 P 的冗余度, 则给定长度为 n 的密文串的伪密钥数学期望值 S_n 满足

$$S_n \geqslant \frac{2^{H(K)}}{|P|^{nr}} - 1. \tag{4.21}$$

证明: 由乘积空间的定义及性质可知

$$\mathfrak{R}_n = \{P^n, C^n, K, E_n, D_n\}$$

也构成一个密码系统. 由定理 5, 则

$$H(K|C^n) = H(K) + H(P^n) - H(C^n).$$

再由式 (3.9), 我们有

$$H(C^n) \leqslant n\log_2|C|,\ |C| = |P|.$$

以 P 代信息空间 X, 则我们有

$$\begin{aligned} H(P^n) &= H(P^{n-1}) + H(P|P^{n-1}) \\ &= H(P^{n-1}) + H_n \\ &\geqslant H(P^{n-1}) + H_\infty. \end{aligned}$$

所以我们有

$$H(P^n) \geqslant nH_\infty = n(1-r)H_0 = n(1-r)\log_2|P|. \tag{4.22}$$

结合上面的式子, 我们有估计

$$H(K|C^n) \geqslant H(K) + n(1-r)\log_2|P| - n\log_2|P|. \tag{4.23}$$

由定义

$$\begin{aligned} H(K|C^n) &= -\sum_{y\in C^n}\sum_{k\in K} p(ky)\log_2 p(k|y) \\ &= -\sum_{y\in C^n} p(y)\sum_{k\in K} p(k|y)\log_2 p(k|y) \\ &= -\sum_{y\in C^n} p(y)\sum_{k\in K(y)} p(k|y)\log_2 p(k|y). \end{aligned}$$

我们得到

$$\sum_{k\in K(y)} p(k|y) = \sum_{k\in K} p(k) = 1.$$

再由詹森不等式, 则

$$\begin{aligned} H(K|C^n) &\leqslant \sum_{y\in C^n} p(y)\log_2|k(y)| \\ &\leqslant \log_2\sum_{y\in C^n} p(y)|k(y)| \\ &= \log_2(S_n+1). \end{aligned}$$

最后由式 (4.23) 整理可得式 (4.21), 完成证明! □

当伪密钥数的数学期望大于 0 时, 理论上唯密攻击是不能攻破该密码的, 所以我们定义一个密码系统的唯一解距离为使得 $S_n = 0$ 的 n 的值.

定义 3.2 一个唯一解距离为无穷大的密码系统称为理想保密系统.

由定理 6, 我们可以得到唯一解距离的一个近似值

$$n_0 \approx \frac{H(k)}{r\log_2|P|}.$$

唯一解距离指出了当进行穷举攻击时可能解密成功的最少密文量. 一般而言, 唯一解距离越大, 系统的保密性越好. 但是香农仅给出了唯一解距离的存在性, 而没有给出具体计算程序. 在实际中破译一条密文所需的密文量都远远大于唯一解距离的理论值.

4.4 消息认证

认证系统又称认证码, 是保证消息的真实性、完整性的重要工具. 1984 年, 西蒙斯 (Simmons) 首次系统地提出了认证系统的信息理论, 他将数学用于研究认证系统的理论安全性和实际安全性问题, 提出了认证系统的性能极限以及设计认证码所应遵循的数学原则. 虽然西蒙斯的理论尚不够成熟和完善, 但它在认证系统的地位与香农理论在密码系统中的地位一样重要, 为认证系统的数学理论研究奠定了理论基础.

密码学中认证体制包括实体认证和消息认证, 我们主要讨论消息认证体制. 目前的认证系统主要有两种模型: 一种是无仲裁者认证系统模型, 在此模型中, 系统的参与方主要是消息的发送者、消息的接收者和攻击者, 其中消息的发送者和接收者之间互相信任, 他们共享密钥信息; 另一种模型是有仲裁者的认证系统模型, 在该模型中系统的参与方除了信息发送者、接收者和攻击者之外, 还有仲裁者, 此时消息的发送者和接收者之间相互不信任, 但他们都信任仲裁者, 仲裁者与发送者、接收者三方共享密钥信息.

一个不具隐私保密功能、无仲裁者的认证系统由信源状态的有限集 S (称为信源集)、认证标签的有限集 A (称为标签集)、所有可解的密钥组成的密钥空间以及认证规则集 $E=\{e_k(s)|k\in K,s\in S\}$ 四个部分组成, 其中对于每个 $k\in K$, $s\in S$, $e_k(s)$ 是认证规则. 它是 $S\to A$ 的一个映射.

定义 4.1 一个认证系统为 $T=\{S,A,K,E\}$, 其中 S,A,K 为信息空间, S 称为信源空间或信源集, A 称为标签空间或标签集, K 为密钥空间, 其中 S 与 K 是统计独立的,

$$E=\{e_k(s)|k\in K,s\in S\}.$$

每个 $e_k(s)$ 为 $S\to A$ 的一个单映射, 称为认证规则.

定义 4.2 乘积空间 SA 称为消息空间, 以 M 表示 SA.

认证协议: 消息的发送者和接收者采用如下协议来传递信息. 首先, 他们秘密选择并共享随机密钥 $k\in K$, 如果发送者想向接收者传送一个信息源状态 $s\in S$, 发送者计算 $a=e_k(s)$, 并把消息 $sa\in M$ 发送给接收者. 当接收者收到消息 sa 后, 他再次计算 $a'=e_k(s)$, 如果 $a'=a$, 那么他确认消息可靠并接收该消息, 否则他拒绝接收该消息.

定义 4.3 矩阵 $[e_k(s)]_{|K|\times|S|}$ 称为认证矩阵, 它的行由密钥 $k\in K$ 来标记, 列由信源状态 $s\in S$ 来标记, 是一个 $|K|\times|S|$ 阶矩阵, 第 k 行与第 s 列相交的元素为 $e_k(s)$.

认证矩阵是认证理论研究中的重要工具, 设 $K=\{k_1,k_2,\ldots,k_n\}$, $S=\{s_1,s_2,\ldots,s_m\}$. 则

认证矩阵为一个 $n\times m$ 阶矩阵, 表示为:

$$\begin{bmatrix} e_{k_1}(s_1) & e_{k_1}(s_2) & \cdots & e_{k_1}(s_m) \\ e_{k_2}(s_1) & e_{k_2}(s_2) & \cdots & e_{k_2}(s_m) \\ \vdots & \vdots & & \vdots \\ e_{k_n}(s_1) & e_{k_n}(s_2) & \cdots & e_{k_n}(s_m) \end{bmatrix}_{n\times m}.$$

4.5 伪造攻击

在消息认证的过程中, 攻击者是一个中间入侵者, 我们通常考虑两类攻击: 一种是伪造攻击, 另一种是代替攻击. 它们分别对应于密码系统中的唯密攻击和明文攻击. 在伪造攻击中, 攻击者在信道中发送消息 $sa\in M$, 希望接收者确认它是真实的而接收; 在代替攻击中, 攻击者首先在信道中观测到一个消息 $sa\in M$, 因此他分析当前所用编码规则, 然后将消息 sa 篡改为 $s'a'\in M$, 其中 $s'\neq s$, 并希望接收者把它作为真实消息而接收.

我们假设攻击者采取了最优欺骗策略, 以 p_{d_0} 表示伪造攻击者可能欺骗成功的最大概率, 以 p_{d_1} 表示代替攻击者可能欺骗成功的最大概率, 攻击者欺骗成功的概率 p_d 定义为

$$p_d=\max\{p_{d_0},p_{d_1}\}. \tag{4.24}$$

西蒙斯的理论主要是估计 p_d 的下界, 从而为构造攻击成功概率 p_d 尽可能小的认证码提供理论依据.

首先我们来看伪造攻击者成功欺骗的最大概率 p_{d_0} 的定义及估计.

以 $A=\{a_1,a_2,\dots,a_r\}$ 表示认证标签空间. 攻击者首先选择一个信源状态 $s\in S$ 以及一个认证标签 $a\in A$. 设 $k_0\in K$ 表示发送者和接收者选择的共享密钥, 如果 $a=e_{k_0}(s)$, 则伪造攻击者可以成功欺骗接收者. 我们以 pay off (s,a) 表示消息接收者把 sa 作为真实消息而接收的概率, 即

$$\text{pay off }(s,a)=p(a=e_{k_0}(s))=\sum_{\substack{k\in K\\ e_k(s)=a}}p(k). \tag{4.25}$$

如果攻击者采用最优策略, 则

$$p_{d_0}=\max\{\text{pay off }(s,a)|s\in S,a\in A\}. \tag{4.26}$$

定理 7 令认证标签空间 A 的尺度 $|A|=r$, 则对任意固定的信源状态 $s\in S$, 总存在一个认证标签 $a\in A$, 使得

$$\text{pay off }(s,a)\geqslant\frac{1}{r},\ \text{从而}\ p_{d_0}\geqslant\frac{1}{r}.$$

证明: 由 pay off(s,a) 的定义,

$$\sum_{a\in A} \text{pay off }(s,a) = \sum_{a\in A} \sum_{\substack{k\in K \\ e_k(s)=a}} p(k).$$

当 a 遍历认证矩阵的 s 列时, k 遍历整个密钥空间, 所以

$$\sum_{a\in A} \text{pay off }(s,a) = \sum_{k\in K} p(k) = 1.$$

因此, 至少存在一个 $a \in A$, 使得

$$\text{pay off }(s,a) \geqslant \frac{1}{|A|} = \frac{1}{r}.$$

□

定理 8 令 $T = \{S, A, K, E\}$ 为一个消息认证系统,

$$p_{d_0} = \max\{\text{pay off }(s,a) | s \in S, a \in A\}$$

为伪造攻击成功的最大概率, 则

$$\log_2 p_{d_0} \geqslant H(K|SA) - H(K)$$

以及

$$p_{d_0} \geqslant \frac{1}{2^{H(K)-H(K|SA)}}.$$

证明: 由定义知, p_{d_0} 不小于 pay off(s,a) 的数学期望, 即

$$p_{d_0} \geqslant \sum_{s\in S, a\in A} p(sa)\text{pay off }(s,a).$$

再由詹森不等式, 我们有

$$\begin{aligned}\log_2 p_{d_0} &\geqslant \log_2 \sum_{s\in S, a\in A} p(sa)\text{pay off }(s,a)\\ &\geqslant \sum_{s\in S, a\in A} p(sa) \log_2 \text{pay off }(s,a).\end{aligned}$$

显然,

$$\text{pay off }(s,a) = p(a|s).$$

因此

$$p(sa) = p(s)p(a|s) = p(s)\text{pay off }(s,a). \tag{4.27}$$

所以

$$\begin{aligned}\log_2 p_{d_0} &\geqslant \sum_{s\in S} \sum_{a\in A} p(sa) \log_2 \text{pay off }(s,a)\\ &= \sum_{s\in S} \sum_{a\in A} p(sa) \log_2 p(a|s)\\ &= -H(A|S).\end{aligned}$$

因为信源空间 S 与密钥空间 K 统计独立, 所以

$$H(SK) = H(K) + H(S).$$

又标签空间 A 是由信源空间 S 与密钥空间 K 完全确定的, 所以

$$H(A|KS) = 0.$$

由信息空间的加法公式,

$$\begin{aligned} H(KAS) &= H(AS) + H(K|AS) \\ &= H(S) + H(A|S) + H(K|AS). \end{aligned}$$

另外,

$$\begin{aligned} H(KAS) &= H(KS) + H(A|KS) \\ &= H(KS) = H(K) + H(S). \end{aligned}$$

综合上式, 我们有

$$-H(A|S) = H(K|AS) - H(K).$$

因此

$$\log_2 p_{d_0} \geqslant -H(A|S) = H(K|AS) - H(K).$$

完成对定理的证明. □

$M = SA$ 称为消息空间, 从定理 8 可知, 伪造攻击成功的最大概率 p_{d_0} 满足

$$p_{d_0} \geqslant \frac{1}{2^{I(K,M)}},$$

其中 $I(K,M)$ 为密钥空间与信息空间的平均互信息量. 互信息量 $I(K,M)$ 越大, 伪造攻击成功的概率越小, 反之, 互信息量越小, 伪造攻击成功的概率越大.

4.6 代替攻击

所谓代替攻击是攻击者先在信息上观察到一个信息 (s,a), 然后他用消息 (s',a') 代替 (s,a), 希望接收者把 (s',a') 作为真实消息而接收. 考虑代替攻击成功的最大概率 p_{d_1}, 它比伪造攻击更困难一些, 主要原因是 p_{d_1} 既依赖于信源状态空间 S 的概率分布, 又依赖于密钥空间 K 的概率分布.

令 (s',a') 与 (s,a) 为两个消息, 其中 $s \neq s'$. 我们用 pay off(s',a',s,a) 表示用 (s',a') 代替 (s,a) 能欺骗成功的概率, 则

$$\text{pay off }(s',a',s,a) = p(a' = e_{k_0}(s')|a = e_{k_0}(s)),\ \ k_0 \in K.$$

上式表示在同一个密钥 k_0 下, $a' = e_{k_0}(s')$ 在 $a = e_{k_0}(s)$ 条件下的条件概率, 因此

$$\text{pay off }(s',a',s,a)=\frac{p(a'=e_{k_0}(s'),a=e_{k_0}(s))}{p(a=e_{k_0}(s))}$$
$$=\frac{\sum\limits_{\substack{k\in K\\ e_{k_0}(s')=a',e_{k_0}(s)=a}} p(k)}{\text{pay off }(s,a)}. \tag{4.28}$$

当消息 $(s,a)\in M$ 给定之后, 攻击者采用最优策略使欺骗者成功的概率最大化, 所以令

$$p_{s,a}=\max\{\text{pay off }(s',a',s,a)|s'\in S,s'\neq s,a'\in A\}, \tag{4.29}$$

把 $p_{s,a}$ 作为一个随机变量, 它在消息集 $M=SA$ 上的数学期望为

$$p_{d_1}\geqslant\sum_{s\in S,a\in A}p(sa)p_{s,a}. \tag{4.30}$$

上式为 p_{d_1} 的正式定义, 它是 pay off(s',a',s,a) 的最大成功概率在消息空间 M 上的加权平均值.

类似于定理 7, 我们有如下定理.

定理 9 令 $T=\{S,A,K,E\}$ 为一个认证码, $|A|=r$, 则对任意给定的 $s'\in S$, $s\in S$, $s\neq s'$ 以及 $a\in A$, 存在一个标签 $a'\in A$, 使得

$$\text{pay off }(s',a',s,a)\geqslant\frac{1}{|A|}=\frac{1}{r}.$$

因此我们有

$$p_{d_1}\geqslant\frac{1}{r}.$$

证明: 由式 (4.28),

$$\sum_{a'\in A}\text{pay off }(s',a',s,a)=\frac{1}{\text{pay off }(s,a)}\sum_{a'\in A}\sum_{\substack{k\in K\\ e_k(s)=a,e_k(s')=a'}}p(k)$$
$$=\frac{1}{\text{pay off }(s,a)}\sum_{\substack{k\in K\\ e_k(s)=a}}p(k)=1.$$

所以至少存在一个 $a'\in A$, 使得

$$\text{pay off }(s',a',s,a)\geqslant\frac{1}{|A|}=\frac{1}{r}.$$

由 $p_{s,a}$ 的定义, 对于 $\forall\, s\in S$ 以及 $a\in A$, 我们有

$$p_{s,a}\geqslant\frac{1}{|A|}=\frac{1}{r}.$$

于是

$$p_{d_1}\geqslant\sum_{s\in S,a\in A}p(sa)p_{s,a}\geqslant\frac{1}{r}\sum_{a\in A}p(a)=\frac{1}{r}.$$ □

定理 10 令 $T=\{S,A,K,E\}$ 为一个认证码, 任意的 $(s,a)\in M$, 以 (s',a') 代替攻击时, 令 p_{d_1} 为 $p_{s,a}$ 在空间 M 上的数学期望, 则

$$\log_2 p_{d_1}\geqslant H(K|M^2)-H(K|M)$$

以及

$$p_{d_1}\geqslant\frac{1}{2^{H(K|M)-H(K|M^2)}}.\tag{4.31}$$

证明: 由式 (4.29), $p_{s,a}$ 将不小于 pay off(s',a',s,a) 在 $s'\in S$, $a'\in A$ 上的数学期望, 即

$$p_{s,a}\geqslant\sum_{s'\in S,a'\in A}p(s'a'|sa)\text{pay off }(s',a',s,a).$$

由式 (4.30) 以及詹森不等式, 我们有

$$\begin{aligned}\log_2 p_{d_1}&\geqslant\sum_{s\in S,a\in A}p(sa)\log_2 p_{s,a}\\&\geqslant\sum_{s\in S,a\in A}p(sa)\sum_{s'\in S,a'\in A}p(s'a'|sa)\log_2\text{pay off }(s',a',s,a)\\&=\sum_{s\in S,a\in A}\sum_{s'\in S,a'\in A}p(sas'a')\log_2\text{pay off }(s',a',s,a)\\&=\sum_{s\in S,a\in A}\sum_{s'\in S,a'\in A}p(sas'a')\log_2 p(a's'|as)\\&=-H(M|M).\end{aligned}$$

另外,

$$\begin{aligned}H(KM^2)&=H(M|M)+H(K|M^2)\\&=H(K|M)+H(M|KM).\end{aligned}$$

所以有

$$-H(M|M)=H(K|M^2)-H(K|M)-H(M|KM).$$

可以证明

$$H(M|KM)=0.$$

所以有

$$-H(M|M)=H(K|M^2)-H(K|M).$$

因此

$$\log_2 p_{d_1}\geqslant H(K|M^2)-H(K|M).$$

即

$$p_{d_1} \geqslant \frac{1}{2^{H(K|M)-H(K|M^2)}}.$$

定理得证! □

定义 6.1 如果

$$p_d = 2^{H(K|M)-H(K)},$$

则认证码 $\{S, A, K, E\}$ 称为完善的 (perfect).

定理 11 完善认证系统存在.

证明: 定理的证明是利用构造法直接证明. 首先令信源状态空间为 $S=\{0,1\}$. 令 N 为一个正的偶数, 定义标签空间 A 及密钥空间 K 分别为:

$$A = \mathbb{Z}_2^{\frac{N}{2}} = \{a_1 a_2 \cdots a_{\frac{N}{2}} | a_i \in \mathbb{Z}_2, 1 \leqslant i \leqslant \frac{N}{2}\}$$

以及

$$K = \mathbb{Z}_2^N = \{k_1 k_2 \cdots k_N | k_i \in \mathbb{Z}_2, 1 \leqslant i \leqslant N\}.$$

由 $k = k_1 k_2 \cdots k_{\frac{N}{2}} k_{\frac{N}{2}+1} \cdots k_N$ 决定的认证规则 $e_k(s)$ 定义为

$$e_k(0) = k_1 k_2 \cdots k_{\frac{N}{2}}$$

以及

$$e_k(1) = k_{\frac{N}{2}+1} \cdots k_N.$$

假定所有 2^N 个密钥 k 都是等概选取的, 因此对于 $s \in S$ 以及 $a \in A$, 我们有

$$\text{pay off}\,(s,a) = p(a = e_k(s)) = 2^{-\frac{N}{2}}.$$

因此有 $p_{d_0} = 2^{-\frac{N}{2}}$, 同理有 $p_{d_1} = 2^{-\frac{N}{2}}$, 所以

$$p_d = 2^{-\frac{N}{2}}.$$

容易计算

$$H(K|M) - H(K) = \frac{N}{2} - N = -H(K|M).$$

所以

$$p_d = 2^{H(K|M)-H(K)}.$$

因此 $\{S, A, K, E\}$ 为一个完善认证系统. □

4.7 基础算法

4.7.1 仿射变换

用矩阵进行加密源于古典的维吉尼亚 (Vigenère) 密码. 令 $X=\{a_1,a_2,\ldots,a_N\}$ 为 N 个字符的明文字母表, 我们用 $\mathbb{Z}_N$ 与 X 中字符进行数值替代, 其中 $\mathbb{Z}_N$ 为 $\mathrm{mod}\, N$ 的剩余类环. 令 $P=\mathbb{Z}_N^k$ 为明文空间, $x=x_1x_2\cdots x_k\in P$ 称为一个明文单位, 或称为一个长度为 k 的明文信息. 令 $M_k(\mathbb{Z}_N)$ 为 $\mathbb{Z}_N$ 上的 k 阶全矩阵环, $A\in M_k(\mathbb{Z}_N)$ 为一个 k 阶可逆矩阵, $b=b_1b_2\cdots b_k\in\mathbb{Z}_N^k$ 为一个给定向量, 利用仿射变换 (A,b) 对 P 中每一个明文单位 $x=x_1x_2\cdots x_k$ 进行加密:

$$\begin{pmatrix}x_1'\\x_2'\\\vdots\\x_k'\end{pmatrix}=A\begin{pmatrix}x_1\\x_2\\\vdots\\x_k\end{pmatrix}+\begin{pmatrix}b_1\\b_2\\\vdots\\b_k\end{pmatrix}. \tag{4.32}$$

这里 $x=x_1x_2\cdots x_k$ 为明文, $x'=x_1'x_2'\cdots x_k'$ 为密文. 解密算法为:

$$\begin{pmatrix}x_1\\x_2\\\vdots\\x_k\end{pmatrix}=A^{-1}\begin{pmatrix}x_1'\\x_2'\\\vdots\\x_k'\end{pmatrix}-A^{-1}\begin{pmatrix}b_1\\b_2\\\vdots\\b_k\end{pmatrix}. \tag{4.33}$$

因为仿射变换 (A,b) 为 $\mathbb{Z}_N^k\longrightarrow\mathbb{Z}_N^k$ 上的一个 1-1 对应, 其逆变换为 $(A^{-1},-A^{-1}b)$, 因此利用仿射变换 (A,b) 我们就得到了所谓的高阶仿射密码系统. 这种密码是数学家 Lester Hill 于 1929 年在《美国数学月刊》上首次提出来的, 因此又称为希尔 (Hill) 密码.

希尔密码是把明文分成 k 个字符为一组的明文单位, 然后对每个明文单位利用 $\mathbb{Z}_N$ 上的 k 阶仿射变换 (A,b) 依次进行加密. 这种密码的优点是隐藏了单个字符的统计特征 (比如英文 26 个字母), 可以较好地抵抗对字符出现频率进行的统计分析, 抗唯密攻击能力较强. 但在掌握了大量明文的基础上, 不难找到密钥 (A,b), 所以希尔密码抗已知明文的攻击能力不强.

希尔密码利用的数学原理是如下两个结论.

引理 7.1 $\mathbb{Z}_N$ 上的所有 k 阶仿射变换的集合记为 G_k, 即

$$G_k=\{(A,b)|A\text{为 }k\text{ 阶可逆方阵}, b\in\mathbb{Z}_N^k\}.$$

则 G_k 在变换的乘法下构成一个群, 这个群称为环 $\mathbb{Z}_N$ 的 k 阶仿射变换群.

证明: 取 A 为 k 阶单位矩阵 E, $b=0$ 为 k 维零向量, 则 $(E,0)$ 为 $\mathbb{Z}_N^k\longrightarrow\mathbb{Z}_N^k$ 的恒等变换, 也是 G_k 的单位元素. 另外, 我们看两个仿射变换 (A_1,b_1) 与 (A_2,b_2) 的乘积

$$(A_1,b_1)(A_2,b_2)=(A_1A_2,A_1b_2+b_1)\in G_k.$$

显然, (A,b) 的逆变换为

$$(A,b)^{-1}=(A^{-1},-A^{-1}b)\in G_k.$$

因此 G_k 为一个群. 引理得证. □

由上述引理, 仿射变换群的任意一个群元素 $(A,b)\in G_k$ 将构成一个希尔密码系统. 如果我们在 G_k 中选择 n 个群元素 $(A_1,b_1),(A_2,b_2),\ldots,(A_n,b_n)$, 并令

$$(A,b)=\prod_{i=1}^{n}(A_i,b_i).$$

用 (A,b) 进行加密, 则得到了一个更加复杂的希尔密码系统.

引理 7.2 $A\in M_k(\mathbb{Z}_N)$, $|A|=D$ 为 A 的行列式, 则 A 可逆的充要条件是 D 与 N 互素, 即 $(D,N)=1$.

证明: 如果 $(D,N)=1$, 则有 D_1 使得 $D_1D\equiv 1(\bmod N)$, 令

$$A^*=D_1\begin{bmatrix}A_{11}&A_{12}&\cdots&A_{1k}\\A_{21}&A_{22}&\cdots&A_{2k}\\\vdots&\vdots&&\vdots\\A_{k1}&A_{k2}&\cdots&A_{kk}\end{bmatrix},\tag{4.34}$$

其中 $A=(a_{ij})_{k\times k}$, A_{ij} 为 a_{ij} 的代数余子式, 显然我们有

$$A^*A=AA^*=\begin{bmatrix}1&0&\cdots&0\\0&1&\cdots&0\\\vdots&\vdots&&\vdots\\0&0&\cdots&1\end{bmatrix},$$

所以 A 可逆, $A^{-1}=A^*$. 我们以 $k=2$ 为例, 如果 $|A|=D$, $(D,N)=1$,

$$A=\begin{pmatrix}a&b\\c&d\end{pmatrix}\Longrightarrow A^{-1}=\begin{pmatrix}D_1d&-D_1b\\-D_1c&D_1a\end{pmatrix}.$$

反过来, 如果 A 可逆, A^{-1} 为逆矩阵, 由 $A^{-1}A=AA^{-1}=E$, 可得

$$|AA^{-1}|=|A||A^{-1}|\equiv 1(\bmod N).$$

因此我们有 $(D,N)=1$. 引理得证. □

如果 $k=1$, 一阶仿射密码系统 $x'\equiv ax+b(\bmod N)$, 其中 $(a,N)=1$, 包含许多有名的古典密码, 特别是当 $a=1$, $b=3$, $N=26$ 时, $x'=x+3(\bmod 26)$ 就是历史上著名的凯撒 (Caesar) 密码.

下面我们就仿射密码的计算复杂性进行分析, 有下面的引理.

引理 7.3　如果 $A=(a_{ij})_{k\times k}$ 为 $\mathbb{Z}_N$ 上的一个 k 阶可逆方阵, 则求 A^{-1} 的比特运算次数有如下估计

$$\mathrm{Time}(A^{-1})=O(k^4k!\log^3 N).$$

因此, 当 k 为固定常数时, 求 A^{-1} 为多项式次的算法; 当 N 为固定常数时, 求 A^{-1} 为指数次的算法. 换言之, 矩阵的阶数越大, 计算复杂性越高.

证明: 因为 $A=(a_{ij})_{k\times k}$ 为可逆的, 故行列式

$$D=|A|=\sum_{j_1j_2\cdots j_k}(-1)^{\tau}(j_1j_2\cdots j_k)a_{1j_1}a_{2j_2}\cdots a_{kj_k},$$

其中 $j_1j_2\cdots j_k$ 为 $1,2,\ldots,k$ 的一个排列, $\tau(j_1j_2\cdots j_k)$ 为排列的逆序数. 每个求和的比特运算次数为 $O(k^3\log^2 N)$, 共有 $k!$ 个求和项, 因此

$$\mathrm{Time}(D)=O(k^3k!\log^2 N).$$

由第一章引理 2.4, 在 $\bmod N$ 下求 D 的乘法逆 $D^{-1}\bmod N=D_1$ 为

$$\mathrm{Time}(D_1)=O(\log^3 N).$$

由式 (4.34) 伴随矩阵 A^* 的每个代数余子式 A_{ij} 的比特运算次数为 $O((k-1)^3(k-1)!\log^2 N)$, 共有 k^2 个代数余子式, 因此

$$\mathrm{Time}(A^*)=O(k^4k!\log^2 N).$$

因此

$$\mathrm{Time}(A^{-1})=O(k^4k!\log^3 N).$$

当 k 为常数时, 求 A^{-1} 的算法为多项式次的. 当 N 为常数, $k\longrightarrow\infty$ 时, 显然求 A^{-1} 的算法是指数次的. 引理证毕. □

4.7.2 RSA

1976 年美国斯坦福大学的两位数学家迪菲 (Diffie) 与赫尔曼 (Hellman) 提出了密码体制设计的一种新思想, 简单地说就是对加密算法与解密算法采用非对称的原理进行设计. 示意图如下:

$$P\xrightarrow{f}C\xrightarrow{f^{-1}}P,\tag{4.35}$$

其中 P 为明文空间, C 为密文空间, f 为加密算法, f^{-1} 为解密算法. 如果 f 与 f^{-1} 是相同的算法, 比如二进制中的对合运算, 或者由加密算法 f 可以很容易地推出解密算法 f^{-1}, 比如上一节提到的矩阵加密算法 (矩阵的阶很小时), 这种密码体制称为对称密码. 对称密码的本质是加密密钥与解密密钥具有同等保密重要性. 迪菲与赫尔曼提出, 如果 $f\neq f^{-1}$, f

是很容易实现的加密算法, 而 f^{-1} 是非常难计算的解密算法, 则密钥可分为加密密钥与解密密钥两个部分, 即使向社会公开加密密钥, 也不影响解密密钥的安全性. 这种加密算法 f 称为非对称的, 或称为陷门单向函数, 利用非对称 f 设计的密码称为非对称密码, 或称为公钥密码体制. 正是由于迪菲与赫尔曼的大胆创新, 密码学迎来了一个崭新的时代 —— 公钥密码时代, 其基本特征是密码从很少用户到众多用户, 极大地提高了密码的使用效率和社会价值.

怎样设计非对称的加密算法呢? 李维斯特 (Rivest)、萨莫尔 (Shamir)、阿德曼 (Adleman) 三位学者联合提出了第一个安全、实用的单程加密算法, 学界称之为 RSA 算法, 这种公钥密码已广泛应用于密码设计并成为国际标准算法. RSA 算法除了简单实用之外, 其安全性完全依赖于巨大整数的大素因子分解的困难性.

令 p, q 为两个巨大而相对安全的素数, 一般假设

$$10^{300} < p, q, \quad \text{其二进制位数 } k > 1\,024 \text{ 比特}. \tag{4.36}$$

令 $n = pq$, $\varphi(n)$ 为欧拉函数, 则

$$\varphi(n) = (p-1)(q-1) = n + 1 - p - q.$$

随机选择一个正整数 e 满足

$$1 < e < \varphi(n), (e, \varphi(n)) = 1. \tag{4.37}$$

大素数 p 及 q 与满足式 (4.37) 的 e 都是随机生成的. 所谓随机生成是利用计算机的随机数生成器 (或伪随机数生成器) 随机选择我们所需要的 p, q 与 e, 其计算复杂性如下:

引理 7.4 随机生成大素数 p 与 q, $n = pq$, $\varphi(n)$ 为欧拉函数, $1 < e < \varphi(n), (e, \varphi(n)) = 1$, 则

$$\begin{cases} \text{Time (选择出 } n) = O(\log^4 n), \\ \text{Time (找到 } e) = O(\log^2 n). \end{cases}$$

证明: 利用随机数生成器生成一个巨大整数 m, 比如说 $m > 10^{300}$, 然后检测 $m, m+1, m+2, \ldots$, 是否为素数. 由素数定理, 我们知道与 m 邻近的素数出现的频率大约为 $O\left(\frac{1}{\log m}\right)$, 因此我们仅需要约 $O(\log m)$ 次测试便可找到所需要的素数 p, 由第一章引理 2.4 可知

$$\text{Time (找到素数 } p) = O(\log^2 m) = O(\log^2 n).$$

同样的道理

$$\text{Time (找到素数 } q) = O(\log^2 n).$$

因为 $n = pq$, 所以

$$\text{Time (选择出 } n) = O(\log^4 n).$$

n 确定之后, $\varphi(n)=(p-1)(q-1)$. 再次利用随机数生成器, 随机生成一个正整数 a, $1<a<\varphi(n)$, 然后依次检测 $a,a+1,a+2,\ldots$ 是否与 $\varphi(n)$ 互素. 再次由素数定理 $\varphi(n)$ 的素因子出现在 a 的邻近的频率为 $O\left(\dfrac{1}{\log a}\right)$, 因此我们只需要 $O(\log a)$ 次检测便可得到所需要的 e. 因此

$$\text{Time}\,(\text{选择出 } e)=O(\log^2 a)=O(\log^2 n).$$

引理得证. □

随机选择 p 与 q, $n=pq$ 及 e 之后, 由于 $(e,\varphi(n))=1$, 故存在 $d=e^{-1}\bmod\varphi(n)$, 即

$$de\equiv 1(\bmod\varphi(n)), 1<d<\varphi(n). \tag{4.38}$$

定义 7.1 随机确定 $n=pq$ 之后, 令 $P_e=(n,e)$ 称为公钥, $P_d=(n,d)$ 称为私钥, 或者称 e 为公钥, 称 d 为私钥.

由第一章引理 2.4 可知, 计算 $d=e^{-1}\bmod\varphi(n)$ 所需的比特运算次数 $\text{Time}(d)=O(\log^3\varphi(n))=O(\log^3 n)$. 由引理 7.4, 我们有如下推论:

推论 1 随机生成公钥 $P_e=(n,e)$ 以及私钥 $P_d=(n,d)$ 的计算复杂性都是多项式次的.

RSA 密码设计利用的关键数学原理是推广的欧拉同余定理. $n\geqslant 1$ 为正整数, $(m,n)=1$, 则由欧拉定理可知

$$m^{\varphi(n)}\equiv 1(\bmod n)\Longrightarrow m^{\varphi(n)+1}\equiv m(\bmod n). \tag{4.39}$$

我们将证明在 n 为一个无平方因子正整数的条件下, 对一切的正整数 m, 无论 $(m,n)=1$ 还是 $(m,n)>1$, 都有式 (4.39).

引理 7.5 如果 $n=pq$ 为两个不同素数的乘积, 则对一切正整数 m,k, 有

$$m^{k\varphi(n)+1}\equiv m(\bmod n). \tag{4.40}$$

证明: 如果 $(m,n)=1$, 则由欧拉定理

$$m^{k\varphi(n)}\equiv 1(\bmod n)\Longrightarrow m^{k\varphi(n)+1}\equiv m(\bmod n).$$

我们仅考虑 $(m,n)>1$ 的情形, 由于 $n=pq$, 因此有 $(m,n)=p$, $(m,n)=q$, 或者 $(m,n)=n$ 三种情况. 如果 $(m,n)=n$, 则 式(4.40) 平凡成立. 不妨令 $(m,n)=p$, 则 $m=pt$, 其中 $1\leqslant t<q$. 由欧拉定理可知, 因为 $(m,q)=1$, 所以有

$$m^{\varphi(q)}\equiv 1(\bmod q)\Longrightarrow m^{k\varphi(q)\varphi(p)}\equiv 1(\bmod q).$$

因此, 对 $\forall\, k\geqslant 1$ 有

$$m^{k\varphi(n)}\equiv 1(\bmod q).$$

我们记

$$m^{k\varphi(n)} = rq + 1.$$

两边同乘以 m 有

$$m^{k\varphi(n)+1} = rtn + m.$$

上式含有

$$m^{k\varphi(n)+1} \equiv m(\bmod n).$$

我们完成了对引理的证明. □

有了上面的准备后, RSA 密码的工作流程可分为如下三个步骤:

(1) 假设 A 为 RSA 的用户, A 随机生成两个巨大素数 $p = p(A)$, $q = q(A)$, $n = n(A)$, 其中 $n = pq, \varphi(n) = (p-1)(q-1)$. 然后随机生成正整数 $e = e(A)$, 满足 $1 < e < \varphi(n), (e, \varphi(n)) = 1$, 计算出 $d \equiv e^{-1}(\bmod \varphi(n))$, 且 $1 < d < \varphi(n)$. 用户 A 销毁两个素数 p 与 q, 只保留 n, e, d 三个数, 把 $P_e = (n, e)$ 作为公钥向外公布后, 自己拥有私钥 $P_d = (n, d)$ 严格保密.

(2) 另一个 RSA 的用户 B 利用已知的用户 A 的公钥 (n, e) 向 A 发送加密信息. B 选择 $P = \mathbb{Z}_n$ 作为明文空间, 对每个 $m \in \mathbb{Z}_n$ 进行加密. 加密算法 $c = f(m)$ 定义为

$$c = f(m) \equiv m^e(\bmod n),\ 1 \leqslant c \leqslant n, \tag{4.41}$$

其中 c 为密文.

(3) 用户 A 收到用户 B 发送的密文 c 之后利用自己的私钥 (n, d) 进行解密. 解密算法 f^{-1} 定义为:

$$m = f^{-1}(c) \equiv c^d(\bmod n),\ 1 \leqslant m \leqslant n. \tag{4.42}$$

用户 A 得到用户 B 发送的明文 m. 至此 RSA 密码体系完成一次加解密.

RSA 密码的正确性和唯一性由以下引理加以保证.

引理 7.6 由式 (4.41) 定义的加密算法 f 为 $\mathbb{Z}_n \longrightarrow \mathbb{Z}_n$ 的一个 1-1 对应, 由式 (4.42) 定义的 f^{-1} 就是 f 的逆映射.

证明: 由引理 7.5, 对一切 $m \in \mathbb{Z}_n$, k 为正整数, 则有

$$m^{k\varphi(n)+1} \equiv m(\bmod n).$$

由于 $ed \equiv 1(\bmod \varphi(n))$, 我们可以记

$$ed = k\varphi(n) + 1.$$

由式 (4.41), 则有

$$c^d \equiv m^{ed} \equiv m^{k\varphi(n)+1} \equiv m(\bmod n).$$

也就是说, 对一切的 $m \in \mathbb{Z}_n$,

$$f^{-1}(f(m)) = m.$$

同理, 我们有

$$m^e \equiv c^{ed} \equiv c^{k\varphi(n)+1} \equiv c(\bmod n).$$

也就是说

$$f(f^{-1}(c)) = c.$$

因此由第一章引理 1.1 可知, f 为 $\mathbb{Z}_n \longrightarrow \mathbb{Z}_n$ 的一个 1-1 对应, 且 $ff^{-1} = 1, f^{-1}f = 1$. 引理得证. □

RSA 的另一个非常重要的应用是用于数字签名. 从 RSA 密码的工作流程中看出, 式 (4.41) 定义的加密算法是基于用户 A 的公钥 (n_A, e_A), 我们把 f 记为 f_A, 式 (4.42) 定义的解密算法记为 f_A^{-1}. RSA 数字签名的工作流程为: 用户 A 要给用户 B 发送他的数字签名, 也就是 A 发送给 B 一个加密信息. 令 $P_e(A) = (n_A, e_A)$ 为 A 的公钥, $P_d(A) = (n_A, d_A)$ 为 A 的私钥, 同样地, 令 $P_e(B) = (n_B, e_B)$ 为 B 的公钥, $P_d(B) = (n_B, d_B)$ 为 B 的私钥. 则用户 A 发送给用户 B 的数字签名为

$$\begin{cases} f_B f_A^{-1}(m), \text{ 如果 } n_A < n_B, \\ f_A^{-1} f_B(m), \text{ 如果 } n_A > n_B. \end{cases} \tag{4.43}$$

其中 $m \in \mathbb{Z}_{n_A}$ 是用户 A 对外公布的自己的数字签名. 用户 B 收到用户 A 的上述数字签名之后, 根据 $n_A < n_B$ 和 $n_A > n_B$ 两种情况, 采用如下两种不同的数字验证, 确认式 (4.43) 就是用户 A 的真实签名.

(i) 如果 $n_A < n_B$, 用户 B 先用自己的私钥 $f_B^{-1} = (n_B, d_B)$, 再用用户 A 的公钥 $f_A = (n_A, e_A)$ 解密验证

$$f_A f_B^{-1}(f_B f_A^{-1}(m)) = f_A f_A^{-1}(m) = m.$$

(ii) 如果 $n_A > n_B$, 用户 B 先用用户 A 的公钥 $f_A = (n_A, e_A)$, 再用自己的私钥 $f_B^{-1} = (n_B, d_B)$ 进行解密验证

$$f_B^{-1} f_A(f_A^{-1} f_B(m)) = f_B^{-1} f_B(m) = m.$$

RSA 的安全性是基于 n 的大素因子分解的困难性. 所有用户当选择出大素数 p 与 q 之后, 令 $n = pq$, 然后销毁 p 与 q, 只保留 (n, e) 及自己保密的 (n, d) 两个密钥信息, 即使 (n, e) 向外公布, 但外人只知道 n, 不知道 $\varphi(n)$, 无法获取私钥 (n, d) 的信息, 因为计算 $\varphi(n)$ 必须依赖 n 的素因子分解, 这一点从欧拉的乘积公式不难看出

$$\varphi(n) = n \prod_{p|n} \left(1 - \frac{1}{p}\right).$$

由于我们对素数的认知非常少, 目前并没有找到给出无限多个素数的通项公式, 因此判别一个巨大整数 n 是否为素数无疑是一道难题, 更不用提对 n 的素因子分解了.

4.7.3 离散对数

令 G 为一个有限群, $b, y \in G$ 为 G 的两个群元素, 令 t 为满足 $b^t = 1$ 的最小正整数, 称 t 为 b 的阶, 记为 $t = o(b)$. 如果存在一个 x, $1 \leqslant x \leqslant o(b)$, 使得 $y = b^x$, 称 x 为 y 在基 b 下的离散对数. 知道了 $b \in G$, $0 \leqslant x \leqslant o(b)$, 很容易计算出 $y = b^x$. 反过来, 对任意的群元素 y, 求 y 在基 b 下的离散对数则是一件非常困难的事情. 因此, 利用离散对数进行加密, 成为公钥密码体制中最主流的加密算法, 其中包括著名的 ElGamal 密码与椭圆曲线密码. ElGamal 密码利用的是有限域 $\mathbb{F}_q$ 中非零元素全体 $\mathbb{F}_q^*$ 所形成的乘法群上的离散对数; 椭圆曲线密码则利用的是椭圆曲线上的 Mordell 群的离散对数算法. 这里我们主要讨论 ElGamal 密码, 椭圆曲线密码则放在第六章讨论. 我们首先证明有限域的几个基本结论.

引理 7.7 令 $\mathbb{F}_q$ 为 q 个元素的有限域, $q = p^n$ 为素数 p 的方幂. $\mathbb{F}_q^* = \mathbb{F}_q \backslash \{0\}$ 为 $\mathbb{F}_q$ 中非零元素的全体, 则 $\mathbb{F}_q^*$ 在乘法下为一个 $(q-1)$ 阶的循环群, $\mathbb{F}_q^*$ 的生成元素 g 称为有限域 $\mathbb{F}_q$ 的生成元.

证明: 由拉格朗日定理, 任何一个域上多项式的零点个数不大于多项式的次数. 有限域 $\mathbb{F}_q^*$ 在乘法下为一个 $(q-1)$ 阶的有限群, 要证明 $\mathbb{F}_q^*$ 为循环群, 仅证对 $q-1$ 的任意因子 d, $d|q-1$, 方程 $x^d = 1$ 在 $\mathbb{F}_q^*$ 中解的个数不大于 d. 这一点可由拉格朗日定理平凡推出, 因为多项式 $x^d - 1$ 在整个域 $\mathbb{F}_q$ 中零点的个数不大于 d, 因此在 $\mathbb{F}_q^*$ 中零点的个数不大于 d. 所以 $\mathbb{F}_q^*$ 为一个有限循环群. 引理成立. □

引理 7.8 令 $\mathbb{F}_q$ 为 q 元有限域, $q = p^n$, $\mathbb{F}_p \subset \mathbb{F}_q$ 为子域, $\mathbb{F}_p^* < \mathbb{F}_q^*$ 为 $\mathbb{F}_q^*$ 的子群, 如果 g 为 $\mathbb{F}_q^*$ 的生成元, 则 $g' = g^{\frac{q-1}{p-1}}$ 为 $\mathbb{F}_p^*$ 的生成元.

证明: g 为 $\mathbb{F}_q^*$ 的生成元, 则 $o(g) = q-1$. 令 $g' = g^{\frac{q-1}{p-1}}$, 则

$$o(g') = \frac{o(g)}{\left(q-1, \dfrac{q-1}{p-1}\right)} = p - 1.$$

因此 $(g')^{p-1} = 1$, 即 $(g')^p = g'$, 所以 $g' \in \mathbb{F}_p$. 因为 $\mathbb{F}_p^*$ 为 $p-1$ 阶的循环群, 且 $o(g') = p-1$, 所以 $\mathbb{F}_p^* =< g' >$, g' 为 $\mathbb{F}_p^*$ 的生成元. 引理成立. □

引理 7.9 $\mathbb{F}_q$ 为一个 q 元有限域, $q = p^n$, 对任意的 $d|n$, 令

$$A_d = \{p(x) \in \mathbb{F}_p[x] | \deg p(x) = d,\ p(x) \text{ 为首一不可约多项式}\}$$

及

$$f_d(x) = \prod_{p(x) \in A_d} p(x).$$

则我们有

$$x^q - x = x^{p^n} - x = \prod_{d|n} f_d(x). \tag{4.44}$$

证明: 我们知道

$$x^{p^d} - x | x^{p^n} - x \Longleftrightarrow d|n.$$

令 $p(x) \in A_d$, 即 $p(x) \in \mathbb{F}_p[x], \deg p(x) = d$, $p(x)$ 为首一不可约多项式. 令 α 为 $p(x)$ 的一个根, 则在 $\mathbb{F}_p$ 上添加 α 的有限扩域 $\mathbb{F}_p(\alpha)$ 为 $\mathbb{F}_p$ 上一个 d 次有限扩张. 如果 $d|n$, 则

$$\mathbb{F}_p(\alpha) = \mathbb{F}_{p^d} \subset \mathbb{F}_q,$$

所以有 $\alpha \in \mathbb{F}_q$. 因为 $p(x)$ 的零点都在 $\mathbb{F}_q$ 中, 所以有 $p(x)|x^q - x$. A_d 中任意一个 $p(x)$ 都有 $p(x)|x^q - x$, 因此

$$f_d(x) = \prod_{p(x) \in A_d} p(x), \ \ f_d(x)|x^q - x.$$

反过来, $p(x)$ 为首一不可约多项式, 且 $\deg p(x) = d$. 如果 $p(x)|x^q - x$, 则 $p(x)$ 的全部零点都在 $\mathbb{F}_q$ 中. 令 α 为 $p(x)$ 的一个零点, 则有 $\mathbb{F}_p(\alpha) \subset \mathbb{F}_q$, 也就是 $\mathbb{F}_{p^d} \subset \mathbb{F}_q = \mathbb{F}_{p^n}$, 所以 $d|n$. 最后有

$$x^q - x = \prod_{d|n} f_d(x).$$

引理得证. □

引理 7.10　以 $N_p(d)$ 表示 $\mathbb{F}_p[x]$ 中次数为 d 的首一不可约多项式的个数, 则有

$$N_p(n) = \frac{1}{n} \sum_{d|n} \mu(d) p^{\frac{n}{d}}, \tag{4.45}$$

其中 μ 为莫比乌斯函数.

证明: 由引理 7.9 及式 (4.44),

$$x^q - x = x^{p^n} - x = \prod_{d|n} f_d(x).$$

比较两边多项式的次数, 则有

$$p^n = \sum_{d|n} d N_p(d).$$

由莫比乌斯反演公式,

$$n N_p(n) = \sum_{d|n} \mu(d) p^{\frac{n}{d}},$$

所以有式 (4.45), 从而引理得证. □

推论 2　如果 d 为一个素数, 则 $\mathbb{F}_p[x]$ 中次数为 d 且首一不可约多项式的个数为 $\frac{1}{d}(p^d - p)$, 即

$$N_p(d) = \frac{1}{d}(p^d - p), \text{ 如果 } d \text{ 为素数.}$$

证明: 由式 (4.45),

$$N_p(d) = \frac{1}{d}\sum_{\delta|d}\mu(\delta)p^{\frac{d}{\delta}}$$
$$= \frac{1}{d}(p^d - p).$$

推论成立. □

在上面有关有限域的几个基本结论的基础上, 下面我们介绍两种求解离散对数的方法. 第一种是 Silver-Pohlig-Hellman 平滑求解法, 第二种是所谓的指数积分法.

1. 平滑求解法 (Silver-Pohlig-Hellman)

令 $\mathbb{F}_q$ 为一个 q 元有限域, b 为生成元, 即 $\mathbb{F}_q^* =< b >$,

$$o(b) = |\mathbb{F}_q^*| = q - 1 = p_1^{\alpha_1}p_2^{\alpha_2}\cdots p_s^{\alpha_s}, \tag{4.46}$$

其中 p_i 为不同的素数. 对 $q-1$ 的每个素因子 p, $p|q-1$, 如果 p 相对 "较小", 则称正整数 $q-1$ 为平滑的正整数. 在 $q-1$ 为平滑的条件下, 对每个素因子 p, 在 $\mathbb{F}_q^*$ 中计算所有 p 次单位根 $r_{p,j}$, 其中

$$r_{p,j} = b^{\frac{j(q-1)}{p}}, \ 1 \leqslant j \leqslant p. \tag{4.47}$$

记 $R(p) = \{r_{p,j}|1 \leqslant j \leqslant p\}$ 为 $\mathbb{F}_q^*$ 中的 p 个 p 次单位根, 则在 $\mathbb{F}_q^*$ 中我们得到了一张单位根表 R:

$$\text{单位根表 } R = \{R(p_1), R(p_2), \ldots, R(p_s)\}. \tag{4.48}$$

现在来看 $\mathbb{F}_q^*$ 中离散对数的计算方法. 令 $y \in \mathbb{F}_q^*$, y 在基 b 下的离散对数为 m, 即 $y = b^m$. 当 y 与 b 给定之后, 欲求 m 的值 $(1 \leqslant m \leqslant q-1)$, 由式 (4.46) $q-1$ 的素因子分解, 如果对每一个 $p_i^{\alpha_i}(1 \leqslant i \leqslant s)$, m 在 $\bmod p_i^{\alpha_i}$ 下的最小非负剩余为 $m_i = m \bmod p_i^{\alpha_i}$, 则由中国剩余定理可知在 $\bmod q-1$ 下存在唯一的 m, 使得

$$m \equiv m_i(\bmod(p_i^{\alpha_i})), \forall\, i, 1 \leqslant i \leqslant s.$$

因此 y 的离散对数 m 也就确定下来. 现在问题转变为: 令 $p^\alpha||q-1$, 我们来确定 $m \bmod p^\alpha$. 令

$$m \bmod p^\alpha = m_0 + m_1p + m_2p^2 + \cdots + m_{\alpha-1}p^{\alpha-1}, 0 \leqslant m_i < p$$

为 m 在 $\bmod p^\alpha$ 下的最小非负剩余, 我们来决定每个 m_i. 首先我们计算 m_0. 因为 $y = b^m$, 所以

$$y^{\frac{q-1}{p}} = b^{\frac{m(q-1)}{p}} = b^{\frac{m_0(q-1)}{p}}.$$

也就是说, $y^{\frac{q-1}{p}}$ 为 $\mathbb{F}_q^*$ 中的一个单位根, 比较 $\mathbb{F}_q^*$ 中的单位根表 R, 则我们有 $m_0 = j, 1 \leqslant j \leqslant p$,

从而确定了 m_0. 接下来计算 m_1, 令 $y_1 = \dfrac{y}{b^{m_0}} = b^{m-m_0}$, 因此 y_1 的离散对数为 $m - m_0$, 且

$$m - m_0 \equiv m_1 p + m_2 p^2 + \cdots + m_{\alpha-1} p^{\alpha-1} (\bmod p^\alpha),$$

所以

$$y_1^{\frac{q-1}{p^2}} = b^{\frac{(m-m_0)(q-1)}{p^2}} = b^{\frac{m_1(q-1)}{p}}.$$

也就是说, $y_1^{\frac{q-1}{p^2}}$ 为 $\mathbb{F}_q^*$ 中的一个 p 次单位根, 比较单位根表 R, 我们可以确定 m_1. 继续利用这个方法, 我们可以依次计算出 $m_2, \ldots, m_{\alpha-1}$, 因此 $m \bmod p^\alpha$ 就计算出来了, 再由中国剩余定理, y 在 b 下的离散对数 m 也就计算出来了.

2. 指数积分法

令 $\mathbb{F}_q$ 为 q 元有限域, $q = p^n$, p 为一个相对较小的素数, n 是一个较大的正整数, 使得 q 的安全性达到一定要求. 令 $\mathbb{F}_p$ 为 p 元有限域, 我们可以把 $\mathbb{F}_q$ 看作 $\mathbb{F}_p$ 的一个 n 次扩域, 按照域的有限扩张理论, $\mathbb{F}_q$ 等同于 (同构)$\mathbb{F}_p$ 上的多项式环 $\mathbb{F}_p[T]$ 的一个商环. 令 $f(T) \in \mathbb{F}_p[T]$ 为一个 n 次的首一不可约多项式, 则

$$\mathbb{F}_q = \mathbb{F}_p[T]/_{<f(T)>} = \{a_0 + a_1 T + \cdots + a_0 T^{n-1} | \forall\ a_i \in \mathbb{F}_p\}. \tag{4.49}$$

因此 $\mathbb{F}_q$ 中的任意一个元素 a 等同于 $\mathbb{F}_p$ 上的一个多项式 $a(T)$, 其中 $\deg a(T) \leqslant n-1$. 令 $b \in \mathbb{F}_q$ 为 $\mathbb{F}_q$ 的生成元, $b = b(T)$, 如果 $a_0 \in \mathbb{F}_p$ 为一个常数多项式, 则称 a_0 为 $\mathbb{F}_q$ 中的常数.

由引理 7.8, 可以很容易确定 $\mathbb{F}_q$ 中常数的离散对数. 令 $b' \in \mathbb{F}_p$ 为 $\mathbb{F}_p^*$ 的生成元, 如果 m' 为常数 $a_0 \in \mathbb{F}_p$ 对基 b' 的离散对数, 那么由引理 7.8, $m = m'\dfrac{q-1}{p-1}$ 就是 $a_0 \in \mathbb{F}_q$ 在基 b 下的离散对数. 以 $m'(a_0)$ 记 a_0 在基 b' 下的离散对数, 由于 p 较小, 我们可以很容易计算出 $\mathbb{F}_q$ 中全部常数的离散对数:

$$L_0 = \{m'(a_0)\frac{q-1}{p-1} | a_0 \in \mathbb{F}_p\}. \tag{4.50}$$

接下来, 我们确定一个非常数多项式在基 $b(T)$ 下的离散对数. 令 $1 < m < n$, 定义

$$L_m = \{p(x) \in \mathbb{F}_p[x] | p(x)\ \text{为首一不可约多项式}, \deg p(x) \leqslant m\}, \tag{4.51}$$

L_m 中不可约多项式的个数记为 h_m, 即 $|L_m| = h_m$. 我们首先计算 L_m 中不可约多项式的离散指数.

令 $b = b(T)$ 为 $\mathbb{F}_q^*$ 的生成元, $b(T) \in \mathbb{F}_p[T]$, $\deg b(T) \leqslant n-1$, 显然, 当 t 遍历 1 到 $q-1$ 的所有正整数时, $b^t(T)$ 遍历了式 (4.49) 中的所有非零多项式. 选择合适的 t, 令

$$b^t(T) \equiv c(T)(\bmod f(T)),\ \deg c(T) \leqslant n-1.$$

使得

$$c(T) = c_0 \prod_{p(T) \in L_m} p(T)^{\alpha_{c,p}},$$

以 $\operatorname{ind}(a(T))$ 记 $a(T)$ 在 $b(T)$ 下的离散对数, 由上式可得

$$\text{ind}(c(T)) - \text{ind}(c_0) \equiv \sum_{p(T)\in L_m} \alpha_{c,p}\text{ind}(p(T)) \pmod{q-1}.$$

由于 $\text{ind}(c(T)) = t$, 故有

$$t - \text{ind}(c_0) \equiv \sum_{p(T)\in L_m} \alpha_{c,p}\text{ind}(p(T)) \pmod{q-1}. \tag{4.52}$$

由式 (4.50), $\text{ind}(c_0)$ 是已知的, 因此上式为 h_m 个变量 $\text{ind}(p(T))$ 的一个线性方程. 不断地选取合适的 t, 我们可以得到 h_m 个独立的线性方程, 即 h_m 个变元的系数与 h_m 个线性方程所形成的 $h_m \times h_m$ 阶矩阵在 $\bmod q-1$ 下是可逆的, 由引理 7.2, 只要其行列式与 $q-1$ 互素即可. 由线性代数知识可知, 解上述线性方程组, 我们可以计算出全部的 $\text{ind}(p(T))$, 从而得到如下的指数积分表 B_m:

$$B_m = \{\text{ind}(p(T)) | p(T) \in L_m\}. \tag{4.53}$$

有了指数积分表 B_m, 则对于任意一个元素 $a(T) \in \mathbb{F}_q^*$, 可以很容易计算其离散对数. 令 $a_1(T) = a(T)b(T)^t$, 选择合适的 t, 使得

$$a_1(T) \equiv a_0 \prod_{p(T)\in L_m} p(T)^{\alpha_a} \pmod{f(T)}.$$

一旦分解成立, 则有

$$\text{ind}(a_1(T)) = \text{ind}(a_0) + \sum_{p(T)\in L_m} \alpha_a \text{ind}(p(T)).$$

从而

$$\text{ind}(a(T)) = \text{ind}(a_1(T)) - t.$$

而得到 $a(T)$ 的离散对数.

注: 上述计算的关键是选取合适的 m, 得到指数积分表 B_m. 这个 m 不能太大, 因为 h_m 是随 m 指数级增长的. 例如, 如果 m 为一个素数, 则由推论 2,

$$h_m = |L_m| = \frac{1}{m}(p^m - p).$$

若 h_m 太大, 在计算指数积分表 B_m 时, 就要解一个 $h_m \times h_m$ 阶的矩阵, 其计算复杂性也是指数次的. 显然, m 也不能太小, m 的选取依赖于 p 与 n, 当 $p = 2, n = 127$ 时, m 的最好选择是 $m = 17$. 选择有限域 $\mathbb{F}_q$, $q = 2^{127}$ 是因为 $q - 1 = 2^{127} - 1$ 是一个梅森 (Mersenne) 素数. 这是目前比较通行的选择方案.

3. ElGamal 密码

利用离散对数的计算复杂性来设计非对称密码系统是 ElGamal 密码的基本想法. 每个用户随机选择一个有限域 $\mathbb{F}_q$, $q = p^n$, p 为充分大的素数, 然后计算出 $\mathbb{F}_q^*$ 的生成元 g, 随机选取正整数 x, $1 < x < q-1$, 并计算出 $y = g^x$, 从而得到公钥 $P_e = (y, g, q)$, 自己拥有私钥 $P_d = (x, g, q)$.

加密算法: 用户 B 要给用户 A 发送加密消息, 首先将明文空间 P 的每个明文单位对应于 $\mathbb{F}_q^*$ 中的一个元素, 然后对每个明文单位进行加密. 令 $m \in \mathbb{F}_q^*$ 为一个明文单位, 用户 B 随机选取一个整数 k, $1 < k < q-1$, 然后利用用户 A 的公钥 (y, g, q) 对 m 进行加密, 加密算法 f 为

$$f(m) = c', \text{其中} \begin{cases} c' = my^k, \\ c = g^k. \end{cases} \tag{4.54}$$

得到密文 (c, c').

解密算法: 用户 A 收到用户 B 发送的密文 (c, c') 之后, 利用自己拥有的私钥 (x, g, q) 对 (c, c') 进行解密, 解密算法 f^{-1} 为

$$f^{-1}(c') = c'c^{-x}. \tag{4.55}$$

引理 7.11 由式 (4.54) 定义的加密算法 f 为 $\mathbb{F}_q^* \longrightarrow \mathbb{F}_q^*$ 的一个 1-1 对应, f 的逆映射 f^{-1} 由式 (4.55) 给出.

证明: 由式 (4.54), $c = g^k, c' = my^k$, 则

$$c'c^{-x} = my^k g^{-kx} = mg^{xk}g^{-xk} = m.$$

也就是说, $f^{-1}(f(m)) = m$, 反过来

$$c'c^{-x}y^k = c'g^{-xk}g^{xk} = c'.$$

也就是 $f(f^{-1}(c')) = c'$, 因此 f 为 $\mathbb{F}_q^* \longrightarrow \mathbb{F}_q^*$ 的 1-1 对应, f 的逆映射为 f^{-1}. 引理成立. □

最后, 我们讨论有限域上计算的复杂性.

引理 7.12 $\mathbb{F}_q$ 为一个有限域, $q = p^n$, $\alpha, \beta \in \mathbb{F}_q^*, k \geqslant 1$ 为正整数, 则

$$\begin{aligned}
&\text{Time}(\alpha\beta) = O(\log^3 q), \\
&\text{Time}\left(\frac{\alpha}{\beta}\right) = O(\log^3 q), \\
&\text{Time}(\alpha^k) = O(\log k \log^3 q).
\end{aligned}$$

证明: 令 $f(x) \in \mathbb{F}_p[x]$, $\deg f(x) = n$, $f(x)$ 为首一不可约多项式, 则

$$\mathbb{F}_q = \mathbb{F}_p[x]/_{<f(x)>} = \{a_0 + a_1x + \cdots + a_{n-1}x^{n-1} | \forall\ a_i \in \mathbb{F}_p\}.$$

令 $\alpha, \beta \in \mathbb{F}_q^*$, 则

$$\alpha = a_0 + a_1x + \cdots + a_{n-1}x^{n-1},\ \beta = b_0 + b_1x + \cdots + b_{n-1}x^{n-1}.$$

两个多项式相乘需要 n^2 次 $\bmod p$ 运算, 每次 $\bmod p$ 运算的比特运算次数为 $O(\log^2 p)$, 所以 $\alpha \cdot \beta$ 得到 $\mathbb{F}_p[x]$ 上的一个多项式需要 $O(n^2 \log^2 p) = O(\log^2 q)$ 次比特运算. 所得多项式要除以 $f(x)$ 从而得到次数 $\leqslant n-1$ 的一个多项式, 也就是 $\alpha \cdot \beta$ 的最后结果, 这个运算所需的比

特运算次数为 $O(n\log^3 p)$. 因此

$$\mathrm{Time}(\alpha\beta)=O(\log^3 q+n\log^3 p)=O(\log^3 q),$$

同理可以估计 $\mathrm{Time}\left(\dfrac{\alpha}{\beta}\right)$ 及 $\mathrm{Time}(\alpha^k)$. 引理成立. □

4.7.4 背包问题

给定一堆物品, 每个重量不同, 能否将这些物品全部或选几件放入一个背包中, 使之等于给定的重量? 这是从实际生活中产生的背包问题. 抽象成数学问题: 假设 $A=\{a_0,a_1,\dots,a_{n-1}\}$ 为 n 个正整数集, N 为正整数, 则 N 为 A 中某个子集的元素之和吗? 利用二进制, 数学上的背包问题可以表述如下:

背包问题: 当 N 与 $A=\{a_0,a_1,\dots,a_{n-1}\}$ 给定, 其中每个 $a_i\geqslant 1$ 为正整数时, 是否存在一个二进制整数 $e=(e_{n-1}e_{n-2}\cdots e_1e_0)_2$, 使得下式成立

$$\sum_{i=0}^{n-1}e_ia_i=N,\ 其中\ e_i=0\ 或\ e_i=1.$$

如果 e 存在, 则称为背包问题 (A,N) 可解, 记为 $\psi(A,N)=e$. 如果 $N=0$, 则 $\psi(A,0)=0$ (每个 $e_i=0$) 称为平凡解. 所以恒假定 $N\geqslant 1$ 为正整数.

上述背包问题可能有解, 也可能无解, 也可能有多个解. 求解一般的背包问题 (A,N) 是非常困难的, 属于 "NP 完全类" 问题. 如果 "$P\neq NP$" 的猜想成立, 那么不存在一般的求解算法, 其计算复杂性是 n 与 $\log N$ 的多项式次的. 但在一些特殊的条件下, 比如所谓的超递增序列时, 问题的求解会非常容易. 下面我们介绍在超递增序列前提下的多项式次求解方法.

定义 7.2 一个正整数序列 $\{a_i\}_{i\geqslant 0}$ 称为超递增序列, 如果每个 $a_i(i\geqslant 1)$ 大于前面 i 个正整数之和, 即

$$a_i>\sum_{j=0}^{i-1}a_j,\ 1\leqslant i<\infty. \tag{4.56}$$

超递增序列的背包问题求解其实是找到一个单调下降的指标序列 $\{i_k\}_{k\geqslant 0}$, 其中 $i_k>i_{k+1}$, $0\leqslant i_k\leqslant n-1$, $\forall\ k\geqslant 0$. 首先定义 i_0 为

$$i_0=\max\{i|a_i\leqslant N\}. \tag{4.57}$$

然后考虑 $N-a_{i_0}=0$, 则算法完成, 即 $N=a_{i_0}$. 如果 $N-a_{i_0}>0$, 则定义

$$i_1=\max\{i|a_i\leqslant N-a_{i_0}\}.$$

对于任意的 $k\geqslant 1$, 定义

$$i_k=\max\{i|a_i\leqslant N-a_{i_0}-\cdots-a_{i_{k-1}}\}. \tag{4.58}$$

如果式 (4.58) 中的等号成立, 即 $a_{i_k} = N - a_{i_0} - \cdots - a_{i_{k-1}}$, 则算法完成, 得到 (A, N) 的解 $N = a_{i_0} + a_{i_1} \cdots + a_{i_k}$. 如果 i_k 不存在, 即

$$N - a_{i_0} - \cdots - a_{i_{k-1}} < a_i, \ \forall\, i \neq i_0, i_1, \ldots, i_{k-1},$$

称算法终止. 显然指标 $i_0 > i_1 > \cdots > i_k > \cdots$. 我们令 I 为一些指标的集合, 并把上述算法记为 ψ.

引理 7.13 令 $A = \{a_0, a_1, \ldots, a_{n-1}\}$ 为给定的正整数集合, $a_i (i \geqslant 0)$ 为超递增序列, N 为正整数. 如果存在某个 $k \geqslant 0$, 使得 ψ 在 k 处完成, 即 $a_{i_k} = N - a_{i_0} - \cdots - a_{i_{k-1}}$, 则背包问题 (A, N) 有解, 且解为

$$\psi(A, N) = e = (e_{n-1} e_{n-2} \cdots e_1 e_0)_2,$$

其中

$$\begin{cases} e_i = 1, \text{ 如果 } i \in I, \\ e_i = 0, \text{ 如果 } i \notin I. \end{cases}$$

如果存在某个 $k \geqslant 0$, ψ 在 k 处终止, 即

$$N - a_{i_0} - \cdots - a_{i_{k-1}} < a_i, \forall\, i \notin \{i_0, i_1, \ldots, i_{k-1}\}.$$

则背包问题 (A, N) 无解.

证明: 如果 ψ 在 $k \geqslant 0$ 处完成, 则

$$N = a_{i_0} + a_{i_1} + \cdots + a_{i_k}, \ I = \{i_0, i_1, \ldots, i_k\},$$

令 $e_i = 1, i \in I; e_i = 0, i \notin I$. 则显然有

$$\sum_{i=0}^{n-1} e_i a_i = N.$$

所以 $\psi(A, N) = e = (e_{n-1} e_{n-2} \cdots e_1 e_0)_2$, 如果存在 $k \geqslant 0$, 使得 ψ 在 k 处终止, 即

$$N - a_{i_0} - \cdots - a_{i_{k-1}} < a_i, \forall\, i \notin \{i_0, i_1, \ldots, i_{k-1}\},$$

则背包问题 (A, N) 无解. 我们可以用反证法来证明这个结论. 如果 (A, N) 有解, 不妨令

$$N = a_{j_0} + a_{j_1} + \cdots + a_{j_t}.$$

调整顺序, 我们可以令 $j_0 > j_1 > \cdots > j_t$. 由 i_0 的定义, 以及 $a_{j_0} \leqslant N$ 可知 $j_0 \leqslant i_0$, 因此

$$N \geqslant a_{i_0} \geqslant a_{j_0} > \sum_{r=0}^{j_0 - 1} a_r \geqslant a_{j_0} + a_{j_1} + \cdots + a_{j_t}$$

与 $N = a_{j_0} + a_{j_1} + \cdots + a_{j_t}$ 矛盾, 所以 (A, N) 无解. 引理得证. □

1. MH 背包公钥加密体制

摩克与赫尔曼于 1978 年首次提出了利用背包问题加密的方法, 它是第一个公钥加密密码. 令 $A=\{a_0,a_1,\ldots,a_{n-1}\}$ 为一个超递增的正整数序列, 取 p,b 为两个素数且满足

$$p>\sum_{i=0}^{n-1}a_i,\ 1\leqslant b\leqslant p-1. \tag{4.59}$$

计算 $t_i\equiv ba_i(\bmod p),\ 0\leqslant i\leqslant n-1$, 则公钥为 $t=(t_0,t_1,\ldots,t_{n-1})$, 私钥为 A 与 b.

加密算法: 令明文空间 $P=\mathbb{F}_2^n$, 对每个明文单位 $m=(m_0m_1\cdots m_{n-1})\in P$, 加密算法

$$c=f(m)\equiv\sum_{i=0}^{n-1}t_im_i(\bmod p),\ 0\leqslant c\leqslant p, \tag{4.60}$$

其中 c 为密文.

解密算法: 首先利用私钥 $N\equiv b^{-1}c(\bmod p),\ 0\leqslant N\leqslant p-1$. 然后利用背包问题 (A,N) 的求解算法 $\psi=f^{-1}$, 解出

$$f^{-1}(N)=(m_0m_1\cdots m_{n-1})\in\mathbb{F}_2^n, \tag{4.61}$$

从而得到明文 $m=(m_0m_1\cdots m_{n-1})$.

MH 背包公钥密码的正确性归诸如下引理.

引理 7.14 由式 (4.60) 所定义的加密算法 f 是 $\mathbb{F}_2^n\longrightarrow\mathbb{F}_p$ 的一个 1-1 对应, 它的逆映射 f^{-1} 由式 (4.61) 给出.

证明: 如果 $m=0$ 为 $\mathbb{F}_2^n$ 中的零向量, 则 $c=0$, 从而 $N=0$. 背包问题 $(A,0)$ 唯一的平凡解 $\psi(A,0)=0\in\mathbb{F}_2^n$ 为零向量. 因此 $\mathbb{F}_2^n$ 中的零向量与 $\mathbb{F}_p$ 中的零元素是 1-1 对应的. 不妨令 $m\neq0$, 如果

$$N\equiv b^{-1}c(\bmod p),\ c\equiv\sum_{i=0}^{n-1}t_im_i(\bmod p),$$

则

$$N\equiv\sum_{i=0}^{n-1}m_ib^{-1}t_i\equiv\sum_{i=0}^{n-1}m_ia_i(\bmod p).$$

由式 (4.59) 及 $0\leqslant N<p$, 可得

$$N=\sum_{i=0}^{n-1}m_ia_i\Longrightarrow\psi(A,N)=m=m_0m_1\cdots m_{n-1}.$$

所以我们有

$$f^{-1}(f(m))=m,\ \forall\ m\in\mathbb{F}_2^n.$$

反过来, 如果

$$N=\sum_{i=0}^{n-1}m_ia_i,$$

则

$$bN\equiv\sum_{i=0}^{n-1}m_ia_ib\equiv\sum_{i=0}^{n-1}m_it_i(\operatorname{mod}p).$$

则有 $N\equiv b^{-1}c(\operatorname{mod}p)$, 也就是

$$f(f^{-1}(c))=c,\ \forall\ c\in\mathbb{F}_p.$$

由此可知 f 为 $\mathbb{F}_2^n\longrightarrow\mathbb{F}_p$ 的一个 1-1 对应, 逆映射 $f^{-1}=\psi$. 引理得证. □

由上面的讨论可知, 如果 $A=\{a_0,a_1,\ldots,a_{n-1}\}$ 不是超递增序列, 则解密算法 f^{-1} 为 "NP 完全类" 的困难问题, 所以由 MH 背包密码所定义的加解密算法就是最典型的陷门单项函数. 正因为如此, 很长一段时间人们相信 MH 背包公钥密码是非常安全的. 然而, 1982 年萨莫尔 (Shamir) 用一个简单的变换 $x\longrightarrow ax\operatorname{mod}m$ 证明了一类非超递增序列可以转化为超递增序列, 从而可以用多项式次的算法求解, 尽管这类可转化的非超递增序列背包问题相当特殊, 但是足以动摇人们对背包问题公钥密码体制安全的信心, 现在普遍认为背包公钥密码不再是安全的了.

2. 萨莫尔变换

令 $A_1=\{\alpha_0,\alpha_1,\ldots,\alpha_{n-1}\}$ 为一个超递增的正整数序列. 随机选取四个正整数 m_1,a_1,m_2,a_2, 其中

$$m_1>\sum_{i=0}^{n-1}\alpha_i,\ m_2>nm_1,\ (a_1,m_1)=(a_2,m_2)=1. \tag{4.62}$$

由 m_1 与 a_1 定义一个新的正整数序列

$$A_2=\{\omega_0,\omega_1,\ldots,\omega_{n-1}\},\ \text{其中}\ \omega_i=a_1\alpha_i\operatorname{mod}m_1.$$

这里 $a_1\alpha_i\operatorname{mod}m_1$ 表示 $a_1\alpha_i$ 在 $\operatorname{mod}m_1$ 下的最小非负剩余, 即

$$0\leqslant\omega_i<m_1,\ \text{且}\ \omega_i\equiv a_1\alpha_i(\operatorname{mod}m_1). \tag{4.63}$$

由 m_2 与 a_2 定义第三个正整数序列

$$A_3=\{u_0,u_1,\ldots,u_{n-1}\},\ \text{其中}\ u_i=a_2\omega_i\operatorname{mod}m_2,$$

即

$$0\leqslant u_i<m_2,\ \text{且}\ u_i\equiv a_2\omega_i(\operatorname{mod}m_2). \tag{4.64}$$

因为 $\{u_i\}$ 不是超递增序列, 如果利用 A_3 来进行加密, 看起来似乎是一个一般的背包问题求解, 其困难将是 NP 完全类问题, 但萨莫尔变换将证明其解密算法是多项式的.

令 $x=(e_{n-1}e_{n-2}\cdots e_1e_0)_2\in\mathbb{F}_2^n$ 为明文, 利用 A_3 进行加密,

$$c = f(x) = \sum_{i=0}^{n-1} e_i u_i, \tag{4.65}$$

得到密文 c. 如果收到密文 c 之后, 要进行解密运算, 则是一般的背包问题求解, 但利用私钥 (b_1, m_1, b_2, m_2) 问题会变得相当简单, 其中

$$\begin{cases} 0 \leqslant b_1 < m_1, & a_1 b_1 \equiv 1 (\bmod m_1), \\ 0 \leqslant b_2 < m_2, & a_2 b_2 \equiv 1 (\bmod m_2). \end{cases}$$

首先注意到 $b_2 c$ 在 $\bmod m_2$ 下的最小非负剩余

$$N_0 = b_2 c \bmod m_2 = \sum_{i=0}^{n-1} e_i \omega_i. \tag{4.66}$$

因为由式 (4.65) 有

$$b_2 c \equiv \sum_{i=0}^{n-1} e_i b_2 u_i \equiv \sum_{i=0}^{n-1} e_i \omega_i (\bmod m_2),$$

由式 (4.62) 的假设 $m_2 > n m_1$, 及式 (4.63) 有

$$0 \leqslant \sum_{i=0}^{n-1} e_i \omega_i < m_2.$$

所以式 (4.66) 成立. 再考虑 $b_1 N_0$ 在 $\bmod m_1$ 下的最小非负剩余 $N = b_1 N_0 \bmod m_1 (0 \leqslant N < m_1)$, 由式 (4.63) 有

$$N = b_1 N_0 \equiv \sum_{i=0}^{n-1} e_i b_1 \omega_i \equiv \sum_{i=0}^{n-1} e_i \alpha_i (\bmod m_1).$$

所以有

$$N = \sum_{i=0}^{n-1} e_i \alpha_i, \ \alpha_i \in A_1.$$

由于 A_1 为超递增序列, 由多项式的算法 (见引理 7.13), 我们有

$$\psi(A_1, N) = (e_{n-1} e_{n-2} \cdots e_1 e_0)_2 = x.$$

从而得到明文 x.

因此, 萨莫尔利用简单变换, 将一般的背包问题求解转化成超递增背包问题求解, 尽管 A_3 非常特殊, 但我们有理由认为基于一般背包问题求解算法的公钥密码并没有人们想象的那样安全.

习题 4

1. 解释下列术语. (1) 一次一密, (2) 完全保密系统, (3) 唯一解距离, (4) 完善认证系统.

2. 简答题: (1) 对称密码体制与非对称密码体制各自的优点和不足; (2) 完善认证系统所要实现的目标.
3. 已知明文为“Friday”, 用 $m=2$ 的希尔密码加密后得到的密文为“POCFKU”, 求希尔密码的密钥.
4. 求下列矩阵的逆矩阵 $(\bmod N)$:

$$A=\begin{bmatrix}1&3\\4&3\end{bmatrix}\bmod 5,\ A=\begin{bmatrix}1&3\\4&3\end{bmatrix}\bmod 29,$$

$$A=\begin{bmatrix}15&17\\4&9\end{bmatrix}\bmod 26,\ A=\begin{bmatrix}197&62\\603&271\end{bmatrix}\bmod 841.$$

5. 在数论中斐波那契数定义为 $a_1=1,a_2=1,a_3=2$, 当 $n>1$ 时, $a_{n+1}=a_n+a_{n-1}$. 证明

$$\begin{bmatrix}a_{n+1}&a_n\\a_n&a_{n-1}\end{bmatrix}=\begin{bmatrix}1&1\\1&0\end{bmatrix}^n,$$

并且 a_n 为偶数当且仅当 $3|n$. 更一般地, 找到 $d|a_n$ 的规律.
6. 假设 $N=mn$, 且 $(n,m)=1$. $\mathbb{Z}_N$ 上的一个二阶矩阵 $A\in M_2(\mathbb{Z}_N)$, 可以考虑 $A\in M_2(\mathbb{Z}_m)$ 与 $A\in M_2(\mathbb{Z}_n)$, 令 A_1 与 A_2 代表 A 在 $M_2(\mathbb{Z}_m)$ 与 $M_2(\mathbb{Z}_n)$ 中的元素, 证明:

   (i) 映射 $A\xrightarrow{\sigma}(A_1,A_2)$ 为 $M_2(\mathbb{Z}_N)\xrightarrow{\sigma}M_2(\mathbb{Z}_m)\times M_2(\mathbb{Z}_n)$ 之间的一个一一对应.

   (ii) 在对应 σ 中, A 为可逆矩阵 $(\bmod N)$ 当且仅当 A_1 为可逆矩阵 $(\bmod m)$ 与 A_2 为可逆矩阵 $(\bmod n)$.
7. 令 p 为一个素数, $\alpha\geqslant 1$, 则 $A\in M_2(\mathbb{Z}_{p^\alpha})$ 为可逆方阵当且仅当 $A\in M_2(\mathbb{Z}_p)$ 为一个可逆方阵. 对 $\forall\,\alpha\geqslant 1$, 求 $M_2(\mathbb{Z}_{p^\alpha})$ 中可逆方阵的个数.
8. 令 $\varphi(N)$ 为欧拉函数, $\varphi_2(N)$ 为 $M_2(\mathbb{Z}_N)$ 中可逆方阵的矩阵个数, 求 $\varphi_2(N)$ 的计算公式: 即写出 $\varphi_2(N)$ 类似于 $\varphi(N)$ 的公式. 已知 $\varphi(N)=N\prod\limits_{p|N}\left(1-\dfrac{1}{p}\right)$, 求 $\varphi_2(N)$.
9. 令 $\varphi_k(N)$ 为 $M_k(\mathbb{Z}_N)$ 中 k 阶可逆方阵的个数, 给出 $\varphi_k(N)$ 的计算公式.
10. 根据习题 8 和习题 9, 求 $\mathbb{Z}_N$ 上的 k 维仿射变换群 $G=(A,b)$ 的阶.
11. 运用 RSA 进行加密, 明文与密文字母表均为 $\{0,1,2,\ldots,39\}$ 40 个数字, 其中 $\{0,1,2,\ldots,25\}$ 这 26 个数字为英文 26 个字母的数字等价. 空格 $=26$, $\bullet=27$, ? $=28$, \$ $=29$, 数字 $\{0,1,2,\ldots,9\}=\{30,31,\ldots,39\}$. 假设所有公钥 n_A 满足 $40^2<n_A<40^3$. 明文单位 $m=m_1m_2\in\mathbb{Z}_{40}^2$, 密文单位 $c=c_1c_2c_3\in\mathbb{Z}_{40}^3$. 任意明文单位 $m=m_1m_2$ 对应于 $\mathbb{Z}_{n_A}$ 的一个数字 m_240+m_1, 任意密文单位 $c=c_340^2+c_240+c_1\in\mathbb{Z}_{n_A}$.

    (i) 利用公钥 $(n_A,e_A)=(2\,047,179)$ 对明文"SEND \$7500" 进行加密.

    (ii) 对 $n_A=2\,047$ 进行因子分解, 求私钥 (n_A,d_A).

    (iii) 一个密码攻击者不对 2 047 进行因子分解也能快速找到私钥 d_A, 因此 $n_A=2\,047$ 是一个相当糟糕的选择, 为什么?

12. 利用计算机对公钥 $(n_A, e_A) = (536\ 813\ 567, 3\ 602\ 561)$ 进行攻击, 找到私钥 d_A. 从而说明 29 比特的 n_A 在 RSA 系统中是没有安全可言的.
13. 假设明文字母表为 $\{0, 1, \ldots, 26\}$, 前 26 个数字为英文 26 个字母的数字等价, 空格 $= 26$. 密文字母表在明文字母表中添加 "|" $= 27$, 共 28 个数字. 如果明文单位为 $m = m_1m_2m_3 \in \mathbb{Z}_{27}^3$, 密文单位为 $c = c_1c_2c_3 \in \mathbb{Z}_{28}^3$, 则与 Z_{n_A} 的数字对应中 (见习题 11) 我们需要 n_A 满足

$$19\ 683 = 27^3 < n_A < 28^3 = 21\ 952,$$

(i) 如果你的解密密钥为 $(n_A, d_A) = (21\ 583, 20\ 787)$, 解密密文 "YSNAUOZHXXH " (最后为空格).

(ii) 如果你知道欧拉函数 $\varphi(n) = 21\ 280$, 计算 $e = d^{-1} \bmod \varphi(n)$ 及对 n 进行因子分解.

14. 证明: 在 RSA 中 35 比特整数 $n = 23\ 360\ 947\ 609$ 是特别坏的选择. (提示: 在 $n = pq$ 因子分解中, p 与 q 的大小差不变, 可用费马 (Fermat) 因子分解来进行攻击.)
15. 令 n 为无平方因子数, 且 $de \equiv 1(\bmod \varphi(n))$. 证明: 对一切整数 a, 有同余式

$$a^{de} \equiv a(\bmod n).$$

16. 有限域 $\mathbb{F}_{181}$ 的乘法群 $\mathbb{F}_{181}^*$ 是由 $g = 2$ 生成的, 利用平滑因子法计算 153 对基 2 的离散对数.
17. 在背包问题中, 确定下列序列是否为超增序列, 对给定的 N, 背包问题是否可解, 有多少个解:

(i) $A = \{2, 3, 7, 20, 35, 69\}, N = 45$;

(ii) $A = \{1, 2, 5, 9, 20, 49\}, N = 73$;

(iii) $A = \{1, 3, 7, 12, 22, 45\}, N = 67$;

(iv) $A = \{2, 3, 6, 11, 21, 40\}, N = 39$;

(v) $A = \{4, 5, 10, 30, 50, 101\}, N = 186$.

18. 如果 $A = \{a_i | i = 0, 1, 2, \cdots\}$ 为一个超增序列, 且 $a_0 = 1$, a_i 为最小的正整数, 满足 $a_i \geqslant \sum_{j=0}^{i-1} a_j$, 则 $a_i = 2^i$ 对 $\forall\, i \geqslant 1$ 成立.
19. 令 $A = \{a_0, a_1, \ldots, a_i, \ldots\}$ 为一个超增序列, 其中 $a_i = 2^i (i \geqslant 1)$, 则对任意的正整数 N, 背包问题 (A, N) 有唯一解.
20. 令 $A = \{a_0, a_1, \ldots, a_i, \ldots\}$ 为一个超增序列, 如果对任意的正整数 N, 背包问题 (A, N) 总有一个解, 证明 $a_i = 2^i (i \geqslant 1)$.

参考文献 4

[1] L. M. Adleman. A Subexponential algorithm for the discrete logarithm problem with application to cryptography. Proceedings of the 20th Annual Symposium on the Foundations of Computer

Science, 1979, 55-60.

[2] L. M. Adelman, R. L. Rivest and A. Shamir. A method for obtaining digital signatures and public-key. Crypto System Communications of ACM, 1978, 21: 120-126.

[3] W. Diffie and M. E. Hellman. New direction in crytography. IEEE Transactions on Information Theory, 1976, IT-22: 644-654.

[4] M. E. Hellman. The mathematics of public-key cryptography. Scientific America, 1979, 241: 146-157.

[5] M. E. Hellman and R. C. Merkle. Hiding information and signatures in trap door knapascks. IEEE Transactions on Information Theory, 1978, IT-24: 525-530.

[6] M. R. Garey and D. S. Johnson. Computers and Intractability:A Guide to the Theory of NP-Completeness. W. H. Freeman, 1979.

[7] D. Coppersmith. Fast evaluation of logarithms in fields of characteristic two. IEEE Transactions on Information Theory, 1984, IT-30: 587-594.

[8] T. EIGamal. A public key cryptosystem and a signature scheme based on discrete logarithms. IEEE Transactions on Information Theory, 1985, IT 314: 469-472.

[9] J. A. Gordon. Strong prime are easy to find. Advances in Cryptology: Proceedings of Eurocrypt84, 1985, 216-223.

[10] A. Fait and A. Shamir. How to prove yourself: Practical solutions to identifications and signature problems. Advances in Crypology-CRYPTO' 86, 1986, 186-194.

[11] O. Goldreich. Foundation of Cryptography. Cambridge University Press, 2001.

[12] L. S. Hill. Concerning certain linear transformasion apparatus of cryptography. American Math Monthly, 1931, 38: 135-154.

[13] D. E. Knuth. The Art of Computer Programming, Vol Ⅱ. Addision-Wesley, 1973.

[14] E. Kranakis. Primality and Cryptogaphy. John Wiley & Sons, 1986.

[15] D. Kahn. The Codebreakers, the Story of Secret Writing. Macmillan, 1967.

[16] J. L. Massey. Logarithms in finite cyclic group—cryptographic issues. Proceedings of the 4th Benelux Symposium on Informations Theory, 1983, 17-25.

[17] N. Koblitz. A Course in Number Theory and Cryptograph. Springer-Verlag, 1994.

[18] G. Ruggiu. Cryptology and complexity theories. Advances in Cryptology: Proceedings of Eurocrypt 84, 1985, 3-9.

[19] R. L. Rivest. RSA chips(past, present, and future). Advances in Cryptology: Proceedings of Eurocrypt 84, 1985, 159-165.

[20] B. Schneier. Applied Cryptography. John Wiley & Sons, 1996.

[21] C. E. Shannon. Communication theory of secrecy system. Bell System Technical Journal, 28: 656-715.

[22] A. M. Odlyzko. Discrete logarithms in finite fields and their cryptographic significance. Advances in Cryptology: Proceedings of Eurocrypt 84, 1985, 224-314.

[23] P. Wah and M. Z. Wang. Realization and application of Massey-Omura lock. Proceedings of the International, Zürich Seminar, 1984, 175-182.

[24] A. Shamir. A polynomial time algorithm for breaking the basic Markle-Hellman cryptosystem.

Proceedings of the 23rd Annual Symposium on the Foundations of Computer Science, 1982, 145-152.

[25] D. R. Stinson. 密码学原理与实践. 冯国登, 译. 北京: 电子工业出版社, 2003.

[26] T. M. Cover. 信息论基础. 北京: 清华大学出版社, 2003.

[27] W. Trappe, L. C. Washington. 密码学与编码理论. 王全龙, 等译. 北京: 人民邮电出版社, 2008.

第五章
素数测试

在上一章 RSA 算法中我们看到大素因子分解构成了 RSA 密码安全性的基础. 从理论上说, 这种安全性是不用质疑的, 因为数学上目前只有素数的定义, 而没有检测素数的一般方法, 本章的主要目的是介绍一些基本的素数测试的方法, 包括费马测试、欧拉测试、蒙特卡罗方法、连分数方法等. 理解本章的内容需要一些专门的数论知识.

5.1 费马测试

由费马的同余定理 (俗称费马小定理, 是欧拉同余定理的一个特例), 如果 n 为素数, 则对一切整数 b, $(b,n)=1$, 有下述同余式成立

$$b^{n-1}\equiv 1(\operatorname{mod} n). \tag{5.1}$$

上式是素数的一个重要特性, 虽然满足上式的 n 并非一定是素数, 但可以作为检测素数的一个重要依据, 因为据此我们可以断定, 不满足上式的 n 肯定不是素数. 用式 (5.1) 作为标准来检测素数称为费马测试.

定义 1.1 对于一个奇数 n, 假设 n 为复合数 (不是素数), 且存在一个正整数 b, $(b,n)=1$, 满足

$$b^{n-1}\equiv 1(\operatorname{mod} n),$$

称这个复合数 n 是在基 b 下的一个费马伪素数 (pseudo prime).

下面讨论伪素数的基本性质、我们的工作平台是一个有限的阿贝尔 (Abel) 群 $\mathbb{Z}_n^*$, 定义为

$$\mathbb{Z}_n^*=\{\bar{a}|1\leqslant a\leqslant n,(a,n)=1\},\ n>1, \tag{5.2}$$

其中 $\bar{a}$ 为以 a 为代表元素的 $\bmod n$ 的一个同余类. 两个同余类的乘法定义为 $\bar{a}\cdot\bar{b}=\overline{ab}$, 显然 $\mathbb{Z}_n^*$ 在乘法下构成一个 $\varphi(n)$ 阶的阿贝尔群, 在一个有限群 G 中, 一个群元 $g\in G$ 的阶定义为

$$o(g)=\min\{m:g^m=1,1\leqslant m\leqslant |G|\}.$$

$o(g)=1$ 当且仅当 g 为群 G 的单位元素. 由 $o(g)$ 的定义, 显然有

$$g^t=1\Leftrightarrow o(g)|t. \tag{5.3}$$

下面两个引理是关于群元 g 的阶的基本结论.

引理 1.1 G 为一个有限群, $g\in G$, $k\in\mathbb{Z}$ 为整数, 则

$$o(g^k)=\frac{o(g)}{(k,o(g))}, \tag{5.4}$$

其中分母为 k 与 $o(g)$ 的最大公约数.

证明: 令 $o(g)=m$, $o(g^k)=t$, 显然 $(g^k)^m=1$, 特别地有,

$$g^{\frac{k\cdot m}{(k,m)}}=1\Longrightarrow t|\frac{m}{(k,m)}.$$

另外, 由 $g^{kt}=1$, 有 $m|kt$, 从而

$$\frac{m}{(k,m)}|\frac{k}{(k,m)}t\Longrightarrow\frac{m}{(k,m)}|t.$$

因此我们有 $t=\dfrac{m}{(k,m)}$, 从而引理成立. □

引理 1.2 假设 G 为一个有限的阿贝尔群, $a,b\in G$, $(o(a),o(b))=1$, 则

$$o(ab)=o(a)o(b).$$

证明: 令 $o(a)=m_1$, $o(b)=m_2$, 则 $(m_1,m_2)=1$. 令 $o(ab)=t$, 由 $(ab)^{m_1m_2}=a^{m_1m_2}b^{m_1m_2}=1$, 则有 $t|m_1m_2$. 另外, $(ab)^t=1$, 则 $(ab)^{tm_1}=1$, 从而 $b^{tm_1}=1$, 因此, $m_2|m_1t$, 则 $m_2|t$. 同理有 $m_1|t$, 因此 $m_1m_2|t$, 所以有 $t=m_1m_2$. 引理得证. □

回到有限群 $\mathbb{Z}_n^*$ 中, 任意整数 $a\in\mathbb{Z}$, $(a,n)=1$, 则 $\bar{a}\in\mathbb{Z}_n^*$, 我们以 $o(a)$ 记 $o(\bar{a})$, 称 a 为在 $\bmod n$ 下的阶, 如果 $a\equiv b(\bmod n)$, 显然 $o(a)=o(b)$. 数论中一个基本问题是 $\bmod n$ 的原根存在性, 等价地是问 $\mathbb{Z}_n^*$ 是否为一个循环群. 如果存在正整数 a, $(a,n)=1$, $o(\bar{a})=|\mathbb{Z}_n^*|=\varphi(n)$, 则 $\mathbb{Z}_n^*$ 为一个 $\varphi(n)$ 阶的循环群, 从而 $\bmod n$ 的原根存在, a 为 $\bmod n$ 的原根.

引理 1.3 (原根的存在性) 当且仅当 $n=2,\ 4,\ p^\alpha(\alpha\geqslant 1)$ 以及 $a=2p^\alpha(\alpha\geqslant 1)$ 四种情况下, $\bmod n$ 的原根存在, 其中 $p>2$ 为奇素数.

证明: 如果 $n=2,\ 4$, 则引理平凡成立. 如果 $n=p$, 则 $\mathbb{Z}_n=\mathbb{F}_p$, $\mathbb{Z}_n^*=\mathbb{F}_p^*$, 由第四章引理 7.7 可知 $\mathbb{F}_p^*$ 为一个 $(p-1)$ 阶的循环群, 从而 $\bmod p$ 存在原根. 现证, 对一切正整数 α, $\bmod p^\alpha$ 的原根也存在. 为此, 令 a 为 $\bmod p$ 的一个原根, 即 a 在 $\bmod p$ 下的阶为 $p-1$. 以 $o(a)$ 记 a 在 $\bmod p^\alpha$ 下的阶, 则由

$$a^{o(a)} \equiv 1(\operatorname{mod} p^\alpha) \Longrightarrow a^{o(a)} \equiv 1(\operatorname{mod} p),$$

所以有 $p-1|o(a)$. 又 $\mathbb{Z}_{p^\alpha}^*$ 的元素个数为 $\varphi(p^\alpha)=p^{\alpha-1}(p-1)$, 显然有 $o(a)|p^{\alpha-1}(p-1)$, 因此, $o(a)=p^i(p-1)$, $0\leqslant i\leqslant \alpha-1$.

我们不妨令 $o(a)=p-1$, 如果 $o(a)=p^i(p-1)$, $1\leqslant i$, 则以 a^{p^i} 代替 a. 由引理 1.1 知,

$$o(a^{p^i})=\frac{p^i(p-1)}{(p^i,p^i(p-1))}.$$

所以不失一般性, 可令 $o(a)=p-1$, 再由西罗 (Sylow) 定理, 当 $\alpha>1$ 时, $p^{\alpha-a}|\varphi(p^\alpha)$, 因此存在一个整数 b, $(b,n)=1$, b 在 $\operatorname{mod} p^\alpha$ 下的阶为 $o(n)=p^{\alpha-1}$. 由于 $(o(a),o(b))=1$, 则由引理 1.2 有

$$o(ab)=o(a)o(b)=p^{\alpha-1}(p-1)=\varphi(p^\alpha),$$

所以 $\operatorname{mod} p^\alpha$ 的原根存在.

当 $n=2p^\alpha$, $p>2$ 为奇素数时, $\varphi(n)=\varphi(p^\alpha)$, 从而 $\operatorname{mod} p^\alpha$ 的原根 a 也是 $\operatorname{mod} 2p^\alpha$ 的一个原根. 引理得证. □

引理 1.4 令 n 为一个奇复合数, 则

(i) $b\geqslant 1$ 为正整数, $(b,n)=1$, n 在基 b 下为费马伪素数的充要条件是 $o(b)|n-1$.

(ii) n 在基 b_1 与 b_2 下为费马伪素数, 则在基 b_1b_2 以及 $b_1b_2^{-1}$ 下都是费马伪素数, 其中 b_2^{-1} 是 $b_2 \operatorname{mod} n$ 的乘法逆.

(iii) 如果存在一个 $b\in\mathbb{Z}_n^*$ 不满足式 (5.1), 则至少存在一半以上的 $a,b\in\mathbb{Z}_n^*$ 不满足式 (5.1).

证明: (i) 与 (ii) 基本上是平凡的. (i) 由式 (5.3) 推出. 又 $b_1, b_2\in\mathbb{Z}_n^*$,

$$\begin{cases} b_1^{n-1}\equiv 1(\operatorname{mod} n), b_2^{n-1}\equiv 1(\operatorname{mod} n) \Longrightarrow (b_1b_2)^{n-1}\equiv 1(\operatorname{mod} n), \\ b^{n-1}\equiv 1(\operatorname{mod} n) \Longrightarrow (b^{-1})^{n-1}\equiv 1(\operatorname{mod} n). \end{cases}$$

所以有 (ii).

(iii) 令 n 对基 b 不是费马伪素数, 如果 n 对基 a 为费马伪素数, 那么 n 对基 ab 不是费马伪素数. 由 (ii), 有一个基使 n 为费马伪素数, 则必有一个基使 n 不是费马伪素数, 因此必有一半以上的基 b 使 n 不是费马伪素数. 引理得证. □

由引理 1.3, 如果存在一个基 b 使 n 不是费马伪素数, 对 a, $1\leqslant a\leqslant n$, $(a,n)=1$ 依次检测, 是否 $a^{n-1}\equiv 1(\operatorname{mod} n)$, 即有 50% 以上的概率可以找到那个确切的 b, 使得 $b^{n-1}\not\equiv 1(\operatorname{mod} n)$, 从而证明 n 不是素数. 有没有可能所有的 a, $1\leqslant a\leqslant n$, $(a,n)=1$, n 对基 a 都是费马伪素数呢? 回答是肯定的, 这样的数 n 称为卡迈克尔 (Carmichael) 数.

定义 1.2 一个卡迈克尔数 n 为一个奇复合数, 且对 $\forall\, b\in\mathbb{Z}_n^*$ 有

$$b^{n-1}\equiv 1(\operatorname{mod} n).$$

对于卡迈克尔数我们有如下刻画.

定理 1 令 n 为一个复合数, 则

(i) 如果存在一个整数 $a>1$, $a^2|n$, 则 n 不是一个卡迈克尔数.

(ii) 假设 n 为无平方因子数, 则 n 为卡迈克尔数 $\Leftrightarrow$ 对所有素数 p, $p|n$, 有 $p-1|n-1$.

(iii) 一个卡迈克尔数至少是三个不同素数的乘积.

证明: (i) 令 $p^2|n$, p 为一个素数, 由引理 1.3, $\bmod p^2$ 有原根存在. 设 g 为 $\bmod p^2$ 的一个原根, 即 $o(g)=p(p-1)$, 令

$$n'=\prod_{p'|n,p'\neq p} p',\ p' \text{ 为素数}.$$

由中国剩余定理, 存在一个正整数 b, 使得

$$\begin{cases} b\equiv g(\bmod p^2), \\ b\equiv 1(\bmod n'). \end{cases}$$

则 b 为 $\bmod p^2$ 的一个原根, 且 $(b,n)=1$. 我们断言 n 对基 b 不是费马伪素数. 如果 n 对基 b 是费马伪素数, 则

$$b^{n-1}\equiv 1(\bmod n)\Longrightarrow b^{n-1}\equiv 1(\bmod p^2)\Longrightarrow o(b)|n-1.$$

也就是 $p(p-1)|n-1$, 但 $p|n$ 与 $p|n-1$ 矛盾. 所以 $b^{n-1}\not\equiv 1(\bmod n)$, 因此, n 不是卡迈克尔数, (i) 成立.

(ii) 如果 $\forall\, p, p|n$, 有 $p-1|n-1$, 则 $\forall\, b\in\mathbb{Z}_n^*$ 有

$$b^{n-1}=(b^{\frac{n-1}{p-1}})^{p-1}\equiv 1(\bmod p), \forall\ p|n.$$

因为 n 为无平方因子数, 所以

$$b^{n-1}\equiv 1(\bmod n),\ \forall\, b\in\mathbb{Z}_n^*.$$

因此 n 为卡迈克尔数. 反之, 如果有一个素数 p, $p|n$, 但 $p-1\nmid n-1$, 令 g 为 $\bmod p$ 的一个原根, 由中国剩余定理, 有

$$\begin{cases} b\equiv g(\bmod p), \\ b\equiv 1\left(\bmod \dfrac{n}{p}\right). \end{cases}$$

则 $(b,n)=1$, 且

$$b^{p-1}\equiv g^{p-1}\equiv 1(\bmod p).$$

由 $p-1\nmid n-1$, 有 $g^{n-1}\not\equiv 1(\bmod p)$, 所以有 $b^{n-1}\not\equiv 1(\bmod n)$, 这与 n 为卡迈克尔数的假设矛盾. 因此 (ii) 成立.

(iii) 我们只要排除 n 为两个素数的乘积即可. 由 (ii), 令 $n=pq$, $p<q$, 如果 n 为卡迈克尔数, 则 $q-1\mid n-1$, 可是 $n-1=p(q-1+1)-1=p(q-1)+p-1$, 则

$$n-1 \equiv p-1 (\bmod q-1),$$

这与 $n-1 \equiv 0(\bmod q-1)$ 矛盾, 所以 $n=pq$ 一定不是卡迈克尔数, 定理得证. □

下面我们列举一些卡迈克尔数, 由定理 1 中的性质 (ii), 我们可以很容易验证一个无平方因子数是否为卡迈克尔数.

例 1 下面的正整数 n 都是卡迈克尔数:

$$n=1\ 105=5\cdot 13\cdot 17, n=1\ 729=7\cdot 13\cdot 19, n=2\ 465=5\cdot 17\cdot 29,$$

$$n=2\ 821=7\cdot 13\cdot 31, n=6\ 601=7\cdot 23\cdot 41.$$

例 2 正整数 $561=3\cdot 11\cdot 17$ 是最小的卡迈克尔数.

证明: 由定义, 卡迈克尔数为奇数且为复合数, 所以最小的卡迈克尔数为

$$n=3\cdot p\cdot q, \text{其中 } p-1|n-1, q-1|n-1, p<q \text{ 为素数}.$$

当 $p=5, p=7$ 时, 同余方程

$$3\cdot p\cdot q \equiv 1(\bmod q-1), q>p$$

无素数解 q.

当 $p=11$ 时, 上式有最小解 $q=17$, 因此 $n=3\cdot 11\cdot 17$ 就是最小的卡迈克尔数. □

例 3 对于给定的素数 $r \geqslant 3$, 同余方程组

$$\begin{cases} rpq \equiv 1(\bmod p-1) \\ rpq \equiv 1(\bmod q-1) \end{cases}$$

仅有有限个不同的素数解 p, q. 我们把这个结论留作思考题.

5.2 欧拉测试

令 $p>2$ 为一个奇素数, 欧拉测试是利用 $\bmod p$ 的二次剩余中的欧拉准则来检测一个正整数 n 是否为素数. 像欧拉测试一样, 虽然通过测试的 n 不能断定为素数, 但是不能通过测试的肯定不是素数. 我们知道, 当正整数 a 与 n 给定之后 $(n>1)$, 二次同余方程 $x^2 \equiv a(\bmod n)$ 的求解是著名的"NP 完全类"问题, 我们不能在有效的时间内找到一般的求解方法. 但在 $n=p>2$ 为奇素数的特殊情况下, 我们有丰富的理论知识论述 $\bmod p$ 的二次剩余, 这些知识包括著名的高斯 (Gauss) 二次互反律以及欧拉准则, 它们构成了初等数论的核心知识体系. 首先我们从引进勒让德 (Legendre) 符号开始, 令 $p>2$ 为一个给定的奇素数. $\mathbb{Z}_p^*$ 为一个 $(p-1)$ 阶循环群, $a\in\mathbb{Z}_p^*$ (即 $(a,p)=1$), 我们定义勒让德符号函数

$$\left(\frac{a}{p}\right)=\begin{cases} 1, & \text{当 } x^2\equiv a(\bmod p) \text{ 有解时}, \\ -1, & \text{当 } x^2\equiv a(\bmod p) \text{ 无解时}. \end{cases}$$

如果 $(a,p)>1$, 即 $p\mid a$, 我们令 $\left(\dfrac{a}{p}\right)=0$, 这样对 $\forall\, a\in\mathbb{Z}$, 勒让德符号函数 $\left(\dfrac{a}{p}\right)$ 都有了定义, 而且是 $\mathbb{Z}\to\{1,-1,0\}$ 的一个完全积性函数.

$$\left(\frac{ab}{p}\right)=\left(\frac{a}{p}\right)\left(\frac{b}{p}\right),\forall\, a,b\in\mathbb{Z}$$

以及

$$\left(\frac{a}{p}\right)=\left(\frac{b}{p}\right),\ \text{如果}\ a\equiv b(\operatorname{mod} p).$$

如果 $\left(\dfrac{a}{p}\right)=1$, 则 $x^2\equiv a(\operatorname{mod} p)$ 有解, 称 a 为 $\operatorname{mod} p$ 的一个二次剩余, 如果 $\left(\dfrac{a}{p}\right)=-1$, 则 $x^2\equiv a(\operatorname{mod} p)$ 无解, 称 a 为 $\operatorname{mod} p$ 的一个二次非剩余.

引理 2.1 $a\in\mathbb{Z},p\nmid a$, 则 a 为 $\operatorname{mod} p$ 的二次剩余的充要条件为

$$a^{\frac{p-1}{2}}\equiv 1(\operatorname{mod} p).$$

证明: $\mathbb{Z}_p^*$ 为一个 $p-1$ 阶循环群, 令 g 为 $\operatorname{mod} p$ 的一个原根, 即 $\bar{g}$ 为 $\mathbb{Z}_p^*$ 的生成元, 则 $\forall a\in\mathbb{Z},(a,p)=1$, 我们有

$$a\equiv g^t(\operatorname{mod} p),\ \text{其中}\ 1\leqslant t\leqslant p-1.$$

显然 a 为 $\operatorname{mod} p$ 的二次剩余 $\Leftrightarrow t$ 为偶数. 因此若 t 为偶数, 则

$$a^{\frac{p-1}{2}}\equiv g^{\frac{t(p-1)}{2}}\equiv (g^{\frac{t}{2}})^{p-1}\equiv 1(\operatorname{mod} p).$$

反之, 如果 $a^{\frac{p-1}{2}}\equiv 1(\operatorname{mod} p)$, 则 $o(a)\mid \frac{p-1}{2}$, 而由引理 1.1 可以计算

$$o(a)=o(g^t)=\frac{p-1}{(t,p-1)}.$$

所以

$$o(a)\mid \frac{p-1}{2}\Leftrightarrow 2|(t,p-1)\Leftrightarrow 2|t,$$

即 t 为偶数, 从而 a 为 $\operatorname{mod} p$ 的一个二次剩余, 引理成立. □

引理 2.2 (欧拉准则) 对 $\forall\, a\in\mathbb{Z}$, 我们有

$$a^{\frac{p-1}{2}}\equiv\left(\frac{a}{p}\right)(\operatorname{mod} p).\tag{5.5}$$

证明: 如果 $(a,p)>1$, 即 $p|a$, 上式平凡成立. 不妨令 $p\nmid a$. 由费马同余定理 $a^{p-1}\equiv 1(\operatorname{mod} p)$, 有

$$(a^{\frac{p-1}{2}}+1)(a^{\frac{p-1}{2}}-1)\equiv 0(\operatorname{mod} p).$$

因此

$$a^{\frac{p-1}{2}}\equiv \pm 1(\operatorname{mod} p).$$

如果 $a^{\frac{p-1}{2}} \equiv 1 \pmod p$, 则由引理 2.1, $\left(\dfrac{a}{p}\right) = 1$. 如果 $a^{\frac{p-1}{2}} \equiv -1 \pmod p$, 则 $\left(\dfrac{a}{p}\right) = -1$. 所以有式 (5.5) 成立. □

定义 2.1 假设 n 为一个奇复合数, 如果存在整数 $b, (b,n)=1$, 满足

$$b^{\frac{n-1}{2}} \equiv \left(\frac{b}{n}\right) \pmod n, \tag{5.6}$$

则称 n 为在基 b 下的一个欧拉伪素数. 其中 $\left(\dfrac{b}{n}\right)$ 为雅可比符号, 定义为:

$$\left(\frac{b}{n}\right) = \left(\frac{b}{p_1}\right)^{\alpha_1}\left(\frac{b}{p_2}\right)^{\alpha_2}\cdots\left(\frac{b}{p_s}\right)^{\alpha_s}, \text{ 如果 } n = p_1^{\alpha_1}\cdots p_s^{\alpha_s}. \tag{5.7}$$

由定义, 我们显然有推论: 如果 n 对基 b 为欧拉伪素数, 则 n 对基 b 为费马伪素数. 把式 (5.6) 两边同时平方, 便可以证明此结论.

下面的例子说明推论的逆是不成立的, 也就是说, 如果 n 对基 b 为费马伪素数, 则 n 对基 b 不是欧拉伪素数.

例 1 $n=91$ 对基 $b=3$ 为费马伪素数, 但不是欧拉伪素数. 事实上容易计算 $3^6 \equiv 1 \pmod{91}$, 从而 $3^{90} \equiv 1 \pmod{91}$. 由 $3^6 \equiv 1 \pmod{91}$, 我们有

$$3^{42} \equiv 1 \pmod{91} \Longrightarrow 3^{45} \equiv 9 \pmod{91}.$$

所以 91 对基 3 不是欧拉伪素数.

例 2 $n=91$ 对基 $b=10$ 为欧拉伪素数. 因为

$$10^{45} \equiv 10^3 \equiv -1 \pmod{91},$$

计算勒让德符号

$$\left(\frac{10}{91}\right) = \left(\frac{2}{91}\right)\cdot\left(\frac{5}{91}\right) = -1,$$

所以 $n=91$ 对基 $b=10$ 为欧拉伪素数.

由引理 2.2 的欧拉准则, 我们容易计算出 -1 与 2 的勒让德符号.

引理 2.3 令 $p>2$ 是一个奇素数, 则我们有

$$\left(\frac{-1}{p}\right) = (-1)^{\frac{p-1}{2}}, \ \left(\frac{2}{p}\right) = (-1)^{\frac{1}{8}(p^2-1)}. \tag{5.8}$$

证明: 由引理 2.2,

$$(-1)^{\frac{p-1}{2}} \equiv \left(\frac{-1}{p}\right) \pmod p,$$

由于同余式两边为 ± 1, $p>2$, 所以有 $\left(\dfrac{-1}{p}\right) = (-1)^{\frac{p-1}{2}}$. 要计算 2 的勒让德符号, 我们注意到

$$\begin{cases} p-1 \equiv (-1)^1 (\bmod p) \\ 2 \equiv 2 \cdot (-1)^2 (\bmod p) \\ p-3 \equiv 3 \cdot (-1)^3 (\bmod p) \\ \cdots\cdots \\ r \equiv \dfrac{p-1}{2} \cdot (-1)^{\frac{p-1}{2}} (\bmod p), \end{cases}$$

其中 $r = \dfrac{p-1}{2}$, 如果 $\dfrac{p-1}{2}$ 为偶数; $r = p - \dfrac{p-1}{2}$, 如果 $\dfrac{p-1}{2}$ 为奇数. 因此有

$$2 \cdot 4 \cdot 6 \cdots (p-1) \equiv \left(\frac{p-1}{2}\right)! (-1)^{\frac{1}{8}(p^2-1)} (\bmod p),$$

即

$$2^{\frac{p-1}{2}} \equiv (-1)^{\frac{1}{8}(p^2-1)} (\bmod p),$$

由引理 2.2,

$$\left(\frac{2}{p}\right) \equiv (-1)^{\frac{1}{8}(p^2-1)} (\bmod p),$$

从而我们有

$$\left(\frac{2}{p}\right) = (-1)^{\frac{1}{8}(p^2-1)},$$

引理 2.3 得证. □

令 $\left(\frac{a}{n}\right)$ 为雅可比符号, 由式 (5.6) 的定义, 引理 2.3 可以推广至雅可比符号.

引理 2.4 令 n 为一个奇数, 则我们有

$$\left(\frac{-1}{n}\right) = (-1)^{\frac{n-1}{2}}, \ \left(\frac{2}{n}\right) = (-1)^{\frac{1}{8}(n^2-1)}. \tag{5.9}$$

证明: 任意奇数的平方在 mod 8 下同余 1, 即 $a^2 \equiv 1 (\bmod 8)$. 记 $n = a^2 \cdot p_1 p_2 \cdots p_t$, 其中 p_i 为不同的素数, 则

$$n \equiv p_1 p_2 \cdots p_t (\bmod 8).$$

同样地, 对 $\forall\, n \in \mathbb{Z}$, 由式 (5.7),

$$\left(\frac{b}{n}\right) = \left(\frac{b}{p_1}\right)\left(\frac{b}{p_2}\right) \cdots \left(\frac{b}{p_t}\right), \tag{5.10}$$

因此

$$\left(\frac{-1}{n}\right) = \left(\frac{-1}{p_1}\right)\left(\frac{-1}{p_2}\right) \cdots \left(\frac{-1}{p_t}\right) = (-1)^{\frac{p_1-1}{2} + \frac{p_2-1}{2} + \cdots + \frac{p_t-1}{2}} = (-1)^{\frac{n-1}{2}}. \tag{5.11}$$

同理可证 $\left(\frac{2}{n}\right) = (-1)^{\frac{1}{8}(n^2-1)}$, 引理成立. □

推论 1 对一切奇数 n, 对基 ±1 为欧拉伪素数.

证明: n 对 1 为欧拉伪素数是平凡的, n 对 -1 为欧拉伪素数直接由引理 2.4 推出. □

引理 2.5 (高斯互反律) 令 p 与 q 为两个不同的奇素数, 则

$$\left(\frac{q}{p}\right)\left(\frac{p}{q}\right)=(-1)^{\frac{1}{4}(p-1)(q-1)}.$$

证明: 据不完全统计, 目前有 270 多种证明高斯二次互反律的方法, 为了节约篇幅, 我们把证明留给读者, 希望每个人都能找到自己喜欢的证明方法. □

下面我们讨论费马测试与欧拉测试的计算复杂性.

引理 2.6 令 n 为奇数, $1\leqslant b<n$, $(b,n)=1$, 则

$$\begin{cases}\text{Time}(n \text{ 对基 } b \text{ 的费马测试})=O(\log^3 n),\\ \text{Time}(n \text{ 对基 } b \text{ 的欧拉测试})=O(\log^4 n).\end{cases}$$

证明: 由式 (5.1), n 对基 b 的费马测试实际上是 b^{n-1} 对 $\bmod n$ 的运算, 由第一章引理 2.4 可知, $b^{n-1}\bmod n$ 的比特运算次数,

$$\text{Time}(b^{n-1}\bmod n)=O(\log n\log^2 n)=O(\log^3 n).$$

对于 n 对基 b 的欧拉测试, 由式 (5.6), 左边的比特运算次数为 $O(\log^3 n)$. 求雅可比符号 $\left(\dfrac{b}{n}\right)$, 由式 (5.7) 及二次互反律可以把计算转化为勒让德符号的计算. 每次互反律实际上是一次除法, 所以我们仅考虑勒让德符号的计算. 由欧拉准则

$$\text{Time}\left(\text{计算 }\left(\frac{b}{p}\right)\right)=\text{Time}(b^{\frac{p-1}{2}}\bmod p)=O(\log^3 n).$$

每个 n 的素因子个数有估计 $O(\log\log n)$, 所以

$$\text{Time}\left(\text{计算雅可比符号 }\left(\frac{b}{n}\right)\right)=O(\log\log n\cdot\log^3 n)=O(\log^4 n).$$

我们完成了对引理 2.6 的证明. □

索络维 (Solovay) 与斯特拉森 (Strassen) 于 1977 年提出了运用欧拉测试来检测素数的一种概率方法. 简单来说, 当 $n>1$ 为奇数且给定时, 随机选取 k 个数 $b_1,b_2,\ldots,b_k$, 其中 $1<b_i<n$, $(b_i,n)=1$. 依次运用式 (5.6) 来计算每个 b, 所需要的比特运算为 $O(\log^4 n)$, 如果式 (5.6) 两边不相等, 则 n 不是素数, 测试终止. 如果 k 个 b 都通过了式 (5.6) 的欧拉测试, 则 n 为复合数的概率 $<\dfrac{1}{2^k}$, 即

$$P\{n \text{ 不是素数}\}\leqslant 2^{-k}.$$

上式直接由引理 1.3 推出. 我们来介绍一个在某种意义下比索洛维–斯特拉森方法更好的米勒–拉宾 (Miller-Rabin) 方法.

定义 2.2 令 n 为一个奇复合数, 记 $n-1=2^t\cdot m$, 其中 $t\geqslant 1$, m 为奇数. 令 $b\in\mathbb{Z}_n^*$, 如果 n 与 b 满足下列条件之一

$$b^m\equiv 1(\operatorname{mod} n),\text{或者存在一个 } r, 0\leqslant r<t, \text{使得 } b^{2^r m}\equiv -1(\operatorname{mod} n), \tag{5.12}$$

则称 n 在基 b 下为一个强伪素数.

引理 2.7 假设 $n\equiv 3(\operatorname{mod} 4)$, 则 n 在基 b 下为一个强伪素数, 当且仅当 n 在基 b 下为一个欧拉伪素数.

证明: 因为 $n\equiv 3(\operatorname{mod} 4)$, 故 $n-1=2m$, 即 $t=1$, $m=\dfrac{1}{2}(n-1)$. 由定义 2.2, n 在基 b 下为一个强伪素数当且仅当

$$b^m=b^{\frac{n-1}{2}}\equiv\pm 1(\operatorname{mod} n).$$

因此, 如果 n 在基 b 下为一个欧拉伪素数, 则上式成立, 从而对基 b 也是一个强伪素数. 反过来, 如果上式成立, 由于 $n\equiv 3(\operatorname{mod} 4)$, 则 $\dfrac{1}{2}(n-1)$ 为一个奇数, 所以 $\left(\dfrac{-1}{n}\right)=-1$, 且

$$\left(\frac{b}{n}\right)=\left(\frac{b}{n}\right)^{\frac{n-1}{2}}\equiv\left(\frac{b^{\frac{n-1}{2}}}{n}\right)\equiv b^{\frac{n-1}{2}}(\operatorname{mod} n).$$

因此 n 对基 b 为欧拉伪素数. 引理得证. □

下面我们给出本节的主要结果.

定理 2 令 n 为一个奇数, $b\in\mathbb{Z}_n^*$, 则

(i) 若 n 对基 b 为一个强伪素数, 则 n 对基 b 为一个欧拉伪素数.

(ii) 使 n 为一个强伪素数的基 b 在 $1\leqslant b<n$, $(b,n)=1$ 中最多占比为 25%.

在证明定理 2 之前, 先来介绍米勒 – 拉宾的测试方法, 为了检测一个大奇数 n 是否为素数, 我们记 $n-1=2^t\cdot m$, m 为奇数, $t\geqslant 1$, 随机选择一个 b, $1\leqslant b<n$, $(b,n)=1$. 我们首先计算 $b^m \operatorname{mod} n$, 如果得到的结果为 ± 1, 则 n 通过了强伪素数测试式 (5.12). 如果 $b^m \operatorname{mod} n\neq\pm 1$, 则我们把 $b^m \operatorname{mod} n$ 平方, 再求平方后的数在 $\operatorname{mod} n$ 下的最小非负剩余, 看看是否得到 -1 的结果, 并且进行 r 次 $(1\leqslant r<t)$, 如果不能得到 -1, 则 n 对基 b 没有通过测试式 (5.12), 因此断言, n 对基 b 不是一个强伪素数. 如果通过 r 次平方, 得到了 -1, 则 n 对基 b 通过了测试.

在米勒 – 拉宾的测试中, 如果 n 对基 b 没有通过测试式 (5.12), 则 n 肯定不是一个素数; 如果 n 对随机选择的 k 个 $b=\{b_1,b_2,\ldots,b_k\}$ 通过了测试, 由定理 2 的性质 (ii), 每个 b_i 占比不超过 25%, b_i 是等概率选取的, 则 k 个 b_i 通过式 (5.12) 的测试的概率不大于 4^{-k}, 因此 n 通过了米勒 – 拉宾测试, 则

$$P\{n\text{ 不是素数 }\}\leqslant\frac{1}{4^k}. \tag{5.13}$$

相比于利用欧拉测试的索洛维 – 斯特拉森方法, 利用强伪素数测试的米勒 – 拉宾方法更加有力.

为证定理 2, 我们先证如下两个引理.

引理 2.8 令 $G=<g>$ 为一个 m 阶有限群, 即 $o(g)=m$, 则方程 $x^k=1$ 在 G 中刚好有 d 个解, $d=(k,m)$.

证明: $x\in G$, 记 $x=g^t$, 则 $x^k=g^{kt}=1\Leftrightarrow m|kt$, 即 $\frac{m}{d}\Big|\frac{k}{d}\cdot t$, 从而 $\frac{m}{d}|t$, 令 $t=\frac{m}{d}\cdot s$, 则当 $s=1,2,\ldots,d$ 时, $x=g^t$ 恰好有 d 个解. 引理成立. □

引理 2.9 令 p 为一个奇素数, $p-1=2^tm'$, $t\geqslant 1$, m' 为素数, 则方程

$$x^{2^rm}\equiv -1(\bmod p), m \text{ 为奇数} \tag{5.14}$$

在 $\mathbb{Z}_p^*$ 中解的个数 N 满足

$$N=\begin{cases}0, & \text{如果 } r\geqslant t,\\ 2^r(m,m'), & \text{如果 } r<t.\end{cases}$$

证明: 令 g 为 $\mathbb{Z}_p^*$ 的一个生成元, 记 $x=g^j$, $1\leqslant j\leqslant p-1$, 因为 $o(g)=p-1$, 所以

$$g^{\frac{p-1}{2}}\equiv -1(\bmod p).$$

因此

$$x^{2^rm}\equiv -1(\bmod p)\Leftrightarrow 2^rmj\equiv \frac{p-1}{2}(\bmod p-1).$$

也就是

$$2^rmj\equiv 0(\bmod p-1).$$

因为 $p-1=2^tm'$, 上式等价于

$$2^rmj\equiv 2^{t-1}m'(\bmod 2^tm'). \tag{5.15}$$

如果 $r>t-1$, 则同余式对 j 无解, 因为 m 与 m' 都是奇数, 所以当 $r\geqslant t$ 时, 式 (5.14) 无解. 如果 $r<t$, 令 $d=(m,m')$, 则

$$(2^rm,2^tm')=2^rd,$$

则式 (5.15) 对于 j 恰好有 d 个解. 每个 j 对应一个 $x=g^j$, 则式 (5.14) 对 x 的解的个数为 $N=2^rd$, 引理得证. □

有了上面的准备之后, 我们现在给出定理 2 的证明.

证明 (定理 2 的证明): 我们先来证明 (i), 即 n 与 b 满足式 (5.12), 要证明满足式 (5.6), 即 n 对基 b 为一个强伪素数, 则 n 对基 b 为一个欧拉伪素数, 记 $n-1=2^tm$, m 为奇数, 我们分三种情况来证明定理 2 的性质 (i).

(1) $b^m\equiv 1(\bmod n)$. 在这种情况下显然有 $b^{\frac{n-1}{2}}\equiv 1(\bmod n)$. 我们来证 $\left(\frac{b}{n}\right)=1$, 事实上,

$$1=\left(\frac{1}{p}\right)=\left(\frac{b^m}{p}\right)=\left(\frac{b}{p}\right)^m=1.$$

所以有

$$b^{\frac{n-1}{2}}\equiv\left(\frac{b}{n}\right)\equiv 1(\bmod n),$$

即 n 对基 b 为一个欧拉伪素数.

(2) $b^{\frac{n-1}{2}}\equiv -1(\bmod n)$. 在这种情况下, 我们必须证明 $\left(\frac{b}{n}\right)=-1$, 令 $p|n$ 为 n 的任意一个素因子, 记 $p-1=2^{t_1}m_1$, 其中 $t_1\geqslant 1$, m_1 为奇数. 我们来计算勒让德符号 $\left(\frac{b}{p}\right)$, 事实上有 $t_1\geqslant t$, 且

$$\left(\frac{b}{p}\right)=\begin{cases}-1, & \text{如果 } t_1=t,\\ 1, & \text{如果 } t_1>t.\end{cases} \tag{5.16}$$

因为

$$b^{\frac{n-1}{2}}=b^{2^{t-1}m}\equiv -1(\bmod n)\Longrightarrow b^{2^{t-1}mm_1}\equiv -1(\bmod n),$$

由 $p|n$, 我们有

$$b^{2^{t-1}mm_1}\equiv -1(\bmod p). \tag{5.17}$$

如果 $t_1<t$, 由上式, 则有

$$b^{2^{t_1}m_1}\equiv -1(\bmod p)\Longrightarrow b^{p-1}\equiv -1(\bmod p).$$

这与费马同余定理矛盾, 所以我们恒有 $t_1\geqslant t$. 如果 $t_1=t$, 由式 (5.17), 则有

$$\left(\frac{b}{p}\right)\equiv b^{\frac{p-1}{2}}=b^{2^{t-1}m}\equiv -1(\bmod p).$$

因为上式如果为 1, 则两边同时 m 次方, 将会与式 (5.17) 矛盾. 如果 $t_1>t$, 把式 (5.17) 两边同时 2^{t_1-t} 次方, 则有 $\left(\frac{b}{p}\right)=1$, 因此我们有式 (5.16).

我们在式 (5.16) 的结论下完成情况 (2) 的证明, 记 $n=\prod_{p|n}p$, p 不要求不同, 定义正整数 k 为

$$k=\#\{p\mid p|n, p-1=2^{t_1}m_1, m_1 \text{ 为奇数}, t_1=t\}.$$

由式 (5.16), 有

$$\left(\frac{b}{n}\right)=\prod\left(\frac{b}{p}\right)=(-1)^k. \tag{5.18}$$

我们来证 k 为一个奇数, 因为 $t_1\geqslant t$, $p-1=2^{t_1}m_1$, $n-1=2^t m$, 在 $\bmod 2^{t+1}$ 下, 我们有

$$p\equiv\begin{cases}1(\bmod 2^{t+1}), & \text{如果 } t_1>t,\\ 1+2^t(\bmod 2^{t+1}), & \text{如果 } t_1=t.\end{cases}$$

因为 $n = 1 + 2^t (\bmod 2^{t+1})$, 因此

$$n \equiv 1 + 2^t \equiv 1 + k \cdot 2^t (\bmod 2^{t+1}),$$

因此 k 一定为奇数, 由式 (5.18), 有 $\left(\dfrac{b}{n}\right) = -1$. 情况 (2) 得到证明.

(3) $b^{2^{r-1} \cdot m} \equiv -1 (\bmod n)$, 其中 $1 \leqslant r \leqslant t$, $n - 1 = 2^t \cdot m$.

在这种情况下, 我们把式 (5.12) 的 r 换成了 $r-1$. 由于 $r-1 \leqslant t-1$, 所以 $b^{\frac{n-1}{2}} \equiv 1 (\bmod n)$. 为了证明定理 2 的性质 (i), 我们必须证明 $\left(\dfrac{b}{n}\right) = 1$, 像情况 (2) 一样, 我们令 $p|n$, 记 $p - 1 = 2^{t_1} \cdot m_1$, m_1 为奇数, 则我们有 $t_1 \geqslant r$, 且

$$\left(\frac{b}{p}\right) = \begin{cases} -1, & \text{如果 } t_1 = r, \\ 1, & \text{如果 } t_1 > r. \end{cases} \tag{5.19}$$

式 (5.19) 的证明与情况 (2) 的证明是一样的, 记 $n = \prod p$, p 不要求为不同的素数, 定义正整数 k_1:

$$k_1 = \#\{p \mid p|n, p - 1 = 2^{t_1} m_1, m_1 \text{ 为奇数}, t_1 = r\}.$$

与情况 (2) 一样, 我们有 $\left(\dfrac{b}{n}\right) = (-1)^{k_1}$, 同样地, 在 $\bmod 2^{r+1}$ 下, 可以证明 k_1 必须为偶数. 因此 $\left(\dfrac{b}{n}\right) = 1$, 完成了定理 2 中性质 (i) 的全部证明.

下面我们证明定理 2 中的性质 (ii). 同样分三种情况来讨论.

(1) n 能被一个平方数整除, 即存在素数 p, $p^\alpha || n$, $\alpha \geqslant 2$.

在这种情况下, 我们来证明至少有 $\dfrac{1}{4}(n-1)$ 个 b, $b \in \mathbb{Z}_n^*$, n 对基 b 不是费马素数, 更不用说是强伪素数了. 首先假设 $b^{n-1} \equiv 1 (\bmod n)$, 则由假设, 存在一个素数 p, $p^2 | n$, 因此 $b^{n-1} \equiv 1 (\bmod p^2)$. 因为 $\mathbb{Z}_{p^2}^*$ 为一个 $p(p-1)$ 阶循环群 (见引理 1.3), 令 g 为 $\mathbb{Z}_{p^2}^*$ 的一个生成元, 故

$$\mathbb{Z}_{p^2}^* = \{g, g^2, \dots, g^{p(p-1)}\}.$$

由引理 2.8, 满足 $b^{n-1} \equiv 1 (\bmod p^2)$ 的 b 的个数为 d,

$$d = (n-1, p(p-1)) = (n-1, p-1).$$

因为 $p|n$, 从而 $p \nmid n-1$, 所以 $p \nmid d$, 因此 d 最大的可能为 $p-1$, 所以满足 $b^{n-1} \equiv 1 (\bmod p^2)$ 中的 b 在 $1 \leqslant b < n$ 中的占比不超过

$$\frac{p-1}{p^2-1} = \frac{1}{p+1} \leqslant \frac{1}{4}.$$

所以至多有 $\dfrac{1}{4}$ 的 b, 使得 n 对基 b 为费马素数, 在情况 (1) 下, 我们证明了定理 2 中的性质 (ii).

(2) $n = pq$ 为两个不相同的素数.

在这种情况下, 令 $p-1=2^{t_1}m_1$, $q-1=2^{t_2}m_2$, m_1, m_2 都为奇数. 不失一般性, 可以令 $t_1\leqslant t_2$. 令 $b\in\mathbb{Z}_n^*$, 为了 n 对基 b 为一个强伪素数, 则要满足

$$b^m\equiv 1(\operatorname{mod} p),\ b^m\equiv 1(\operatorname{mod} q) \tag{5.20}$$

或者

$$b^{2^r m}\equiv -1(\operatorname{mod} p),\ b^{2^r m}\equiv -1(\operatorname{mod} q), 0\leqslant r<t. \tag{5.21}$$

由引理 2.8 满足式 (5.20) 的 b 的个数 $\leqslant(m,m_1)(m,m_2)\leqslant m_1m_2$. 再由引理 2.9, 对于每个 r, $0\leqslant r<\min(t_1,t_2)=t_1$, 满足 $b^{2^r m}\equiv -1(\operatorname{mod} n)$ 的 b 的个数为 $2^r(m,m_1)\cdot 2^r(m,m_2)<4^r m_1m_2$. 因为 $n=pq$, $\varphi(n)=(p-1)(q-1)\Longrightarrow n-1>\varphi(n)=2^{t_1+t_2}$, 因此, n 对基 b 的强伪素数的 b 的占比在 $1\leqslant b<n,(b,n)=1$ 中不超过

$$\frac{m_1m_2+m_1m_2+4m_1m_2+\cdots+4^{t_1-1}m_1m_2}{2^{t_1+t_2}m_1m_2}=2^{-t_1-t_2}\left(1+\frac{4^{t_1}-1}{4-1}\right). \tag{5.22}$$

如果 $t_1<t_2$, 则上式不超过

$$2^{-2t_1-1}\left(\frac{2}{3}+\frac{4^{t_1}}{3}\right)\leqslant 2^{-3}\cdot\frac{2}{3}+\frac{1}{6}=\frac{1}{4}.$$

如果 $t_1=t_2$, 则 $m_1\neq m_2$, 所以 $(m,m_1)\leqslant m_1$ 与 $(m,m_2)\leqslant m_2$ 必有一个是严格小于. 理由是, 如果都是相等的, 则 $m_1|m$, $m_2|m$, $n-1=2^t m\Longrightarrow n-1=2^t m=pq-1\equiv q-1(\operatorname{mod} m_1)$, 于是 $m_1|n-1\Longrightarrow m_1|q-1=2^{t_2}m_2\Longrightarrow m_1|m_2$, 此为一个矛盾. 所以 $(m,m_1)\leqslant m_1$ 与 $(m,m_2)\leqslant m_2$ 必有一个是严格小于. 所以我们有

$$(m,m_1)\cdot(m,m_2)\leqslant\frac{1}{3}m_1m_2.$$

在式 (5.22) 中以 $\frac{1}{3}m_1m_2$ 代 m_1m_2, 则 n 对基 b 为强伪素数的 b 的占比不超过

$$\frac{1}{3}2^{-2t_1}\left(\frac{2}{3}+\frac{4^{t_1}}{3}\right)\leqslant\frac{1}{18}+\frac{1}{9}=\frac{1}{6}<\frac{1}{4}.$$

我们完成了定理 2 的性质 (ii) 在情况 (2) 下的证明.

(3) 最后假设 $n=p_1p_2\cdots p_k, k\geqslant 3$ 为不同的素因子的乘积.

在这种情况下, 记 $p_i-1=2^{t_i}m_i$, m_i 为奇数. 像情况 (2) 一样, 不失一般性, 可以令 $t_1\leqslant t_j(1\leqslant j\leqslant k)$. 同理于式 (5.22) 的证明, 满足 n 对基 b 为强伪素数的 b 的占比不超过

$$\begin{aligned}2^{-t_1-t_2-\cdots-t_k}\left(1+\frac{2^{k+1}-1}{2^k-1}\right)&\leqslant 2^{-kt_1}\left(\frac{2^k-2}{2^k-1}+\frac{2^{kt_1}}{2^k-1}\right)\\&=2^{-kt_1}\cdot\frac{2^k-2}{2^k-1}+\frac{1}{2^k-1}\\&\leqslant 2^{-k}\frac{2^k-2}{2^k-1}+\frac{1}{2^k-1}\\&=2^{1-k}\\&\leqslant\frac{1}{4},\end{aligned}$$

因为 $k \geqslant 3$, 这样我们完成了定理 2 的全部证明. □

欧拉测试以及强伪素数测试需要一些复杂的二次剩余技术, 我们把本节的主要结论总结如下:

(1) n 对基 b 为强伪素数 $\Rightarrow n$ 对基 b 为欧拉伪素数 $\Rightarrow n$ 对基 b 为费马伪素数, 所以强伪素数测试是检测素数的最好办法.

(2) 虽然目前没有任何测试可以成功检测出一个素数, 但是运用强伪素数测试的概率检测方法, 也就是米勒 – 拉宾办法, 可得到检测任何一个奇数 n 是否为素数的成功概率 (见式 (5.13)) 无限接近 1, 即

$$P\{\text{检测奇数 } n \text{ 是否为素数}\} > 1-\varepsilon, \forall\, \varepsilon > 0 \text{ 给定}.$$

而且检测算法的计算复杂性为多项式次的.

5.3 蒙特卡罗方法

运用前两节所有介绍的素数测试方法, 对一个巨大的奇数 n, 即使已经知道 n 不是一个素数, 我们也不能成功对 n 进行素因子分解, 因为素数测试并没有提供素因子分解的信息, 比较直接的方法 (像筛法一样) 是, 对不大于 $\sqrt{n}$ 的素数逐个验证是否为 n 的素因子, 因为一个复合数 n 肯定存在一个素因子 $p, p \leqslant \sqrt{n}$. 选定 $p \leqslant \sqrt{n}$, 用 p 除 n 所需要的比特运算为 $O(\log n)$, 总共有 $O\left(\dfrac{\sqrt{n}}{\log n}\right)$ 个素数 $p \leqslant \sqrt{n}$, 所以这样一次验证所需的比特运算为 $O(\sqrt{n})$. 一个更有效的方法是 J.M.Pollard 于 1975 年提出的, 我们称之为蒙特卡罗 (Monte Carlo) 方法或 “rho” 方法.

首先找到 $\mathbb{Z}_n \xrightarrow{f} \mathbb{Z}_n$ 的一个方便计算的映射 f, 比如 $f(x)$ 为整系数多项式, 如 $f(x) = x^2+1$ 等, 然后随机生成一个素数 x_0, 令 $x_1 = f(x_0), x_2 = f(x_1), \ldots, x_{j+1} = f(x_j)(j = 0, 1, 2, \cdots)$. 在这些 x_j 中我们希望找到两个整数 x_j 与 x_k, 它们在 $\mathbb{Z}_n$ 中是不同的元素, 但存在 n 的一些因子 $d, d|n, x_j$ 与 x_k 为 $\mathbb{Z}_d$ 中的相同元素, 也就是说

$$x_j \not\equiv x_k (\operatorname{mod} n), (x_j - x_k, n) > 1. \tag{5.23}$$

一旦找到了 x_j 与 x_k, 就称算法完成.

定理 3 令 S 为一个 r 个元素的集合, 令 $f: S \to S$ 为一个映射, $x_0 \in S$, 定义 $x_{j+1} = f(x_j)(j = 0, 1, 2, \ldots)$. 假设 λ 为一个正的实数, 令 $l = 1 + [\sqrt{2\lambda r}]$, 则满足条件 $x_0, x_1, \ldots, x_l$ 为不同的 S 中元素的映射 f 与初始值 x_0, (f, x_0) 在所有映射 f 及所有的 $x_0 \in S$ 所占有的比率 $\leqslant \mathrm{e}^{-\lambda}$.

证明: 从 $f: S \to S$ 的映射 f 的总个数为 r^r, 因为每个 $x \in S$, 我们可以给它安排 r 个像, 即 $f(x)$ 有 r 个选择. 初始值 x_0 有 r 个选择, 因此 (f, x_0) 的总个数为 r^{r+1} 个. 问题是在这些 (f, x_0) 中哪些选择可以满足 $x_0, x_1, \ldots, x_l$ 为 S 中不同的元素的条件, 我们要证明满足条

件的 (f,x_0) 在 r^{r+1} 个 (f,x_0) 中的占比 $\leqslant e^{-\lambda}$.

当 $x_0\in S$ 给定时, 共有 r 个可供选择的 x_0, 则 $x_1=f(x_0)$ 只有 $r-1$ 个选择, $x_2=f(x_1)$ 只有 $r-2$ 个选择, 如此下去, 直到 $x_l=f(x_{l-1})$, 只有 $r-l$ 个选择. 剩下的 $x\in S$, f 可以任意选择, 即有 r^{r-l} 个选择. 因此, 当 x_0 给定之后, 共有 N 个 f 使得 (f,x_0) 满足所需的条件, 这里

$$N=r^{r-l}\prod_{j=0}^{l}(r-j).$$

把 N 除以 r^{r+1}, 满足条件的 (f,x_0) 占比为

$$\frac{N}{r^{r+1}}=r^{-l}\prod_{j=1}^{l}(r-j)=\prod_{j=1}^{l}\left(1-\frac{j}{r}\right), \tag{5.24}$$

我们注意到, 对实数 $x\in(0,1)$, $\log(1-x)<-x$. 上式右边取对数, 则

$$\sum_{j=1}^{l}\log\left(1-\frac{j}{r}\right)<-\sum_{j=1}^{l}\frac{j}{r}=\frac{-l(l+1)}{2r}<-\frac{l^2}{2r}.$$

由于 $l=1+[\sqrt{2\lambda r}]>\sqrt{2\lambda r}$, 由上式可得

$$\sum_{j=1}^{l}\log\left(1-\frac{j}{r}\right)<-\lambda.$$

由式 (5.24), 我们有

$$\frac{N}{r^{r+1}}\leqslant e^{-\lambda}.$$

我们完成了对定理 3 的证明. □

蒙特卡罗方法利用的是一个多项式 $f(x)\in\mathbb{Z}[x]$, 令 n 为一个正整数, $\bmod n$ 的同余方程对多项式 $f(x)$ 具有不变性, 即

$$a\equiv b(\bmod n)\Longrightarrow f(a)\equiv f(b)(\bmod n). \tag{5.25}$$

令 $x_0\in\mathbb{Z}_n$ 给定, $x_{j+1}=f(x_j)(j=0,1,\ldots)$, 如果找到一个 $x_{k_0}\in\mathbb{Z}_n$ 满足 $x_{k_0}\equiv x_{j_0}(\bmod r)$, 其中 $r|n$, $r>1$, $k_0>j_0$, 则由式 (5.25) 有

$$f(x_{k_0})\equiv f(x_{j_0})(\bmod r)\Longrightarrow x_{k_0+1}\equiv x_{j_0+1}(\bmod r).$$

因此, 对任意的 $k>j$, 如果 $k-j=k_0-j_0$, 则有 $x_k\equiv x_j(\bmod r)$, 这就证明了一个多项式映射 $\mathbb{Z}_n\xrightarrow{f}\mathbb{Z}_n$ 在 $\bmod r$ 下 $(r|n)$ 恰好产生了 k_0 个不同的剩余类

$$\{x_0,x_1,\ldots,x_{k_0-1}\}.$$

因此有下述引理 3.1.

引理 3.1 $f(x)\in\mathbb{Z}[x]$ 为一个多项式, $n>1$ 为正整数, 令 $x_0\in\mathbb{Z}_n$, $x_j=f(x_{j-1})(j=1,2,\ldots)$, 如果 k 是第一个满足如下条件的下标, 即存在某个 j, $0\leqslant j<k$, 使得

$$(x_k - x_j, n) = r > 1,$$

则 $\{x_0, x_1, \ldots, x_{k-1}\}$ 为 $\bmod r$ 下的 k 个不同的剩余类, 因此也是 $\bmod n$ 下的 k 个不同的剩余类. 而且由 f 定义的蒙特卡罗计算只能产生 k 个不同的剩余类.

我们把引理 3.1 所描述的多项式 f 与初始值 x_0 称为平均映射. 当第一个出现的下标 k 非常大时, 产生的计算量十分巨大, 在此我们给出一个改进的蒙特卡罗算法.

$f(x) \in \mathbb{Z}[x]$ 给定, 蒙特卡罗算法需要连续计算 $x_k (k = 1, 2, \ldots)$. 令 $2^h \leqslant k < 2^{k+1} (h \geqslant 0)$, $j = 2^h - 1$, 即 k 为一个 $(h+1)$ 比特数, j 为最大的 h 比特数, 比较 x_k 与 x_j 并计算 $(x_k - x_j, n)$, 如果 $(x_k - x_j, n) > 1$, 则计算终止, 否则考虑 $k+1$. 改进的蒙特卡罗算法对每个 k 只需要计算一次 $(x_k - x_j, n)$, $j = 2^h - 1$, 不需要对每个 $j, 0 \leqslant j < k$ 都验证, 当 k 非常巨大时减少了很大计算量. 然而该算法有一个缺点, 它可能错失了满足条件的最小的那个下标 k, 但这个误差是可控的, 事实上我们有下面的误差估计.

引理 3.2 $f(x) \in \mathbb{Z}[x]$, $n \geqslant 1$ 给定, $x_0 \in \mathbb{Z}_n$, $x_j = f(x_{j-1}) (j = 1, 2, \ldots)$, 令 k_0 为满足 $(x_{k_0} - x_{j_0}, n) > 1$ 的最小的下标, 其中 $0 \leqslant j_0 < k_0$. 假设在改进的蒙特卡罗算法中 k 是满足 $(x_k - x_j, n) > 1$ 的最小的正整数, 则我们有 $k \leqslant 4k_0$.

证明: 假设 k_0 有 $(h+1)$ 比特. 令 $j = 2^{h+1} - 1$, $k = j + (k_0 - j_0)$. 由引理 3.1, 则有

$$(x_{k_0} - x_{j_0}, n) > 1 \Longrightarrow (x_k - x_j, n) > 1.$$

显然, j 为最大的 $(h+1)$ 比特数, k 为 $(h+2)$ 比特数, 因此 k 就是改进后的蒙特卡罗算法所计算出的所需的下标. 显然有

$$k = j + (k_0 - j_0) \leqslant 2^{h+1} - 1 + 2^{h+1} < 4 \cdot 2^h \leqslant 4k_0.$$

引理 3.2 成立. □

例 1 令 $n = 91$, $f(x) = x^2 + 1$, $x_0 = 1$. 由蒙特卡罗算法, 有 $x_1 = 2$, $x_2 = 5$, $x_3 = 26$ 以及 $x_4 = 40$(因为 $26^2 + 1 \equiv 40 (\bmod 91)$). 由改进的蒙特卡罗算法, 只需检测 $(x_4 - x_3, 91)$, 从而得到

$$(x_4 - x_3, 91) = (14, 91) = 7.$$

引理 3.3 令 n 为一个奇数且为复合数, r 为 n 的一个因子, $r | n$, $1 < r < \sqrt{n}$. 令 $f(x) \in \mathbb{Z}[x]$, $x_0 \in \mathbb{Z}_n$ 给定, 则蒙特卡罗算法 (f, x_0) 找到 r 的计算复杂性为

$$\mathrm{Time}((f, x_0)) = O(\sqrt{n} \log^3 n) \text{ 比特.} \tag{5.26}$$

进一步地, 存在一个正常数 C, 使得对任意的正实数 λ, 蒙特卡罗算法 (f, x_0) 找到 n 的一个非平凡因子 r 的成功概率大于 $1 - \mathrm{e}^{-\lambda}$, 即

$$P\{(f, x_0) \text{找到 } r | n, r > 1\} \geqslant 1 - \mathrm{e}^{-\lambda}. \tag{5.27}$$

依赖于参数 λ (以保证算法的成功率) 的算法所需要的比特运算次数为 $O(\sqrt{\lambda} \sqrt[4]{n} \log^3 n)$.

证明: 由第一章计算复杂性的讨论, 求两个整数的最大公约数, 以及 $\bmod n$ 中的加减乘除运算都是多项式次的. 令 C_1 满足

$$\text{Time}((y-z,n)) \leqslant C_1 \log^3 n, \text{其中 } y,z \leqslant n.$$

C_2 满足

$$\text{Time}(f(x) \bmod n) \leqslant C_2 \log^3 n, x \in \mathbb{Z}_n.$$

如果 k_0 为 (f,x_0) 计算中的第一个满足 $(x_{k_0}-x_{j_0},n)>1$ 的下标, 则由改进的蒙特卡罗算法我们有 $(x_k-x_j,n)>1$, 其中 $j=2^h-1$, $2^h \leqslant k < 2^{h+1}$. 由引理 3.2, $k \leqslant 4k$. 因此

$$\text{Time}(\text{由 } (f,x_0) \text{ 找到 } k) \leqslant 4k_0(C_1\log^3 n + C_2 \log^3 n). \tag{5.28}$$

令 $(x_{k_0}-x_{j_0},n)=r>1$, $r<\sqrt{n}$, 由引理 3.1, $k_0 \leqslant r$, 所以

$$\text{Time}(\text{找到 } r, r|n, r<\sqrt{n}) \leqslant 4\sqrt{n}(C_1\log^3 n, C_2\log^3 n).$$

式 (5.26) 得证. 在概率意义下, 也就是允许一定的失误的前提下, 式 (5.26) 可以进一步改进.

令 $\lambda>0$ 为任意给定的实数, 由定理 3, $k_0 \geqslant 1+\sqrt{2\lambda r}$ 的比率 $<\mathrm{e}^{-\lambda}$, 换句话说, 成功找到 r, $r|n$, $r \leqslant \sqrt{n}$ 的概率为

$$P\{\text{找到 } r, r|n, r<\sqrt{n}\} \geqslant 1-\mathrm{e}^{-\lambda}.$$

为了保证成功率, 则 $k_0 \leqslant 1+\sqrt{2\lambda r}$. 由式 (5.28), 则所需的比特运算次数不大于

$$4(1+\sqrt{2\lambda r})(C_1\log^3 n + C_2\log^3 n) = O\left(\sqrt{\lambda}\sqrt[4]{n}\log^3 n\right).$$

我们完成了对引理的证明. □

注: 蒙特卡罗方法的一个基本假设是整系数多项式 f 可以作为一个平均映射 (见引理 3.1), 这一点目前尚没有证明.

5.4 费马分解与因子基方法

引理 4.1 假设 n 为一个奇数, 则在 n 的因子分解 $n=a\cdot b(a \geqslant b>0)$ 与 n 的表达 $n=t^2-s^2$(t 与 s 为非负整数) 之间存在一个 $1-1$ 对应. 这个对应 $\sigma:(a,b)\to(t,s)$ 可写为 $\sigma((a,b))=(t,s)$, 其中

$$\sigma((a,b)) = \left(\frac{a+b}{2}, \frac{a-b}{2}\right).$$

逆映射为

$$\sigma^{-1}((t,s)) = (t+s, t-s).$$

证明: 如果 $n=ab$, 因为 a 与 b 均为奇数, 则 $n=\left(\frac{a+b}{2}\right)^2-\left(\frac{a-b}{2}\right)^2$, 因此定义

$$\sigma((a,b))=\left(\frac{a+b}{2},\frac{a-b}{2}\right).$$

反之, 如果 $n=t^2-s^2$, 则 $n=(t+s)(t-s)$. 因此定义 $\sigma^{-1}((t,s))=(t+s,t-s)$, 我们来证明 $\sigma^{-1}\sigma=1, \sigma\sigma^{-1}=1$. 由定义

$$\begin{cases}\sigma^{-1}\sigma((a,b))=\sigma^{-1}\left(\dfrac{a+b}{2},\dfrac{a-b}{2}\right)=(a,b),\\ \sigma(\sigma^{-1}((t,s)))=\sigma(t+s,t-s)=(t,s).\end{cases}$$

所以 σ 为两种分解 $n=ab=t^2-s^2$ 之间的一个 $1-1$ 对应, 引理得证. □

上述简单引理为我们提供了一种因子分解的方法, 称为费马因子分解: 如果 $n=ab$, a 与 b 非常接近, 则 $n=\left(\dfrac{a+b}{2}\right)^2+\left(\dfrac{a-b}{2}\right)^2=t^2-s^2$, 其中 s 非常小, 而 t 仅仅比 $\sqrt{n}$ 大一点. 因此从 $t=[\sqrt{n}]+1$ 开始, 依次检测 t^2-n 是否为一个完全平方数, 如果不是, 则换成 $t=[\sqrt{n}]+2$ 进行检测, 如此下去, 直到 $t^2-n=s^2$ 为止, 通过费马因子分解, 我们得到了 $n=(t+s)(t-s)$. 这个方法对 $n=ab$, a 与 b 非常接近的情况是有效的.

费马因子分解可以进一步扩张为因子基方法, 成为一种更加有效的因子分解方法, 其基本思想为: 在费马因子分解中要求 t^2-n^2 为一个完全平方数, 这在实际操作中是很难出现的, 但 $t^2\equiv s^2(\mathrm{mod}\, n)$, $t\not\equiv\pm s(\mathrm{mod}\, n)$ 却是容易出现的. 计算最大公约数 $(t+s,n)$ 与 $(t-s,n)$, 则我们有因子分解

$$n=(t+s,n)(t-s,n).$$

定义 4.1 令 $B=\{p_1,p_2,\ldots,p_h\}$ 为 h 个不同的素数 (可能 $p_1=-1$), 称 B 为一个因子基. 如果 b^2 在 $\mathrm{mod}\, n$ 下的最小非负剩余可以表示为 B 中素数的乘积, 其中 n 为给定的正整数, 则整数 b 称为 B–数.

例 1 令 $n=4\,633$, $B=\{-1,2,3\}$, 则 67, 68, 69 都是 B– 数, 因为 $67^2\equiv-144(\mathrm{mod}\, 4\,633)$, $68^2\equiv-9(\mathrm{mod}\, 4\,633)$, $69^2\equiv128(\mathrm{mod}\, 4\,633)$.

如果 b 为一个 B–数, $b^2 \bmod n$ 表示 b^2 在 $\mathrm{mod}\, n$ 下的最小非负剩余, 由定义,

$$b^2 \bmod n=\prod_{i=1}^{h}p_i^{\alpha_i}, \alpha_i\geqslant 0.$$

令 $e=\{e_1,e_2,\ldots,e_h\}\in\mathbb{F}_2^h$ 为一个 h 维的二进制向量, 定义

$$e_j=\begin{cases}0, & \text{如果 } \alpha^j \text{ 为偶数};\\ 1, & \text{如果 } \alpha^j \text{ 为奇数}.\end{cases}\quad 1\leqslant j\leqslant h.$$

称 e 为 b 所对应的二进制向量, 如果 $\{b_i\}=A$ 为一些 B–数的集合. 每个 b_i 所对应的二进制向量记为 $e_i=\{e_{i_1},e_{i_2},\ldots,e_{i_h}\}$, 以 a_i 记 $b_i^2 \bmod n$. 我们有

$$\prod_{i\in A}a_i=\prod_{j=1}^{h}p_j^{\sum_{i\in A}\alpha_{ij}}, \text{ 其中 } a_i=\prod_{j=1}^{h}p_j^{\alpha_{ij}},$$

假设 $\sum_{i\in A} e_i=(0,0,\ldots,0)$ 为 $\mathbb{F}_2^h$ 中的零向量, 则有

$$\sum_{i\in A}\alpha_{ij}\equiv 0(\operatorname{mod}2), \forall\ 1\leqslant j\leqslant h.$$

也就是说, $\prod a_i$ 为一个平方数. 令 $r_j=\frac{1}{2}\sum_{i\in A}\alpha_{ij}$, 则

$$\prod_{i\in A}a_i=\left(\prod_{j=1}^{h}p_j^{r_j}\right)^2, \text{定义 } c=\prod_{j=1}^{h}p_j^{r_j}, \tag{5.29}$$

另外, 以 $b_i \bmod n$ 表示 b_i 在 $\bmod n$ 下的最小非负剩余, 令

$$b=\prod_{i\in A}(b_i \bmod n)=\prod_{i\in A}\delta_i, \tag{5.30}$$

其中 $\delta_i=b_i \bmod n$, 即 $0\leqslant\delta_i<n$, 且 $b_i\equiv\delta_i(\operatorname{mod}n)$, 因此

$$\prod_{i\in A}b_i\equiv b(\operatorname{mod}n).$$

由于 $a_i=b_i^2 \bmod n$, 即 $0\leqslant a_i<n$, 且 $b_i^2\equiv a_i(\operatorname{mod}n)$, 所以有

$$\prod_{i\in A}b_i^2=b^2\equiv\prod_{i\in A}a_i=c^2(\operatorname{mod}n).$$

由式 (5.29) 与式 (5.30) 定义的两个不同的整数 b 与 c, 满足 $b^2\equiv c^2(\operatorname{mod}n)$, 我们把上面的分析写成如下引理.

引理 4.2 令 $A=\{b_1,b_2,\ldots,b_i,\ldots\}$ 为一些 $B-$数的有限集合, 令 $e_i=(e_{i_1},e_{i_2},\ldots,e_{i_h})\in\mathbb{F}_2^h$ 为 b_i 对应的二进制向量, $a_i=b_i^2 \bmod n$, $\delta_i=b_i \bmod n$. 如果 $\sum\limits_{i\in A}e_i=0$ 为 $\mathbb{F}_2^h$ 中的零向量, 则 $\prod\limits_{i\in A}a_i$ 为一个平方数. 记

$$a_i=\prod_{j=1}^{h}p_j^{\alpha_{ij}},\ \prod_{i\in A}a_i=\prod_{j=1}^{h}p_j^{\sum_{i\in A}\alpha_{ij}}=c^2,$$

其中

$$c=\prod_{j=1}^{h}p_j^{\frac{1}{2}\sum_{i\in A}\alpha_{ij}},$$

进一步令 $b=\delta_1\delta_2\cdots$, 我们有 $b^2\equiv c^2(\operatorname{mod}n)$.

由上述引理, 如果 $b^2\equiv c^2(\operatorname{mod}n)$, $b\not\equiv\pm c(\operatorname{mod}n)$, 则我们将发现 n 的一个非平凡因子 $d=(b+c,n)$. 现在的问题是如果 $b^2\equiv c^2(\operatorname{mod}n)$, 则 $b\not\equiv\pm c(\operatorname{mod}n)$ 的可能性有多大? 不妨令 $(b,n)=(c,n)=1$, 否则两边同除以 $(b,n)^2$: $b^2\equiv c^2(\operatorname{mod}n)\Longrightarrow(bc^{-1})^2\equiv 1(\operatorname{mod}n)$. 问题转化为 $x^2\equiv 1(\operatorname{mod}n)$ 有多少个解 x, $1\leqslant x<n$.

引理 4.3 令 n 为一个奇数, 则 $x^2\equiv 1(\operatorname{mod}n)$ 的解的个数为 2^r, 其中 r 为 n 的不同素因子的个数.

证明: 如果 $r=1$, 则 $n=p^{\alpha}(\alpha\geqslant 1)$, p 为奇素数, 此时 $x^2\equiv 1(\bmod p^{\alpha})$ 有两个解 $x=\pm 1$, 因为令 g 为 $\bmod p^{\alpha}$ 的原根, 则 $x=g^t(1\leqslant t\leqslant p^{\alpha-1}(p-1))$, $x^2=1\Leftrightarrow p^{\alpha-1}(p-1)|2t$. 从而只有两个解 $t=\dfrac{1}{2}p^{\alpha-1}(p-1)$ 与 $t=p^{\alpha-1}(p-1)$. 因此只有 $x\equiv\pm 1(\bmod p^{\alpha})$ 两个解. 如果 $n=p_1^{\alpha_1}\cdots p_r^{\alpha_r}$, 则由中国剩余定理推出 $x^2\equiv 1(\bmod n)$ 的解的个数为 2^r. 引理得证! □

引理 4.4 n 为一个奇数, 且为两个以上不同素数的方幂的乘积, $B=\{p_1,p_2,\ldots,p_h\}$ 为一个因子基. 随机选取两个 $B-$数 b 与 c, 则 $b^2\equiv c^2(\bmod n)\Longrightarrow b\equiv\pm c(\bmod n)$ 的比率 $\leqslant\dfrac{1}{2}$.

证明: $x^2\equiv 1(\bmod n)$ 有 2^r 个不同的解 $(\bmod n)$, $r\geqslant 2$. $x\equiv\pm 1(\bmod n)$ 所对应的两个解对应于 $b\equiv\pm c(\bmod n)$. 因此

$$b^2\equiv c^2(\bmod n)\Longrightarrow b\equiv\pm c(\bmod n)\text{的比率}\leqslant\frac{2}{2^r}\leqslant\frac{1}{2},$$

引理 4.4 成立. □

由引理 4.4 可知, 利用因子基选择 b 与 c, 如果 $b\equiv\pm c(\bmod n)$, 则选择失败, 而失败的概率 $\leqslant\dfrac{1}{2}$. 如果选择失败, 则选择另一个 b_1 与 c_1, 如此下去, 我们等概独立地随机选取 k 个 b 与 c, 则 $b\not\equiv\pm c(\bmod n)$ 成功的概率为

$$P\{b^2\equiv c^2(\bmod n), b\not\equiv\pm c(\bmod n)\}\geqslant 1-\frac{1}{2^k}. \tag{5.31}$$

换句话说, 利用因子基找到 n 的一个非平凡因子 $d=(b+c,n)$ 的概率可以无限接近 1. 下面我们系统地总结因子基分解方法如下:

令 n 为一个大奇数, y 为一个适当选择的整数 (比如 $y\leqslant n^{\frac{1}{10}}$), 令因子基为

$$B=\{-1,p\mid p\text{ 为素数, } p\leqslant y\}.$$

随机选择一定数量的 $B-$数, $A_1=\{b_1,b_2,\ldots,b_N\}$, 通常 $N\leqslant\pi(y)+2$ 将满足需要. 每个 b_i 表示为 B 中素数的乘积. 计算出相应的二进制向量 e_i, 在 A_1 中选择一个子集 $A\subset A_1$, 使得 $\sum_{i\in A}e_i=0$, 对应二进制向量 e_i 的 b_i, 记为 $A=\{b_1,b_2,\ldots,b_i,\ldots\}$. 令

$$b=\prod_{i\in A}(b_i\bmod n)=\prod_{i\in A}\delta_i,\text{ 其中 }\delta_i=b_i\bmod n$$

以及

$$c=\prod_{j\in B}p_j^{r_j}\bmod n,\ r_j=\frac{1}{2}\sum_{i\in A}\alpha_{ij}.$$

我们有 $b^2\equiv c^2(\bmod n)$, 如果 $b\equiv\pm c(\bmod n)$, 则重新选择子集 A, 直到最后有 $b\not\equiv\pm c(\bmod n)$, 这样我们找到了 n 的一个非平凡因子 $d|n$, $d=(b+c,n)$. 因此有因子分解 $n=d\cdot\dfrac{n}{d}$.

利用因子基方法进行因子分解并不能保证 100% 的成功率, 理由是由 $b^2\equiv c^2(\bmod n)$ 不能推出 $b\not\equiv\pm c(\bmod n)$, 但这个方法对于大奇数 n 进行因子分解的成功概率可以无限接近 1. 在成功概率 $\geqslant 1-\dfrac{1}{2^k}$ 的条件下 (k 为一个给定的正常数), 因子基方法对 n 进行因子分解的

计算复杂性可以估计为

$$\text{Time}(\text{因子基方法对 } n \text{ 进行因子分解}) = O(\mathrm{e}^{c\sqrt{\log n \log\log n}}). \tag{5.32}$$

式 (5.32) 的证明相对比较复杂, 这里不给出详细证明, 有兴趣的读者可以参见参考文献 5 的 [17], pp. 136-141. 式 (5.32) 中 C 的精确值是不知道的, 一般猜测 $C = 1 + \varepsilon$, 其中 $\varepsilon > 0$ 为任意小的正实数.

令 k 为 n 的比特位数, 式 (5.32) 右边的估计可以写为 $O(\mathrm{e}^{c\sqrt{k \log k}})$. 因此, 因子基方法的计算复杂性为亚指数次的. 与上一节所介绍的蒙特卡罗方法相比 (见式 (5.31)), 其计算复杂性为指数次的, 因为

$$O(\sqrt{n}) = O(\mathrm{e}^{c_1 k}), \text{ 其中 } c_1 = \frac{1}{2}\log 2.$$

众所周知, RSA 公钥密码的安全性是基于 n 的素因子分解 $n = pq$, 虽然目前没有一般方法可以对任意的大奇数 n 进行因子分解, 但蒙特卡罗方法与因子基方法都是概率计算方法, 其成功进行因子分解的概率是非常大的. 缺点是它们的计算复杂性是指数次的和亚指数次的, 这是在 RSA 中选择巨大素数 p 与 q 的原因.

5.5 连分数方法

在上一节介绍的因子基方法中, 可以令 $b^2 \bmod n$ 为 b^2 在 $\bmod n$ 下的最小绝对值剩余, 即

$$b^2 \equiv b^2 \bmod n (\bmod n), \ |b^2 \bmod n| \leqslant \frac{n}{2}.$$

这样 $b^2 \bmod n$ 可以分解为一些更小的素数的乘积. 连分数方法是目前最好的方法. 怎样找到整数 b, 使得 $|b^2 \bmod n| < 2\sqrt{n}$, 这样 $b^2 \bmod n$ 更有可能分解为一些小的素数的乘积? 首先我们介绍什么是连分数及其基本性质.

假设 $x \in \mathbb{R}$ 为一个实数, $[x]$ 为 x 的整数部分, $\{x\}$ 为 x 的小数部分. 令 $a_0 = [x]$, 如果 $\{x\} \neq 0$, 令 $a_1 = \left[\frac{1}{\{x\}}\right]$, 由于 $x = [x] + \{x\}$, 因此有

$$x = a_0 + \frac{1}{\{x\}} = a_0 + \frac{1}{a_1 + \{\{x\}^{-1}\}}.$$

如果 $\{\{x\}^{-1}\} \neq 0$, 记

$$a_2 = [\{\{x\}^{-1}\}^{-1}],$$

考虑

$$\{\{\{x\}^{-1}\}^{-1}\}^{-1},$$

如此, 我们得到了

$$x = a_0 + \cfrac{1}{a_1 + \cfrac{1}{a_2 + \cfrac{1}{a_3 + \cdots}}}.$$

上式称为实数 x 的连分数展开. 为节省篇幅, 写为 $x = [a_0, a_1, \ldots, a_n, \ldots]$, 当且仅当 x 为有理数时 x 的连分数展开为有限的, 记为

$$x = [a_0, a_1, \ldots, a_n],\ 其中\ a_n > 1,$$

称为有理数 x 的标准展开.

定义 5.1　$x = [a_0, a_1, \ldots, a_n, \ldots]$ 为 x 的连分数展开, 对于 $i \geqslant 0$, 称 $\dfrac{b_i}{c_i} = [a_0, a_1, \ldots, a_i]$ 为 x 的第 i 个渐近分数, 特别地

$$\frac{b_0}{c_0} = \frac{a_0}{1},\ \frac{b_1}{c_1} = \frac{a_1 a_0 + 1}{a_1}.$$

实数 x 的渐近分数 $\dfrac{b_i}{c_i}$ 是既约分数, 即 $(b_i, c_i) = 1$, 并且有下面的性质.

引理 5.1　$x = [a_0, a_1, \ldots, a_n, \cdots]$ 为 x 的连分数展开, $\dfrac{b_i}{c_i}$ 为渐近分数, 则

(i) 当 $i \geqslant 2$ 时,

$$\frac{b_i}{c_i} = \frac{a_i b_{i-1} + b_{i-2}}{a_i c_{i-1} + c_{i-2}}. \tag{5.33}$$

(ii) 如果 $i \geqslant 1$, 则

$$b_i c_{i-1} - b_{i-1} c_i = (-1)^{i-1}. \tag{5.34}$$

证明: (i) 我们运用归纳法证明 (i). 显然 $i = 2$ 时命题成立, 即

$$\frac{b_2}{c_2} = \frac{a_2 b_1 + b_0}{a_2 c_1 + c_0} = \frac{a_2(a_1 a_0 + 1) + a_0}{a_2 a_1 + 1}.$$

如果命题对 i 成立, 即

$$\frac{b_i}{c_i} = \frac{a_i b_{i-1} + b_{i-2}}{a_i c_{i-1} + c_{i-2}}.$$

则记 $[a_0, a_1, \ldots, a_i, a_{i+1}] = [a_0, a_1, \ldots, a_i + \dfrac{1}{a_{i+1}}]$,

$$\frac{b_{i+1}}{c_{i+1}} = \frac{\left(a_i + \dfrac{1}{a_{i+1}}\right) b_{i-1} + b_{i-2}}{\left(a_i + \dfrac{1}{a_{i+1}}\right) c_{i-1} + c_{i-2}} = \frac{a_{i+1} b_i + b_{i-1}}{a_{i+1} c_i + c_{i-1}}.$$

所以 (i) 成立.

(ii) 我们再用归纳法证明式 (5.34), 当 $i = 1$ 时,

$$b_1 c_0 - b_0 c_1 = a_1 a_0 + 1 - a_1 a_0 = 1 = (-1)^0.$$

所以 $i = 1$ 时命题成立, 令 i 时命题成立, 即

$$b_i c_{i-1} - b_{i-1} c_i = (-1)^{i-1}.$$

则

$$\begin{aligned} b_{i+1}c_i - b_i c_{i+1} &= (a_{i+1}b_i + b_{i-1})c_i - b_i(a_{i+1}c_i + c_{i-1}) \\ &= b_{i-1}c_i - b_i c_{i-1} \\ &= (-1)^i. \end{aligned}$$

引理 5.1 得证. □

连分数在数字上有许多重要应用, 比如实数的有理逼近和代数数的有理逼近. 在代数数的有理逼近中周期连分数是一个重要特例. $x = [a_0, a_1, \ldots, a_n, \ldots]$. 如果这些 a_i 以一定长度的周期循环出现, 则称为周期连分数. 著名的拉格朗日定理表明, x 的连分数展开为周期连分数的充要条件是 x 为二次实代数数. 这里我们不对连分数的一些深刻性质进行讨论, 仅证明一些我们所需要的性质.

引理 5.2 令 $x > 1$ 为一个实数, $\dfrac{b_i}{c_i}(i \geqslant 0)$ 为 x 的渐近分数, 则

$$|{b_i}^2 - x^2 c_i^2| < 2x, \forall\, i \geqslant 0.$$

证明: 因为 x 介于渐近分数 $\dfrac{b_i}{c_i}$ 与 $\dfrac{b_{i+1}}{c_{i+1}}$ 之间, 由引理 5.1 的性质 (ii) 有

$$\left|\frac{b_{i+1}}{c_{i+1}} - \frac{b_i}{c_i}\right| = \frac{1}{c_i c_{i+1}}, i \geqslant 0.$$

因此

$$\begin{aligned} |b_i^2 - x^2 c_i^2| &= c_i^2 \left|x - \frac{b_i}{c_i}\right| \left|x + \frac{b_i}{c_i}\right| \\ &< c_i^2 \cdot \frac{1}{c_i c_{i+1}} \left(x + \left(x + \frac{1}{c_i c_{i+1}}\right)\right). \end{aligned}$$

所以有

$$\begin{aligned} |b_i^2 - x^2 c_i^2| - 2x &< 2x\left(-1 + \frac{c_i}{c_{i+1}} + \frac{1}{2x c_{i+1}^2}\right) \\ &< 2x\left(-1 + \frac{c_i}{c_{i+1}} + \frac{1}{c_{i+1}}\right) \\ &< 2x\left(-1 + \frac{c_{i+1}}{c_{i+1}}\right) = 0. \end{aligned}$$

引理得证. □

引理 5.3 令 n 为一个正整数, n 不是一个完全平方数. 令 $\left\{\dfrac{b_i}{c_i}\right\}_{i \geqslant 0}$ 为 $\sqrt{n}$ 的连分数展开的渐近分数, $b_i^2 \bmod n$ 为 b_i^2 在 $\bmod n$ 下的最小绝对值剩余, 则我们有

$$b_i^2 \bmod n < 2\sqrt{n},\ \forall\, i \geqslant 0.$$

证明: 由引理 5.2, 令 $x = \sqrt{n}$, 则

$$b_i^2 \equiv b_i^2 - nc_i^2 \pmod n.$$

因为

$$|b_i^2 - nc_i^2| < 2\sqrt{n} \Longrightarrow b_i^2 \bmod n < 2\sqrt{n},\ \forall\, i \geqslant 0.$$

引理得证. □

把上述引理 5.3 与因子基分解方法结合起来, 我们得到了连分数分解方法.

除特别指出, 这个算法中所涉及的 $\bmod n$ 的运算都是 $\bmod n$ 的最小非负剩余. 如果 n 为一个大奇数, 也是一个复合数, 首先令 $b_{-1} = b$, $b_0 = a_0 = [\sqrt{n}]$, 以及 $x_0 = \sqrt{n} - a_0 = \{\sqrt{n}\}$, 计算 $b_0^2 \bmod n$, 事实上 $b_0^2 \bmod n = b_0^2 - n$. 其次考虑 $i = 1, 2, \ldots$. 为了确定 b_i, 我们分几步进行:

(1) 令 $a_i = \left[\dfrac{1}{x_{i-1}}\right]$, 及 $x_i = \dfrac{1}{x_{i-1}} - a_i (i \geqslant 1)$;

(2) 令 $b_i = a_i b_{i-1} + b_{i-2}$, b_i 在 $\bmod n$ 下的最小非负剩余 $b_i \bmod n$ 仍记为 b_i;

(3) 计算 $b_i^2 \bmod n$.

由引理 5.3, $b_i^2 \bmod n < 2\sqrt{n}$, 则可分解为一些小的素数的乘积. 如果一个素数 p 出现在两个或两个以上 $b_i^2 \bmod n$ 的分解中, 或者在一个 $b_i^2 \bmod n$ 的分解中 p 以偶数次幂出现, 则称 p 为一个标准素数. 换言之, 一个标准素数 p 为

$$p | b_i^2 \bmod n,\ p | b_j^2 \bmod n, i \neq j,$$

或者

$$p^{\alpha} \| b_i^2 \bmod n,\ \alpha \text{ 为偶数}.$$

我们选择因子基 B 为

$$B = \{-1,\ \text{标准素数}\}.$$

这样所有的 $b_i^2 \bmod n$ 都是 B–数, 对应的二进制向量为 e_i. 选择一个子集 $A = \{b_i\} \Longrightarrow \sum\limits_{i \in A} e_i = 0$. 令

$$b = \prod_{i \in A} (b_i \bmod n) = \prod_{i \in A} \delta_i$$

以及 $c = \prod\limits_{j \in B} p_j^{r_j}$, 其中

$$r_j = \frac{1}{2} \sum_{i \in A} \alpha_{ij}, \forall j \in B.$$

如果 $b \not\equiv \pm c \pmod n$, 则 $(b + c, n)$ 为 n 的一个非平凡因子, 我们得到了 n 的因子分解. 如果 $b \equiv \pm c \pmod n$, 则选择另外的子集 A, 如此重复, 完成连分数因子分解方法.

例 1　运用连分数方法对 $n = 9\ 073$ 进行因子分解.

解: 我们依次计算 a_i, b_i 以及 $b_i^2 \bmod n$, 其中 $b_i = (a_i b_{i-1} + b_{i-2}) \bmod n$, 列表如下:

i	0	1	2	3	4
a_i	95	3	1	26	2
b_i	95	286	381	1 119	2 619
$b_i^2 \bmod n$	–48	139	–7	87	–27

由 $b_i^2 \bmod n$ 的值, 我们可以选择因子基 B 为 $B=\{-1,2,3,7\}$. 则 $b_i^2 \bmod n$ 为 B–数, 当 $i=0,2,4$ 时, 对应的二进制向量分别为

$$e_0=(1,4,1,0), e_2=(1,0,0,1), \text{以及 } e_4=(1,0,3,0).$$

容易计算 $e_0+e_4=(0,0,0,0)$. 因此, 我们选择

$$\begin{cases} b=95\cdot 2\ 619\equiv 3\ 834 \bmod 9\ 073; \\ c=2^2\cdot 3^2=36. \end{cases}$$

因为 $b^2\equiv c^2(\bmod 9\ 073)$, 即 $3\ 834^2=36^2(\bmod 9\ 073)$, 但是 $3\ 834\not\equiv \pm 36(\bmod 9\ 073)$, 所以得到了 $n=9\ 073$ 的一个非平凡因子, $d=(3\ 834+36, 9\ 073)=43$. 从而 $9\ 073=43\cdot 211$, 得到了 9 073 的因子分解.

习题 5

1. p 为素数, 当且仅当 $b^{p-1}\equiv 1(\bmod p^2)$ 时, p^2 对基 b 为一个费马伪素数.
2. 对基 5 为费马伪素数的最小伪素数为多少? 对基 2 的最小费马伪素数为多少?
3. $n=pq$, $p\neq q$ 为两个素数, 令 $d=(p-1,q-1)$, 证明 n 对基 b 为费马伪素数, 当且仅当 $b^d\equiv 1(\bmod n)$, 并计算基 b 的个数.
4. 如果 $b\in\mathbb{Z}_n^*$, n 对基 b 为费马伪素数, 则 n 对基 $-b$ 与 b 都是费马伪素数.
5. 如果 n 对基 2 为费马伪素数, 则 $N=2^n-1$ 也是费马伪素数.
6. 如果 n 对基 b 为费马伪素数, 且 $(b-1,n)=1$, 则 $N=\dfrac{b^n-1}{b-1}$ 对基 b 也是一个费马伪素数.
7. 证明下面的整数为卡迈克尔数:

$$1\ 105=5\cdot 13\cdot 17, 1\ 729=7\cdot 13\cdot 19, 2\ 465=5\cdot 17\cdot 29, 2\ 821=7\cdot 13\cdot 31,$$

$$6\ 601=7\cdot 23\cdot 41, 29\ 341=13\cdot 37\cdot 61, 172\ 081=7\cdot 13\cdot 31\cdot 61, 278\ 545=5\cdot 17\cdot 29\cdot 113.$$

8. 找到形式为 $3pq$ 的全部卡迈克尔数, 找到形式为 $5pq$ 的全部卡迈克尔数.
9. 证明 561 为最小的卡迈克尔数.
10. 如果 n 对基 2 为一个费马伪素数, 证明 $N=2^n-1$ 是一个强伪素数.
11. 对基 2 有无限多个欧拉伪素数与强伪素数.
12. 如果 n 对基 b 为一个强伪素数, 则对任意整数 k, n 对基 b^k 也是一个强伪素数.

13. 利用费马因子分解方法分解如下正整数:

$$n = 8\ 633, n = 809\ 009, n = 92\ 296\ 873, n = 88\ 169\ 891.$$

14. 利用推广的费马因子分解方法分解如下正整数:

$$n = 68\ 987, n = 29\ 895\ 581, n = 19\ 578\ 079, n = 17\ 018\ 759.$$

15. 把有理数 $x = \frac{45}{89}, x = \frac{55}{89}, x = 1.13$ 展开成连分数.

16. 令 a 为正整数, $x = [a, a, a, \cdots]$, 计算 x 的值.

参考文献 5

[1] L. M. Adelman, C. Pomerance and R. S. Rumely. On distinguishing prime number from composite numbers. Annuals of Mathematics, 1983, 117: 173-206.

[2] W. D. Blair, C. B. Lacampague and J. L. Selfridge. Factoring large numbers on a pocket calculator. American Mathematical Monthly, 1986, 93: 802-808.

[3] R. P. Brent. An improved Monte Carlo factorization algorithm. BIT 1980, 20: 176-184.

[4] R. P. Berent and J. M. Pollared. Factorization of the eighth Fermat number. Math of Computation, 1981, 36: 627-630.

[5] H. Cohen and H. W. Lenstra. Primality testing and Jacobi Sums. Mathematics of Computation, 1984, 42: 297-330.

[6] H. Dawonport. The Higher Arithmetic. Cambridge University Press, 1982.

[7] L. E. Dickson. History of the Theory of Number, Vol 1. Chelsea, 1952.

[8] J. D. Dixon. Factorization and primality tests. American Mathematical Monthly, 1984, 91: 333-352.

[9] R. K. Guy. How to factor a number. Proceedings of the 5th Manitoba Conference on Numberical Mathematics, 1975, 49-89.

[10] E. Kranakis. Primality and Cryptography, John Wiley & Sons, 1986.

[11] D. H. Lehmer and R. E. Powers. On factoring large number. Bull. Amer. Math. Soc., 1931, 37: 770-776.

[12] R. S. Lehman. Factoring large number. Mathematics of Computation, 1974, 28: 637-646.

[13] G. L. Miller. Riemann's hypothesis and tests for primality. Proceedings of the 7th Annual ACM Symposium on the Theory of Computing, 234-239.

[14] M. A. Morrison and J. Brillhart. A method of factoring and the factorization of $\mathbb{F}_7$. Mathematics of Computation, 1975, 29: 183-205.

[15] C. Pomerance. Recent development in primality testing. The Mathematical Intelligencer, 1981, 3: 97-105.

[16] C. Pomerance. The search for prime number. Scientific American, 1982, 427: 136-147.

[17] C. Pomerance. Analysis and comparison of some integer factoring algorithms. In: H. W. Lenstra and R. Tijdeman, eds., Computation Methods in Number Theory, Part 1, Mathematics

Centrum, Amsterdam, 1982: 89-139.

[18] C. Pomerance and S. S. Wagstaff. Implementation of the continued fraction interger factorin algorithm. Proceedings of the 12th Winnipeg Conference on Numerical Methods and Computing, 1983.

[19] M. O. Rabin. Probabilities algorithms for testing primality. J. Number Theory, 1980, 12: 128-138.

[20] J. M. Pollard. A Monte Carlo method for factorization. BIT, 1975, 15: 331-334.

[21] R. Solovag and V. Strassen. A fast Munte Carlo test for primality. SIAM Journal for computing, 1977, 6: 84-85.

[22] S. Wagon. Primality testing. The Mathematical Intelligence, 1986, 8: 58-61.

[23] M. C. Wunderlich. A running time and analysis of Brillhart's continued fraction factoring method. Number Theory, Carbondale, 1979, 175: 328-342.

[24] M. C. Wunderlich. Implementing the continued fraction factoring algorithm on parallel machines. Mathematics of Computation, 1985, 44: 251-260.

第六章
椭圆曲线

1985 年, 数学家米勒 (V.Miller) 首次把椭圆曲线引入密码学, 1987 年数学家科布利茨 (N.Koblitz) 在米勒工作的基础上进一步改进和完善, 形成了著名的椭圆曲线公钥密码体制. 椭圆曲线公钥密码系统、RSA 公钥密码系统以及基于离散对数的 ElGamal 公钥密码系统是当今公认的三大公钥密码体制, 在现代密码学上占有最突出的位置. 与 RSA 密码相比, 椭圆曲线密码可以用更短的密钥提供相同或更高等级的安全性; 与 ElGamal 密码相比, 二者基于相同的数学原理, 本质上都是基于离散对数的密码体制. ElGamal 密码基于有限域上乘法群的离散对数, 椭圆曲线密码基于有限域上椭圆曲线的莫德尔 (Mordell) 群的离散对数, 但选择椭圆曲线比选择有限域有更大的灵活性, 因此椭圆曲线密码受到了更为广泛的关注. 本章的主要目的是从基础理论、密码系统以及因子分解三个方面系统全面地介绍椭圆曲线密码, 以期读者更加深入地了解和掌握这种公钥密码机制.

6.1 基础理论

本章的工作平台为一个域 E, 特指 $E=\mathbb{R}$ (实数域), $E=\mathbb{C}$ (复数域), $E=\mathbb{Q}$ (有理数域) 或者 $E=\mathbb{F}_q$ (q 个元素的有限域) 四种常见的域. 一个域 E 的特征 $\chi(E)$ 为 E 的乘法单位元素 e 在加法群中的阶, 即 $\chi(E)=o(e)$ 为一个素数或者 ∞, 具体地说

$$\chi(E)=\begin{cases}\infty, & \text{如果 } E=\mathbb{C},\mathbb{R},\mathbb{Q},\\ p, & \text{如果 } E=\mathbb{F}_q, q=p^r.\end{cases}$$

定义 1.1 (i) 假设 E 为一个域, E 的特征 $\chi(E)\neq 2,3$, $f(x)=x^3+ax+b\in E[x]$ 为一个三次多项式, 且在分裂域中没有重根. 域 E 上的一条椭圆曲线是指 "平面" 上的有限点 $(x,y)\in E^2$ 加上无穷远点的集合, 其中有限点 (x,y) 满足

$y^2=x^3+ax+b$,其中 $a\in E,\ b\in E$ 给定.

用 C_E 表示椭圆曲线,"O" 表示无穷远点,即

$$C_E=\{(x,y)\in E^2|y^2=x^3+ax+b\}\bigcup\{O\}. \tag{6.1}$$

(ii) 如果 $\chi(E)=2$,则特征为 2 的域 E 上的一条椭圆曲线 C_E 定义为

$$C_E=\{(x,y)\in E^2|y^2+y=x^3+ax+b\}\bigcup\{O\}. \tag{6.2}$$

(iii) 如果 $\chi(E)=3$, $x^3+ax^2+bx+c\in E[x]$ 在分裂域内没有重根,则 E 上的一条椭圆曲线 C_E 定义为

$$C_E=\{(x,y)\in E^2|y^2=x^3+ax^2+bx+c\}\bigcup\{O\}. \tag{6.3}$$

令 $F(x,y)\in E[x,y]$ 为一个二元多项式,则 $F(x,y)=0$ 定义了 E 上的一条代数曲线 C. 如果偏导数 $\dfrac{\partial F}{\partial x}$ 与 $\dfrac{\partial F}{\partial y}$ 在 (x_0,y_0) 处至少有一个不为 0,则 $(x_0,y_0)\in C$ 称为 C 上的一个非奇异点. 如果 $\chi(E)\neq 2,3$,令 $f(x)=x^3+bx+c$,则 E 上的一条椭圆曲线 $F(x,y)=y^2-f(x)=0$ 的有限点都是非奇异点,同理于 $\chi(E)=2$, $\chi(E)=3$ 时的情形. 所以一条椭圆曲线又称为非奇异的立方曲线.

在椭圆曲线的许多深刻的算术性质中,椭圆曲线上的莫德尔群是最优美且最重要的基本性质. 首先我们在 $E=\mathbb{R}$ 为实数域的熟悉的情况下引进莫德尔群,然后推广到有限域的情形.

1. 实数域上的椭圆曲线

定义 1.2 令 $E=\mathbb{R}$ 为实数域, C_E 为一条椭圆曲线, P 与 Q 为 C_E 上的两个点,即 $P\in C_E$, $Q\in C_E$,我们按以下法则来定义加法:

(i) 如果 $P=O$ 为无穷远点,定义 $P+P=O$ 还是无穷远点,即无穷远点作为加法的单位元素,而 P 的负元 $-P=P=O$.

(ii) 如果 $P=(x,y)\in C_E$ 为有限点,定义 $-P=(x,-y)$,显然 $-P\in C_E$,为 $xy-$平面上 P 点的镜面反射点.

(iii) 如果 $P,Q\in C_E$ 为两个有限点,有不同的 x 坐标 (即 $P=(x_1,y_1), Q=(x_2,y_2), x_1\neq x_2$),则在 $xy-$ 平面上 P 与 Q 的连线上恰有一个点 R,是连线与椭圆曲线的交点,定义 $P+Q=-R$,为 R 的镜面反射点. 如果 Q 为无穷远点,则定义 $P+O=P$.

(iv) 如果 $Q=-P$,即 P 与 Q 有相同的 x 坐标,定义 $P+Q=O$ 为无穷远点.

(v) 如果 $P=Q$ 为 C_E 上的有限点,则 C_E 在 P 处的切线与 C_E 恰好有一个交点 R,定义 $P+P=-R$.

我们用几何构造方法定义了椭圆曲线 C_E 上的加法,对于 x 坐标不同的有限点的连线以及有限点处的切线为什么与 C_E 仅有唯一的交点,是需要严格数学证明的,我们归诸如下引理.

引理 1.1 令 $P=(x_1,y_1), Q=(x_2,y_2)$ 为椭圆曲线 C_E 上的两个有限点, 且 $x_1\neq x_2$, 则

(i) P 与 Q 的连线与 C_E 仅有唯一的交点 $R=(x_3,y_3)$, 满足 $R\neq P, R\neq Q$, 其中

$$\begin{cases} x_3=\left(\dfrac{y_2-y_1}{x_2-x_1}\right)^2-x_1-x_2, \\ y_3=-y_1+\left(\dfrac{y_2-y_1}{x_2-x_1}\right)(x_1-x_3). \end{cases} \tag{6.4}$$

(ii) 令 α 为导数 $\dfrac{\mathrm{d}y}{\mathrm{d}x}$ 在 P 点的值, 则 P 点的切线与 C_E 仅有唯一的交点 $R=(x_3,y_3)$, $R\neq P$, 其中

$$\begin{cases} x_3=\left(\dfrac{3x_1^2+a}{2y_1}\right)^2-2x_1, \\ y_3=-y_1+\left(\dfrac{3x_1^2+a}{2y_1}\right)(x_1-x_3). \end{cases} \tag{6.5}$$

证明: 在 xy–平面上令 P 与 Q 的连线的函数方程为 $y=\alpha x+\beta$, 其中

$$\alpha=\frac{y_2-y_1}{x_2-x_1},\ \beta=y_1-\alpha x_1.$$

连线 $y=\alpha x+\beta$ 上的一个点 $(x,\alpha x+\beta)$ 在椭圆曲线 C_E 上当且仅当

$$(\alpha x+\beta)^2=x^3+ax+b. \tag{6.6}$$

因此 $x^3-(\alpha x+\beta)^2+ax+b=0$ 的三个解 x, 每一个解将产生一个交点. 但我们假设 P 与 Q 两个点在交点上, 所以仅有唯一的第三个交点 $R=(x,\alpha x+\beta)=(x_3,\alpha x_3+\beta)$. 因为式 (6.6) 的三个解 x_1,x_2,x_3 满足如下关系式

$$x_1+x_2+x_3=\alpha^2.$$

因此有

$$\begin{cases} x_3=\left(\dfrac{y_2-y_1}{x_2-x_1}\right)^2-x_1-x_2, \\ y_3=\alpha x_3+\beta=-y_1+\left(\dfrac{y_2-y_1}{x_2-x_1}\right)(x_1-x_3). \end{cases}$$

从而式 (6.4) 得证. 如果 Q 点无限接近 P 点, 则连线变成了曲线 C_E 在 P 点处的切线, 此时

$$\alpha=\left.\frac{\mathrm{d}y}{\mathrm{d}x}\right|_{(x_1,y_1)}=\frac{3x_1^2+a}{2y_1}.$$

所以切线与 C_E 有唯一的交点 $R\neq P$, $R=(x_3,\alpha x_3+\beta)$, 其中

$$\begin{cases} x_3=\alpha^2-2x_1=\left(\dfrac{3x_1^2+a}{2y_1}\right)^2-2x_1, \\ y_3=-y_1+\left(\dfrac{3x_1^2+a}{2y_1}\right)(x_1-x_3). \end{cases}$$

式 (6.5) 成立, 从而完成对引理的证明. □

例 1 在实平面上我们举一个具体的例子 $y^2=x^3-x$ 来说明这条椭圆曲线上的加法法则, 见图 6.1.

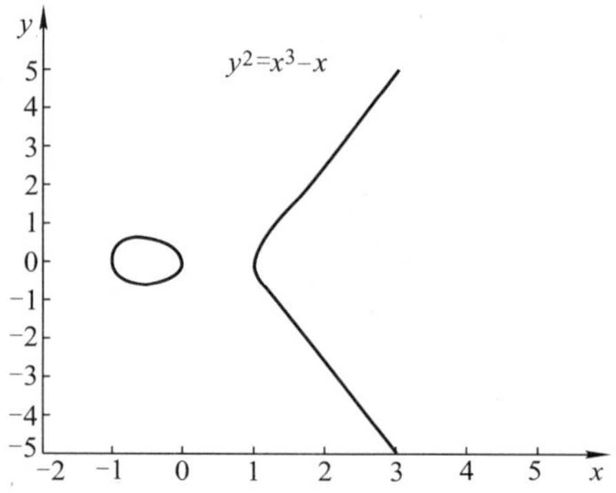

图 6.1

其中 C_E 在左半平面的点称为 C_E 的扭点, 在右半平面的点称为 C_E 的自由点.

注: 在引理 1.1 中, 如果 $P=(x_1,0)$, 即 $y_1=0$, 则 P 点的切线与 C_E 的唯一交点定义为无穷远点 “O” .

由定义 1.1 与引理 1.1, 我们有如下重要推论.

推论 1 (i) 椭圆曲线 C_E 的全部点在加法下构成一个阿贝尔群, 其中无穷远点 “O” 为群的零元素, 这个群称为莫德尔群.

(ii) 如果 $P=(x_1,y_1), Q=(x_2,y_2)$ 为有理点, 即 x_1,y_1,x_2,y_2 为有理数, 则 P 与 Q 连线与 C_E 的唯一的交点 R 也是有理点.

证明: (i) 由定义 1.1 直接给出. 结论 (ii) 由引理 1.1 的式 (6.4) 与式 (6.5) 直接推出. □

2. 有理数域上的椭圆曲线

令 $E=\mathbb{Q}$, 则定义 1.1 中的 a,b,c 都是有理数. 有理数域上的椭圆曲线是现代数论最重要的研究课题之一, 有许多重要结论和著名数论难题与其相关, 比如著名的 “BSD” 大猜想、古老的同余数问题等. 其中莫德尔定理是有理数域上椭圆曲线最基本的结论. 由于密码学目前仅仅关心有限域上的椭圆曲线, 所以这里我们不加证明地简单介绍一些重要结果.

令 C_E 为有理数域上的一条椭圆曲线, 由推论 1 知, C_E 的全部点构成一个阿贝尔群 G. 在代数上一个阿贝尔群等同于整数环上的模, 所以一个阿贝尔群又称为 $\mathbb{Z}$−模. 把椭圆曲线 C_E 上的莫德尔群看作一个 $\mathbb{Z}$−模 G, 由主理想环上的模的分解定理, 一个 $\mathbb{Z}$−模可以分解为一个扭模与一个自由模的直和, 因此 C_E 上的莫德尔群 G 有

$$G=Tor(G)\oplus Free(G).$$

莫德尔首先证明了下述重要结论.

莫德尔定理: 椭圆曲线 C_E ($E=\mathbb{Q}$ 为有理数域) 上的阿贝尔群 G 为有限生成的, 换句话说, G 为有限生成的 $\mathbb{Z}$-模. 因此, 莫德尔群 G 可以分解为

$$G = Tor(G) \oplus \mathbb{Z}(\alpha_1, \alpha_2, \dots, \alpha_r),$$

其中 $\alpha_1, \alpha_2, \dots, \alpha_r$ 为自由模 $Free(G)$ 的一组基, r 称为自由模的秩. 秩 r 仅仅知道为有限的, 但具体怎样计算是著名的数论难题, 所谓的 BSD 大猜想认为 r 可以通过椭圆曲线上的 $L-$ 函数的值给出, 但目前没有完全证明.

另一个与椭圆曲线相关的问题是古老的同余数问题, 其历史可以追溯到古希腊的柏拉图时代.

同余数问题: 令 $n > 1$ 为一个正整数, 是否存在一个边长为有理数的直角三角形, 其面积恰好为 n?

这个问题等价于椭圆曲线 $y^2 = x^3 - n^2x$ 的秩 $r > 0$. 这个问题目前也没有完全解决. 我国数学家田野教授在这个问题上取得了实质性的进展.

3. 有限域上的椭圆曲线

令 $E = \mathbb{F}_q$ 为一个 q 元有限域, $q = p^r$, p 为素数. 令

$$F(x, y) = \begin{cases} y^2 - f(x), & \text{如果 } p \neq 2, \\ y^2 + y - f(x), & \text{如果 } p = 2, \end{cases} \tag{6.7}$$

其中

$$f(x) = \begin{cases} x^3 + ax + b, & \text{如果 } p \neq 2, \\ x^3 + ax^2 + bx + c, & \text{如果 } p = 2, \end{cases} a, b, c \in \mathbb{F}_q, \tag{6.8}$$

则 $\mathbb{F}_q$ 上的一条椭圆曲线 C_E 定义为

$$C_E = \{(x, y) \in \mathbb{F}_q^2 | F(x, y) = 0\} \bigcup \{O\}, \tag{6.9}$$

其中 “O” 为无穷远点.

显然, C_E 中点的个数是有限的, 令 $N_q = |C_E|$, 称为椭圆曲线在 $\mathbb{F}_q$ 中的点的个数. $N_q \leqslant 2q + 1$ 是一个平凡估计, 因为每个 $x \in \mathbb{F}_q$ 至多有 2 个 y 值, 连同无穷远点. N_q 更为精确的估计依赖于韦伊 (A.Weil) 证明的单变量代数函数域上的黎曼 (Riemann) 假设是成立的, 这是数学上一个十分深刻的结果. 韦伊定理的一个特例是, 当 $F(x, y)$ 为椭圆曲线时, 哈塞 (Hasse) 证明了下面的结果.

定理 1 (哈塞定理) 令 N_q 为椭圆曲线 $F(x, y) = 0$ 在 $\mathbb{F}_q$ 中点的个数, 则我们有

$$|N_q - (q + 1)| \leqslant 2\sqrt{q}.$$

证明: 令 χ 为 $\mathbb{F}_q$ 中的一个二次实特征, 即

$$\chi(a) = \begin{cases} 0, & \text{如果 } a = 0, \\ 1, & \text{如果 } a = b^2, b \in \mathbb{F}_q, \\ -1, & \text{其他情况}. \end{cases}$$

由定义显然有 $u^2 = a$ 在 $\mathbb{F}_q$ 中解的个数为 $1 + \chi(a)$, 因此, 假设 N_q 为椭圆曲线 $F(x, y) = 0$ 在

$\mathbb{F}_q$ 中解的个数, 其中 $F(x,y)$ 由式 (6.7) 给出, 则

$$\begin{aligned} N_q &= 1+\sum_{x\in\mathbb{F}_q}(1+\chi(x^3+ax+b)) \\ &= q+1+\sum_{x\in\mathbb{F}_q}\chi(x^3+ax+b). \end{aligned} \tag{6.10}$$

我们以 $\mathbb{F}_q(x)$ 表示 $\mathbb{F}_q$ 上的有理函数域, 则 $y^2=f(x)$ 所定义的单变量代数函数域可以看作 $\mathbb{F}_q(x)$ 上的一个二次有限扩域. 这个函数域的亏格 d 显然为 $d=3$. 哈塞能够证明这个特殊的代数函数域上的黎曼假设是成立的, 即相应的黎曼 $\xi-$函数的所有零点位于 $s=\dfrac{1}{2}+it$ 的直线上. 这个结论的一个特例为

$$\left|\sum_{x\in\mathbb{F}_q}\chi(x^3+ax+b)\right|\leqslant(d-1)\sqrt{q}=2\sqrt{q}. \tag{6.11}$$

由式 (6.10) 可知

$$|N_q-(q+1)|\leqslant 2\sqrt{q}.$$

我们完成了证明. □

注: 式 (6.11) 称为有限域上的特征和, 令 $g(x)\in\mathbb{F}_q[x]$ 为任意一个多项式, χ 为 $\mathbb{F}_q$ 上的任意一个非平凡的乘法特征, 由著名的韦伊定理, 我们有如下一般的特征和估计

$$\left|\sum_{x\in\mathbb{F}_q}\chi(g(x))\right|\leqslant(\deg g-1)\sqrt{q}.$$

下面我们简单介绍韦伊定理. 令 $\mathbb{F}_{q^n}$ 为 $\mathbb{F}_q$ 上的 n 次扩张, 即 $n=[\mathbb{F}_{q^n}:\mathbb{F}_q]$. N_{q^n} 为椭圆曲线 $F(x,y)=0$ 在扩域 $\mathbb{F}_{q^n}$ 中的解的个数. 定义椭圆曲线 C_E 上的 Zeta 函数 $Z(T,C_E)$ 为 T 的形式幂级数:

$$Z(T)=Z(T,C_E)=\exp\left(\sum_{n=1}^{+\infty}\frac{1}{n}N_{q^n}T^n\right). \tag{6.12}$$

其中 $\exp(a)=\mathrm{e}^a$ 为指数函数. 韦伊证明 $Z(T)$ 为一个有理函数, 即

$$Z(T)=\frac{qT^2-\alpha T+1}{(1-T)(1-qT)}. \tag{6.13}$$

其中 α 为一个整数, 依赖于椭圆曲线 C_E. 事实上, 上式对一般的代数曲线都是成立的. 由于 $N_q=q+1-\alpha$, 且 $\alpha^2-4q<0$ (哈塞定理), 因此 Zeta 函数 $Z(T)$ 有两个复根, 即 $qT^2-\alpha T+1=0$ 的两个解 α_1 与 α_2, 且 $\left|\dfrac{1}{\alpha_1}\right|=\left|\dfrac{1}{\alpha_2}\right|=\sqrt{q}$. 这就是椭圆曲线上的黎曼假设, 韦伊首次在一般的代数曲线上给予了证明. 具体证明过程请参阅 J. Silverman (参考文献 6 的 [11]) 的第五章.

由上述韦伊定理, 在式 (6.12) 两边取对数, 比较形式幂级数两边的系数, 令 N_{q^n} 为椭圆曲线在 $\mathbb{F}_{q^n}$ 中点的个数, 则

$$|N_{q^n}-(q^n+1)|\leqslant 2q^{\frac{n}{2}}(n\geqslant 1). \tag{6.14}$$

上式也可由哈塞定理直接推出.

下面我们在 $\mathbb{F}_2$ 中看一条具体的椭圆曲线, $y^2+y=x^3$, 从而对韦伊定理有更好的理解. 因为 $F(x,y)=y^2+y-x^3=0$ 在 $\mathbb{F}_2$ 中有三个点, 因此椭圆曲线上的 Zeta 函数

$$Z(T)=\exp\left(\sum_{n=1}^{+\infty}\frac{N_n}{n}T^n\right)$$

$$=\frac{2T^2+1}{(1-T)(1-2T)}.$$

记 $2T^2+1=(1-\alpha_1T)(1-\alpha_2T)$, 其中 $\alpha_1=i\sqrt{2}$, $\alpha_2=-i\sqrt{2}$. 上式两边取对数, 并比较两边 T^n 的系数可得

$$N_n=\begin{cases}2^n+1, & \text{如果 } n \text{ 为奇数},\\ 2^n+1-2(-2)^{\frac{n}{2}}, & \text{如果 } n \text{ 为偶数},\end{cases}$$

其中 N_n 表示椭圆曲线 $y^2+y=x^3$ 在 $\mathbb{F}_{2^n}$ 中点的个数.

最后, $\mathbb{F}_q$ 上椭圆曲线的莫德尔群为一个 N_q 阶的有限阿贝尔群, 根据有限阿贝尔群的分类定理, 这个群可以表示为两个循环群的直和, 这一点在需要的时候再进一步解释.

6.2　椭圆曲线公钥密码系统

有限域 $\mathbb{F}_q$ 上的一条椭圆曲线构成一个有限阿贝尔群 G, 这个群类似于 $\mathbb{F}_q^*$, 因此可以利用离散对数来构建椭圆曲线公钥密码系统. 与基于离散对数的其他公钥密码系统 (比如 ElGamal 密码) 相比, 椭圆曲线密码有更大的弹性, 因为当一个巨大的 q 选定之后, ElGamal 密码系统的工作平台只有一个乘法群 $\mathbb{F}_q^*$, 但 $\mathbb{F}_q$ 上可以定义多条椭圆曲线, 因此会有多个莫德尔群可供选择. 仅就此点而言, 椭圆曲线密码系统有更大的隐蔽性和安全性.

在引进椭圆曲线密码之前, 我们首先讨论两种群上的计算复杂性. 对于有限域 $\mathbb{F}_q$ 上的乘法运算, 我们在第四章引理 7.12 中已讨论过其计算复杂性, 特别地, $\alpha\in\mathbb{F}_q$, k 为一个整数, 则 $\text{Time}(\alpha^k)=O(\log k\log^3 q)$. 在椭圆曲线的情况下, 莫德尔群 G 上是加法运算, 令 $P\in G$ 为一个点. kP 表示点 P 连续相加 k 次.

引理 2.1　令 $E=\mathbb{F}_q$ 为一个 q 元有限域, C_E 是由魏尔斯特拉斯 (Weierstrass) 方程式 (6.7)、式 (6.8) 与式 (6.9) 所定义的 $\mathbb{F}_q$ 上的一条椭圆曲线, $P\in G$, G 为 C_E 上的莫德尔群, 则对任意整数 k 有

$$\begin{cases}\text{Time}(kP)=O(\log k\log^3 q), & \text{如果 } k\leqslant N_q,\\ \text{Time}(kP)=O(\log^4 q), & \text{如果 } k>N_q,\end{cases}$$

其中 N_q 为曲线 C_E 的点的个数, 也是莫德尔群 G 的阶.

证明: 令 $P=(x,y), y\neq 0$, 则 $P+P=(x',y')$, 其中 x' 与 y' 由式 (6.5) 确定, 式 (6.5) 所涉及的计算种类 (加、减、乘、除等) 不超过 20 种, 每种计算的比特运算次数为 $O(\log^3 q)$. 由 "重复平方方法", kP 可以化为 $\log k$ 个步骤, 因此

$$\text{Time}(kP)=O(\log k\log^3 q).$$

如果 $y=0$, 由定义 $P+P=O$ 以及"重复平方方法", 则有 $\text{Time}(kP)=O(\log k)$.

如果 $k>N_q$, 由于 $N_q\cdot P=0$, 令 $k=s\cdot N_q+r$, $1\leqslant r\leqslant N_q$, 则 $kP=rP$. 我们计算 rP 即可. 因此

$$\text{Time}(kP)=O(\log N_q+\log N_q\log^3 q)=O(\log^4 q).$$

其中我们用到了哈塞定理: $N_q=q+1+O(\sqrt{q})$, 因此有 $N_q=O(q)$, 从而

$$\log N_q=O(\log q).$$

引理 2.1 得证. □

其次, 我们考虑怎样将一个明文单位 m 对应于一条给定的椭圆曲线 C_E 上的一个点, 这是运用椭圆曲线进行加密的必要前提. 遗憾的是, 尚没有一个多项式次比特运算的确定的算法可以将任意一个巨大的整数 m 对应于任意一条椭圆曲线上的一个点. 作为替代, 我们只能选择失误概率充分小的概率算法来实现数到点的对应. 所谓概率算法是不保证 100% 的成功率 (因此, 每次操作时要看运气) , 但成功概率要充分大, 即

$$P\{\text{数到点的对应}\}>1-\varepsilon,\ \varepsilon>0\ \text{充分小}.$$

下面我们介绍一种概率算法来实现数到点的对应, 为构建椭圆曲线密码系统做理论上的准备.

1. 概率算法

把每个明文单位看作一个整数 m, $0\leqslant m<M$, k 为一个正整数. 选择一个有限域 $\mathbb{F}_q$, $q=p^r$ 满足 $q>kM$. 我们把从 1 到 kM 的正整数 n 写成如下形式,

$$1\leqslant n\leqslant kM, n=mk+j, 0\leqslant m<M, 1\leqslant j\leqslant k. \tag{6.15}$$

引理 2.2 整数集合 $A=\{1,2,\ldots,kM\}$ 与有限域 $\mathbb{F}_q(q>kM)$ 的一个子集之间存在一个 1-1 对应 τ.

证明: 因为 $q=p^r$, 令 $g(x)\in\mathbb{F}_q[x]$ 为一个首一不可约多项式, 且 $\deg g(x)=r$, 则由域的有限扩张理论可知, $\mathbb{F}_q$ 同构于子域 $\mathbb{F}_p$ 上的多项式环 $\mathbb{F}_p[x]$ 的一个商环, 即

$$\mathbb{F}_q\cong\mathbb{F}_p[x]/_{<g(x)>}=\{a_0+a_1x+\cdots+a_{r-1}x^{r-1}|a_i\in\mathbb{F}_p\}.$$

每个元素 $\alpha\in\mathbb{F}_q$ 对应唯一的多项式 $a_0+a_1x+\cdots+a_{r-1}x^{r-1}$, 我们记

$$\alpha=(a_{r-1}a_{r-2}\cdots a_1a_0)_p,$$

称为 α 的 p 进制表示.

对于每一个 m $(0\leqslant m<M)$ 和每一个 j $(1\leqslant j\leqslant k)$, 唯一对应 $n=mk+j$ 把 n 表示为 p 进制数, 如果 n 的 p 进制表示为 $(a_{r-1}a_{r-2}\cdots a_1a_0)_p$, 则令 $\tau(n)=\alpha\in\mathbb{F}_q$. 由 p 进制表示的唯

一性, τ 为一个单映射, 且

$$A' = \{\tau(n) | 1 \leqslant n \leqslant kM\} \subset \mathbb{F}_q.$$

所以, 我们建立了 $A \to A'$ 的一个 1-1 对应 τ. 引理成立. □

下面我们对每个 $m(0 \leqslant m < M)$ 建立 m 与椭圆曲线 C_E 上点的一个 1-1 对应 σ. 任意选择 $1 \leqslant j \leqslant k$, 则 $n = mk + j$ 对应于 $\mathbb{F}_q$ 中的一个元素, 即 $\tau(n) = x_j \in \mathbb{F}_q$. 对于每个 x_j, 考虑下述方程的解:

$$y^2 = f(x_j) = x_j^3 + ax_j + b. \tag{6.16}$$

如果上述方程有解, 令 y_1 为其中的一个解, 则 $P_m = (x_j, y_1) \in C_E$, 我们令 $\sigma(m) = P_m$, σ 的逆映射 $\sigma^{-1}(P_m)$ 为

$$\sigma^{-1}(P_m) = \left[\frac{\tau^{-1}(x_j) - 1}{k}\right]. \tag{6.17}$$

其中 τ 为引理 2.2 中的 1-1 对应. 因为 $\tau^{-1}(x_j) = mk + j$, 所以

$$\left[\frac{\tau^{-1}(x_j) - 1}{2}\right] = \left[m + \frac{j-1}{k}\right] = m.$$

所以 σ^{-1} 确为 σ 的逆映射. 由 σ 则建立了每个 m 与椭圆曲线上的点之间的一个 1-1 对应. 称 σ 为一个概率算法.

引理 2.3 概率算法 σ 可以成功实现的概率 $\geqslant 1 - \frac{1}{2^k}$, 即

$$P\{\text{由 } \sigma \text{ 产生数 } m \text{ 与点的 1-1 对应}\} \geqslant 1 - \frac{1}{2^k}.$$

证明: 当 m, $0 \leqslant m < M$ 给定之后, $n = mk + j$, 其中 k 为任意给定的正整数, $1 \leqslant j \leqslant k$. 由引理 2.2, $\tau(n) = x_j \in \mathbb{F}_q$, 则 $f(x_j) = x_j^3 + ax_j + b$ 为一个平方数的概率是 $\frac{1}{2}$, 换句话说, 式 (6.16) 在 $\mathbb{F}_q$ 中有解的概率为 $\frac{1}{2}$, 因此无解的概率也是 $\frac{1}{2}$. 我们随机独立地选取 j, $1 \leqslant j \leqslant k$, 每个 j 的失误概率 (式 (6.16) 无解) 为 $\frac{1}{2}$, 因此 k 个 j 的失误概率为 $\frac{1}{2^k}$. 一旦式 (6.16) 有解, $P_m = (x_j, y) \in C_E$, 我们就能建立 m 与 C_E 上的点之间的 1-1 对应 σ, $\sigma(m) = P_m$. 因此

$$P\{\sigma \text{ 成功实现}\} \geqslant 1 - \frac{1}{2^k}.$$

我们完成了对引理的证明. □

注: $f(x_j) = x_j^3 + ax_j + b$ 为一个平方数, 即式 (6.16) 有解的概率准确来说为 $\frac{N_q}{2q}$, 其中 N_q 为 C_E 的点的个数. 由哈塞定理, $\frac{N_q}{2q}$ 非常接近 $\frac{1}{2}$.

定义 2.1 令 C_E 为有限域 $\mathbb{F}_q$ 上的一条椭圆曲线, $B \in C_E$ 为一个点. 对 C_E 上任意的一个点 P, 如果存在一个整数 x, 使得 $xB = P$, 则称 x 为 P 对基 B 的离散对数.

有了上面的准备, 我们可以建立起椭圆曲线公钥密码体制.

2. 迪菲 – 赫尔曼密钥转换原则

对称密码又称为经典密码或传统密码, 是公钥密码体制问世之前的主流密码, 以其加解密共享同一个算法而具有很高的工作效率 (如 1977 年美国国家标准化局推出的数据加密标准算法 DES). 迪菲与赫尔曼在提出非对称密码体制的同时就指出: 对称密码与非对称密码并不是绝然分开的, 两种密码机制是相互联系的, 甚至可以结合起来加以利用. 迪菲 – 赫尔曼密钥转换原则是基于如下的数学原理.

引理 2.4 令 p 为一个素数, $q=p^r$, $\mathbb{F}_q$ 为一个 q 元有限域, $\mathbb{Z}_{p^r}$ 为 $\bmod p^r$ 的剩余类环, $\mathbb{Z}_p^r$ 为 $\mathbb{F}_p$ 上的 r 维向量空间, 则 $\mathbb{F}_q, \mathbb{Z}_{p^r}, \mathbb{Z}_p^r$ 彼此之间都存在 1-1 对应.

证明: $\mathbb{F}_q$ 为 $\mathbb{F}_p$ 上的一个 r 次有限扩张, 因此 $\mathbb{F}_q$ 的加法群 $\mathbb{F}_q^+$ 与 $\mathbb{F}_p^r$ 是同构的, 即 $\mathbb{F}_q^+ \cong \mathbb{F}_p^r$, 因此 $\mathbb{F}_q$ 与 $\mathbb{F}_p^r$ 之间存在一个 1-1 对应. 每个 $a=(a_0,a_1,\ldots,a_{r-1})\in\mathbb{F}_p^r$, 定义

$$\sigma(a)=a_0+a_1p+\cdots+a_{r-1}p^{r-1}\in\mathbb{Z}_p^r.$$

则 σ 为 $\mathbb{F}_p^r\to\mathbb{Z}_{p^r}$ 的一个满映射, 也是一个单映射, 因此 σ 为 $\mathbb{F}_p^r\to\mathbb{Z}_{p^r}$ 的一个 1-1 对应. 由于 $\mathbb{F}_q$ 与 $\mathbb{F}_p^r$ 之间有一个 1-1 对应, $\mathbb{F}_p^r$ 与 $\mathbb{Z}_{p^r}$ 之间有一个 1-1 对应, 因此 $\mathbb{F}_q$ 与 $\mathbb{Z}_{p^r}$ 之间也有一个 1-1 对应, 定理成立. □

由上述引理, 我们有如下结论.

引理 2.5 令 N 为正整数. $\mathbb{Z}_N$ 为 $\bmod N$ 的剩余类环. 则对任意的素数 p, 存在一个有限域 $\mathbb{F}_{p^r}$ 使得存在 $\mathbb{Z}_N\to\mathbb{F}_{p^r}$ 的一个单映射 σ, 这个单映射又称为嵌入映射.

证明: 当 N 给定之后, 对任意的素数 p, 把 N 表示为 p 进制数, 则存在一个正整数 $r\geqslant 1$, 使得 $p^{r-1}\leqslant N<p^r$. 我们记

$$\mathbb{Z}_N=\{0,1,2,\ldots,N-1\}\subset\{0,1,2,\ldots,N-1,N,\ldots,p^r-1\}=\mathbb{Z}_{p^r}.$$

也就是把 $\mathbb{Z}_N$ 看作 $\mathbb{Z}_{p^r}$ 的一个子集. 令 $\mathbb{Z}_{p^r}\xrightarrow{\sigma}\mathbb{F}_{p^r}$ 为 1-1 对应, 因此 σ 给出了 $\mathbb{Z}_N\to\mathbb{F}_{p^r}$ 为一个单映射. 引理成立. □

由上述结论我们可以建立迪菲 – 赫尔曼的密钥转换原则. 因为对称密码密钥都与 $\mathbb{Z}_N$ 的数字相关, 由引理 2.5, $\mathbb{Z}_N$ 中的每一个数字都可以嵌入到一个有限域 $\mathbb{F}_q$ 中. 因此, $\mathbb{F}_q$ 上的离散对数可以对嵌入的每一个数字进行非对称加密, 从而两种密码体制可以结合起来使用.

以第四章介绍的仿射密码为例, A 为 $\mathbb{Z}_N$ 中的一个 $k\times k$ 阶可逆方阵, $b=(b_1,b_2,\ldots,b_k)\in\mathbb{Z}_N^k$ 为一个给定的向量, 仿射变换 $f=(A,b)$ 给出了每个明文单位 $m=m_1m_2\cdots m_k\in\mathbb{Z}_N^k$ 的加密算法.

$$f(m)=c=A\begin{pmatrix}m_1\\ \vdots\\ m_k\end{pmatrix}+\begin{pmatrix}b_1\\ \vdots\\ b_k\end{pmatrix}.$$

令 $A=(a_{ij})_{k\times k}$, 每个 $a_{ij}\in\mathbb{Z}_N$. 由引理 2.5, 我们可以把 a_{ij} 嵌入到一个有限域 $\mathbb{F}_q$ 中. 利用 $\mathbb{F}_q$ 上的离散对数算法对 a_{ij} 再一次加密, 两种密码体制就可以实现有效的结合.

在椭圆曲线的情况下, 我们具体介绍一下迪菲 – 赫尔曼椭圆曲线密码的工作流程. 首先, 用户选择一个公共的有限域 $\mathbb{F}_q$, 以及 $\mathbb{F}_q$ 上的一条椭圆曲线 C_E, 在 C_E 上随机选择一个点 $P\in C_E$, 令 $P=(x,y)$, 则 $x\in\mathbb{F}_q$. 由引理 2.4, x 对应于 $\mathbb{F}_p^r$ 空间中的一个 r 维向量 $(a_0,a_1,\ldots,a_{r-1})$(其中 $q=p^r$), 把 $(a_0,a_1,\ldots,a_{r-1})$ 看作一个 p 进制数, 即

$$(a_0,a_1,\ldots,a_{r-1})\to a_0+a_1p+\cdots+a_{r-1}p^{r-1}.$$

则 $(a_0,a_1,\ldots,a_{r-1})$ 可以作为其他密码系统, 特别是对称密码系统的密钥使用.

其次, 用户选择一个公共点 $B\in C_E$, 像有限域一样, B 作为莫德尔群上离散对数的基. 与有限域时的区别在于椭圆曲线上的莫德尔群并不是一个循环群, 因此点 B 不是莫德尔群的生成元. 不过, 我们要求 B 的阶 $o(B)$ 尽可能大 $(o(B)|N_q)$. 当点 B 选定之后, 椭圆曲线密码的工作平台实际上是 B 所生成的子群 $<B>$.

为了生成密钥, 每个用户可以各自随机选择一个整数 a, 其阶与 N_q 大致相当, a 作为各自用户的私钥需严格加以保密. 计算 $aB=A\in C_E$. 点 A 作为各自用户的公钥. 现在每个用户都拥有了自己的公钥 (A,B) 与私钥 (a,B).

3. Massey-Omura 椭圆曲线密码

为了加密发送一个明文单位 $m(0\leqslant m<M)$, 利用前面介绍的概率算法, 把 m 对应到椭圆曲线 C_E 上的唯一点 $P_m\in C_E$. 令 $N=N_q=|C_E|$, 也就是莫德尔群的阶是已知的. 每个用户随机选择一个整数 e, 满足

$$1\leqslant e\leqslant N, 且\ (e,N)=1.$$

利用欧几里得 (Euclidean) 辗转相除法计算出 $d=e^{-1}\bmod N$, 即

$$de\equiv 1(\bmod N), 且\ 1\leqslant d\leqslant N.$$

假设用户 A 要加密发送明文消息 P_m 给用户 B, 令 (e_A,d_A) 与 (e_B,d_B) 为 A 与 B 各自的私钥. 首先, A 向 B 发送消息 e_AP_m, B 收到后再把消息 $e_Be_AP_m$ 返回给 A, A 运用私钥 d_A 可以计算这个消息. 因为 $NP_m=0$, $d_Ae_A\equiv 1(\bmod N)$, 所以

$$d_Ae_Be_AP_m=e_BP_m.$$

最后, 用户 A 把计算结果 e_BP_m 发送给 B, 用户 B 运用私钥 d_B 可以阅读用户 A 的原始真实消息 P_m, 因为 $d_Be_B\equiv 1(\bmod N)$, 所以

$$d_Be_BP_m=P_m.$$

需要注意的是, 即使用户 B 收到了 A 第一次发送的消息 e_AP_m, 因为 e_AP_m 是作为椭圆曲线上的一个点 $Q=e_AP_m$ 给用户 B 的, 如果 B 不通过计算离散对数也是不知道 e_A 和 d_A 的. 尽管最后用户 B 已经知道了明文 P_m, 但 Q 在基 P_m 下的离散对数的计算非常复杂. 同样

的道理, 用户 A 收到用户 B 的回复并计算出 $e_B P_m$, 他也无法得知 B 的私钥 (e_B, d_B).

4. ElGamal 椭圆曲线密码

ElGamal 密码是与上述的 Massey-Omura 密码完全不同的另一种椭圆曲线密码体制. 在这个系统中, 椭圆曲线的莫德尔群的阶 N 是不需要知道的. 所有用户共同选择一个固定的有限域 $\mathbb{F}_q$, $\mathbb{F}_q$ 上一条椭圆曲线 C_E 以及 C_E 上的一个固定的点 $B \in C_E$ 作为离散对数的基. 每个用户随机选择一个整数 $a(0 \leqslant a < N_q)$ 作为私钥, 计算 $Q = aB \in C_E$ 并公开. 其工作流程为: 假设用户 A 要加密发送一个明文单位 P_m 给用户 B. A 的公钥为 $Q_A = a_A \cdot B$, A 的私钥为 a_A, B 的公钥为 $Q_B = a_B \cdot B$, B 的私钥为 a_B. $A \xrightarrow{f} B$ 的加密算法为

$$f(m) = f(P_m) = (kB, P_m + kQ_B) = c. \tag{6.18}$$

解密算法为用户 B 用私钥 a_B 乘第一个数, 然后用第二个数减去即可. 即

$$f^{-1}(c) = P_m + kQ_B - a_B(kB). \tag{6.19}$$

因为 $Q_B = a_B \cdot B$, 所以有

$$f^{-1}(c) = P_m + ka_B \cdot B - ka_B \cdot B = P_m.$$

其中 k 为用户 A 随机选择的一个整数. 这个整数 k 并不出现在密文 c 中, 被称为用户 A 加的一层 " 面具", 用以保护明文 P_m. 实际上用户 B 收到的密文 $c = (A_1, A_2)$ 为椭圆曲线 C_E 上的两个点, 其中

$$A_1 = kB, A_2 = P_m + kQ_B = P_m + k(a_B \cdot B).$$

即使第三个用户知道了用户 B 的私钥 a_B (在用户 B 的私钥并不安全的假设下), 使用 $A_2 - a_B \cdot B$ 解密, 也不能得到明文 P_m, 因为假如 $k \neq 1$,

$$A_2 - a_B \cdot B = P_m + kQ_B - a_B B = P_m + k(a_B \cdot B) - a_B \cdot B \neq P_m.$$

上面介绍的两种椭圆曲线密码系统都基于选定的椭圆曲线 C_E 及 C_E 上的一个点 B 作为离散对数的基. 怎样随机选择 C_E 与 B 是需要进一步研究的问题.

引理 2.6 令 $x^3 + ax + b \in \mathbb{F}_q[x]$ 为一个三次多项式, 则 $x^3 + ax + b = 0$ 在分裂域中无重根的充要条件是判别式 $4a^3 + 27b^2 \neq 0$.

证明: 由三次代数方程的求根公式, 可以直接推出这个结论. □

为了随机选择 $\mathbb{F}_q$ 上的一条椭圆曲线, 当 $\chi(\mathbb{F}_q) \neq 2, 3$ 时, C_E 由方程 $y^2 = x^3 + ax + b$ 确定. 随机在 $\mathbb{F}_q$ 中选择三个元素 (x_0, y_0, a), 令

$$b = y_0^2 - (x_0^3 + ax_0).$$

检测 $f(x) = x^3 + ax + b$ 是否有重根. 由引理 2.6, 只需检查判别式 $4a^3 + 27b^2$ 是否为 0. 如果 $f(x)$ 没有重根, 则选择椭圆曲线 $y^2 = x^3 + ax + b$. 其中 $(x_0, y_0) \in C_E$ 为椭圆曲线上的一个点. 因此令 $B = (x_0, y_0)$ 为离散对数的基. 同样的道理, 对 $q = 2^r$ 或 $q = 3^r$, 我们也可随机选出一

条椭圆曲线 C_E, 并同时确定离散对数的基 $B \in C_E$.

需要注意的是, 目前没有一个算法可以计算出任意一条椭圆曲线的点的个数 N_q. 一些特殊的算法, 比如 Schoof 算法, 尽管计算复杂性是多项式次的, 但在实际应用中仍相当复杂和冗长.

现在我们介绍选择椭圆曲线的第二个方法, 称为 $\bmod p$ 方法. 一条椭圆曲线 C_E, 如果 E 为数域, 比如 $E = \mathbb{R}, \mathbb{Q}, \mathbb{C}$ 等, 称 C_E 为整体曲线. 我们运用 $\bmod p$ 方法要把一条整体曲线转化为一条 "局部" 曲线. 首先选择一条整体曲线 C_E 以及 C_E 上的一个点 $B \in C_E$, 其中 B 作为莫德尔群的群元素, 其加法阶为 ∞, 这里 $E = \mathbb{Q}$ 为有理数域.

$$C_E : y^2 = x^3 + ax + b,\ a, b \in \mathbb{Q}.$$

令 p 为一个素数, 且与 a 及 b 的分母中的整数是互素的, 则我们得到 $\mathbb{F}_p$ 上的一条椭圆曲线

$$C_E \bmod p : y^2 \equiv x^3 + ax + b (\bmod p), a, b \in \mathbb{F}_p,$$

以及 $C_E \bmod p$ 上的一个点 $B \bmod p$. 在局部化一条椭圆曲线时, 素数 p 的选择只需要满足

$$p \nmid a \text{与 } b \text{ 的分母, 且 } 4a^3 + 27b^2 \not\equiv 0 (\bmod p).$$

事实上, 我们可以进一步要求

$$N_p = |C_E \bmod p| = \text{素数}. \tag{6.20}$$

这样 $C_E \bmod p$ 的莫德尔群为一个循环群, $C_E \bmod p$ 的任意一个有限点将是群的生成元. 选择满足式 (6.20) 的素数 p, 目前没有确定的算法, 普遍猜测一种成功概率 $\geqslant O\left(\frac{1}{\log p}\right)$ 的概率算法是存在的.

6.3 椭圆曲线因子分解

1986 年数学家 H.W.Lenstra 运用椭圆曲线找到了一种因子分解的新方法. Lenstra 的方法在许多方面比已知的老算法有更大的优越性, 这也是椭圆曲线越来越受到密码学界重视的主要原因之一. 在介绍 Lenstra 方法之前, 我们先来介绍一种称为 Pollard 的 $(p-1)$ 算法的经典因子分解方法.

1. $(p-1)$ 算法

假设 n 为一个复合数, p 为 n 的一个素因子, 当然 p 是未知的, 需要进一步来确定. 如果 $p-1$ 恰好有一些小的素因子, 或者说 $p-1$ 的所有素因子都不是太大, 则 $(p-1)$ 方法本质上可以确定地找到 n 的具有这种性质的素因子 p. $(p-1)$ 方法可以分如下几步来完成:

(1) 令 B 为一个正整数, 选择一个正整数 k, 满足 k 是比 B 小的大部分正整数的倍数的条件, 比如, 可以令 $k = B!$, 或 k 为所有比 B 小的正整数的最小公倍数.

(2) 选择一个正整数 a, 满足 $2 \leqslant a \leqslant n-2$, $(a, n) = 1$, 比如可以令 $a = 2$, 或者 $a = 3$, 以及任意随机选择的正整数.

(3) 利用“重复平方方法”计算 a^k 在 $\bmod n$ 下的最小非负剩余 $a^k \bmod n$.

(4) 利用欧几里得辗转相除法计算 a^k-1 与 n 的最大公约数 $d=(a^k-1,n)$.

(5) 如果 $d=1$ 或 $d=n$, 即 d 为 n 的平凡因子, 则重新选择 a, 然后重复上述步骤 (1) 至 (4).

为了解释 $(p-1)$ 算法的工作原理, 我们进一步假设 k 为所有小于 B 的正整数的倍数, 且 $p|n$,

$$p-1=\prod p_i^{\alpha_i}, \text{其中} \ \forall\ p_i^{\alpha_i}\leqslant B. \tag{6.21}$$

因此有 $p-1|k$. 由费马同余定理

$$a^{p-1}\equiv 1(\bmod p)\Longrightarrow a^k\equiv 1(\bmod p).$$

所以有 $p|d$, 其中 $d=(a^k-1,n)$.

定义 3.1 假设 n 为一个复合数, $p|n$. B 为任意选定的一个充分大的正整数, 如果式 (6.21) 成立, 则称 p 为 B-平滑素数, 即 $p-1$ 可以分解为素数方幂都小于 B 的乘积.

引理 3.1 假设 n 为一个复合数, B 为一个正整数, 如果 n 有一个 B-平滑素因子 p, 则按照算法步骤 (1) 至 (4) 选择 k 与 a, 则我们有 $d=(a^k-1,n)>1$, 从而有因子分解 $n=d\cdot\dfrac{n}{d}$.

证明: 如果 p 为 n 的一个平滑素因子, 则我们有 $p|(a^k-1,n)$, 从而 $d>1$. 引理成立. □

在上述算法中, 如果 $d=(a^k-1,n)=n$, 即 $n|a^k-1$, 则算法失败, 我们必须重新选择 a, 开展新一轮的测试.

例 1 对 $n=540\ 143$ 进行因子分解. 如果采用 $(p-1)$ 方法, 则选择 $B=8$, $k=840$ 为 $1,2,\ldots,8$ 的最小公倍数, 令 $a=2$, 计算 2^{840} 在 $\bmod n$ 下的最小非负剩余

$$2^{840}\equiv 53\ 047(\bmod 540\ 143).$$

计算 $(2^{840}-1,n)$ 为

$$d=(2^{840}-1,n)=(53\ 046,540\ 143)=421.$$

所以我们有因子分解 $540\ 143=421\times 1\ 283$.

Pollard 的 $(p-1)$ 方法本质上是 $\mathbb{Z}_p$ 的乘法群 $\mathbb{Z}_p^*$ 的阶不能被巨大的素数整除, 否则这个方法会行不通. Lenstra 利用椭圆曲线来进行因子分解可以很好地规避这个缺点, 因为有很多条椭圆曲线可供选择, 我们总可以希望有一条椭圆曲线上的莫德尔群的阶不被巨大的素数整除. 下面我们详细介绍 Lenstra 的方法, 首先讨论 $\bmod n$ 的椭圆曲线.

以下总假设 n 为一个奇数, 也是一个复合数, $p|n$ (p 是未知的) 且 $p>3$. 令 m 为一个正整数, x_1,x_2 为两个有理数, 且 x_1 与 x_2 的分母与 m 互素, 令 $x_1-x_2=\dfrac{c}{d}$ 为既约分数, 则定义

$$x_1\equiv x_2(\bmod m), \ \text{如果}\ m|c. \tag{6.22}$$

引理 3.2 假设 $x_1 \in \mathbb{Q}$ 为一个有理数, 其分母与 m 互素, 则存在唯一的非负整数 r, 使得 $x_1 \equiv r \pmod m$. 称 r 为 x_1 在 $\bmod m$ 下的非负剩余, 记为 $r = x_1 \bmod m$.

证明: 记 $x_1 = \dfrac{b}{a}$, 其中 $(a,m)=1$, $x_1 - x = \dfrac{-ax+b}{a}$, 因为同余方程 $-ax+b \equiv 0 \pmod m$ 有唯一解 r, $0 \leqslant r < m$, 所以有唯一的 r 使得 $x_1 \equiv r \pmod m$. 因此引理成立. □

为了随机生成有理数域 $\mathbb{Q}$ 上的一条椭圆曲线 C_E, 我们随机选择三个整数 $a, x_0, y_0 \in \mathbb{Z}$, 令 $b = y_0^2 - x_0^3 - ax_0$ 满足

$$\Delta = 4a^2 + 27b^2 \neq 0, \text{且 } (\Delta, n) = 1. \tag{6.23}$$

我们得到一条椭圆曲线 $C_E : y^2 = x^3 + ax + b$, 其中 $(x_0, y_0) \in C_E$. 因为 $a, b \in \mathbb{Z}$, 且 $\Delta = 4a^2 + 27b^2$ 与 n 是互素的, 则对所有的素数 p, $p|n \Longrightarrow \Delta \not\equiv 0 \pmod p$. 因此, $x^3 + ax + b$ 作为有限域 $\mathbb{F}_p$ 上的一个三次代数方程是没有重根的, 于是我们得到了一条 "局部" 椭圆曲线 $C_E \bmod p$, 其中

$$C_E \bmod p : y^2 \equiv x^3 + ax + b \pmod p. \tag{6.24}$$

以及 $C_E \bmod p$ 上的一个点 $(x_0 \bmod p, y_0 \bmod p) \in C_E \bmod p$, 我们以 P 记 $C_E \bmod p$ 上的这个点, 即

$$P = (x_0 \bmod p, y_0 \bmod p) \in C_E \bmod p.$$

接下来, 我们希望计算 kP, 像乘法的 "连续平方方法" 一样, 对加法也有类似的连续加倍方法.

引理 3.3 当 k 为巨大的整数时, kP 的计算复杂性为

$$\text{Time}(kP) = \log k \cdot \text{Time}(P).$$

证明: 把 k 表示为二进制整数, 即

$$k = a_0 + a_1 2 + a_2 2^2 + \cdots + a_{m-1} 2^{m-1}, \forall\ a_i = 0 \text{ 或 } 1.$$

我们可以连续加倍, 即 $2^j P + 2^j P = 2 \cdot 2^j P (0 \leqslant j \leqslant m-2)$, 而得到 kP, m 为 k 的二进制位数, $m = O(\log k)$, 所以有

$$\text{Time}(kP) = \log k \cdot \text{Time}(P).$$

引理得证. □

定理 2 令 C_E 为有理数域 $\mathbb{Q}$ 上的一条椭圆曲线, 定义方程为 $y^2 = x^3 + ax + b$, 其中 $a, b \in \mathbb{Z}$, 且 $(4a^3 + 27b^2, n) = 1$. 令 P_1 与 P_2 为 C_E 上的两个点, 它们的分母与 n 互素, 且 $P_1 \neq -P_2$, $P_1 + P_2 \in C_E$. 令 $P_1 + P_2 = (x, y)$, 则 x 与 y 的分母与 n 互素的充要条件是不存在 n 的素因子 $p|n$, $P_1 \bmod p$ 与 $P_2 \bmod p$ 作为局部曲线 $C_E \bmod p$ 上的两个点

$$P_1 \bmod p + P_2 \bmod p = 0.$$

证明: 令 $P_1=(x_1,y_1)$, $P_2=(x_2,y_2)$ 为 C_E 上的两个点. $P_1+P_2=(x,y)$. 如果 x 与 y 的分母与 n 互素, 我们要证明

$$P_1 \bmod p + P_2 \bmod p \neq 0, \forall\, p|n. \tag{6.25}$$

如果 $x_1 \not\equiv x_2 (\bmod p)$, 则由式 (6.4) 显然有式 (6.25) 成立. 不妨令 $x_1 \equiv x_2 (\bmod p)$. 如果 $P_1=P_2$, 此时 $x_1=x_2, y_1=y_2$, 我们仅证 $p\nmid 2y_1$ 即可. 如果 $p|2y_1$, 因为 $2P_1=(x,y)$ 的坐标由式 (6.5) 确定

$$\begin{cases} x=\left(\dfrac{3x_1^2+a}{2y_1}\right)^2-2x_1, \\ y=-y_1+\left(\dfrac{3x_1^2+a}{2y_1}\right)(x_1-x), \end{cases}$$

其中 $\alpha=\dfrac{3x_1^2+a}{2y_1}$. 由 $p|2y_1 \Longrightarrow 3x_1^2+a\equiv 0(\bmod p)$. 因为 n 为奇数, 所以 $p|y_1$, 我们有

$$\begin{cases} x_1^3+ax_1+b\equiv 0(\bmod p), \\ 3x_1^2+a\equiv 0(\bmod p). \end{cases}$$

也就是说, x_1 为 $f(x)=x^3+ax+b$ 与导数 $f'(x)=3x^2+a$ 的根 $(\bmod p)$. 这与 $(4a^3+27b^2,n)=1$ 是矛盾的. 因此, 不妨令 $P_1\neq P_2$, 此时 $x_1\equiv x_2(\bmod p)$, $x_1\neq x_2$ (因为 $P_1\neq -P_2$), 我们可以记

$$x_2=x_1+tp^r, r\geqslant 1.$$

其中 t 的分子和分母与 p 都是互素的, 由式 (6.4) 可以推出

$$y_2=y_1+sp^r.$$

另外, 由 $y_2^2=x_2^3+ax_2+b$, 从而有

$$\begin{aligned} y_2^2&=(x_1+tp^r)^3+a(x_1+tp^r)+b \\ &\equiv x_1^3+ax_1+b+tp^r(3x_1^2+a)(\bmod p) \\ &\equiv y_1^2+tp^r(3x_1^2+a)(\bmod p). \end{aligned} \tag{6.26}$$

但是 $x_1\equiv x_2(\bmod p)$, $y_1\equiv y_2(\bmod p)$, 因此有

$$P_1 \bmod p + P_2 \bmod p = 2P_1.$$

上式为无穷远点当且仅当 $y_1\equiv y_2\equiv 0(\bmod p)$. 如果 $y_1\equiv y_2\equiv 0(\bmod p)$, 则 $y_2^2-y_1^2=(y_2-y_1)(y_2+y_1)$ 将被 p^{r+1} 整除. 因此式 (6.26) 蕴含有 $3x_1^2+a\equiv 0(\bmod p)$. 这是不可能的. 因为 $x^3+ax+b(\bmod p)$ 是没有重根的, 所以 x_1 不可能同时为 x^3+ax+b 以及导数 $3x^2+a$ 在 $\bmod p$ 下的根. 这就证明了在假设条件下式 (6.25) 成立.

反过来, 如果式 (6.25) 成立, 我们来证 P_1+P_2 的分母与 n 是互素的. 固定 $p|n$, 若 $x_1\not\equiv x_2(\bmod p)$, 则由式 (6.4) 可知, P_1+P_2 的分母与 p 互素. 不妨令 $x_1\equiv x_2(\bmod p)$, 则 $y_2\equiv \pm y_1(\bmod p)$. 因为 $P_1 \bmod p+P_2 \bmod p\neq 0$, 我们有 $y_2\equiv y_1\not\equiv 0(\bmod p)$. 首先假设 $P_2=P_1$, 则式 (6.5) 连同 $y_1\not\equiv 0(\bmod p)$ 的事实证明了 $P_1+P_2=2P_1$ 的分母与 p 互素. 最后令 $P_2\neq P_1$,

我们记 $x_2 = x_1 + tp^r, (t,p) = 1$, 利用式 (6.26) 的同余式则有

$$\frac{y_2^2 - y_1^2}{x_2 - x_1} \equiv 3x_1^2 + a \pmod p.$$

因为 $p \nmid y_2 + y_1 \equiv 2y_1 \pmod p$, 所以

$$\frac{y_2^2 - y_1^2}{(y_2 + y_1)(x_2 - x_1)} = \frac{y_2 - y_1}{x_2 - x_1}$$

的分母不能被 p 整除, 再由式 (6.4), 可知 $P_1 + P_2$ 的分母不能被 p 整除. 由于 $p|n$ 是任意的, 我们完成了对整个定理的证明. □

2. Lenstra 算法

令 n 为一个奇复合数, 我们希望找到 n 的一个非平凡的因子 d, $d|n$, $1 < d < n$, 从而有因子分解 $n = d \cdot \frac{n}{d}$. 前面已经介绍了如何随机选择有理数域 $\mathbb{Q}$ 上的一条椭圆曲线 C_E 以及 C_E 上的一个点 P, Lenstra 的算法是希望利用 (C_E, P) 对 n 进行因子分解. 毫无疑问, 下面将要解释的 Lenstra 算法也是一种概率算法. 如果 (C_E, P) 不能成功进行因子分解, 只要失败的概率 $p < 1$, 则选择另一条椭圆曲线以及上面的一个点, 如此继续下去, 随机独立选取 n 条椭圆曲线之后, 对 n 成功进行因子分解的概率为

$$P\{n = d \cdot \frac{n}{d}\} \geqslant 1 - p^n (p < 1).$$

当 n 充分大时, Lenstra 算法的成功概率可以无限接近 1. 因此, 所谓 Lenstra 算法可以简单概括为一种利用任意一条有理椭圆曲线 (C_E, P) 对 n 进行因子分解的算法, 其失败概率 $p < 1$.

令 (C_E, P) 为给定的一条有理椭圆曲线, B 和 C 是选择的正的上界. 令 k 可以被一些小的素数方幂整除, 准确地说

$$k = \prod_{1 < l \leqslant B} l^{\alpha_l}, \tag{6.27}$$

其中 α_l 为满足 $l^{\alpha_l} \leqslant C$ 的最大指数. 因此 $\alpha_l = \left[\frac{\log C}{\log l}\right]$.

接下来, 我们计算 $kP \pmod n$, 由式 (6.4) 与式 (6.5), $x_2 - x_1$ 与 $2y_1$ 如果出现了分母与 n 不互素的有理数, 比如 $d = (x_2 - x_1, n), 1 < d < n$, 则我们有因子分解 $n = d \cdot \frac{n}{d}$. 如果 $d = n$, 则重新选择有理椭圆曲线 C_E 及 C_E 上的点 P. 由定理 2, 在这些有理数 $x_2 - x_1$ 与 y_1 中出现 $d > 1$ 当且仅当存在一个 k_1, 使得

$$k_1 \cdot (P \bmod p) = 0, \forall\ p|n.$$

由式 (6.27) k 的选择, 有极大概率 $k_1 | k$, 从而

$$k \cdot (P \bmod p) = 0, \forall\ p|n.$$

因此在 Lenstra 算法中, 通过计算有理点 kP, 有很大概率存在某一个 p, $p|n$, 使得

$$k(P \bmod p) = 0, p|n, \text{为某一个素数}. \tag{6.28}$$

由定理 2, 令 $P=(x_1,y_1),(k-1)P=(x_2,y_2)$, 因此 $d=(x_2-x_1,n)>1$ 或者 $(2y_1,n)=d'>1$, 我们得到 n 的非平凡的因子分解.

由上述 Lenstra 算法, 问题的关键变为计算 kP. 运用引理 3.3 给出的连续加倍方法, 我们只需计算 $2P,2(2P),2(4P),\ldots,2^{\alpha_2}P$, $3(2^{\alpha_2}P),3(3\cdot 2^{\alpha_2}P),\cdots,3^{\alpha_3}2^{\alpha_2}P$, 如此继续, 直到计算出 $\left(\prod\limits_{1<l\leqslant B} l^{\alpha_l}\right)P$, 即 kP 为止.

有关 Lenstra 算法的概率估计以及计算复杂性, 可进一步参见参考文献 6 的 [6].

习题 6

1. 令 $C_E=\{(x,y)\in\mathbb{C}\mid y^2=x^3+ax+b,a,b\in\mathbb{R}\}$ 为一条复椭圆曲线, 则 $C_E\bigcap\mathbb{R}^2$ 为 C_E 的一个子群, 确定坐标为实数的 C_E 的全部子群.
2. 确定复椭圆曲线与实椭圆曲线上阶为 n 的点.
3. 举一条有理椭圆曲线 C_E 的例子, 在 C_E 上恰有两个点有阶 2. 另举一个例子, 在 C_E 上恰有 4 个点有阶 2.
4. 令 C_E 为一条实椭圆曲线, $P\in C_E$ 为有限点, 确定 $o(P)=2,o(P)=3,o(P)=4$ 的几何等价条件.
5. 计算下列有理椭圆曲线上的点的阶:

   (i) $P=(0,16),C_E:y^2=x^3+256$;

   (ii) $P=\left(\dfrac{1}{2},\dfrac{1}{2}\right),C_E:y^2=x^3+\dfrac{x}{4}$;

   (iii) $P=(3,8),C_E:y^2=x^3-43x+16$;

   (iv) $P=(0,0),C_E:y^2+y=x^3-x^2$.
6. 证明下列椭圆曲线在 $\mathbb{F}_q$ 中恰有 $q+1$ 个点:

   (a) $y^2=x^3-x$, 当 $q\equiv 3(\bmod 4)$;

   (b) $y^2=x^3-1$, 当 $q\equiv 2(\bmod 3)$, q 为奇数;

   (c) $y^2+y=x^3$, 当 $q\equiv 2(\bmod 3)$.
7. 令 $q=2^r$, $\mathbb{F}_q$ 上的椭圆曲线 C_E 为: $y^2+y=x^3,P=(x,y)\in C_E$, 计算 $2P$ 及 $-P$. 如果 $q=16$, 证明 C_E 上的每一个点有阶 3.
8. 给出一个概率算法, 在有限域 $\mathbb{F}_q$ 上找到一个非平方数.
9. 存在确定性的算法可以把明文单位的嵌入映射到任意一条 $\mathbb{F}_q$–椭圆曲线上, 针对下列椭圆曲线请给出具体的算法过程:

   (1) $C_E:y^2=x^3-x$, 当 $q\equiv 3(\bmod 4)$ 时,

   (2) $C_E:y^2+y=x^3$, 当 $q\equiv 2(\bmod 3)$ 时.
10. 令 C_E 为有限域 $\mathbb{F}_p$ 上的一条椭圆曲线, 以 N_r 表示 C_E 在有限域 $\mathbb{F}_{p^r}$ 中点的个数, 则

    (i) 如果 $p>3$, 则当 $r>1$ 时 N_r 不是素数.

(ii) 当 $p=2,3$ 时给出一个反例说明 N_r 为一个素数.

11. 举一个椭圆曲线 C_E 的例子, 在 $\mathbb{F}_4$ 上仅有一个点, 无穷远点. 以 N_r 表示 C_E 在 $\mathbb{F}_{4^r}$ 上点的个数, 则 N_r 为梅森 (Mersenne) 素数 2^r-1 的平方.
12. 利用 Pollard 的 $(p-1)$ 方法在 $k=840, a=2$ 时分解 $n=53\,467$.
13. 令 $n_k=2^{2^k}+1$ 为费马数, 下面是 Pepin 检测 n_k 是否为素数的方法:

(i) n_k 为素数, 当且仅当存在一个整数 a, $a^{2^{2^{k-1}}}\equiv -1(\bmod n_k)$.

(ii) 如果 n_k 为素数, 则有 50% 以上的 $a\in\mathbb{Z}_{n_k}^*$ 有 (i) 的同余性质.

(iii) 当 $k>1$ 时, 我们总可以选择 $a=3,5$ 或者 7.

参考文献 6

[1] W. Fulton. Algebraic Curves. Benjamin, 1969.

[2] N. Koblitz. Introduction to Elliptic Curves and Modular Forms. Springer-Verlag, 1984.

[3] N. Koblitz. Why study equations over finite fields. Mathematics Magazine, 1982, 55: 144-149.

[4] R. Gupta and M.R.Murty. Primitive points on elliptic curves. Compositio Math., 1986, 58: 13-44.

[5] H. W. Lenstra Jr. Factoring integers with elliptic curves. Mathematics Institute, University of Van Amsterdam, 1986.

[6] H. W. Lenstra Jr. Elliptic curves and number-theoretic algorithms, Report 86-19, Mathematics Institute University of Van Amsterdam, 1986.

[7] S. Lang. Elliptic Curves:Diophantine Analysis. Springer-Verlag, 1978.

[8] V. Miller. Use of elliptic curves in cryptography. In: Proceedings of Advances in Cryptology (CRYPTO'85), Springer Verlag, 1986: 471-426.

[9] A. M. Odlyzko. Discrete logarithms in finite fields and their cryptographic significance. Advances in Cryptography: Proceeds of Eurocrypt 84, 1985, 224-314.

[10] H. Schoof. Elliptic curves over finite fields and the computation of square roots mod p. Mathematics of Computation, 1985, 44: 483-494.

[11] J. Silverman. The Arithmatic of Elliptic Curves. Springer-Verlag, 1986.

[12] J. M. Pollard. Theorems on factorization and primality testing. Proceedings Cambridge Phil. Soc., 1974, 76: 521-528.

第七章

格密码

7.1 数的几何

令 $\mathbb{R}^n$ 为 n 维欧氏空间, $x=(x_1,x_2,...,x_n)\in\mathbb{R}^n$ 称为一个 n 维向量, x 可以是行向量, 也可以是列向量, 依据情况而定. 如果 $x\in\mathbb{Z}^n$, 则称 x 为一个整点. $\mathbb{R}^{m\times n}$ 为 $\mathbb{R}$ 上 $m\times n$ 阶矩阵全体. $x=(x_1,x_2,...,x_n)\in\mathbb{R}^n$, $y=(y_1,y_2,...,y_n)\in\mathbb{R}^n$, 定义 x 与 y 的内积为

$$<x,y>=\sum_{i=1}^{n}x_iy_i. \tag{7.1}$$

向量 x 的长度 $|x|$ 定义为

$$|x|=\sqrt{<x,x>}=\sum_{i=1}^{n}x_i^2. \tag{7.2}$$

$\lambda\in\mathbb{R}$, 则 $\lambda\cdot x$ 定义为

$$\lambda x=(\lambda x_1,\lambda x_2,...,\lambda x_n). \tag{7.3}$$

如果两个向量 x 与 y 的内积 $<x,y>=0$, 则称 x 与 y 是正交的, 记为 $x\perp y$.

引理 1.1 令 $x,y\in\mathbb{R}^n$, $\lambda\in\mathbb{R}$ 为任意实数, 则

(i) $|x|\geqslant 0$, 当且仅当 $x=0$ 为零向量时 $|x|=0$;

(ii) $|\lambda x|=|\lambda||x|$, $\forall\ x\in\mathbb{R}^n$, $\lambda\in\mathbb{R}$;

(iii) (三角不等式)$|x+y|\leqslant|x|+|y|$, $|x-y|\geqslant||x|-|y||$;

(iv) (勾股定理) 当且仅当 $x\perp y$ 时有

$$|x\pm y|^2=|x|^2+|y|^2.$$

证明: (i) 与 (ii) 可以直接由定义推出.

(iii) 令 $x=(x_1,x_2,...,x_n), y=(y_1,y_2,...,y_n)\in\mathbb{R}^n$, 由赫尔德 (Hölder) 不等式:

$$\left|\sum_{i=1}^{n}x_iy_i\right|\leqslant\left[\left(\sum_{i=1}^{n}x_i^2\right)\left(\sum_{i=1}^{n}y_i^2\right)\right]^{\frac{1}{2}}.$$

因此有

$$\begin{aligned}|x+y|^2&=\sum_{i=1}^{n}(x_i+y_i)^2=\sum_{i=1}^{n}x_i^2+2\sum_{i=1}^{n}x_iy_i+\sum_{i=1}^{n}y_i^2\\&\leqslant\sum_{i=1}^{n}x_i^2+2\left|\sum_{i=1}^{n}x_iy_i\right|+\sum_{i=1}^{n}y_i^2\\&\leqslant\left(\sqrt{\sum_{i=1}^{n}x_i^2}+\sqrt{\sum_{i=1}^{n}y_i^2}\right)^2=(|x|+|y|)^2,\end{aligned}$$

所以 (iii) 成立. 再由内积的定义,

$$<x\pm y,x\pm y>=<x,x>\pm2<x,y>+<y,y>,$$

如果 $x\perp y$, 则

$$|x\pm y|^2=|x|^2+|y|^2.$$

反之, 如果 x 不与 y 正交, 则 $<x,y>\neq0$, 从而

$$|x\pm y|^2\neq|x|^2+|y|^2.$$

引理 1.1 得证. □

由勾股定理, 对于正交向量 $x\perp y$, 我们有如下结论:

$$|x+y|=|x-y|, \text{如果 } x\perp y. \tag{7.4}$$

定义 1.1 令 $\mathscr{R}\subset\mathbb{R}^n$ 是一个子集, $0\in\mathscr{R}$, 称 $\mathscr{R}$ 为 $\mathbb{R}^n$ 的一个对称凸体, 如果

(i) $x\in\mathscr{R}\Rightarrow -x\in\mathscr{R}$(对称性);

(ii) 令 $x,y\in\mathscr{R}$, $\lambda\geqslant0,\mu\geqslant0$, 且 $\lambda+\mu=1$, 则 $\lambda x+\mu y\in\mathscr{R}$(凸性).

下面的例子是由一组线性不等式定义的对称凸体的著名例子. 令 $A\in\mathbb{R}^{m\times n}$ 为一个 $m\times n$ 阶矩阵, $c=(c_1,c_2,...,c_n)\in\mathbb{R}^n$, 且 $\forall\ c_i\geqslant0$, 定义 $\mathscr{R}(A,c)$ 为如下 m 个线性不等式定义的 $x=(x_1,x_2,...,x_n)\in\mathbb{R}^n$ 的解的集合, 令 $A=(a_{ij})_{m\times n}$,

$$\left|\sum_{j=1}^{n}a_{ij}x_j\right|\leqslant c_i,\quad 1\leqslant i\leqslant m. \tag{7.5}$$

我们有如下引理:

引理 1.2 对任意的 $A\in\mathbb{R}^{m\times n}$, 以及任意的正向量 $c=(c_1,c_2,...,c_n)\in\mathbb{R}^n$, 则 $\mathscr{R}(A,c)$ 为 $\mathbb{R}^n$ 中的一个对称凸体.

证明: 显然零向量 $x=(0,0,...,0)\in\mathscr{R}(A,c)$, 并且 $x\in\mathscr{R}(A,c)\Rightarrow -x\in\mathscr{R}(A,c)$. 所以我们仅证 $\mathscr{R}(A,c)$ 的凸性. 假设 $x,y\in\mathscr{R}(A,c)$, 令

$$z=\lambda x+\mu y,\lambda>0,\mu>0,\lambda+\mu=1.$$

则对任意的 $1\leqslant i\leqslant m$, 我们有

$$\begin{aligned}&|a_{i1}z_1+a_{i2}z_2+\cdots+a_{in}z_n|\\ \leqslant\ &\lambda|a_{i1}x_1+a_{i2}x_2+\cdots+a_{in}x_n|+\mu|a_{i1}y_1+a_{i2}y_2+\cdots+a_{in}y_n|\\ \leqslant\ &\lambda c_i+\mu c_i=c_i.\end{aligned}$$

所以有 $z=\lambda x+\mu y\in\mathscr{R}(A,c)$. 从而 $\mathscr{R}(A,c)$ 为一个对称凸体. 引理 1.2 成立. □

引理 1.3 令 $\mathscr{R}\subset\mathbb{R}^n$ 为一个对称凸体, $x\in\mathscr{R}$, 则当 $|\lambda|\leqslant 1$ 时, 我们有 $\lambda x\in\mathscr{R}$.

证明: 由凸性, 令

$$\rho=\frac{1}{2}(1+\lambda),\quad \sigma=\frac{1}{2}(1-\lambda).$$

则 $\rho\geqslant 0,\sigma\geqslant 0$, 且 $\rho+\sigma=1$. 因此有

$$\rho x+\sigma(-x)=\lambda x\in\mathscr{R}.$$

引理成立. □

引理 1.4 如果 $x,y\in\mathscr{R}$, 则 $\lambda x+\mu y\in\mathscr{R}$, 其中 λ,μ 为实数, 且满足 $|\lambda|+|\mu|\leqslant 1$.

证明: 令 η_1 为 λ 的正负号, η_2 为 μ 的正负号, 则由引理 1.3,

$$\begin{aligned}x'&=\eta_1(|\lambda|+|\mu|)x\in\mathscr{R},\\ y'&=\eta_2(|\lambda|+|\mu|)y\in\mathscr{R}.\end{aligned}$$

令 $\rho=\dfrac{|\lambda|}{|\lambda|+|\mu|},\sigma=\dfrac{|\mu|}{|\lambda|+|\mu|}$, 则 $\rho+\sigma=1$. 由定义我们有

$$\lambda x+\mu y=\rho x'+\sigma y'\in\mathscr{R},$$

从而引理成立, 并且这个结果不难推广到 n 个变量的情形. □

引理 1.5 (布里西费尔特 (Blichfeldt) 引理) 设 $\mathscr{R}\subset\mathbb{R}^n$ 为 $\mathbb{R}^n$ 中的任意一个区域, V 为 $\mathscr{R}$ 的体积. 如果 $V>1$, 则 $\mathscr{R}$ 中有两个不同的向量 $x\in\mathscr{R},x'\in\mathscr{R}$, 使得 $x-x'$ 为整点 (从而为非零整点).

证明: 对于 $\forall x=(x_1,x_2,...,x_n)\in\mathbb{R}^n$, 我们定义

$$[[x]]=([x_1],[x_2],...,[x_n])\in\mathbb{Z}^n \tag{7.6}$$

及

$$[x]=(\delta_1,\delta_2,...,\delta_n)\in\mathbb{Z}^n, \tag{7.7}$$

其中 $[x_i]$ 为 x_i 的方括号函数, δ_i 定义为与 x_i 最邻近的整数.

对于每个整点 $u\in\mathbb{Z}^n$, 定义

$$\mathscr{R}_u=\{x\in\mathscr{R}|[[x]]=u\}$$

和

$$D_u=\{x-u|x\in\mathscr{R}_u\}.$$

由于 $\mathscr{R}_{u_1}\cap\mathscr{R}_{u_2}=\varnothing$, 如果 $u_1\neq u_2$, 则由 $\mathscr{R}=\bigcup_u\mathscr{R}_u$, 得

$$\begin{aligned}V=\mathrm{Vol}(\mathscr{R})&=\sum_u\mathrm{Vol}(\mathscr{R}_u)\\&=\sum_u V_u>1,\end{aligned}$$

其中 $V_u=\mathrm{Vol}(\mathscr{R}_u)$. 因此有 $V_u=\mathrm{Vol}(D_u)$. 如果 D_u 是不相交的, 则

$$\sum_u V_u=\mathrm{Vol}\left(\bigcup_u D_u\right)\subset[0,1)\times\cdots\times[0,1).$$

则有

$$\sum_u V_u\leqslant 1,$$

所以矛盾. 因此, 一定存在两个不相同的整点 u 与 u' $(u\neq u')\Rightarrow D_u\bigcap D_{u'}\neq 0$, 即有 $x-u=x'-u'\Rightarrow x-x'=u-u'\in\mathbb{Z}^n$. 引理得证. □

引理 1.6 (闵可夫斯基 (Minkowski) 定理) 令 $\mathscr{R}$ 为一个对称凸体, 且 $\mathscr{R}$ 的体积

$$V=\mathrm{Vol}(\mathscr{R})>2^n,$$

则 $\mathscr{R}$ 中至少包含一个非零的整点.

证明: 令

$$\frac{1}{2}\mathscr{R}=\left\{\frac{1}{2}x|x\in\mathscr{R}\right\}.$$

因此

$$\mathrm{Vol}\left(\frac{1}{2}\mathscr{R}\right)=\frac{1}{2^n}V>1,$$

由引理 1.5, 有 $x',x''\in\frac{1}{2}\mathscr{R}\Rightarrow x'-x''=u$ 为非零的整点. 我们来证明 $u\in\mathscr{R}$. 记 $x'=\frac{1}{2}y,x''=\frac{1}{2}z$, 其中 $y,z\in\mathscr{R}$. 则

$$u=\frac{1}{2}y-\frac{1}{2}z,\quad y\in\mathscr{R},\ z\in\mathscr{R}.$$

由引理 1.4, 有 $u\in\mathscr{R}$. 引理成立. □

注: 上述闵可夫斯基的结论是不能改进的, 即 $V>2^n$, 不能改进为 $V\geqslant 2^n$. 一个反例是

$$\mathscr{R} = \{x \in \mathbb{R}^n | x = (x_1, x_2, ..., x_n), \forall\ |x_i| < 1\}.$$

显然, $\text{Vol}(\mathscr{R}) = 2^n$, 但平凡的 $\mathscr{R}$ 中没有非零的整点.

当 $\text{Vol}(\mathscr{R}) = 2^n$ 时, 为了使一个对称凸体 $\mathscr{R}$ 中仍有非零的整点存在, 我们需要对 $\mathscr{R}$ 做一些补充的限制条件, 首先我们考虑有界区域. 令 $\mathscr{R} \subset \mathbb{R}^n$, 称 $\mathscr{R}$ 为有界的, 如果

$$\mathscr{R} = \{x = (x_1, x_2, ..., x_n) \in \mathbb{R}^n || x_i| \leqslant B, 1 \leqslant i \leqslant n\},$$

其中 B 为一个有界常数.

引理 1.7 令 $A \in \mathbb{R}^{n\times n}$ 为一个可逆方阵, $d = |\det(A)| > 0$, $c = (c_1, c_2, ..., c_n) \in \mathbb{R}^n$ 为一个正向量, 即 $\forall\ c_i > 0$, 则由式 (7.5) 定义的对称凸体 $\mathscr{R}(A, c)$ 是有界的, 且它的体积

$$\text{Vol}(\mathscr{R}(A, c)) = 2^n d^{-1} c_1 c_2 \cdots c_n.$$

证明: 令 $A = (a_{ij})_{n\times n}$. 记 $Ax = y$, 则 $x = A^{-1}y$. 又令 $A^{-1} = (b_{ij})_{n\times n}$, 则对任意的 x_i, 有

$$|x_i| = \left|\sum_{j=1}^{n} b_{ij} y_j\right| \leqslant \sum_{j=1}^{n} |b_{ij}| \cdot c_j \leqslant B,$$

其中 B 为一个有界常数. 因此 $\mathscr{R}(A, c)$ 为有界集合. 显然

$$\text{Vol}(\mathscr{R}(A, c)) = \int\cdots\int_{x=(x_1,x_2,...,x_n)\in\mathscr{R}(A,c)} \mathrm{d}x_1 \mathrm{d}x_2 \cdots \mathrm{d}x_n,$$

做变量替换 $Ax = y$, 则

$$\mathrm{d}x = \mathrm{d}x_1 \cdots \mathrm{d}x_n = \frac{1}{|\det(A)|} \mathrm{d}y_1 \mathrm{d}y_2 \cdots \mathrm{d}y_n.$$

因此

$$\begin{aligned}
\text{Vol}(\mathscr{R}(A, c)) &= \frac{1}{|\det(A)|} \int_{-c_1}^{c_1} \cdots \int_{-c_n}^{c_n} \mathrm{d}y_1 \mathrm{d}y_2 \cdots \mathrm{d}y_n \\
&= 2^n d^{-1} \prod_{i=1}^{n} c_i,
\end{aligned}$$

引理 1.7 得证. □

注: 式 (7.5) 中 "$\leqslant$" 改为 "$<$" 来定义 $\mathscr{R}(A, c)$, 上述引理仍然是成立的.

现在考虑一般情况, 令 $A = (a_{ij})_{m\times n}$. 如果当 $m > n$ 时, $\text{rank}(A) \geqslant n$, 则由式 (7.5) 定义的 $\mathscr{R}(A, c)$ 仍为一个有界区域. 显然, 如果当 $m < n$ 或者 $m = n$ 时 $\text{rank}(A) < n$, 则 $\mathscr{R}(A, c)$ 为无界区域, 且 $V = \infty$. 因此我们有如下推论:

推论 1 令 $A = (a_{ij})_{m\times n}$, 如果当 $m < n$ 或者 $m = n$ 时, $\det(A) = 0$, 则对任意小的正向量 $c = (c_1, c_2, ..., c_n), 0 < c_i < \varepsilon$, $\mathscr{R}(A, c)$ 中包含有一个非零的整点. 换句话说, 下面的 m 个不等式

$$\left|\sum_{j=1}^{n} a_{ij} x_j\right| < \varepsilon, 1 \leqslant i \leqslant m.$$

存在非零的整数解 $x=(x_1,x_2,...,x_n)\in\mathbb{Z}^n$.

证明: 当 $\varepsilon>0$ 给定, 则 $\mathrm{Vol}(\mathscr{R}(A,c))=\infty>2^n$. 由引理 1.6 知 $\mathscr{R}(A,c)$ 中包含至少一个非零的零点. □

令 $A\in\mathbb{R}^{m\times n}$ 为一个 $m\times n$ 阶矩阵, $c=(c_1,c_2,...,c_n)\in\mathbb{R}^n$ 为一个正向量, 即 $\forall\ c_i>0$, 记 $A=(a_{ij})_{m\times n}$, 定义 $\mathscr{R}'(A,c)$ 为如下线性不等式的解 $x=(x_1,x_2,...,x_n)$ 的集合:

$$\begin{cases}\left|\sum\limits_{j=1}^{n}a_{1j}x_j\right|\leqslant c_1,\\ \left|\sum\limits_{j=1}^{n}a_{ij}x_j\right|<c_i,\quad i=2,...,m.\end{cases}\tag{7.8}$$

当 $A\in\mathbb{R}^{n\times n}$ 为可逆方阵时, 我们来讨论对称凸体 $\mathscr{R}'(A,c)$ 中的非零整点.

引理 1.8 如果 $A\in\mathbb{R}^{n\times n}$ 为一个可逆方阵, $c=(c_1,c_2,...,c_n)$ 为一个正向量,

$$c_1c_2\cdots c_n\geqslant|\det(A)|,\tag{7.9}$$

则 $\mathscr{R}'(A,c)$ 中含有一个非零的整点.

证明: 当 $c_1c_2\cdots c_n>|\det(A)|$ 时, 由于

$$\mathrm{Vol}(\mathscr{R}'(A,c))=\frac{2^nc_1c_2\cdots c_n}{|\det(A)|}>2^n,$$

故由引理 1.7 与引理 1.6, 命题平凡成立. 我们仅讨论式 (7.9) 等号成立时的情况.

令 ε 为任意正实数, $0<\varepsilon<1$, 则由引理 1.7, 存在非零的整解 $x^{(\varepsilon)}=(x_1^{(\varepsilon)},x_2^{(\varepsilon)},...,x_n^{(\varepsilon)})\in\mathbb{Z}^n$ 满足

$$\begin{cases}\left|\sum\limits_{j=1}^{n}a_{1j}x_j^{(\varepsilon)}\right|\leqslant c_1+\varepsilon\leqslant c_1+1,\\ \left|\sum\limits_{j=1}^{n}a_{ij}x_j^{(\varepsilon)}\right|<c_i,\quad 2\leqslant i\leqslant n.\end{cases}\tag{7.10}$$

而且存在与 ε 无关的上界 B, 满足

$$|x_j^{(\varepsilon)}|\leqslant B,\quad 1\leqslant j\leqslant n.$$

满足上述有界条件的整点 $x^{(\varepsilon)}$ 为有限的, 因此必有一个非零整点 $x\neq0$, 对任意的 $\varepsilon>0$ 都有式 (7.10) 成立. 令 $\varepsilon\to0$, 则引理成立. □

在下面的讨论中, 我们对 $\mathscr{R}\subset\mathbb{R}^n$ 做如下限制:

$$\mathscr{R}\text{ 为一个对称凸体}, \mathscr{R}\text{ 为有界的}, \mathscr{R}\text{ 为 }\mathbb{R}^n\text{ 中的闭子集}.\tag{7.11}$$

显然, 当 A 为 n 阶可逆方阵时, 对任意的正向量 $c=(c_1,c_2,...,c_n)$, $\mathscr{R}(A,c)$ 满足上述限制条

件式 (7.11), 而 $\mathscr{R}'(A,c)$ 不满足, 因为 $\mathscr{R}'(A,c)$ 不是闭的.

定义 1.2 如果 $\mathscr{R}\subset\mathbb{R}^n$ 满足限制条件式 (7.11), 则对任意 $x\in\mathbb{R}^n$, 定义距离函数 $F(x)$ 为

$$F(x)=F_{\mathscr{R}}(x)=\inf\{\lambda|\lambda>0,\lambda^{-1}x\in\mathscr{R}\}. \tag{7.12}$$

由定义, 显然我们有如下平凡的结论:

(i) $F(x)=0\Leftrightarrow x=0$;

(ii) 如果 A 为可逆 n 阶方阵, 则由 $\mathscr{R}(A,c)$ 所定义的距离函数为

$$F(x)=\max_{1\leqslant i\leqslant n}c_i^{-1}\left|\sum_{j=1}^{n}a_{ij}x_j\right|. \tag{7.12$'$}$$

性质 (i) 可由 $\mathscr{R}$ 的有界性推出, 性质 (ii) 由 $\mathscr{R}(A,c)$ 的定义可以直接推出. 后面我们还将看到 $0\leqslant F(x)<\infty$, 对所有的 $x\in\mathbb{R}^n$ 成立. 距离函数 $F(x)$ 的主要性质是下面的引理.

引理 1.9 如果 $F(x)$ 为一个满足限制条件的 $\mathscr{R}$ 所定义的距离函数, 则

(i) 令 $\lambda\geqslant 0$, 则 $x\in\lambda\mathscr{R}\Leftrightarrow F(x)\leqslant\lambda$;

(ii) $F(\lambda x)=|\lambda|F(x)$ 对所有的 $\lambda\in\mathbb{R},x\in\mathbb{R}^n$ 成立;

(iii) $F(x+y)\leqslant F(x)+F(y),\forall\ x,y\in\mathbb{R}^n$.

证明: (i) 由于 $\mathscr{R}$ 为闭的, 由定义有 $F^{-1}(x)x\in\mathscr{R}$. 因此, 如果 $\lambda\geqslant F(x)$, 由引理 1.3, 则

$$\lambda^{-1}x=\frac{F(x)}{\lambda}\cdot F^{-1}(x)x,\quad \left|\frac{F(x)}{\lambda}\right|\leqslant 1.$$

我们有 $\lambda^{-1}x\in\mathscr{R}\Rightarrow x\in\lambda\mathscr{R}$. 反过来, 如果 $\lambda<F(x)\Rightarrow\lambda^{-1}x\notin\mathscr{R}$. 从而当 $x\in\lambda\mathscr{R}$ 时, 必有 $\lambda\geqslant F(x)$.

(ii) 是平凡的. 因为 $|\lambda|^{-1}F^{-1}(x)\lambda x\in\mathscr{R}$, 因此有

$$F(\lambda x)\leqslant|\lambda|F(x).$$

反过来, 令 $\delta=F(\lambda x)$, 由于 $\delta^{-1}\lambda x\in\mathscr{R}$, 则不妨令 $\lambda>0$, 从而有

$$F(x)\leqslant\frac{\delta}{\lambda}\Longrightarrow\ \lambda F(x)\leqslant F(\lambda x).$$

因此有 $F(\lambda x)=|\lambda|F(x)$, 从而 (ii) 成立.

(iii) 我们令 $\mu_1=F(x),\mu_2=F(y)$, 从而 $\mu_1^{-1}x\in\mathscr{R},\mu_2^{-1}y\in\mathscr{R}$. 由引理 1.4, 我们有

$$(\mu_1+\mu_2)^{-1}(x+y)=\frac{\mu_1}{\mu_1+\mu_2}(\mu_1^{-1}x)+\frac{\mu_2}{\mu_1+\mu_2}(\mu_2^{-1}y)\in\mathscr{R}.$$

从而有

$$F(x+y)\leqslant\mu_1+\mu_2.$$

引理得证. □

令 $\mathscr{R} \in \mathbb{R}^n$ 的体积为 $V > 0$, 则 $\mathscr{R}$ 中存在 n 个线性无关的向量 $\{\alpha_1, \alpha_2, ..., \alpha_n\}$ 构成 $\mathbb{R}^n$ 的一组基. 对任意的实数 $\mu_1, \mu_2, ..., \mu_n$, 由引理 1.9, 我们有

$$\begin{aligned} F(\mu_1\alpha_1 + \cdots + \mu_n\alpha_n) &\leqslant |\mu_1|F(\alpha_1) + |\mu_2|F(\alpha_2) + \cdots + |\mu_n|F(\alpha_n) \\ &\leqslant |\mu_1| + |\mu_2| + \cdots + |\mu_n|. \end{aligned}$$

由于 $\alpha_i \in \mathscr{R} \Rightarrow F(\alpha_i) \leqslant 1$, 所以上式成立. 这就证明了对 $\forall\, x \in \mathbb{R}^n$, $F(x) \leqslant \infty$.

推论 2 令 $\mathscr{R} \subset \mathbb{R}^n$ 满足限制条件式 (7.11), 且 $\mathrm{Vol}(\mathscr{R}) > 0$, 则

(i) $\forall\, x \in \mathbb{R}^n$, 存在 λ, 使得 $x \in \lambda\mathscr{R}$;

(ii) 令 $\{\alpha_1, \alpha_2, ..., \alpha_n\} \subset \mathscr{R}$ 为 $\mathbb{R}^n$ 的一组基, 则

$$\left\{\sum_{i=1}^{n} \mu_i\alpha_i \big| |\mu_1| + |\mu_2| + \cdots + |\mu_n| \leqslant 1\right\} \subset \mathscr{R}.$$

证明: 因为 $F(x) < \infty$, 所以由引理 1.9 的 (i) 可以直接推出 (i) 的结论. (ii) 由引理 1.4 直接给出. □

现在令 j 为一个下标, 我们定义 λ_j 为

$$\lambda_j = \min\{\lambda \geqslant 0 | \lambda\mathscr{R} \text{ 中包含 } j \text{ 个线性无关的 } \mathbb{R}^n \text{ 中的整点}\}, \tag{7.13}$$

并称 λ_j 为 $\mathscr{R}$ 的第 j 个连续极小. 由引理 1.3 可知, 如果 $0 \leqslant \lambda \leqslant \lambda'$, $\lambda\mathscr{R} \subset \lambda'\mathscr{R}$. 因此连续增大 λ, 则 $\lambda\mathscr{R}$ 中总可以包含任意希望的向量的集合. 所以 λ_j 的存在性得证.

由引理 1.6, 令 V 为 $\mathscr{R}$ 的体积, 则 $\mathrm{Vol}(\lambda\mathscr{R}) = \lambda^n V$, 对第 1 个连续极小 λ_1, 我们有如下估计

$$\lambda_1^n V \leqslant 2^n. \tag{7.14}$$

对于 λ_j $(j \geqslant 2)$, 则没有明确的上界估计, 不过我们有如下结论.

引理 1.10 令 $\mathscr{R} \subset \mathbb{R}^n$ 为一个满足限制条件式 (7.11) 的凸体, $V = \mathrm{Vol}(\mathscr{R})$, $\lambda_1, \lambda_2, ..., \lambda_n$ 为 $\mathscr{R}$ 的 n 个连续极小, 则我们有

$$\frac{2^n}{n!} \leqslant V\lambda_1\lambda_2\cdots\lambda_n \leqslant 2^n. \tag{7.15}$$

证明: 我们仅证上式的左边不等式, 我们连续地选择线性无关的整点 $x^{(1)}, x^{(2)}, ..., x^{(j)}$, 使得 $x^{(j)} \in \lambda_j\mathscr{R}$, 且 $x^{(j)}$ 与 $x^{(1)}, x^{(2)}, ..., x^{(j-1)}$ 是线性无关的. 令 $x^{(j)} = (x_{j1}, x_{j2}, ..., x_{jn}) \in \mathbb{Z}^n$. 因为矩阵 $A = (x_{ji})_{n\times n}$ 为整数矩阵, 且 $\det(A) \neq 0$, 所以

$$|\det(A)| \geqslant 1.$$

由引理 1.9, 对于任意常数 $\mu_1, \mu_2, ..., \mu_n$, 我们有

$$\begin{aligned} &F(\mu_1 x^{(1)} + \mu_2 x^{(2)} + \cdots + \mu_n x^{(n)}) \\ &\quad \leqslant |\mu_1|F(x^{(1)}) + |\mu_2|F(x^{(2)}) + \cdots + |\mu_n|F(x^{(n)}) \\ &\quad \leqslant |\mu_1|\lambda_1 + |\mu_2|\lambda_2 + \cdots + |\mu_n|\lambda_n. \end{aligned}$$

因此, 如果 $|\mu_1|\lambda_1+|\mu_2|\lambda_2+\cdots+|\mu_n|\lambda_n\leqslant 1$, 则

$$\mu_1x^{(1)}+\mu_2x^{(2)}+\cdots+\mu_nx^{(n)}\in\mathscr{R}.$$

因此集合

$$\mathscr{R}_1=\{\mu_1x^{(1)}+\mu_2x^{(2)}+\cdots+\mu_nx^{(n)}||\mu_1|\lambda_1+|\mu_2|\lambda_2+\cdots+|\mu_n|\lambda_n\leqslant 1\}\subset\mathscr{R}.$$

左边集合 $\mathscr{R}_1$ 的体积为

$$\begin{aligned}\mathrm{Vol}(\mathscr{R}_1)&=\int\cdots\int_{|\mu_1|\lambda_1+|\mu_2|\lambda_2+\cdots+|\mu_n|\lambda_n\leqslant 1}\mathrm{d}\mu_1\mathrm{d}\mu_2\cdots\mathrm{d}\mu_n=\frac{2^n|\det(A)|}{n!\lambda_1\cdots\lambda_n}\\&\geqslant\frac{2^n}{n!\lambda_1\cdots\lambda_n}.\end{aligned}$$

所以有

$$\frac{2^n}{n!\lambda_1\cdots\lambda_n}\leqslant\mathrm{Vol}(\mathscr{R}_1)\leqslant\mathrm{Vol}(\mathscr{R})=V.$$

因此式 (7.15) 左边不等式成立. 右边不等式的证明相当复杂, 在此省略, 有兴趣的读者可以参考 J. W. S. Cassels 的经典名著, 即参考文献 7 的 [4] 与 [5]. □

上述有关数的几何的一个重要应用是解决实数的有理逼近问题, 这类问题在经典数论中称为丢番图 (Diophantine) 逼近. 本节的主要结论是下面有关 n 个实数的联立有理逼近定理.

定理 1 令 $\theta_1,\theta_2,...,\theta_n$ 为任意的 n 个实数, $\theta_i\neq 0$, 则对任意的正数 $N>1$, 存在非零的正整数 q 以及整数 $p_1,p_2,...,p_n$, 满足

$$\begin{cases}|q\theta_i-p_i|<N^{-\frac{1}{n}}, & 1\leqslant i\leqslant n;\\|q|\leqslant N.\end{cases}\tag{7.16}$$

证明: 定理的证明是闵可夫斯基关于线性型定理 (参见引理 1.8) 的一个简单应用. 令 $A\in\mathbb{R}^{(n+1)\times(n+1)}$ 为一个 $(n+1)$ 阶可逆方阵, 定义为

$$A=\begin{pmatrix}-1&0&\cdots&0&0&\theta_1\\0&-1&\cdots&0&0&\theta_2\\\vdots&\vdots&&\vdots&\vdots&\vdots\\0&0&\cdots&0&-1&\theta_n\\0&0&\cdots&0&0&-1\end{pmatrix}.$$

显然, $|\det(A)|=1$. 令 $(n+1)$ 维正向量 $c=(N^{-\frac{1}{n}},N^{-\frac{1}{n}},...,N^{-\frac{1}{n}},N)$, 由于

$$c_1c_2\cdots c_nc_{n+1}=N^{-1}\cdot N=1\geqslant|\det(A)|,$$

因此, 由引理 1.8, 由 A 与 c 所定义的对称凸体 $\mathscr{R}'(A,c)$ 中有非零的整点 $x=(p_1,p_2,...,p_n,q)\neq 0$. 我们来证 $q\neq 0$. 因为 $x\neq 0$, 如果 $q=0$, 则有 $p_k\neq 0\ \ (1\leqslant k\leqslant n)$, 因此式 (7.16) 中第 k 个不等式将会产生如下矛盾

$$1 \leqslant |q\theta_k - p_k| < N^{-\frac{1}{n}} < 1.$$

所以 $q \neq 0$, 我们完成了对定理 1 的证明. □

推论 3 令 $\theta_1, ..., \theta_n$ 为任意 n 个实数, 则对任意的 $\varepsilon > 0$, 存在有理数 $\frac{p_i}{q}$ $(1 \leqslant i \leqslant n)$, 满足

$$|\theta_i - \frac{p_i}{q}| < \frac{\varepsilon}{q}. \tag{7.17}$$

证明: 任意的 $\varepsilon > 0$ 给定, 令 $N^{-\frac{1}{n}} < \varepsilon$, 则由定理 1 可以直接推出式 (7.17). □

7.2 格的基本性质

格是现代密码学的一个最重要的概念, 在所谓抗量子计算攻击的密码中绝大部分是基于格的密码体制. 什么是格呢? 简单来说, 格是 n 维欧氏空间 $\mathbb{R}^n$ 中的一个几何体, 比如说 $L = \mathbb{Z}^n \subset \mathbb{R}^n$, 则 $\mathbb{Z}^n$ 就是 $\mathbb{R}^n$ 中的一个格, 这个格称为整点格或平凡格. 如果把 $\mathbb{Z}^n$ 作一次旋转变换, 则我们得到了 $\mathbb{R}^n$ 中一般格的概念, 这是格的一种几何描述. 下面我们从代数上给出格的精确定义.

定义 2.1 令 $L \subset \mathbb{R}^n$ 为一个非空子集, 称 L 为 $\mathbb{R}^n$ 中的一个格, 如果

(i) L 为 $\mathbb{R}^n$ 的一个加法子群;

(ii) 存在一个正的常数 $\lambda = \lambda(L) > 0$, 使得

$$\min\{|x| | x \in L, x \neq 0\} = \lambda, \tag{7.18}$$

称 $\lambda = \lambda(L)$ 为一个格 L 的极小距离.

由定义 2.1, $\mathbb{R}^n$ 中的一个格简单说就是 $\mathbb{R}^n$ 中的一个离散的加法子群, 其中极小距离 $\lambda = \lambda(L)$ 是格的最重要的一个数学量. 显然我们有

$$\lambda = \min\{|x - y| | x \in L, y \in L, x \neq y\}, \tag{7.19}$$

式 (7.19) 说明了把 λ 称为一个格的极小距离的原因. 如果 $x \in L$ 且 $|x| = \lambda$, 则称 x 为 L 的最短向量.

为了得到任意一个格的更加明确和简洁的数学表达, 我们可以把一个加法子群看作一个 $\mathbb{Z}$-模. 我们首先来证明任意一个格为有限生成的 $\mathbb{Z}$-模.

引理 2.1 令 $L \subset \mathbb{R}^n$ 为一个格, $\{\alpha_1, \alpha_2, ..., \alpha_m\} \subset L$ 为 L 中的一组向量, 则 $\{\alpha_1, \alpha_2, ..., \alpha_m\}$ 在 $\mathbb{R}$ 中线性无关, 当且仅当 $\{\alpha_1, \alpha_2, ..., \alpha_m\}$ 在 $\mathbb{Z}$ 中线性无关.

证明: 如果 $\{\alpha_1, \alpha_2, ..., \alpha_m\}$ 在 $\mathbb{R}$ 中线性无关, 则显然在 $\mathbb{Z}$ 中是线性无关的. 反过来, 如果 $\{\alpha_1, \alpha_2, ..., \alpha_m\}$ 在 $\mathbb{Z}$ 中线性无关, 即任意线性组合

$$a_1\alpha_1 + \cdots + a_m\alpha_m = 0, \quad a_i \in \mathbb{Z},$$

我们有 $a_1 = a_2 = \cdots = a_m = 0$, 那么在 $\mathbb{R}$ 中的线性组合等于 0, 即

$$\theta_1\alpha_1 + \theta_2\alpha_2 + \cdots + \theta_m\alpha_m = 0, \quad \theta_i \in \mathbb{R}. \tag{7.20}$$

我们来证明 $\theta_1 = \theta_2 = \cdots = \theta_m = 0$. 由定理 1, 对于充分大的 $N > 1$, 存在正整数 $q \neq 0$ 以及整数 $p_1, p_2, ..., p_m$, 使得

$$\begin{cases} |q\theta_i - p_i| < N^{-\frac{1}{m}}, & 1 \leqslant i \leqslant m; \\ q \leqslant N. \end{cases}$$

由式 (7.20), 我们有

$$\begin{aligned} |p_1\alpha_1 + \cdots + p_m\alpha_m| &= |(q\theta_1 - p_1)\alpha_1 + \cdots + (q\theta_m - p_m)\alpha_m| \\ &\leqslant N^{-\frac{1}{m}}(|\alpha_1| + \cdots + |\alpha_m|) \\ &\leqslant N^{-\frac{1}{m}} \max_{1\leqslant i\leqslant m} |\alpha_i|. \end{aligned}$$

令 λ 为 L 的极小距离, $\varepsilon > 0$ 为充分小的正数, 我们选择

$$N > \max\left\{\varepsilon^{-m}, \ \max_{1\leqslant i\leqslant m} \frac{|\alpha_i|^m}{\lambda^m}\right\},$$

则有 $N^{-\frac{1}{m}} < \varepsilon$, 且

$$N^{-\frac{1}{m}} \max_{1\leqslant i\leqslant m} |\alpha_i| < \lambda.$$

从而有

$$|p_1\alpha_1 + \cdots + p_m\alpha_m| < \lambda.$$

注意到 $p_1\alpha_1 + \cdots + p_m\alpha_m \in L$, 所以有 $p_1\alpha_1 + \cdots + p_m\alpha_m = 0$. 由 $\{\alpha_1, \alpha_2, ..., \alpha_m\}$ 在 $\mathbb{Z}$ 上是线性无关的, 推出 $p_1 = p_2 = \cdots = p_m = 0$. 对于任意的 i, $1 \leqslant i \leqslant m$, 我们得到了 $|\theta_i| \leqslant |q\theta_i| < N^{-\frac{1}{m}} < \varepsilon$. 由于 ε 为任意小的正数, 因此有 $\theta_1 = \theta_2 = \cdots = \theta_m = 0$. 这就证明了 $\{\alpha_1, \alpha_2, ..., \alpha_m\}$ 在 $\mathbb{R}$ 中也是线性无关的. 引理 2.1 成立. □

由上述引理, $\mathbb{R}^n$ 中的任意一个格 L 为有限生成的 $\mathbb{Z}$-模. 令 $\{\beta_1, \beta_2, ..., \beta_m\} \subset L$ 为 L 中的一组 $\mathbb{Z}$-基, 则 L 作为 $\mathbb{Z}$-模的秩满足

$$\text{rank}(L) = m \leqslant n, \tag{7.21}$$

且

$$L = \left\{\sum_{i=1}^{m} a_i\beta_i | a_i \in \mathbb{Z}\right\}. \tag{7.22}$$

如果 $\{\beta_1, \beta_2, ..., \beta_m\}$ 为 L 的一个 $\mathbb{Z}$-基, 把每个 β_i 看成列向量, 则矩阵

$$B = [\beta_1, \beta_2, ..., \beta_m] \in \mathbb{R}^{n\times m}, \quad \text{rank}(B) = m.$$

式 (7.22) 可以写为

$$L = L(B) = \{Bx | x \in \mathbb{Z}^m\} \subset \mathbb{R}^n. \tag{7.23}$$

我们把 L 作为 $\mathbb{Z}$-模, m 称为格 L 的秩, 把 $B \in \mathbb{R}^{n\times m}$ 称为格 L 的生成矩阵, 把 $\{\beta_1,\beta_2,...,\beta_m\}$ 称为 L 的一组生成基.

如果 $\{\alpha_1,\alpha_2,...,\alpha_m\} \subset \mathbb{R}^n$ 为 $\mathbb{R}^n$ 中的任意 m 个列向量, $A = [\alpha_1,\alpha_2,...,\alpha_m] \in \mathbb{R}^{n\times m}$, $\{\alpha_1,\alpha_2,...,\alpha_m\}$ 的格拉姆 (Gram) 矩阵定义为

$$T = (<\alpha_i,\alpha_j>)_{m\times m}.$$

显然我们有 $T = A'A$, 其中 A' 为 A 的转置矩阵.

引理 2.2 令 $A \in \mathbb{R}^{n\times m}$, $b \in \mathbb{R}^n$ (并不需要 $m \leqslant n$), 则

(i) 令 $x_0 \in \mathbb{R}^m$ 为 $A'Ax = A'b$ 的一个解, 则

$$|Ax_0 - b|^2 = \min_{x\in\mathbb{R}^m} |Ax - b|^2.$$

(ii) $\mathrm{rank}(A'A) = \mathrm{rank}(A)$, 且齐次线性方程组 $Ax = 0$ 与 $A'Ax = 0$ 同解.

(iii) $A'Ax = A'b$ 总有解 $x \in \mathbb{R}^m$, 且当 $\mathrm{rank}(A) = m$ 时, 解为唯一的

$$x = (A'A)^{-1}A'b.$$

证明: (i) 令 $x_0 \in \mathbb{R}^m$, 满足 $A'Ax_0 = A'b$, 则对任意的 $x \in \mathbb{R}^m$, 我们有

$$Ax - b = (Ax_0 - b) + A(x - x_0) = \gamma + \gamma_1 \in \mathbb{R}^n.$$

我们来证 γ 与 γ_1 为 $\mathbb{R}^n$ 中的两个正交向量. 因为

$$\begin{aligned}&(A(x-x_0))'(Ax_0-b)\\&\qquad= (x-x_0)'A'(Ax_0-b)\\&\qquad= (x-x_0)'(A'Ax_0-A'b) = 0.\end{aligned}$$

所以 $\gamma\perp\gamma_1$, 由勾股定理, 我们有

$$|Ax - b|^2 = |Ax_0 - b|^2 + |A(x-x_0)|^2 \geqslant |Ax_0 - b|^2.$$

因此 (i) 成立.

(ii) 令 V_A 为 $Ax = 0$ 的解空间, $V_{A'A}$ 为 $A'Ax = 0$ 的解空间, 我们来证 $V_A = V_{A'A}$. 首先, 平凡有 $V_A \subset V_{A'A}$. 反过来, 令 $x \in V_{A'A}$, 即 $A'Ax = 0$, 则有

$$x'A'Ax = 0 \Rightarrow (Ax)'Ax = <Ax, Ax> = 0.$$

上式成立当且仅当 $Ax = 0$, 所以 $x \in V_A$. 因此有 $V_A = V_{A'A}$. 注意到

$$\begin{cases}\dim V_A = m - \mathrm{rank}(A)\\ \dim V_{A'A} = m - \mathrm{rank}(A'A).\end{cases}$$

所以有 $\mathrm{rank}(A) = \mathrm{rank}(A'A)$. (ii) 得证.

(iii) 令 $b \in \mathbb{R}^n$ 给定, 则线性方程组 $A'Ax = A'b$ 的增广矩阵的秩有如下关系:

$$\text{rank}[A'A, A'b] = \text{rank}(A'[A,b])$$
$$\leqslant \text{rank}(A') = \text{rank}(A) = \text{rank}(A'A).$$

因此增广矩阵与系数矩阵有相同的秩, 从而线性方程组有解. 当 $\text{rank}(A) = m$ 时, $\text{rank}(A'A) = m$, 即 $A'A$ 为一个可逆的 m 阶方阵, 从而

$$x = (A'A)^{-1} \cdot A'b \Longrightarrow \text{解是唯一的}.$$

□

引理 2.2 得证!

引理 2.3 $A \in \mathbb{R}^{n\times m}$, 且 $\text{rank}(A) = m$, 则 $A'A$ 为 m 阶正定的实对称矩阵, 从而存在 m 阶实正交矩阵 $P \in \mathbb{R}^{m\times m}$ 满足

$$P'A'AP = \begin{vmatrix} \delta_1 & 0 & \cdots & 0 \\ 0 & \delta_2 & & 0 \\ \vdots & & \ddots & \vdots \\ 0 & 0 & \cdots & \delta_m \end{vmatrix}, \tag{7.24}$$

其中 $\delta_i > 0$ 为 $A'A$ 的 m 个特征值.

证明: $\text{rank}(A) = m \Rightarrow m \leqslant n$. 令 $T = A'A$, 则 T 为 m 阶的对称矩阵. 设 $x \in \mathbb{R}^m$ 为 m 个变元, 二次型

$$x'Tx = x'A'Ax = (Ax)'(Ax) =< Ax, Ax >\geqslant 0.$$

因为 $\text{rank}(A) = m$, 上式当且仅当 $x = 0$ 时, $x'Tx = 0$. 所以 T 为正定矩阵. 由线性代数知识, 存在一个 m 阶正交矩阵 P, 使 $P'TP$ 为对角矩阵, 即

$$P'TP = \text{diag}\{\delta_1, \delta_2, ..., \delta_m\}.$$

因为 $P'TP$ 与 T 有相同的特征值, 所以 $\delta_1, \delta_2, ..., \delta_m$ 为 T 的特征值, 且 $\forall\ \delta_i > 0$. 引理成立. □

引理 2.2 在线性代数中称为最小二乘法, 它的意义在于对给定的 $n \times m$ 阶矩阵 A 与给定的向量 $b \in \mathbb{R}^n$, 要在集合 $\{Ax - b | x \in \mathbb{R}^m\}$ 中找一个长度最短的向量 x_0, 引理 2.2 给出了一个有效的算法, 就是解线性方程组 $A'Ax = A'b$, x_0 就是方程组的解. 引理 2.3 称为二次型的对角化. 现在, 我们给出格的主要结果如下:

定理 2 令 $L \subset \mathbb{R}^n$ 为一个格, $\text{rank}(L) = m$ $(m \leqslant n)$, 当且仅当存在一个 $n \times m$ 阶实矩阵 $B \in \mathbb{R}^{n\times m}$, $\text{rank}(B) = m$, 使得

$$L = \{Bx | x \in \mathbb{Z}^m\} = \{\sum_{i=1}^{m} a_i\beta_i | a_i \in \mathbb{Z}\}, \tag{7.25}$$

其中 $B = [\beta_1, \beta_2, ..., \beta_m]$, 每个 $\beta_i \in \mathbb{R}^n$ 为列向量.

证明: 式 (7.23) 证明了条件的必要性, 我们仅证条件的充分性. 如果 $\mathbb{R}^n$ 中的一个子集合 L 由式 (7.25) 给出, 显然, L 为 $\mathbb{R}^n$ 的一个加法子群, 因为任意的 $\alpha = Bx_1, \beta = Bx_2$, 其中

$x_1, x_2 \in \mathbb{Z}^m$, 则 $x = x_1 - x_2 \in \mathbb{Z}^n$, 且

$$\alpha - \beta = B(x_1 - x_2) = Bx \in L.$$

所以我们仅证 L 的离散性. 令 $T = B'B$, 则由引理 2.3, T 为正定的实对称矩阵, 令 $\delta_1, \delta_2, ..., \delta_m$ 为 T 的特征值, 则

$$\delta = \min\{\delta_1, \delta_2, ..., \delta_m\} > 0.$$

我们来证

$$\min_{\substack{x \in \mathbb{Z}^m \\ x \neq 0}} |Bx| \geqslant \sqrt{\delta} > 0. \tag{7.26}$$

由引理 2.3, 存在 m 阶正交矩阵 P 使得

$$P'TP = \mathrm{diag}\{\delta_1, \delta_2, ..., \delta_m\}.$$

对于任意给定的 $x \in \mathbb{Z}^m$, $x \neq 0$. 我们有

$$|Bx|^2 = x'Tx = x'P(P'TP)P'x \geqslant \delta|P'x|^2 = \delta|x|^2.$$

因为 $x \neq 0$, 则 $|x|^2 \geqslant 1$, 所以

$$|Bx|^2 \geqslant \delta, \quad \forall\, x \in \mathbb{Z}^m, \quad x \neq 0.$$

这表明 L 中任意两个不同点之间的距离 $\geqslant \delta > 0$. 因此以 0 为圆心、r 为半径的一个球内所含 L 中的点的个数为有限个, 在这有限个向量中, 存在一个 $\alpha \in L$, 满足

$$|\alpha| = \min_{\substack{x \in L \\ x \neq 0}} |x| = \lambda \geqslant \delta > 0.$$

由格的定义可知 L 为 $\mathbb{R}^n$ 中的一个格, 定理得证. □

由上述定理证明可以直接推出如下推论:

推论 1 令 $L = L(B) \subset \mathbb{R}^n$ 为 $\mathrm{rank}(L) = m$ 的一个格, λ 为 L 的极小距离. $B \in \mathbb{R}^{n \times m}$, δ 为 $B'B$ 的最小特征值, 则 $\lambda \geqslant \sqrt{\delta}$.

定义 2.2 $L \subset \mathbb{R}^n$ 为一个格, 且 $\mathrm{rank}(L) = n$, 称 L 为 $\mathbb{R}^n$ 的一个满秩格.

由定理 2 可知, L 为 $\mathbb{R}^n$ 的一个满秩格的充要条件是存在一个可逆方阵 $B \in \mathbb{R}^{n \times n}$, $\det(B) \neq 0$, 使得

$$L = L(B) = \left\{ \sum_{i=1}^{n} a_i \beta_i | a_i \in \mathbb{Z}, 1 \leqslant i \leqslant n \right\} = \{Bx | x \in \mathbb{Z}^n\}. \tag{7.27}$$

如果 $L = L(B)$ 为一个满秩格, 定义 $d = d(L)$ 为

$$d = d(L) = |\det(B)|, \tag{7.28}$$

称 d 为 L 的行列式. $d = d(L)$ 为一个格的第二个最重要的数学量. 以下我们讨论的格总假

定为满秩格.

对于一个格 (满秩格) 来说, 生成矩阵并不是唯一的, 但 $d = d(L)$ 却是唯一存在的. 为证明此点, 首先定义所谓的幺模矩阵. 定义

$$SL_n(\mathbb{Z}) = \{A = (a_{ij})_{n\times n} | a_{ij} \in \mathbb{Z}, \det(A) = \pm 1\}, \tag{7.29}$$

显然 $SL_n(\mathbb{Z})$ 在矩阵的乘法下构成一个群. 因为 n 阶单位矩阵 $I_n \in SL_n(\mathbb{Z})$, 又 $A_1 \in SL_n(\mathbb{Z})$, $A_2 \in SL_n(\mathbb{Z})$, 则 $A = A_1A_2 \in SL_n(\mathbb{Z})$. 特别地, 如果 $A \in SL_n(\mathbb{Z})$, $A = (a_{ij})_{n\times n}$, 则 A 的逆矩阵

$$A^{-1} = \pm \begin{vmatrix} a_{11}^* & a_{12}^* & \cdots & a_{1n}^* \\ a_{21}^* & a_{22}^* & \cdots & a_{2n}^* \\ \vdots & \vdots & & \vdots \\ a_{n1}^* & a_{n2}^* & \cdots & a_{nn}^* \end{vmatrix} \in SL_n(\mathbb{Z}),$$

其中 a_{ij}^* 为 a_{ij} 的代数余子式.

引理 2.4 $L = L(B) \subset \mathbb{R}^n$ 为一个格 (满秩格), $B_1 \in \mathbb{R}^{n\times n}$, 则 $L = L(B) = L(B_1)$ 的充要条件是存在一个幺模矩阵 $U \in SL_n(\mathbb{Z}) \Rightarrow B = B_1U$.

证明: 如果 $B = B_1U$, $U \in SL_n(\mathbb{Z})$, 我们来证 $L(B) = L(B_1)$. 令 $\alpha = B_1x \in L(B_1)$, 其中 $x \in \mathbb{Z}^n$, 则

$$\alpha = B_1x = B_1UU^{-1}x = BU^{-1}x.$$

由于 $U^{-1}x \in \mathbb{Z}^n$, 则 $\alpha \in L(B)$, 即 $L(B_1) \subset L(B)$. 同理, 如果 $\alpha = Bx$, $x \in \mathbb{Z}^n$, 则

$$\alpha = Bx = B_1Ux, \quad 其中\ Ux \in \mathbb{Z}^n.$$

因此, $\alpha \in L(B_1)$, 即 $L(B) = L(B_1)$.

反过来, 如果 $L(B) = L(B_1)$, 令 $B = [\beta_1, \beta_2, ..., \beta_n]$, $B_1 = [\alpha_1, \alpha_2, ..., \alpha_n]$, 过渡矩阵

$$(\beta_1, \beta_2, ..., \beta_n) = (\alpha_1, \alpha_2, ..., \alpha_n)U.$$

显然, 由 $\beta_i \in L(B_1) (1 \leqslant i \leqslant n)$ 可知, U 为整数矩阵. 又

$$(\alpha_1, \alpha_2, ..., \alpha_n) = (\beta_1, \beta_2, ..., \beta_n)U_1.$$

由 $\alpha_i \in L(B) (1 \leqslant i \leqslant n)$ 可知, U_1 也是整数矩阵. 由于

$$(\beta_1, \beta_2, ..., \beta_n) = (\alpha_1, \alpha_2, ..., \alpha_n)U = (\beta_1, \beta_2, ..., \beta_n)U_1U,$$

我们有 $U_1U = I_n$, 从而 $det(U) = \pm 1$, 即 $U \in SL_n(\mathbb{Z})$, $B = B_1U$, 引理得证. □

由引理 2.4 可知, B, B_1 为一个格 L 的任意两个生成矩阵, 则

$$|\det(B)| = |\det(B_1)| = d = d(L),$$

即格的行列式 $d(L)$ 为一个不变量.

对于一个格 (满秩格)$L \subset \mathbb{R}^n$, 定义 L 的对偶格为

$$L^* = \{\alpha \in \mathbb{R}^n | < \alpha, \beta > \in \mathbb{Z}, \forall \beta \in L\}. \tag{7.30}$$

引理 2.5 令 $L = L(B)$ 为一个格, 则 L 的对偶格 $L^* = L((B^{-1})')$, 即如果 B 为 L 的生成矩阵, 则 $(B^{-1})'$ 为 L^* 的生成矩阵.

证明: 令

$$L((B^{-1})') = \{(B^{-1})'y | y \in \mathbb{Z}^n\}.$$

任意的 $\alpha \in L((B^{-1})')$, $\alpha = (B^{-1})'y$, $y \in \mathbb{Z}^n$, $\beta \in L$, $\beta = Bx$, $x \in \mathbb{Z}^n$, 则

$$< \alpha, \beta > = \alpha'\beta = y'B^{-1}Bx = y'x \in \mathbb{Z}.$$

这就说明了 $L((B^{-1})') \subset L^*$. 反过来, 任意的 $\alpha \in L^*$, 对一切的 $\beta \in L$, 有 $< \alpha, \beta > \in \mathbb{Z}$. 于是令 $B = [\beta_1, \beta_2, ..., \beta_n]$, 则

$$< \alpha, \sum_{i=1}^{n} x_i\beta_i > = \sum_{i=1}^{n} x_i < \alpha, \beta_i > \in \mathbb{Z}, \forall x_i \in \mathbb{Z},$$

因此, 对每一个生成向量 $\beta_i (1 \leqslant i \leqslant n)$, 有 $< \alpha, \beta_i > \in \mathbb{Z}$. 记 $\alpha = (y_1, y_2, ..., y_n)$,

$$< \alpha, \beta_i > \in \mathbb{Z} \Longrightarrow B' \begin{pmatrix} y_1 \\ \vdots \\ y_n \end{pmatrix} = \begin{pmatrix} x_1 \\ \vdots \\ x_n \end{pmatrix} \in \mathbb{Z}^n.$$

从而有

$$\begin{pmatrix} y_1 \\ \vdots \\ y_n \end{pmatrix} \in (B')^{-1} \begin{pmatrix} x_1 \\ \vdots \\ x_n \end{pmatrix},$$

即 $\alpha \in L((B')^{-1})$. 因为 $B \cdot B^{-1} = I_n$, 故 $(B^{-1})'B' = I_n$, 从而 $(B^{-1})' = (B')^{-1}$. 因此 $\alpha \in L((B^{-1})')$, 即 $L^* \subset L((B^{-1})')$. 我们有 $L^* = L((B^{-1})')$. 引理成立. □

由引理 2.5, 我们立即有如下推论.

推论 2 令 $L = L(B)$ 为一个满秩格, L^* 为 L 的对偶格, 则

$$d(L^*) = d^{-1}(L).$$

利用一个格 L 可以定义 $\mathbb{R}^n$ 中的一个等价关系, 对一切 $\alpha, \beta \in \mathbb{R}^n$, 我们定义

$$\alpha \equiv \beta (\bmod L) \Longleftrightarrow \alpha - \beta \in L.$$

显然这是一个等价关系, 称为 $\bmod L$ 的同余关系.

定义 2.3 令 $F \subset \mathbb{R}^n$ 为一个子集, 称 F 为一个格 (满秩格)L 的基础区域, 如果

(i) $\forall x \in \mathbb{R}^n$, 存在一个 $\alpha \in F \Rightarrow x \equiv \alpha (\bmod L)$,

(ii) 任意 $\alpha_1, \alpha_2 \in F$, 则 $\alpha_1 \not\equiv \alpha_2 (\bmod L)$.

由定义, 一个格的基础邻域就是加法商群 $\mathbb{R}^n/L$ 的代表元素集. 因此, 任意 L 的一个基础邻域在 $\bmod L$ 下构成一个加法群.

引理 2.6 令 $L=L(B)$ 为一个满秩格, 则

(i) L 的任意两个基础邻域 F_1 与 F_2 是同构的加法群 $(\bmod L)$.

(ii) $F=\{Bx|x=(x_1,x_2,...,x_n)',且\ 0\leqslant x_i<1,1\leqslant i\leqslant n\}$ 为 $L(B)$ 的一个基础邻域.

(iii) $\mathrm{Vol}(F)=d=d(L)$.

证明: (i) 是平凡的, 因为

$$F_1\cong\mathbb{R}^n/L, F_2\cong\mathbb{R}^n/L\Longrightarrow F_1\cong F_2.$$

(ii) 令 $B=[\beta_1,\beta_2,...,\beta_n]$, 则 $\{\beta_1,\beta_2,...,\beta_n\}$ 为 $\mathbb{R}^n$ 的一组基, $\forall\ \alpha\in\mathbb{R}^n$, α 可以表示为 $\beta_1,\beta_2,...,\beta_n$ 的线性组合, 即

$$\alpha=\sum_{i=1}^n a_i\beta_i, \forall\ a_i\in\mathbb{R}.$$

令 $[\alpha]_B=\sum\limits_{i=1}^n[a_i]\beta_i$, $\{\alpha\}_B=\alpha-[\alpha]_B$, 则 $\{\alpha\}_B$ 可以表示为

$$\{\alpha\}_B=B\begin{pmatrix}x_1\\x_2\\\vdots\\x_n\end{pmatrix},其中\ 0\leqslant x_i<1,\quad 1\leqslant i\leqslant n,$$

即 $\{\alpha\}_B\in F$. 我们看 $\alpha-\{\alpha\}_B=[\alpha]_B\in L$, 所以对于任意的 $\alpha\in\mathbb{R}^n$, 存在一个 $\{\alpha\}_B\in F$, 使得

$$\alpha\equiv\{\alpha\}_B(\bmod L).$$

又 F 中的两个点 $\alpha=Bx$ 与 $\beta=By$, 则

$$\alpha-\beta=B(x-y)=Bz.$$

其中 $z=(z_1,z_2,...,z_n)$, $|z_i|<1$. 因此, 如果 $\alpha\neq\beta$, $\alpha\not\equiv\beta(\bmod L)$. 所以 F 为 L 的一个基础邻域.

(iii) 因为 L 的所有基础邻域都是同构的, 所以有相同的体积, (iii) 给出了 L 的一个具体的基础区域 F, 因此我们仅证 $\mathrm{Vol}(F)=d=d(L)$ 即可. 显然

$$\mathrm{Vol}(F)=\int\cdots\int_{y=(y_1,y_2,\cdots,y_n)\in F}\mathrm{d}y_1\mathrm{d}y_2\cdots\mathrm{d}y_n$$

作变量替换 $Bx=y$, 计算这个向量值的雅可比可得

$$\mathrm{d}y_1\mathrm{d}y_2\cdots\mathrm{d}y_n=d(\lambda)\mathrm{d}x_1\cdots\mathrm{d}x_n.$$

从而

$$\mathrm{Vol}(F)=\int_0^1\cdots\int_0^1 d(\lambda)\mathrm{d}x_1\cdots\mathrm{d}x_n=d(L).$$

我们完成了对引理 2.6 的证明. □

接下来我们讨论格拉姆–施密特 (Gram-Schmidt) 正交化算法, 令 $B=[\beta_1,\beta_2,...,\beta_n]$ 为 L 的生成矩阵, 则 $\{\beta_1,\beta_2,...,\beta_n\}$ 可以转化为一组正交基 $\{\beta_1^*,\beta_2^*,...,\beta_n^*\}$, 其中 $\beta_1^*=\beta_1$, 以及

$$\beta_i^*=\beta_i-\sum_{j=1}^{i-1}\frac{<\beta_i,\beta_j^*>}{<\beta_j^*,\beta_j^*>}\beta_j^*, \tag{7.31}$$

称 $\{\beta_1^*,\beta_2^*,...,\beta_n^*\}$ 为 $\{\beta_1,\beta_2,...,\beta_n\}$ 对应的正交基. $B^*=[\beta_1^*,...,\beta_n^*]$ 为 B 对应的正交矩阵. 对任意 $1\leqslant i\leqslant n$, 记

$$\begin{cases} u_{ii}=1, u_{ij}=0, \text{当 } j>i \text{ 时}, \\ u_{ij}=\dfrac{<\beta_i,\beta_i^*>}{|\beta_j^*|^2}, \text{当 } 1\leqslant j\leqslant i\leqslant n, \\ U=(u_{ij})_{n\times n}, \end{cases} \tag{7.32}$$

则 U 为一个下三角矩阵, 且

$$\begin{pmatrix}\beta_1\\ \beta_2\\ \vdots\\ \beta_n\end{pmatrix}=U\begin{pmatrix}\beta_1^*\\ \beta_2^*\\ \vdots\\ \beta_n^*\end{pmatrix}. \tag{7.33}$$

两边同时转置, 则有

$$(\beta_1,\beta_2,...,\beta_n)=(\beta_1^*,\beta_2^*,...,\beta_n^*)U'. \tag{7.34}$$

因此, U' 为两组基之间的过渡矩阵.

引理 2.7 令 $L=L(B)\subset\mathbb{R}^n$ 为一个格, $B=[\beta_1,\beta_2,...,\beta_n]$ 为生成矩阵, $B^*=[\beta_1^*,\beta_2^*,...,\beta_n^*]$ 为对应的正交矩阵, $d=d(L)$ 为 L 的行列式, 则我们有

$$d=\prod_{i=1}^n|\beta_i^*|\leqslant\prod_{i=1}^n|\beta_i|. \tag{7.35}$$

证明: 由式 (7.24), 我们有 $B=B^*U$, 由于 $\det(U)=1$, 因此

$$\det(B)=\det(B^*).$$

由定义,

$$\begin{aligned} d^2&=\det(B'B)=\det(U(B^*)'B^*U') \\ &=\det((B^*)'B^*) \\ &=\det(\mathrm{diag}\{|\beta_1^*|^2,|\beta_2^*|^2,\ldots,|\beta_n^*|^2\}). \end{aligned}$$

所以有

$$d=\prod_{i=1}^n|\beta_i^*|.$$

为证式 (7.35) 右边的不等式, 我们仅证

$$|\beta_i^*|\leqslant|\beta_i|,\quad 1\leqslant i\leqslant n. \tag{7.36}$$

因为 $\beta_i = \sum_{j=1}^{i} u_{ij}\beta_j^*$, 故有

$$
\begin{aligned}
|\beta_i|^2 &=<\beta_i,\beta_i>=<\sum_{j=1}^{i} u_{ij}\beta_j^*, \sum_{j=1}^{i} u_{ij}\beta_j^*> \\
&=\sum_{j=1}^{i} u_{ij}^2 <\beta_j^*,\beta_j^*> \\
&=<\beta_i^*,\beta_i^*>+\sum_{j=1}^{i-1} u_{ij}^2<\beta_j^*,\beta_j^*> .
\end{aligned}
$$

所以式 (7.35) 右边的不等式成立. 从而引理得证. □

式 (7.35) 通常称为哈达玛 (Hadamard) 不等式, 我们这里给出了另一个证明.

为了在一个格 L 上定义连续极小的概念, 我们以 λ_1 记 L 上的极小距离. 即 $\lambda_1=\lambda(L)$. λ_1 的另一个定义是最小的正实数 r, 使得 $L\bigcap \mathrm{Ball}(0,r)$ 张成的线性空间为 1 维空间, 这里

$$\mathrm{Ball}(0,r)=\{x\in\mathbb{R}^n||x|\leqslant r\}$$

为以 0 为圆心、r 为半径的闭球. 由此可以给出 L 中 n 个连续极小 $\lambda_1,\lambda_2,...,\lambda_n$ 的概念.

定义 2.4 令 $L=L(B)\subset\mathbb{R}^n$ 为一个满秩格, 第 i 个连续极小 λ_i 定义为

$$\lambda_i=\lambda_i(L)=\inf\{r|\dim(\mathrm{span}(L\bigcap \mathrm{Ball}(0,r)))\geqslant i\}.$$

下面的引理是关于极小距离 λ_1 的有用的下界估计.

引理 2.8 $L=L(B)\subset\mathbb{R}^n$ 为一个格 (满秩格), $B^*=[\beta_1^*,\beta_2^*,...,\beta_n^*]$ 为对应的正交基, 则

$$\lambda_1=\lambda(L)\geqslant \min_{1\leqslant i\leqslant n}|\beta_i^*|. \tag{7.37}$$

证明: 对于 $\forall\, x\in\mathbb{Z}^n$, $x\neq 0$, 我们来证

$$|Bx|\geqslant \min_{1\leqslant i\leqslant n}|\beta_i^*|,\ x\in\mathbb{Z}^n,\ x\neq 0.$$

令 $x=(x_1,x_2,...,x_n)\neq 0$, j 为最大的下标 $\Rightarrow x_j\neq 0$, 则

$$|<Bx,\beta_j^*>|=|<\sum_{i=1}^{j}x_i\beta_j,\beta_j^*>|=|x_j||\beta_j^*|^2.$$

因为当 $i<j$ 时,

$$<\beta_i,\beta_j^*>=0 \text{ 及 } <\beta_j,\beta_j^*>=<\beta_j^*,\beta_j^*>,$$

另外,

$$|<Bx,\beta_j^*>|\leqslant|Bx||\beta_j^*|,$$

所以有

$$|Bx| \geqslant |x_j||\beta_j^*| \geqslant \min_{1\leqslant i\leqslant n} |\beta_i^*|.$$

引理 2.8 得证! □

推论 3 一个格 L 的连续极小 $\lambda_1, \lambda_2, ..., \lambda_n$ 都是可以达到的, 即存在 $\alpha_i \in L$, 满足 $|\alpha_i| = \lambda_i$, $1 \leqslant i \leqslant n$.

证明: 在圆心为 0, 半径为 δ ($\delta > \lambda_i$) 的球 $\mathrm{Ball}(0,\delta)$ 中所含有的格点是有限的, 因为在一个有界区域内 (体积有限), 如果存在无限多个格点, 则一定有收敛的子序列, 但 L 中的任意不同的两点的距离大于或等于 λ_1, 矛盾表明

$$|L \bigcap \mathrm{Ball}(0,\delta)| < \infty, \ \delta > \lambda_i$$

有有限个格点, 我们不难找到 $\alpha_1 \in L$ 满足 $|\alpha_1| = \lambda_1$, $\alpha_2 \in L$ 满足 $|\alpha_2| = \lambda_2, ..., \alpha_n \in l$ 满足 $|\alpha_n| = \lambda_n$. 推论成立. □

7.1 节中数的几何是相对于整数格 $\mathbb{Z}^n$ 而言的, 接下来我们把主要结果推广到一般的满秩格.

引理 2.9 (比较引理 1.5) $L = L(B) \subset \mathbb{R}^n$ 为一个格 (满秩), $\mathscr{R} \subset \mathbb{R}^n$, 如果 $\mathrm{Vol}(\mathscr{R}) > d(L)$, 则 $\mathscr{R}$ 中存在两个不同的点, $\alpha \in \mathscr{R}$, $\beta \in \mathscr{R} \Rightarrow \alpha - \beta \in L$.

证明: 令 F 为 L 的一个基础区域, 即

$$F = \{Bx | x = (x_1, ..., x_n), 0 \leqslant |x_i| < 1, 1 \leqslant i \leqslant n\}.$$

显然, $\mathbb{R}^n$ 可以分成如下不相交的子集的并,

$$\begin{aligned}\mathbb{R}^n &= \bigcup_{\alpha\in L} \{\alpha + y | y \in F\} \\ &= \bigcup_{\alpha\in L} \{\alpha + F\}.\end{aligned}$$

对于给定的格点 $\alpha \in L$, 定义

$$\mathscr{R}_\alpha = \mathscr{R} \bigcap \{\alpha + F\} = \alpha + D_\alpha, D_\alpha \subset F.$$

因此, $\mathscr{R}$ 可以分成如下不相交的子集的并,

$$\mathscr{R} = \bigcup_{\alpha\in L} \mathscr{R}_\alpha \Rightarrow \mathrm{Vol}(\mathscr{R}) = \sum_{\alpha\in L} \mathrm{Vol}(\mathscr{R}_\alpha) = \sum_{\alpha\in L} \mathrm{Vol}(D_\alpha).$$

如果对任意的 $\alpha, \beta \in L$, $\alpha \neq \beta$, $D_\alpha \bigcap D_\beta = \varnothing$, 均有

$$\mathrm{Vol}(\mathscr{R}) = \mathrm{Vol}\left(\bigcup_{\alpha\in L} D_\alpha\right) \leqslant \mathrm{Vol}(F) = d(L),$$

与假设矛盾. 所以必存在 $\alpha, \beta \in L, \alpha \neq \beta$ $D_\alpha \bigcap D_\beta \neq \varnothing$. 令 $x \in D_\alpha \bigcap D_\beta$, 则 $\alpha + x \in \mathscr{R}, \beta + x \in \mathscr{R}$, 且

$$(\alpha + x) - (\beta + x) = \alpha - \beta \in L.$$

引理成立. □

引理 2.10 (比较引理 1.6) 令 L 为一个满秩格, $\mathscr{R} \subset \mathbb{R}^n$ 为一个对称凸体, 且 $\mathrm{Vol}(\mathscr{R}) > 2^n d(L)$, 则 $\mathscr{R}$ 中包含一个非零的格点, 即 $\exists\, \alpha \in L, \alpha \neq 0$, 使得 $\alpha \in \mathscr{R}$.

证明: 令

$$\frac{1}{2}\mathscr{R} = \{x | 2x \in \mathscr{R}\}.$$

则

$$\mathrm{Vol}\left(\frac{1}{2}\mathscr{R}\right) = 2^{-n}\mathrm{Vol}(\mathscr{R}) > d(L).$$

从而由引理 2.9, 存在 $x \in \frac{1}{2}\mathscr{R}, y \in \frac{1}{2}\mathscr{R} \Longrightarrow x - y \in L$. 又因为 $2x \in \mathscr{R}$, $2y \in \mathscr{R}$, $\mathscr{R}$ 为一个对称凸体, 由引理 1.4,

$$\frac{1}{2}(2x - 2y) = x - y \in \mathscr{R}.$$

引理得证. □

推论 4 令 L 为一个满秩格, $\lambda(L) = \lambda_1$ 为 L 的极小距离. 则

$$\lambda_1 = \lambda(L) \leqslant \sqrt{n}(d(L))^{\frac{1}{n}}. \tag{7.38}$$

证明: 我们首先来证

$$\mathrm{Vol}(\mathrm{Ball}(0, r)) \geqslant \left(\frac{2r}{\sqrt{n}}\right)^n. \tag{7.39}$$

这是因为 $\mathrm{Ball}(0, r)$ 中包含如下立方体

$$\left\{x \in \mathbb{R}^n | x = (x_1, ..., x_n), \forall\ |x_i| < \frac{r}{\sqrt{n}}\right\} \subset \mathrm{Ball}(0, r).$$

由定义, 在开球 $\mathrm{Ball}(0, \lambda_1)$ 中没有非零的格点, 由引理 2.10, 因为 $\mathrm{Ball}(0, \lambda_1)$ 为对称凸体, 所以有

$$\mathrm{Vol}(\mathrm{Ball}(0, \lambda_1)) \leqslant 2^n d(L).$$

因此

$$\left(\frac{2\lambda_1}{\sqrt{n}}\right)^n \leqslant 2^n d(L).$$

也就是

$$\lambda_1 \leqslant \sqrt{n}(d(L))^{\frac{1}{n}}.$$

推论成立. □

结合式 (7.37), 我们得到了一个格的极小距离的上下界的估计,

$$\min_{1 \leqslant i \leqslant n} |\beta_i^*| \leqslant \lambda(L) \leqslant \sqrt{n}(d(L))^{\frac{1}{n}}. \tag{7.40}$$

引理 2.11 令 $L \subset \mathbb{R}^n$ 为一个格 (满秩), $\lambda_1, \lambda_2, ..., \lambda_n$ 为 L 的连续极小, $d = d(L)$ 为 L 的行列式, 则

$$\lambda_1\lambda_2...\lambda_n \leqslant n^{\frac{n}{2}} d(L). \tag{7.41}$$

证明: 令 $\{\alpha_1, \alpha_2, ..., \alpha_n\} \subset L$, 且 $|\alpha_i| = \lambda_i$ 为 $\mathbb{R}^n$ 的一组基. 令

$$T = \{y \in \mathbb{R}^n | \sum_{i=1}^{n} \left(\frac{< y, \alpha_i^* >}{\lambda_i |\alpha_i^*|} \right)^2 < 1\}, \tag{7.42}$$

其中 $\{\alpha_1^*, \alpha_2^*, ..., \alpha_n^*\}$ 为 $\{\alpha_1, \alpha_2, ..., \alpha_n\}$ 对应的正交基. 我们来证明 T 中不包含任意非零格点. 令 $y \in L, y \neq 0$, 令 k 为最大的下标, 使得 $|y| \geqslant \lambda_k$, 则有

$$y \in \mathrm{Span}(\alpha_1^*, \alpha_2^*, ..., \alpha_k^*) = \mathrm{Span}(\alpha_1, \alpha_2, ..., \alpha_k).$$

因为若 y 与 $\alpha_1, \alpha_2, ..., \alpha_k$ 是线性无关的, 则

$$k + 1 \leqslant \dim(\mathrm{Span}(\alpha_1, \alpha_2, ..., \alpha_k, y) \bigcap \mathrm{Ball}(0, |y|)).$$

由 λ_{k+1} 的定义得到 $\lambda_{k+1} \leqslant |y|$, 与 k 的定义矛盾. 由 $y \in \mathrm{Span}(\alpha_1, \alpha_2, ..., \alpha_k)$ 可得

$$\begin{aligned}\sum_{i=1}^{n} (\frac{< y, \alpha_i^* >}{\lambda_i |\alpha_i^*|})^2 &= \sum_{i=1}^{k} (\frac{< y, \alpha_i^* >}{\lambda_i |\alpha_i^*|})^2 \\ &\geqslant \frac{1}{\lambda_k^2} \sum_{i=1}^{k} \frac{< y, \alpha_i^* >^2}{|\alpha_i^*|^2} = \frac{1}{\lambda_k^2} |y|^2 \geqslant 1.\end{aligned}$$

由此可得 $y \notin T$, 由引理 2.10, 因为 T 为对称凸体, 于是有

$$\mathrm{Vol}(T) \leqslant 2^n d.$$

另外,

$$\begin{aligned}\mathrm{Vol}(T) &= \left(\prod_{i=1}^{n} \lambda_i \right) \cdot \mathrm{Vol}(\mathrm{Ball}(0, 1)) \\ &\geqslant \prod_{i=1}^{n} \lambda_i (\frac{2}{\sqrt{n}})^n.\end{aligned}$$

所以有

$$\prod_{i=1}^{n} \lambda_i \leqslant n^{\frac{n}{2}} d.$$

引理 2.11 成立. □

上述引理表明 λ_1 的上界式 (7.38) 在几何平均意义下对 λ_i 都是成立的.

最后, 我们来讨论格上的计算困难问题, 这些问题是格密码在设计陷门函数时的主要科学依据和技术支撑, 也是格密码安全性的基石.

1. 最短向量问题 (SVP)

格 L 作为 $\mathbb{R}^n$ 中一个离散的几何体, 我们知道它的极小距离 $\lambda_1 = \lambda(L)$ 就是 L 中最短向量的长度. 对于任意一个满秩格 L 怎样找到它的最短向量 $u_0 \in L$,

$$|u_0| = \min_{x \in L, x \neq 0} |x| = \lambda_1,$$

就是所谓最短向量计算问题. 这个问题目前从理论上到计算上都有无法克服的困难, 因为我们只知道 u_0 的存在性, 但无法具体把 u_0 计算出来. 退而求其次, 目前的主要研究集中在讨论最短向量的逼近问题. 所谓最短向量逼近就是寻找 L 上的一个非零向量 $u \in L$,

$$|u| \leqslant r(n)\lambda_1, \ u \in L, u \neq 0,$$

其中 $r(n) \geqslant 1$ 称为逼近系数, 它仅依赖于格 L 的维数.

1982 年, H. Lenstra, A. Lenstra 以及 Lovasz 创造性地发展了一套算法 (参见参考文献 7 的 [11]), 有效解决了最短向量的逼近问题, 这就是格理论中著名的 LLL 算法. LLL 算法对于整格的计算复杂性是多项式次的, 且逼近系数 $r(n) = 2^{\frac{n-1}{2}}$. 怎样把 LLL 算法中的逼近系数改进为 n 的多项式系数是目前主要的研究课题, 比如 1987 年 Schnorr 的工作, 以及 Gama 与 Nguyen 的工作 (参见参考文献 7 的 [6] 和 [7]) 是非常有代表性的, 但是离多项式函数还很遥远, 所以学术界普遍猜测: 不存在多项式次算法可以逼近最短向量, 使得逼近系数 $r(n)$ 为 n 的多项式函数.

2. 最邻近向量问题 (CVP)

令 $L \subset \mathbb{R}^n$ 为一个格, $t \in \mathbb{R}^n$ 为任意给定向量, 容易证明存在一个格点 $u_t \in L$,

$$|u_t - t| = \min_{x \in L} |x - t|,$$

称 u_t 为 t 最相邻的格点 (向量). 当 $t = 0$ 为零向量时, u_0 就是 L 的最短向量, 所以相邻向量问题是最短向量问题的一般形式. 同样地, 我们仅知道相邻向量 u_t 的存在性, 并没有确定的算法找到 u_t, 代之相邻向量的逼近问题, $x \in L$, 如果

$$|x - t| \leqslant r_1(n)|u_t - t|,$$

则称 x 为逼近系数是 $r_1(n)$ 的逼近相邻向量. 1986 年, Babai 在参考文献 7 的 [3] 中提出一个有效算法逼近相邻向量, 其逼近系数 $r_1(n)$ 一般与逼近最短向量的逼近系数 $r(n)$ 是同阶的.

格上的其他计算困难问题还有很多, 比如逐次最短向量问题, 本质上就是寻找确定性的算法来逼近每个 $\alpha_i \in L$, 其中 $|\alpha_i| = \lambda_i$ 为 L 的连续极小. 不过, 在格密码设计与分析中常用的是 SVP 与 CVP 两类困难问题, 大部分研究都是基于整格来进行的.

7.3 整格与 q 元格

定义 3.1 如果 $L \subset \mathbb{Z}^n$, 则一个满秩格 L 称为整格; 如果 $q\mathbb{Z}^n \subset L \subset \mathbb{Z}^n$, 其中 $q \geqslant 1$ 为正整数, 则一个整格 L 称为 q 元格.

由定义不难看出, 一个格 $L = L(B)$ 为一个整格 $\Leftrightarrow B \in \mathbb{Z}^{n \times n}$ 为一个整数方阵, 因此一个整格 L 的行列式 $d = d(L)$ 为一个正整数.

引理 3.1 令 $L = L(B) \subset \mathbb{Z}^n$ 为一个整格, $d = d(L)$ 为 L 的行列式, 则有 $d\mathbb{Z}^n \subset L \subset \mathbb{Z}^n$, 因此, 一个整格总是一个 d 元格 $(d = q)$.

证明: 令 $\alpha \in d\mathbb{Z}^n$, 我们来证 $\alpha \in L$, 也就是说 $\alpha = Bx$ 总有整向量 $x \in \mathbb{Z}^n$ 的解. 令 B^{-1} 为 B 的逆矩阵, 则

$$B^{-1} = \frac{1}{\det(B)}B^* = \frac{1}{\det(B)}\begin{bmatrix} b_{11}^* & b_{12}^* & \cdots & b_{1n}^* \\ b_{21}^* & b_{22}^* & \cdots & b_{2n}^* \\ \vdots & \vdots & & \vdots \\ b_{n1}^* & b_{n2}^* & \cdots & b_{nn}^* \end{bmatrix},$$

其中 $B = (b_{ij})_{n\times n}$, b_{ij}^* 为 b_{ij} 的代数余子式. 因为 $B \in \mathbb{Z}^{n\times n}$, 所以 $B^* \in \mathbb{Z}^{n\times n}$, 因此 $dB^{-1} = \pm B^* \in \mathbb{Z}^{n\times n}$, 记 $\alpha = d\beta$, 则 $\beta \in \mathbb{Z}^n$, 且

$$x = B^{-1}\alpha = dB^{-1}\beta = \pm B^*\beta \in \mathbb{Z}^n.$$

因此有 $\alpha \in L$. 即 $d\mathbb{Z}^n \subset L$, 引理成立. □

下面的引理是代数学中的一个简单结论, 为完整性起见, 我们证明如下.

引理 3.2 令 L 为一个 q 元格, $\mathbb{Z}_q$ 为 $\bmod q$ 的剩余类环, 则

(i) $\mathbb{Z}^n/q\mathbb{Z}^n \cong \mathbb{Z}_q^n$(加群同构).

(ii) $\mathbb{Z}^n/L \cong \mathbb{Z}_q^n/_{L/q\mathbb{Z}^n}$ (加群同构). 因此 $L/q\mathbb{Z}^n$ 为 $\mathbb{Z}_q^n$ 上的一个线性码.

证明: $\alpha = (a_1, a_2, ..., a_n) \in \mathbb{Z}^n$, $\beta = (b_1, b_2, ..., b_n) \in \mathbb{Z}^n$, 如果 $\forall\ a_i \equiv b_i(\bmod q)$, 则我们记 $\alpha \equiv \beta(\bmod q)$. 对于任意的 $\alpha \in \mathbb{Z}^n$, 定义

$$\bar{\alpha} = (\bar{a}_1, \bar{a}_2, ..., \bar{a}_n) \in \mathbb{Z}_q^n,$$

其中 $\bar{a}_i$ 为 a_i 在 $\bmod q$ 下的最小非负剩余, 从而我们有 $\alpha \equiv \bar{\alpha}(\bmod q)$. 定义映射 $\sigma : \mathbb{Z}^n \xrightarrow{\sigma} \mathbb{Z}_q^n$ 为 $\sigma(\alpha) = \bar{\alpha}$, 此为一个满映射, 且

$$\sigma(\alpha + \beta) = \bar{\alpha} + \bar{\beta} = \sigma(\alpha) + \sigma(\beta).$$

因此 σ 为一个满的群同态. 显然, $\operatorname{Ker}\sigma = q\mathbb{Z}^n$, 因此由群的同构定理, 我们有

$$\mathbb{Z}^n/q\mathbb{Z}^n \cong \mathbb{Z}_q^n.$$

由于 $q\mathbb{Z}^n \subset L \subset \mathbb{Z}^n$, 再由群的同构定理有

$$\mathbb{Z}^n/L \cong \mathbb{Z}^n/q\mathbb{Z}^n/L/q\mathbb{Z}^n \cong \mathbb{Z}_q^n/L/q\mathbb{Z}^n.$$

引理得证. □

下面我们将证明 $\mathbb{Z}^n/L$ 为一个有限群, 为此先讨论矩阵的初等变换. 所谓矩阵的初等变换是指初等行变换与初等列变换, 具体是指如下三类初等变换:

(1) 变换矩阵 A 的两行或两列:

$$\begin{cases} \sigma_{ij}(A)\text{——变换 } A \text{ 的第 } i \text{ 行与第 } j \text{ 行} \\ \tau_{ij}(A)\text{——变换 } A \text{ 的第 } i \text{ 列与第 } j \text{ 列} \end{cases}$$

(2) 以 -1 乘以 A 的某一行或某一列:

$$\begin{cases}\sigma_{-i}(A)\text{——把 } A \text{ 的第 } i \text{ 行乘以 } -1\\ \tau_{-i}(A)\text{——把 } A \text{ 的第 } i \text{ 列乘以 } -1\end{cases}$$

(3) 把 A 的某行 (某列) 的 k 倍加到另一行 (另一列), $k\in\mathbb{R}$, 在很多情况下, 我们要求 $k\in\mathbb{Z}$ 为一个整数:

$$\begin{cases}\sigma_{ki+j}(A)\text{——把 } A \text{ 的第 } i \text{ 行的 } k \text{ 倍加到第 } j \text{ 行}\\ \tau_{ki+j}(A)\text{——把 } A \text{ 的第 } i \text{ 列的 } k \text{ 倍加到第 } j \text{ 列}\end{cases}$$

以 I_n 表示 n 阶单位矩阵, 对 I_n 实施上述初等变换所得的矩阵称为初等矩阵, 我们注意到所有初等矩阵都是幺模矩阵 (见式 (7.29)), 且

$$\begin{cases}\sigma_{ij}(A)=\sigma_{ij}(I_n)A,\ \tau_{ij}(A)=A\tau_{ij}(I_n)\\ \sigma_{-i}(A)=\sigma_{-i}(I_n)A,\ \tau_{-i}(A)=A\tau_{-i}(I_n)\\ \sigma_{ki+j}(A)=\sigma_{ki+j}(I_n)A,\ \tau_{ki+j}(A)=A\tau_{ki+j}(I_n)\end{cases}\tag{7.43}$$

也就是说, 对 A 实施初等行变换等于从左边乘以相应的初等矩阵, 对 A 实施初等列变换等于从右边乘以相应的初等矩阵.

引理 3.3 令 $L=L(B)\subset\mathbb{Z}^n$ 为一个整格, 则 $\mathbb{Z}^n/L$ 为一个有限群, 且

$$|\mathbb{Z}^n/L|=d(L).$$

证明: 由线性代数知识可知, 对一个整数方阵 $B\in\mathbb{Z}^n$ 实施初等行变换总可以将其化为下三角矩阵, 即存在幺模矩阵 $U\in SLn(\mathbb{Z})$, 使得

$$UB=\begin{bmatrix} * & 0 & \cdots & 0\\ * & * & \cdots & 0\\ \vdots & \vdots & & \vdots\\ * & * & \cdots & *\end{bmatrix}.$$

再对 UB 实施初等列变换总可以化为上三角矩阵, 因此为对角矩阵, 即存在幺模矩阵 $U_1\in SLn(\mathbb{Z})$,

$$UBU_1=\operatorname{diag}\{\delta_1,\delta_2,...,\delta_n\}.$$

其中 $\delta_i\neq 0$, $\delta_i\in\mathbb{Z}$, 且

$$d(L)=|\det(UBU_1)|=\prod_{i=1}^{n}|\delta_i|.$$

令 $L(UBU_1)$ 为 UBU_1 生成的整格, 我们有商群同构

$$\mathbb{Z}^n/L(UBU_1)\cong\bigoplus_{i=1}^{n}\mathbb{Z}/|\delta_i|\mathbb{Z}=\bigoplus_{i=1}^{n}\mathbb{Z}_{|\delta_i|}.$$

所以有

$$|\mathbb{Z}^n/L(UBU_1)| = \prod_{i=1}^{n} |\delta_i| = d(L).$$

由于 $L(B) = L(BU_1)$ 以及 $L(B) \cong L(UB)$, 因此有 $L(B) \cong L(UBU_1)$, 从而

$$|\mathbb{Z}^n/L(B)| = |\mathbb{Z}^n/L(UBU_1)| = d(L).$$

引理 3.3 成立. □

一个整数方阵 $B = (bij)_{n\times n} \in \mathbb{Z}^{n\times n}$ 称为埃尔米特 (Hermite) 正规形式矩阵, 如果 B 为上三角阵, 即 $b_{ij} = 0, 1 \leqslant j < i \leqslant n$, 且

$$b_{ii} \geqslant 1, 0 \leqslant b_{ij} < b_{ii}, 1 \leqslant i < j \leqslant n. \tag{7.44}$$

一个埃尔米特正规形式矩阵, 简称 HNF 矩阵.

定义 3.2 $L = L(B) \subset \mathbb{Z}^n$ 为一个整格, 且 B 为 HNF 矩阵, 称 B 为 L 的 HNF 基, 记为 $B = HNF(L)$.

下面的引理证明了一个整格存在唯一的 HNF 基, 所以用 $HNF(L)$ 来表示 HNF 基是合理的.

引理 3.4 令 $L \subset \mathbb{Z}^n$ 为一个整格, 则存在唯一的 HNF 矩阵 $B \Rightarrow L = L(B)$.

证明: 令 $L = L(A)$, A 为 L 的生成矩阵, 利用初等列变换, 可以将 A 化为上三角阵, 即

$$AU_1 = \begin{bmatrix} c_{11} & c_{12} & \cdots & c_{1n} \\ 0 & c_{22} & \cdots & c_{2n} \\ \vdots & \vdots & & \vdots \\ 0 & 0 & \cdots & c_{nn} \end{bmatrix}, \quad U_1 \in SLn(\mathbb{Z}).$$

其中 $c_{ii} > 0, 1 \leqslant i \leqslant n$, 再对 AU_1 连续实施列变换, 则存在幺模矩阵 $U_2 \Rightarrow AU_1U_2 = B$ 为 HNF 矩阵, 由 $L(B) = L(AU_1U_2)$, 知 L 存在 HNF 基 B.

下面来证 HNF 基 B 的唯一性. 如果有两个 HNF 矩阵 $B_1, B_2 \Rightarrow L(B_1) = L(B_2)$, 则由引理 2.4, 存在幺模矩阵 $U \in SLn(\mathbb{Z})$ 使得 $B_1 = B_2U$, 也就是说, 对 B_2 连续实施式 (7.43) 定义的初等列变换可以得到 B_1, 但对 B_2 所实施的任何一种列变换 τ_{ij}, τ_{-i} 以及 τ_{ki+j} 所得到的都不是 HNF 矩阵, 所以 $U = I_n$ 为单位阵, 即 $B_1 = B_2$. 引理成立. □

引理 3.5 令 $L = L(B)$ 为一个整格, $B = (b_{ij})_{n\times n}$ 为 HNF 矩阵, $B^* = [\beta_1^*, \beta_2^*, \ldots, \beta_n^*]$ 为 $B = [\beta_1, \beta_2, \ldots, \beta_n]$ 所对应的正交基, 则

$$B^* = [\beta_1^*, \beta_2^*, \ldots, \beta_n^*] = \mathrm{diag}\{b_{11}, b_{22}, \ldots, b_{nn}\}$$

为对角阵.

证明: 我们来证 $\beta_i^* = (0, 0, \ldots, b_{ii}, 0, \ldots, 0)'$ 即可, 对 i 做归纳法, 当 $i = 1$ 时, $\beta_1^* = \beta_1 = (b_{11}, 0, \ldots, 0)'$. 命题成立, 如果对于 $j \leqslant i$ 有 $\beta_j^* = (0, 0, \ldots, b_{jj}, 0, \ldots, 0)'$ 成立, 则当 $i+1$ 时, 由

式 (7.31) 有

$$\begin{aligned}\beta_{i+1}^* &= \beta_{i+1} - \sum_{j=1}^{i} \frac{<\beta_{i+1}, \beta_j^*>}{|\beta_j^*|^2}\beta_j^* \\ &= \beta_{i+1} - \sum_{j=1}^{i} \frac{b_{j(i+1)}}{b_{jj}}\beta_j^* \\ &= \begin{pmatrix} b_{1(i+1)} \\ b_{2(i+1)} \\ \vdots \\ b_{i(i+1)} \\ b_{(i+1)(i+1)} \\ \vdots \\ 0 \end{pmatrix} - \begin{pmatrix} b_{1(i+1)} \\ b_{2(i+1)} \\ \vdots \\ b_{i(i+1)} \\ 0 \\ \vdots \\ 0 \end{pmatrix} = \begin{pmatrix} 0 \\ 0 \\ \vdots \\ 0 \\ b_{(i+1)(i+1)} \\ \vdots \\ 0 \end{pmatrix}.\end{aligned}$$

从而命题成立. □

下面我们讨论 q 元格, 其中 $q \geqslant 1$ 且为正整数, 在格密码中经常使用的是如下两个 q 元格.

定义 3.3 令 $\mathbb{Z}_q$ 为 $\bmod q$ 的剩余类环, $A \in \mathbb{Z}_q^{n\times m}$, 定义如下两个 q 元格为

$$\Lambda_q(A) = \{y \in \mathbb{Z}^m | \text{存在 } x \in \mathbb{Z}^n \Rightarrow y \equiv A^{'}x(\bmod q)\}, \tag{7.45}$$

以及

$$\Lambda_q^{\perp}(A) = \{y \in \mathbb{Z}^m | Ay \equiv 0(\bmod q)\}. \tag{7.46}$$

由定义: $\Lambda_q(A) \subset \mathbb{Z}^m$ 及 $\Lambda_q^{\perp}(A) \subset \mathbb{Z}^m$ 为 m 维整格, 且任意 $\alpha \in q\mathbb{Z}^m$, 则存在 $x = 0 \in \mathbb{Z}^m \Rightarrow \alpha \equiv A^{'}x(\bmod q)$, 及 $A\alpha \equiv 0(\bmod q)$, 所以有

$$\begin{cases} q\mathbb{Z}^m \subset \Lambda_q(A) \subset \mathbb{Z}^m, \\ q\mathbb{Z}^m \subset \Lambda_q^{\perp}(A) \subset \mathbb{Z}^m, \end{cases}$$

即 $\Lambda_q(A)$ 与 $\Lambda_q^{\perp}(A)$ 为维数 m 的 q 元格.

引理 3.6 我们有

$$\begin{cases} \Lambda_q^{\perp}(A) = q\Lambda_q(A)^*, \\ \Lambda_q(A) = q\Lambda_q^{\perp}(A)^*. \end{cases}$$

证明: 任意 $\alpha \in \Lambda_q(A)^*$, 由定义, 则

$$<y, \alpha> \in \mathbb{Z}, \forall\, y \in \Lambda_q(A).$$

又

$$<y, \alpha> = y^{'}\alpha \in \mathbb{Z} \Rightarrow y^{'}\alpha \equiv 0(\bmod 1).$$

所以有

$$y' q\alpha \equiv 0(\mathrm{mod}\, q), \forall\ y \in \Lambda_q(A).$$

因为 $y \in \Lambda_q(A)$, 于是存在 $x \in \mathbb{Z}^n \Rightarrow y \equiv A' x(\mathrm{mod}\, q)$, 由上式可得

$$x' Aq\alpha \equiv 0(\mathrm{mod}\, q), \forall\ x \in \mathbb{Z}^n.$$

因此

$$Aq\alpha \equiv 0(\mathrm{mod}\, q) \Rightarrow q\alpha \in \Lambda_q^{\perp}(A).$$

我们证明了

$$q\Lambda_q(A)^* \subset \Lambda_q^{\perp}(A).$$

反过来, 如果 $y \in \Lambda_q^{\perp}(A)$, 我们有

$$Ay \equiv 0(\mathrm{mod}\, q) \Rightarrow A\left(\frac{1}{q}y\right) \equiv 0(\mathrm{mod}\, 1).$$

任意的 $\alpha \in \Lambda_q(A)$, 令 $x \in \mathbb{Z}^n$, $\alpha \equiv A' x(\mathrm{mod}\, q)$, 则

$$< \alpha, \frac{1}{q}y >= x' A\left(\frac{1}{q}y\right) \equiv 0(\mathrm{mod}\, 1), \forall x \in \mathbb{Z}^n.$$

我们有

$$\frac{1}{q}y \in \Lambda_q(A)^* \Rightarrow y \in q\Lambda_q(A)^*,$$

即

$$\Lambda_q^{\perp}(A) \subset q\Lambda_q(A)^*.$$

从而有 $\Lambda_q^{\perp}(A) = q\Lambda_q(A)^*$. 同理可证第 2 个等式. □

引理 3.7 令 q 为一个素数, $A \in \mathbb{Z}_q^{n\times m}, m \geqslant n$, 且 $\mathrm{rank}(A) = n$, 则

$$|\det(\Lambda_q^{\perp}(A))| = q^n, \tag{7.47}$$

以及

$$|\det(\Lambda_q(A))| = q^{m-n}. \tag{7.48}$$

证明: 在有限域 $\mathbb{Z}_q$ 中, $\mathrm{rank}(A) = n$, 则线性方程组 $Ay = 0$ 恰有 q^{m-n} 个解, 由此可得

$$|\Lambda_q^{\perp}(A)/q\mathbb{Z}^m| = q^{m-n}.$$

由引理 3.2,

$$|\mathbb{Z}^m/\Lambda_q^{\perp}(A)| = |\mathbb{Z}_q^m/\Lambda_q^{\perp}(A)/q\mathbb{Z}^m| = q^n.$$

再由引理 3.3,

$$|\det(\Lambda_q^{\perp}(A))| = |\mathbb{Z}^m/\Lambda_q^{\perp}(A)| = q^n.$$

所以式 (7.47) 成立. 由上一节推论 2, 我们有

$$|\det(\Lambda_q^{\perp}(A)^*)| = q^{-n}.$$

因此由引理 3.6,

$$|\det(\Lambda_q(A))| = q^m|\det(\Lambda_q^{\perp}(A)^*)| = q^{m-n}.$$

引理成立. □

7.4 缩减基

在格理论中, 缩减 (Reduced) 基以及相应的 LLL 算法是最重要的内容, 对计算代数、数论等邻域有重要影响, 被公认为近百年来最重要的计算方法之一. 为了介绍缩减基及 LLL 算法, 我们回忆由式 (7.31) 至式 (7.34) 所概括的格拉姆 – 施密特正交化过程. 令 $\{\beta_1, \beta_2, \ldots, \beta_n\} \subset \mathbb{R}^n$ 为 $\mathbb{R}^n$ 对应的一组基, $\{\beta_1^*, \beta_2^*, \ldots, \beta_n^*\}$ 为对应的格拉姆 – 施密特正交基, 这里

$$\beta_1^* = \beta_1,\ \beta_i^* = \beta_i - \sum_{j=1}^{i-1} \frac{<\beta_i, \beta_j^*>}{<\beta_j^*, \beta_j^*>}\beta_j^*,\ 1 < i \leqslant n. \tag{7.49}$$

上式可写为

$$\beta_i = \sum_{j=1}^{i} \frac{<\beta_i, \beta_j^*>}{<\beta_j^*, \beta_j^*>}\beta_j^*,\ 1 \leqslant i \leqslant n. \tag{7.50}$$

因此有如下引理:

引理 4.1 令 $\{\beta_1, \beta_2, \ldots, \beta_n\}$ 为 $\mathbb{R}^n$ 的一组基, $\{\beta_1^*, \beta_2^*, \ldots, \beta_n^*\}$ 为对应的格拉姆 – 施密特正交基, $L(\beta_1, \beta_2, \ldots, \beta_k) = \text{Span}\{\beta_1, \beta_2, \ldots, \beta_k\}$ 为 $\beta_1, \beta_2, \ldots, \beta_k$ 所张成的线性子空间, 则

(i) $L(\beta_1, \beta_2, \ldots, \beta_k) = L(\beta_1^*, \beta_2^*, \ldots, \beta_k^*),\ 1 \leqslant k \leqslant n.$ (7.51)

(ii) 对 $1 \leqslant i \leqslant n$, 有

$$\begin{cases} <\beta_i, \beta_k^*>= 0, & k > i; \\ <\beta_i, \beta_k>=<\beta_k^*, \beta_k^*>, & k = i. \end{cases} \tag{7.52}$$

(iii) $\forall\ x \in \mathbb{R}^n$, $x = \sum\limits_{i=1}^{n} x_i\beta_i^*$, 则

$$x_i = \frac{<x, \beta_i^*>}{<\beta_i^*, \beta_i^*>},\ 1 \leqslant i \leqslant n. \tag{7.53}$$

证明: 上述三条性质可以直接从式 (7.49) 或式 (7.50) 中推出. □

令 $U = (U_{ij})_{n\times n}$, 其中

$$U_{ij} = \frac{<\beta_i, \beta_j^*>}{<\beta_j^*, \beta_j^*>} \Rightarrow U_{ij} = 0,\ 当\ j > i\ 时.\ U_{ii} = 1. \tag{7.54}$$

因此 U 为对角线上元素为 1 的下三角矩阵, 且

$$\begin{bmatrix}\beta_1\\ \beta_2\\ \vdots\\ \beta_n\end{bmatrix}=U\begin{bmatrix}\beta_1^*\\ \beta_2^*\\ \vdots\\ \beta_n^*\end{bmatrix}. \tag{7.55}$$

称 U 为 $\{\beta_1,\beta_2,\ldots,\beta_n\}$ 正交化时的系数矩阵.

下面我们介绍正交投影的概念: 令 $V\subset\mathbb{R}^k\subset\mathbb{R}^n(1\leqslant k\leqslant n)$, V 在 $\mathbb{R}^k$ 中的正交补空间 $V^\perp$ 为

$$V^\perp=\{x\in\mathbb{R}^k|<x,\alpha>=0,\forall\ \alpha\in V\}. \tag{7.56}$$

因为 $\mathbb{R}^k=V\bigoplus V^\perp$, 所以 $\forall\ x\in\mathbb{R}^k$, 则唯一地可以表示为

$$x=\alpha+\beta,\text{其中 }\alpha\in V,\beta\in V^\perp.$$

称 α 为 x 在子空间 V 上的正交投影, 显然有 $|x|^2=|\alpha|^2+|\beta|^2$.

引理 4.2 令 $\{\beta_1,\beta_2,\ldots,\beta_n\}$ 为 $\mathbb{R}^n$ 的一组基, $\{\beta_1^*,\beta_2^*,\ldots,\beta_n^*\}$ 为对应的正交基, $1\leqslant k\leqslant n$, 则 β_k^* 为 β_k 在 $L(\beta_1,\beta_2,\ldots,\beta_k)$ 的子空间 $L(\beta_1,\beta_2,\ldots,\beta_{k-1})$ 的正交补空间 V 上的正交投影.

证明: 若 $k=1$, 则命题是平凡的; 若 $k>1$, 则由引理 4.1,

$$L(\beta_1,\beta_2,\ldots,\beta_{k-1})=L(\beta_1^*,\beta_2^*,\ldots,\beta_{k-1}^*).$$

因此 $L(\beta_1,\beta_2,\ldots,\beta_{k-1})$ 在 $L(\beta_1,\beta_2,\cdots,\beta_{k-1},\beta_k)$ 中的正交补空间 $V=L(\beta_k^*)$ 为一维空间, 由于

$$\beta_k=\beta_k^*+\sum_{j=1}^{k-1}u_{kj}\beta_j^*,$$

且

$$<\beta_k^*,\sum_{j=1}^{k-1}u_{kj}\beta_j^*>=0.$$

因此 β_k^* 就是 β_k 在 V 上的正交投影. 引理成立. □

下面我们讨论对基矩阵 $[\beta_1,\beta_2,\ldots,\beta_n]$ 做初等列变换时, 对应的正交基的变换规律.

引理 4.3 令 $\{\beta_1,\beta_2,\ldots,\beta_n\}\subset\mathbb{R}^n$ 为一组基, $\{\beta_1^*,\beta_2^*,\ldots,\beta_n^*\}$ 为对应的正交基, $A=(u_{ij})_{n\times n}$ 为系数矩阵. 交换 β_{k-1} 与 β_k, 得到的还是 $\mathbb{R}^n$ 的一组基 $\{\alpha_1,\alpha_2,\ldots,\alpha_n\}$, 其中

$$\alpha_{k-1}=\beta_k,\alpha_k=\beta_{k-1},\alpha_i=\beta_i,\text{当 }i\neq k-1,k\text{ 时}.$$

令 $\{\alpha_1^*,\alpha_2^*,\ldots,\alpha_n^*\}$ 为对应的正交基, $A_1=(v_{ij})_{n\times n}$ 为对应的系数矩阵, 则我们有

(i) $\alpha_i^*=\beta_i^*$, 如果 $i\neq k-1,k$.

(ii) $\begin{cases}\alpha_{k-1}^* = \beta_k^* + u_{k(k-1)}\beta_{k-1}^*,\\ \alpha_k^* = \beta_{k-1}^* - v_{k(k-1)}\beta_{k-1}^*.\end{cases}$

(iii) $v_{ij} = u_{ij}$, 如果 $1 \leqslant j < i \leqslant n$, 且 $\{i,j\}\bigcap\{k,k-1\} = \varnothing$.

(iv) $\begin{cases}v_{i(k-1)} = u_{i(k-1)}v_{k(k-1)} + u_{ik}\dfrac{|\beta_k^*|^2}{|\alpha_{k-1}^*|^2},\ i > k,\\ v_{ik} = u_{i(k-1)} - u_{ik}u_{k(k-1)},\ i > k.\end{cases}$

(v) $v_{(k-1)j} = u_{kj}$, $v_{kj} = u_{(k-1)j}$, $1 \leqslant j < k-1$.

证明: (i) 如果 $1 \leqslant i < k-1$, 或者 $k < i \leqslant n$, 则在 $L(\alpha_1,\alpha_2,\ldots,\alpha_i) = L(\beta_1,\beta_2,\cdots,\beta_i)$ 中的正交补空间

$$V = L^{\perp}(\alpha_1,\alpha_2,\ldots,\alpha_{i-1}) = L^{\perp}(\beta_1,\beta_2,\ldots,\beta_{i-1}).$$

所以 α_i^* 作为 $\alpha_i = \beta_i$ 在 V 上的正交投影与 β_i^* 作为 β_i 在 V 上的正交投影是一样的, 即 $\alpha_i^* = \beta_i^*(i \neq k-1,k)$.

(ii) 因为 α_{k-1}^* 为 $\beta_k(=\alpha_{k-1})$ 在 $L(\beta_1,\beta_2,\ldots,\beta_{k-2})$ 的正交补空间 $L(\beta_{k-1}^*)$ 上的正交投影, 由于

$$\begin{aligned}\beta_k^* &= \beta_k - \sum_{j=1}^{k-1} u_{kj}\beta_j^*\\ &= \beta_k - u_{k(k-1)}\beta_{k-1}^* - \sum_{j=1}^{k-2} u_{kj}\beta_j^*,\end{aligned}$$

且 $L(\beta_1,\beta_2,\ldots,\beta_{k-2}) = L(\beta_1^*,\beta_2^*,\ldots,\beta_{k-2})^*$, 所以有

$$\alpha_{k-1}^* = \beta_k^* + u_{k(k-1)}\beta_{k-1}^*.$$

同理, α_k^* 为 β_{k-1}^* 在 $L(\alpha_{k-1}^*)$ 上的正交投影, 从而有

$$\alpha_k^* = \beta_{k-1}^* - v_{k(k-1)}\alpha_{k-1}^*,$$

其中

$$\begin{aligned}v_{k(k-1)} &= \frac{<\beta_{k-1}^*, \alpha_{k-1}^*>}{|\alpha_{k-1}^*|^2}\\ &= \frac{<\beta_{k-1}^*, u_{k(k-1)}\beta_{k-1}^*>}{|\alpha_{k-1}^*|^2}\\ &= u_{k(k-1)}\frac{|\beta_{k-1}^*|^2}{|\alpha_{k-1}^*|^2},\end{aligned}$$

从而 (ii) 成立. 同理可证其他性质. 引理 4.3 成立. □

引理 4.4 设 $\{\beta_1,\beta_2,\ldots,\beta_n\}$ 为 $\mathbb{R}^n$ 的一组基, $\{\beta_1^*,\beta_2^*,\ldots,\beta_n^*\}$ 为对应的正交基, $A = (u_{ij})_{n\times n}$ 为系数矩阵. 对于任意的 $k \geqslant 2$, 我们以 $\beta_k - r\beta_{k-1}$ 代替 β_k, 其他 β_i 保持不变 $(i \neq k)$, 则得到了一组新基.

$$\{\alpha_1,\alpha_2,\ldots,\alpha_n\}=\{\beta_1,\beta_2,\ldots,\beta_{k-1},\beta_k-r\beta_{k-1},\beta_{k+1},\ldots,\beta_n\}.$$

令 $\{\alpha_1^*,\alpha_2^*,\ldots,\alpha_n^*\}$ 为对应的正交基, $A_1=(v_{ij})_{n\times n}$ 为对应的系数矩阵, 则我们有

(i) $\alpha_i^*=\beta_i^*, \forall\ 1\leqslant i\leqslant n$, 即 β_i^* 保持不变.

(ii) $v_{ij}=u_{ij}$, 如果 $1\leqslant j<i\leqslant n,\ i\neq k$.

(iii) $\begin{cases} v_{kj}=u_{kj}-ru_{(k-1)j}, \text{ 如果 } j<k-1,\\ v_{k(k-1)}=u_{k(k-1)}-r, \text{ 如果 } j=k-1.\end{cases}$

证明: (i) 当 $i<k$ 或者 $i>k$ 时, $\alpha_i^*=\beta_i^*$ 是显然的, 仅证 $i=k$ 时的情况. 因为 α_k^* 为 $\alpha_k=\beta_k-r\beta_{k-1}$ 在 $L(\beta_1,\beta_2,\ldots,\beta_{k-1})=L(\alpha_1,\alpha_2,\ldots,\alpha_{k-1})$ 的正交补空间 $L(\alpha_k^*)=L(\beta_k^*)$ 的正交投影,

$$\begin{aligned}\beta_k^*&=\beta_k-\sum_{j=1}^{k-1}u_{kj}\beta_j^*\\&=\beta_k-r\beta_{k-1}-\left(\sum_{j=1}^{k-2}u_{kj}\beta_j^*+(u_{k(k-1)}-r)\beta_{k-1}^*\right)\\&=\alpha_k-\left(\sum_{j=1}^{k-2}u_{kj}\beta_j^*+(u_{k(k-1)}-r)\beta_{k-1}^*\right).\end{aligned}$$

这就证明了 $\alpha_k^*=\beta_k^*$.

(ii) 当 $i\neq k$ 时, 我们有

$$v_{ij}=\frac{<\alpha_i,\alpha_j^*>}{|\alpha_j^*|^2}=\frac{<\beta_i,\beta_j^*>}{|\beta_j^*|^2}=u_{ij},$$

即 (ii) 成立.

(iii) 当 $i=k$ 时,

$$\begin{aligned}v_{kj}&=\frac{<\alpha_k,\alpha_j^*>}{|\alpha_j^*|^2}\\&=\frac{<\beta_k-r\beta_{k-1},\beta_j^*>}{|\alpha_j^*|^2}(1\leqslant j<k\leqslant n)\\&=\frac{<\beta_k,\beta_j^*>}{|\beta_j^*|^2}-r\frac{<\beta_{k-1},\beta_j^*>}{|\beta_j^*|^2}\\&=u_{kj}-ru_{(k-1)j}.\end{aligned}$$

上式对所有的 $1\leqslant j\leqslant k-1$ 成立, 从而 (iii) 得证, 引理成立. □

下面我们引进 $\mathbb{R}^n$ 的一组缩减基的概念.

定义 4.1 令 $\{\beta_1,\beta_2,\ldots,\beta_n\}\subset\mathbb{R}$ 为一组基, $\{\beta_1^*,\beta_2^*,\ldots,\beta_n^*\}$ 为对应的正交基, $A=(u_{ij})_{n\times n}$ 为系数矩阵, 称 $\{\beta_1,\beta_2,\ldots,\beta_{n-1}\}$ 为 $\mathbb{R}^n$ 的一组缩减基, 如果

$$\begin{cases}\text{(i) } |u_{ij}|\leqslant\dfrac{1}{2}, \forall\ 1\leqslant j<i\leqslant n,\\ \text{(ii) } |\beta_i^*-u_{k(k-1)}\beta_{i-1}^*|^2\geqslant\dfrac{3}{4}|\beta_{i-1}^*|^2, \forall\ 1<i\leqslant n.\end{cases}\tag{7.57}$$

$\mathbb{R}^n$ 的一组缩减基有时也称为 Lovisz 缩减基, 在格理论中有重要意义. 本节的重要结果是 $\mathbb{R}^n$ 中的任意格 L 存在缩减基, 而计算缩减基的方法就是著名的 LLL 算法.

定理 3 令 $L \subset \mathbb{R}^n$ 为一个格 (满秩格), 则存在 L 的生成矩阵 $B = [\beta_1, \beta_2, \ldots, \beta_n]$, 其中 $\{\beta_1, \beta_2, \ldots, \beta_n\}$ 为 $\mathbb{R}^n$ 的一个缩减基, 也将为格 $L = L(B)$ 的一个缩减基.

证明: 第一步: 令 $B = [\beta_1, \beta_2, \ldots, \beta_n]$, $L = L(B)$, 我们先证

$$|u_{k(k-1)}| \leqslant \frac{1}{2}, \forall\, 1 \leqslant k. \tag{7.58}$$

如果存在一个 $k > 1$, 上式不成立, 则令 r 为 $u_{k(k-1)}$ 最邻近的整数, 显然

$$|u_{k(k-1)} - r| \leqslant \frac{1}{2}.$$

在 $\{\beta_1, \beta_2, \ldots, \beta_n\}$ 中, 以 $\beta_k - r\beta_{k-1}$ 代替 β_k, 于是由引理 4.4,

$$u_{kj} \to u_{kj} - ru_{(k-1)j},\ 1 \leqslant j \leqslant k.$$

特别地, 当 $j = k-1$ 时,

$$u_{k(k-1)} \to u_{k(k-1)} - r,$$

在新的基下, 所有的 β_i 以及 $u_{ij}(1 \leqslant j < i \neq k)$ 保持不变, 因此式 (7.58) 在新的基下成立.

第二步: 我们证明

$$|\beta_k^* - u_{k(k-1)}\beta_{k-1}^*|^2 \geqslant \frac{3}{4}|\beta_{k-1}^*|^2, \forall\, 1 < k \leqslant n. \tag{7.59}$$

由式 (7.4),

$$|\beta_k^* + u_{k(k-1)}\beta_{k-1}^*|^2 = |\beta_k^* - u_{k(k-1)}\beta_{k-1}^*|^2.$$

所以式 (7.59) 右边绝对值中的正负号是可以任意更换的. 假设存在一个 k, $1 < k \leqslant n$ 使式 (7.59) 不成立, 即

$$|\beta_k^* + u_{k(k-1)}\beta_{k-1}^*|^2 < \frac{3}{4}|\beta_{k-1}^*|^2. \tag{7.60}$$

在这种情况下, 交换 β_k 与 β_{k-1}, 其他的 β_i 保持不变, 则有新的一组基 $\{\alpha_1, \alpha_2, \ldots, \alpha_n\}$ 及对应的正交基 $\{\alpha_1^*, \alpha_2^*, \ldots, \alpha_n^*\}$ 与系数矩阵 $A_1 = (v_{ij})_{n\times n}$, 其中

$$\alpha_i = \beta_i (i \neq k-1, k),\ \alpha_{k-1} = \beta_k,\ \alpha_k = \beta_{k-1}.$$

我们来证在新的基 $\{\alpha_1, \alpha_2, \ldots, \alpha_n\}$ 下有

$$|\alpha_k^* + v_{k(k-1)}\alpha_{k-1}^*|^2 \geqslant \frac{3}{4}|\alpha_{k-1}^*|^2, \tag{7.61}$$

由引理 4.3,

$$\begin{cases} \alpha_{k-1}^* = \beta_k^* + u_{k(k-1)}\beta_{k-1}^*, \\ \alpha_k^* = \beta_{k-1}^* - v_{k(k-1)}\beta_{k-1}^*. \end{cases}$$

由式 (7.60), 我们有

$$|\alpha_{k-1}^*|^2 < \frac{3}{4}|\alpha_k^* + v_{k(k-1)}\alpha_{k-1}^*|^2,$$

即

$$|\alpha_k^* + v_{k(k-1)}\alpha_{k-1}^*|^2 > \frac{4}{3}|\alpha_{k-1}^*|^2 > \frac{3}{4}|\alpha_{k-1}^*|^2.$$

因此式 (7.61) 成立. 连续采用上述方法, 可以证明式 (7.59) 对 $\forall\, k > 1$ 成立. 但是, 当 k 以 $k-1$ 代替时, 新的 β_{k-1}^* 变为

$$\beta_{k-1}^* \to \beta_{k-1}^* + u_{(k-1)(k-2)}\beta_{k-2}^* = \overline{\beta_{k-1}^*}.$$

我们必须证明式 (7.59), 以 $k-1$ 代替 k 时保持不变. 实际上

$$\begin{aligned}
|\beta_k^* + u_{k(k-1)}\overline{\beta_{k-1}^*}|^2 &= |\beta_k^* + u_{k(k-1)}(\beta_{k-1}^* + u_{(k-1)(k-2)}\beta_{k-2}^*)|^2 \\
&= |\beta_k^* + u_{k(k-1)}\beta_{k-1}^*|^2 + |u_{k(k-1)}u_{(k-1)(k-2)}\beta_{k-2}^*|^2 \\
&\geqslant \frac{3}{4}(|\beta_{k-1}^*|^2 + u_{k(k-1)}^2|u_{(k-1)(k-2)}\beta_{k-2}^*|^2) \\
&\geqslant \frac{3}{4}(|\beta_{k-1}^*|^2 + |u_{(k-1)(k-2)}\beta_{k-2}^*|^2) \\
&= \frac{3}{4}|\beta_{k-1}^* + u_{(k-1)(k-2)}\beta_{k-2}^*|^2 \\
&= \frac{3}{4}|\overline{\beta_{k-1}^*}|^2.
\end{aligned}$$

因此式 (7.59) 在连续实施交换向量的变换时, 没有改变, 即式 (7.59) 对所有的 k, $1 < k \leqslant n$ 成立.

第三步: 我们来证明

$$|u_{kj}| \leqslant \frac{1}{2}, \forall\, 1 \leqslant j < k \leqslant n. \tag{7.62}$$

当 $j = k-1$ 时, 式 (7.58) 就是式 (7.62). 对于给定的 k, $1 < k \leqslant n$, 如果式 (7.62) 不成立, 令 l 为最大的下标 $\Rightarrow |u_{kl}| > \frac{1}{2}$. 令 r 为 u_{kl} 最邻近的整数, 则 $|u_{kl} - r| \leqslant \frac{1}{2}$. 用 $\beta_k - r\beta_l$ 来代替 β_k, 由引理 4.4, 所有 β_i^* 保持不变, 系数矩阵改变为:

$$\begin{cases} u_{kj} = u_{kj} - ru_{lj}, 1 \leqslant j < l, \\ u_{kl} = u_{kl} - r. \end{cases}$$

而其他 u_{ij} 保持不变, 此时

$$|u_{kl} - r| = |v_{kl}| \leqslant \frac{1}{2}.$$

因此我们有式 (7.62) 对所有的 $1 \leqslant j < k \leqslant n$ 成立.

上述矩阵变换相当于右乘了一个幺模矩阵, 因此最后所得到的格 L 的缩减基 $B \Rightarrow L = L(B)$. 我们完成了对定理 3 的证明. □

引理 4.5 令 $L = L(B)$ 为一个格, B 为 L 的一个缩减基, $B^* = [\beta_1^*, \beta_2^*, \ldots, \beta_n^*]$ 为对应的正交基, 则对任意的 $1 \leqslant j < i \leqslant n$, 我们有

$$|\beta_j^*|^2 \leqslant 2^{i-j}|\beta_i^*|^2.$$

证明: 因为 $B = [\beta_1, \beta_2, \ldots, \beta_n]$ 为一个缩减基, 故

$$|\beta_k^* + u_{k(k-1)}\beta_{k-1}^*|^2 \geqslant \frac{3}{4}|\beta_{k-1}^*|^2.$$

从而

$$|\beta_k^* + u_{k(k-1)}\beta_{k-1}^*|^2 = |\beta_k^*|^2 + u_{k(k-1)}^2|\beta_{k-1}^*|^2 \geqslant \frac{3}{4}|\beta_{k-1}^*|^2.$$

因此有

$$\begin{aligned}|\beta_k^*|^2 &= \frac{3}{4}|\beta_{k-1}^*|^2 - u_{k(k-1)}^2|\beta_{k-1}^*|^2\\ &\geqslant \frac{3}{4}|\beta_{k-1}^*|^2 - \frac{1}{4}|\beta_{k-1}^*|^2\\ &= \frac{1}{2}|\beta_{k-1}^*|^2.\end{aligned}$$

因此当 $1 \leqslant j < i \leqslant n$ 给定时, 我们有

$$\begin{aligned}|\beta_i^*|^2 &\geqslant \frac{1}{2}|\beta_{i-1}^*|^2\\ &\geqslant \frac{1}{4}|\beta_{i-2}^*|^2\\ &\geqslant \cdots\\ &\geqslant 2^{-(i-j)}|\beta_j^*|^2,\end{aligned}$$

从而有

$$|\beta_j^*|^2 \leqslant 2^{i-j}|\beta_i^*|^2.$$ □

注: 在缩减基的定义中, 式 (7.57) 的第二个不等式左边的系数 $\frac{3}{4}$ 可以用任意的 δ 来代替, 其中 $\frac{1}{4} < \delta < 1$. 特别地, Babai 在参考文献 7 的 [3] 中指出式 (7.57) 的第二个不等式可以由如下更弱的不等式替代,

$$|\beta_i^*| \leqslant \frac{1}{2}|\beta_{i-1}^*|. \tag{7.63}$$

下面我们讨论 LLL 算法的计算复杂性. 令 $B = \{\beta_1, \beta_2, \ldots, \beta_n\}$ 为任意一组基, 对任意的 $0 \leqslant k \leqslant n$, 我们定义

$$d_0 = 1, d_k = \det(<\beta_i, \beta_j>_{k\times k}). \tag{7.64}$$

如果 $\{\beta_1^*, \beta_2^*, \ldots, \beta_n^*\}$ 为 $\{\beta_1, \beta_2, \ldots, \beta_n\}$ 对应的正交基, 则显然有

$$d_k = \prod_{i=1}^{k}|\beta_i^*|^2, 0 < k \leqslant n. \tag{7.65}$$

因此 d_i 为正数, 且 $d_n = d(L)^2$. 令

$$D = \prod_{k=1}^{n-1} d_k, \tag{7.66}$$

我们首先证明 $d_k(0 < k \leqslant n)$ 以及 D 存在下界.

引理 4.6 令

$$m(L) = \lambda(L)^2 = \min\{|x|^2 : x \in L, x \neq 0\}.$$

则有

$$d_k \geqslant \left(\frac{3}{4}\right)^{\frac{k(k-1)}{2}} m(L)^k, 1 \leqslant k \leqslant n.$$

证明: k 维格 $L_k = L(\beta_1, \beta_2, \ldots, \beta_k) \subset \mathbb{R}^k (1 \leqslant k \leqslant n)$ 的行列式有

$$d^2(L_k) = d_k.$$

由 Cassels 在参考文献 7 的 [4] 中的结论, 在 L_k 中存在非零的格点 x, 满足 $x \in L_k, x \neq 0$, 且

$$|x|^2 \leqslant \left(\frac{4}{3}\right)^{\frac{k-1}{2}} d_k^{\frac{1}{k}}. \tag{7.67}$$

则有

$$\begin{aligned} d_k &\geqslant \left(\frac{3}{4}\right)^{\frac{k(k-1)}{2}} m(L_k)^k \\ &\geqslant \left(\frac{3}{4}\right)^{\frac{k(k-1)}{2}} (m(L))^k. \end{aligned}$$

从而引理成立. □

本节的另一个重要结论是对整格 L 估计, 运用 LLL 算法得到整格的缩减基的计算复杂性, 我们证明整格上的 LLL 算法是多项式次的.

定理 4 令 $L = L(B) \subset \mathbb{Z}^n$ 为一个整格, $B = [\beta_1, \beta_2, \ldots, \beta_n]$ 为生成矩阵, 令 N 满足

$$\max_{1 \leqslant i \leqslant n} |\beta_i|^2 \leqslant N.$$

则由 B 应用 LLL 算法得到 L 的缩减基的计算复杂性为

$$\text{Time(LLL 算法)} = O(n^4 \log N).$$

所有整数在 LLL 算法中的二进制位数为 $O(n \log N)$, 从而 LLL 算法在整格上的计算复杂性为多项式次的.

证明: 由式 (7.36), 我们有

$$|\beta_i^*| \leqslant |\beta_i|, 1 \leqslant i \leqslant n,$$

其中 $\{\beta_1^*, \beta_2^*, \ldots, \beta_n^*\}$ 为 $\{\beta_1, \beta_2, \ldots, \beta_n\}$ 对应的正交基, 则由式 (7.65) 及式 (7.66), 我们有

$$d_k=\prod_{i=1}^{k}|\beta_i^*|^2\leqslant\prod_{i=1}^{k}|\beta_i|^2\leqslant N^k, 1\leqslant k\leqslant n.$$

以及

$$1\leqslant D\leqslant N^{\frac{n(n-1)}{2}}. \tag{7.68}$$

上式左边的不等式是因为 $d_k\in\mathbb{Z}$, 且 $d_k\geqslant 1$, 由式 (7.66), 得 $D\geqslant 1$. 因此在 LLL 算法第一步中需要 $O(n)$ 次算法运算, 在第二步和第三步中需要 $O(n^3)$ 次算法运算, 而每次算法运算的比特运算次数 $\leqslant$ Time(计算 D), 因此

$$\text{Time(LLL 算法)}\leqslant O(n^3)\text{Time(计算}D)=O(n^4\log N).$$

因此定理 4 的第一个结论得证. 第二个结论比较复杂, 我们从略, 有兴趣的读者可以参见参考文献 7 的 [11]. □

7.5 SVP 与 CVP 的逼近

格的缩减基及 LLL 算法的最重要的应用是为最短向量问题及最短相邻向量问题提供逼近算法, 并得到一些近似结果. 首先, 我们证明如下引理.

引理 5.1 令 $\{\beta_1,\beta_2,\ldots,\beta_n\}$ 为格 L 的一组缩减基, $\{\beta_1^*,\beta_2^*,\ldots,\beta_n^*\}$ 为对应的正交基, $d(L)$ 为 L 的行列式, 则我们有

(i) $d(L)\leqslant\prod_{i=1}^{n}|\beta_i|\leqslant 2^{\frac{n(n-1)}{4}}d(L)$. (7.69)

(ii) $|\beta_1|\leqslant 2^{\frac{n-1}{4}}d(L)^{\frac{1}{n}}$. (7.70)

证明: (i) 左边的不等式称为哈达玛不等式, 已由引理 2.7 给出. 右边的不等式给出了 $\prod_{i=1}^{n}|\beta_i|$ 的一个上界, 由引理 4.5,

$$|\beta_j^*|\leqslant 2^{\frac{i-j}{2}}|\beta_i^*|, 1\leqslant j<i\leqslant n. \tag{7.71}$$

因此

$$\beta_i=\beta_i^*+\sum_{j=1}^{i-1}u_{ij}\beta_j^*.$$

可得

$$\begin{aligned}|\beta_i|^2 &= |\beta_i^*|^2 + \sum_{j=1}^{i-1} u_{ij}^2 |\beta_j^*|^2 \\ &\leqslant |\beta_i^*|^2 + \frac{1}{4}\sum_{j=1}^{i-1}|\beta_j^*|^2 \\ &\leqslant \left(1 + \frac{1}{4}\sum_{j=1}^{i-1} 2^{i-j}\right)|\beta_i^*|^2 \\ &= \left(1 + \frac{1}{4}(2^i - 2)\right)|\beta_i^*|^2 \\ &\leqslant 2^{i-1}|\beta_i^*|^2.\end{aligned} \tag{7.72}$$

因此有

$$\begin{aligned}\prod_{i=1}^{n}|\beta_i|^2 &\leqslant \prod_{i=1}^{n} 2^{i-1}|\beta_i^*|^2 \\ &= 2^{\sum\limits_{i=0}^{n-1} i}\prod_{i=1}^{n}|\beta_i^*|^2 \\ &= 2^{\frac{n}{2}(n-1)}\prod_{i=1}^{n}|\beta_i^*|^2 \\ &= 2^{\frac{n}{2}(n-1)}(d(L))^2.\end{aligned}$$

所以有

$$\prod_{i=1}^{n}|\beta_i| \leqslant 2^{\frac{n}{4}(n-1)}d(L).$$

式 (7.69) 成立.

(ii) 由式 (7.72) 与式 (7.71), 则有

$$|\beta_j|^2 \leqslant 2^{j-1}|\beta_j^*|^2 \leqslant 2^{j-1}2^{i-j}|\beta_i^*|^2 = 2^{i-1}|\beta_i^*|^2 \tag{7.73}$$

对一切的 $1 \leqslant j \leqslant i \leqslant n$ 成立, 特别地, 有

$$|\beta_1^*| \leqslant 2^{i-1}|\beta_i^*|^2, 1 \leqslant i \leqslant n.$$

因此

$$\begin{aligned}|\beta_1|^{2n} &\leqslant 2^{\sum_{i=0}^{n}(i-1)}\prod_{i=1}^{n}|\beta_i^*|^2 \\ &= 2^{\frac{n}{2}(n-1)}(d(L))^2.\end{aligned}$$

所以有

$$|\beta_1| \leqslant 2^{\frac{n-1}{4}}d(L)^{\frac{1}{n}}.$$

引理 5.1 得证! □

下面的定理表明, 如果 $\{\beta_1, \beta_2, \ldots, \beta_n\}$ 为格 L 的一组缩减基, 则 β_1 就是格 L 的最短向

量 u_0 的逼近向量, 且逼近系数 $r_n = 2^{n-1}$.

定理 5 令 $L = L(B) \subset \mathbb{R}^n$ 为一个格 (满秩格), $B = [\beta_1, \beta_2, \ldots, \beta_n]$ 为 L 的一组缩减基, $\lambda_1 = \lambda(L)$ 为 L 的极小距离, 则有

$$|\beta_1| \leqslant 2^{\frac{n-1}{2}} \lambda_1 = 2^{\frac{n-1}{2}} \lambda(L). \tag{7.74}$$

证明: 我们仅证, 对 $\forall\, x \in L, x \neq 0$, 有

$$|\beta_1|^2 \leqslant 2^{n-1} |x|^2, \forall\, x \in L, x \neq 0. \tag{7.75}$$

当 $x \in L, x \neq 0$ 给定时, 令

$$x = \sum_{i=1}^{n} r_i \beta_i = \sum_{i=1}^{n} r_i' \beta_i^*, r_i \in \mathbb{Z}, r_i' \in \mathbb{R}, 1 \leqslant i \leqslant n.$$

令 k 为最大的下标 $\Rightarrow r_k \neq 0$, 从而有 $r_k = r_k'$. 因此有

$$|x|^2 \geqslant r_k^2 |\beta_k^*|^2 \geqslant |\beta_k^*|^2 \geqslant 2^{1-k} |\beta_1|^2. \tag{7.76}$$

因此有

$$|\beta_1|^2 \leqslant 2^{k-1} |x|^2 \leqslant 2^{n-1} |x|^2, x \in L, x \neq 0.$$

即式 (7.75) 成立, 从而定理 5 成立. □

下面的结果表明, 不仅仅是最短向量, 整个缩减基向量都是格的逐次最短向量的逼近向量.

引理 5.2 令 $L \subset \mathbb{R}^n$ 为一个格, $\{\beta_1, \beta_2, \ldots, \beta_n\}$ 为 L 的一个缩减基, 再令 $\{x_1, x_2, \ldots, x_t\} \subset L$ 为 t 个线性无关格点, 则

$$|\beta_j|^2 \leqslant 2^{n-1} \max\{|x_1|^2, |x_2|^2, \ldots, |x_t|^2\} \tag{7.77}$$

对于所有的 $1 \leqslant j \leqslant t$ 成立.

证明: 记

$$x_j = \sum_{i=1}^{n} r_{ij} \beta_i, r_{ij} \in \mathbb{Z}, 1 \leqslant i \leqslant n, 1 \leqslant j \leqslant t.$$

对固定的 j, 令 $i(j)$ 为最大的正整数 $i \Rightarrow r_{ij} \neq 0$, 由式 (7.76), 我们有

$$|x_j|^2 \geqslant |\beta_{i(j)}^*|^2,\ 1 \leqslant j \leqslant t.$$

改变 x_j 的顺序以保证 $i(1) \leqslant i(2) \leqslant \cdots \leqslant i(t)$, 则有 $j \leqslant i(j)$, 对 $\forall\, 1 \leqslant j \leqslant t$ 成立. 否则

$$\{x_1, x_2, \ldots, x_n\} \subset L(\beta_1, \beta_2, \ldots, \beta_{j-1})$$

与 $x_1, x_2, \ldots, x_j$ 是线性无关的假设矛盾. 因此 $j \leqslant i(j)$. 由引理 5.1 证明中的式 (7.73), 得

$$\begin{aligned}|\beta_j|^2 &\leqslant 2^{i(j)-1}|\beta_{i(j)}^*|^2\\ &\leqslant 2^{n-1}|\beta_{i(j)}^*|^2\\ &\leqslant 2^{n-1}|x_j|^2, \forall\ 1\leqslant j\leqslant t.\end{aligned}$$

因此式 (7.77) 成立, 从而引理得证. □

注: 我们证明定理 5 中 $r_k = r_k'$, 因为 k 为最大下标 $\Rightarrow r_k \neq 0$, 所以

$$x = \sum_{i=1}^{k} r_i\beta_i = \sum_{i=1}^{k} r_i'\beta_i^*.$$

由式 (7.52) 与式 (7.53),

$$r_k' = \frac{<x, \beta_k^*>}{|\beta_k^*|^2}, r_k = \frac{<x, \beta_k^*>}{<\beta_k, \beta_k^*>}.$$

因为 $<\beta_k, \beta_k^*>=<\beta_k^*, \beta_k^*>$, 所以有

$$r_k' = \frac{<x, \beta_k^*>}{<\beta_k, \beta_k^*>} = r_k.$$

为了讨论一个格的逐次最短向量的逼近, 我们来看一个格的连续极小 $\lambda_1, \lambda_2, \ldots, \lambda_n$ 与逐次最短向量的定义, 由定义 2.4 及 7.2 节推论 3, 一个满秩格的连续极小 $\lambda_1, \lambda_2, \ldots, \lambda_n$ 都可以达到, 而对所有的 $1 \leqslant i \leqslant n$, 有

$$|\alpha_i| = \lambda_i,\ \alpha_i \in L, 1 \leqslant i \leqslant n.$$

称 $\alpha_1, \alpha_2, \ldots, \alpha_n$ 为 L 的逐次最短向量, 在 α_i 与 $\{\alpha_1, \alpha_2, \ldots, \alpha_{i-1}\}$ 线性无关的条件下, $|\alpha_i|$ 是最短的.

定理 6 令 $\{\beta_1, \beta_2, \ldots, \beta_n\}$ 为格 L 的一组缩减基, $\lambda_1, \lambda_2, \ldots, \lambda_n$ 为 L 的连续极小, 则我们有

$$|\beta_i|^2 \leqslant 2^{n-1}\lambda_i, 1 \leqslant i \leqslant n. \tag{7.78}$$

证明: 我们对 i 做归纳法. 因为 $\{\beta_1, \beta_2, \ldots, \beta_i\}$ 为 $\mathbb{R}^i$ 中格 L_i 的一组缩减基, 因此当 $i = 1$ 时命题显然成立 (见定理 5). 如果命题对 $i-1$ 成立, 则由引理 5.2,

$$|\beta_i^*|^2 \leqslant 2^{n-1}\max\{\lambda_1, \lambda_2, \ldots, \lambda_i\} = 2^{n-1}\lambda_i.$$

因此式 (7.78) 对所有的 i 都成立. 定理得证. □

下面我们选用缩减基解决最短相邻向量问题 (CVP). 任意给定 $t \in \mathbb{R}^n$, 因为以 t 为圆心、r 为半径的球 $\mathrm{Ball}(t, r)$ 中只有一个格 L 中的有限个格点, 因此存在一个与 t 最相邻的格点 u_t, 即

$$|u_t - t| = \min_{x\in L, x\neq t} |x - t|. \tag{7.79}$$

我们选用缩减基, 找到一个格点 $\omega \in L$,

$$|\omega - t| \leqslant r_1(n)|u_t - t|, \tag{7.80}$$

称 ω 为最邻近的格点 u_t 的一个逼近, 称 $r_1(n)$ 称为逼近系数. 根据 Babai (见参考文献 7 的 [3]), 解决最邻近的格点 u_t 的逼近, 我们采用如下两个技术手段:

(1) 舍弃向量.

$\forall\ x \in \mathbb{R}^n$, $[\beta_1, \beta_2, \ldots, \beta_n] = B$ 为格 L 的一组缩减基. x 的舍弃向量 $[x]_B$ 定义如下: 令

$$x = \sum_{i=1}^{n} x_i\beta_i, x_i \in \mathbb{R},$$

令 δ_i 为 x_i 最邻近的整数, 定义

$$[x]_B = \sum_{i=1}^{n} \delta_i\beta_i, \tag{7.81}$$

称 $[x]_B$ 为 x 在基 B 下的舍弃向量, 记 $x = [x]_B + \{x\}_B$, 则

$$\{x\}_B \in \left\{\sum_{i=1}^{n} a_i\beta_i | -\frac{1}{2} < a_i \leqslant \frac{1}{2}, 1 \leqslant i \leqslant u\right\}.$$

(2) 邻近平面.

令 $U = \sum_{i=1}^{n-1} \mathbb{R}\beta_i = L(\beta_1, \beta_2, \ldots, \beta_{n-1}) \subset \mathbb{R}^n$ 为一个 $n-1$ 维的子空间, $L^{'} = \sum_{i=1}^{n} \mathbb{Z}\beta_i \subset L$ 为 L 的一个子格, 令 $v \in L$, 称 $U + v$ 为 $\mathbb{R}^n$ 的一个仿射平面. 当 $x \in \mathbb{R}^n$ 给定之后, 如果 x 与 $U + v$ 的距离最小, 则称 $U + v$ 为 x 最邻近的仿射平面.

令 x' 为 x 在最邻近的仿射平面 $U + v$ 中的正交投影, 令 $y \in L^{'}$ 为 $L^{'}$ 中与 $x - v$ 最邻近的向量, 则令 $w = y + v$ 为 L 中与 x 最邻近的向量的逼近.

令 $L(\beta_1, \beta_2, \ldots, \beta_n) \subset \mathbb{R}^n$ 为一个格, $\{\beta_1^*, \beta_2^*, \ldots, \beta_n^*\}$ 为对应的正交基. $\forall\ x \in \mathbb{R}^n$, 记 $x = \sum_{i=1}^{n} x_i\beta_i^*$, $x_i \in \mathbb{R}^n$, 以 δ_i 表示 x_i 最邻近的整数, 根据最邻近平面方法, 我们取 (见后面引理 6.6).

$$\begin{cases} U = L(\beta_1^*, \beta_2^*, \ldots, \beta_{n-1}^*) = L(\beta_1, \beta_2, \ldots, \beta_{n-1}), \\ r = \delta_n\beta_n \in L, \\ x' = \displaystyle\sum_{i=1}^{n-1} x_i\beta_i^* + \delta_n\beta_n^*, \\ y \text{ 为子格 } L^{'} = \displaystyle\sum_{i=1}^{n-1} \mathbb{Z}\beta_i \text{ 中与 } x - v \text{最邻近的格点}, \\ \omega = y + v. \end{cases} \tag{7.82}$$

我们证明如下定理.

定理 7 令 $L = L(B) \subset \mathbb{R}^n$ 为一个格, $B = [\beta_1, \beta_2, \ldots, \beta_n]$ 为 L 的一组缩减基, 对 $\forall\ x \in \mathbb{R}^n$ 给定, 邻近平面方法产生了 L 中与 x 相邻的格点 $\omega = y + v$ (由式 (7.82) 给出), 满足

$$|w-x| \leqslant 2^{\frac{n}{2}}|u_x-x|, \tag{7.83}$$

其中 u_x 由式 (7.80) 给出, 进一步有

$$|x-\omega| \leqslant 2^{\frac{n}{2}-1}|\beta_n^*|. \tag{7.84}$$

证明: 如果 $n=1$, 则 $B=\theta \in \mathbb{R}, \theta \neq 0$. 令 $x \in \mathbb{R}, x=x_1\theta, L=n\theta$, 则当 $n \in \mathbb{Z}$ 时,

$$|x-n\theta|=|x_1\theta-n\theta|=|x_1-n||\theta| \geqslant |x_1-\delta||\theta|,$$

其中, δ 为 x_1 最邻近的整数, 令 $\omega=\delta\theta$, 则

$$|x-\omega|=|x_1-\delta||\theta| \leqslant |x-n\theta|, \ \forall\, n \in \mathbb{Z}.$$

因此 $\omega=\delta\theta$ 就是 L 中与 x 最邻近的格点, 因此有 $\omega=u_x \in L$, 即

$$|x-\omega|=|u_x-x|.$$

从而式 (7.83) 成立.

令 $n \geqslant 2$, 我们观察 (见式 (7.82)), $v=\delta_n\beta_n$, $x'=\sum\limits_{i=1}^{n-1}x_i\beta_i^*+\delta_n\beta_n^*$, 则

$$|x-x'|=|x_n-\delta_n||\beta_n^*| \leqslant \frac{1}{2}|\beta_n^*|, \tag{7.85}$$

由于仿射平面 $\{u+z|z \in L\}$ 之间的距离至少是 $|\beta_n^*|$, 而 $|x-x'|$ 为 x 与最邻近的仿射平面的距离, 因此有

$$|x-x'| \leqslant |u_x-x|. \tag{7.86}$$

令 $\omega=y+v=y+\delta_n\beta_n \in L$, 我们来证

$$|x-\omega|^2=|x-x'|^2+|x'-\omega|^2. \tag{7.87}$$

因为 $x-x'=(x_n-\delta_n)\beta_n^*$, $x'-\omega=x'-v-y \in u$, 所以有 $(x-x')\perp(x'-\omega)$. 因此, 由勾股定理知, 式 (7.87) 成立. 由归纳法, 我们有 (见式 (7.80))

$$|x-\omega|^2 \leqslant \frac{1}{4}(|\beta_1^*|^2+|\beta_2^*|^2+\cdots+|\beta_n^*|^2).$$

由式 (7.71),

$$|\beta_i^*|^2 \leqslant 2^{n-i}|\beta_n^*|^2.$$

因此

$$\begin{aligned}
|x-\omega|^2 &\leqslant \frac{1}{4}|\beta_n^*|^2(1+2+2^2+\cdots+2^{n-1}) \\
&= \frac{1}{4}(2^n-1)|\beta_n^*|^2 \\
&\leqslant 2^{n-2}|\beta_n^*|^2.
\end{aligned}$$

因此有

$$|x-\omega| \leqslant 2^{\frac{n}{2}-1}|\beta_n^*|, \tag{7.88}$$

即式 (7.84) 成立.

为证式 (7.83), 我们分两种情况:

情况 1: $u_x \in U+x$.

在这种情况下, $u_x - v \in U \Rightarrow u_x - v \in L'$ 是最邻近于 $x'-v$ 的 L 中的格点, 从而有

$$|x'-\omega| = |x'-v-y| \leqslant C_{n-1}|x'-u_x| \leqslant C_{n-1}|x-u_x|,$$

其中 $C_n = 2^{\frac{n}{2}}$. 由式 (7.87), 我们有

$$|x-\omega|^2 \leqslant (1+(C_{n-1})^2)^{\frac{1}{2}}|x-u| < C_n|x-u|.$$

命题成立.

情况 2. $u_x \notin U+x$.

在这种情况下

$$|x-u_x| \geqslant \frac{1}{2}|\beta_n^*|.$$

由式 (7.88), 我们得到

$$|x-\omega| < 2^{\frac{n}{2}}|x-u_x|.$$

从而定理 7 得证. □

比较定理 6 和定理 7, 当 $x=0$ 时, 定理 6 的逼近系数为 $2^{\frac{n-1}{2}}$, 对一般的 $x \in \mathbb{R}^n$, 这里逼近系数多了一个因子 $\sqrt{2}$, 运用舍弃向量技术, 我们可以对相邻向量给出一个逼近, 本节的另一个主要结果为如下定理:

定理 8 令 $B=[\beta_1,\beta_2,\ldots,\beta_n]$ 为 L 的一个缩减基, $x \in \mathbb{R}^n$ 任意给定, $u_x \in L$ 是与 x 最邻近的格点, $[x]_B$ 由式 (7.82) 给出, 则 $\omega = [x]_B \in L$, 且

$$|x-[x]_B| \leqslant \left(1+2n\left(\frac{9}{2}\right)^{\frac{n}{2}}\right)|x-u_x|. \tag{7.89}$$

由定理 8, $[x]_B \in L$ 是最邻近格点 u_x 的一个逼近, 逼近系数为 $\gamma_1(n) = 1+2n\left(\frac{9}{2}\right)^{\frac{n}{2}}$, 比邻近平面产生的逼近系数差一些, 但逼近向量比较简洁, 在格密码体制中, $[x]_B$ 作为输入信息具有更高的效率. 为了证明定理 8, 我们需要如下引理.

引理 5.3 令 $B=[\beta_1,\beta_2,\ldots,\beta_n]$ 为 $\mathbb{R}^n$ 的一个缩减基, θ_k 表示向量 β_k 与子空间 U_k 之间的夹角, 其中

$$U_k = \sum_{i \neq k} \mathbb{R}\beta_i. \tag{7.90}$$

则对每一个 k, $1 \leqslant k \leqslant n$, 我们有

$$\sin\theta_k \geqslant \left(\frac{\sqrt{2}}{3}\right)^n. \tag{7.91}$$

证明: $1 \leqslant k \leqslant n$ 给定, $\forall\, m \in U_k$, 我们来证

$$|\beta_k| \leqslant \left(\frac{9}{2}\right)^{\frac{n}{2}} |m - \beta_k|, m \in U_k. \tag{7.92}$$

因为

$$\sin\theta_k = \min_{m\in U_k} \frac{|m-\beta_k|}{|\beta_k|},$$

所以由式 (7.92) $\Rightarrow$ 式 (7.91), 从而引理成立. 为证式 (7.92), 令 $\{\beta_1^*, \beta_2^*, \ldots, \beta_n^*\}$ 为缩减基 $\{\beta_1, \beta_2, \ldots, \beta_n\}$ 对应的正交基, 则 $m \in U_k$ 可表示为

$$m = \sum_{i\neq k} a_i\beta_i = \sum_{j=1}^{n} b_j\beta_j^*, a_i, b_j \in \mathbb{R}.$$

记

$$m = (a_1, \ldots, a_n)\begin{bmatrix}\beta_1\\ \beta_2\\ \vdots\\ \beta_n\end{bmatrix} = (a_1, \ldots, a_n)U\begin{bmatrix}\beta_1^*\\ \beta_2^*\\ \vdots\\ \beta_n^*\end{bmatrix}.$$

其中 $a_k = 0$, U 为格拉姆 – 施密特正交化的过渡矩阵 (见式 (7.87)). 则对于任意 $1 \leqslant j \leqslant n$, $1 \leqslant k \leqslant n$, 有

$$b_j = \sum_{i\neq k} a_i u_{ij}, \beta_k = \sum_{i=1}^{n} u_{ki}\beta_i^*.$$

所以有

$$m - \beta_k = \sum_{j=1}^{n} \gamma_j\beta_j^*, \text{其中 } \gamma_j = b_j - u_{kj}.$$

令 $a_k = -1$, 则

$$\gamma_j = \sum_{i=1}^{n} a_i u_{ij} = a_j + \sum_{i=j+1}^{n} a_i u_{ij}. \tag{7.93}$$

因此式 (7.92) 可改写为

$$|\beta_k|^2 = \sum_{j=1}^{k} u_{kj}^2|\beta_j^*|^2 \leqslant \left(\frac{9}{2}\right)^{\frac{n}{2}} \sum_{j=1}^{n} \gamma_j^2|\beta_j^*|^2. \tag{7.94}$$

我们先来证明如下断言:

$$\sum_{j=k}^{n} \gamma_j^2 \geqslant \left(\frac{2}{3}\right)^{2(n-k)}. \tag{7.95}$$

如果上式不成立, 即

$$\sum_{j=k}^{n} \gamma_j^2 < \left(\frac{2}{3}\right)^{2(n-k)}.$$

则对所有的 $j, k \leqslant j \leqslant n$, 有

$$\gamma_j^2 < \left(\frac{2}{3}\right)^{2(n-k)} \Rightarrow |\gamma_j| < \left(\frac{2}{3}\right)^{n-k}. \tag{7.96}$$

由式 (7.93), 得

$$\begin{cases} \gamma_n = a_n, \\ \gamma_{n-1} = a_{n-1} + a_n u_{n(n-1)}, \\ \gamma_{n-2} = a_{n-2} + a_{n-1} u_{(n-1)(n-2)} + a_n u_{n(n-2)} \\ \cdots \\ \gamma_k = a_k + a_{k+1} u_{(k+1)k} + \cdots + a_n u_{nk} \end{cases}$$

我们可以证明

$$|a_j| < \left(\frac{3}{2}\right)^{n-j} \cdot \left(\frac{2}{3}\right)^{n-k}. \tag{7.97}$$

当 $j = n$ 时, $a_n = \gamma_n$, 式 (7.96) 保证式 (7.97) 成立. 对 $j(k \leqslant j \leqslant n)$ 做反向归纳法, 由式 (7.93), 得

$$\begin{aligned} |a_j| &= |\gamma_j - \sum_{i=j+1}^{n} a_i u_{ij}| \leqslant |\gamma_j| + \sum_{i=j+1}^{n} \frac{|a_i|}{2} \\ &< \left(\frac{2}{3}\right)^{n-k} + \frac{1}{2}\sum_{i=j+1}^{n} \left(\frac{3}{2}\right)^{n-i} \left(\frac{2}{3}\right)^{n-k} \\ &= \left(\frac{2}{3}\right)^{n-k} + \frac{1}{2}\left(\frac{2}{3}\right)^{n-k} \sum_{i=0}^{n-j-1} \left(\frac{3}{2}\right)^{i} \\ &= \left(\frac{2}{3}\right)^{n-k} + \left(\frac{2}{3}\right)^{n-k} \left(\left(\frac{3}{2}\right)^{n-j} - 1\right) \\ &= \left(\frac{3}{2}\right)^{n-j} \left(\frac{2}{3}\right)^{n-k}. \end{aligned}$$

因此, 在式 (7.96) 的假设下, 我们有式 (7.97). 在式 (7.97) 中取 $j = k$, 则 $|a_k| < 1$, 但 $a_k = -1$, 这个矛盾表明式 (7.96) 不成立, 从而有式 (7.95) 成立.

我们现在证明式 (7.94), 从而完成对引理的证明. 由引理 4.5,

$$|\beta_k^*|^2 \geqslant 2^{j-k}|\beta_j^*|^2, 1 \leqslant j \leqslant k \leqslant n,$$

以及

$$|\beta_k^*|^2 \leqslant 2^{j-k}|\beta_j^*|^2, 1 \leqslant k \leqslant j \leqslant n.$$

因此式 (7.94) 的左边有估计

$$\begin{aligned}\sum_{j=1}^{k}u_{kj}^2|\beta_j^*|^2 &\leqslant |\beta_k^*|^2\sum_{j=1}^{k}u_{kj}^2 2^{k-j}\\ &\leqslant \frac{1}{4}|\beta_k^*|^2\sum_{j=1}^{k}2^{k-j}\\ &= \frac{1}{4}|\beta_k^*|^2(2^k-1)\\ &< 2^k|\beta_k^*|^2.\end{aligned}$$

另外, 式 (7.94) 右边有估计

$$\begin{aligned}\sum_{j=1}^{n}\gamma_j^2|\beta_j^*|^2 &\geqslant \sum_{j=k}^{n}\gamma_j^2|\beta_j^*|^2\\ &\geqslant \sum_{j=k}^{n}\gamma_j^2 2^{k-j}|\beta_i^*|^2\\ &\geqslant 2^{k-n}|\beta_k^*|^2\sum_{j=k}^{n}\gamma_j^2\\ &\geqslant 2^{k-n}\left(\frac{2}{3}\right)^{2(n-k)}|\beta_k^*|^2\\ &= \left(\frac{2}{9}\right)^{n-k}|\beta_k^*|^2\\ &> \left(\frac{2}{9}\right)^{\frac{n}{2}}|\beta_k^*|^2.\end{aligned}$$

从而式 (7.94) 成立, 我们完成对引理 5.3 的证明. □

现在我们给出定理 8 的证明:

证明 (定理 8 的证明): 令 $B=\{\beta_1,\beta_2,\ldots,\beta_n\}$ 为格 $L=L(B)$ 的一组缩减基, 令 $1\leqslant k\leqslant n$ 给定, U_k 为 $B-\{\beta_k\}$ 生成的线性子空间, 由引理 5.3, 我们有

$$|\beta_1|\leqslant\left(\frac{9}{2}\right)^{\frac{n}{2}}|m-\beta_k|,\forall\ m\in U_k. \tag{7.98}$$

令 $x\in\mathbb{R}^n$, $\omega=[x]_B\in L$, 则

$$x-\omega=x-[x]_B=\sum_{i=1}^{n}c_i\beta_i,\ |c_i|\leqslant\frac{1}{2}(1\leqslant i\leqslant n).$$

令 u_x 为 L 中与 x 最邻近的格点, 并令

$$u_x-\omega=\sum_{i=1}^{n}a_i\beta_i, a_i\in\mathbb{Z}.$$

我们来证明

$$|u_x-\omega|\leqslant 2n\left(\frac{9}{2}\right)^{\frac{n}{2}}|u_x-x|. \tag{7.99}$$

不妨令 $u_x\neq\omega$, 并设

$$|a_k\beta_k| = \max_{1\leqslant j\leqslant n} |a_j\beta_j| > 0.$$

则显然有

$$|u_x - \omega| \leqslant n|a_k\beta_k|. \tag{7.100}$$

另外,

$$u_x - x = (u_x - \omega) + (\omega - x) = \sum_{i=1}^{n}(a_i + c_i)\beta_i = (a_k + c_k)(\beta_k - m),$$

其中

$$m = -\frac{1}{a_k + c_k}\sum_{j\neq k}(a_j + c_j)\beta_j \in U_k.$$

由式 (7.99) 可得

$$|u_x - x| = |a_k + c_k||\beta_k - m| \geqslant \frac{1}{2}\left(\frac{2}{9}\right)^{\frac{n}{2}} |\beta_k||a_k|.$$

因此有

$$|a_k\beta_k| \leqslant 2\left(\frac{9}{2}\right)^{\frac{n}{2}} |u_x - x|.$$

所以有

$$|u_x - \omega| \leqslant 2n\left(\frac{9}{2}\right)^{\frac{n}{2}} |u_x - x|,$$

即式 (7.99) 成立, 最后有

$$|x - \omega| \leqslant |x - u_x| + |u_x - \omega| \leqslant \left(1 + 2n\left(\frac{9}{2}\right)^{\frac{n}{2}}\right) |x - u_x|.$$

我们完成对定理 8 的证明. □

7.6 GGH/HNF 密码

基于格的密码体制是后量子密码的主要研究对象, 1996 年被首次提出, 目前只有二十多年的历史, 其中有代表性的技术是 Ajtai-Dwork 密码、GGH 密码、基于代数码论的 McEliece-Niederreiter 密码和 NTRU 密码, 本节及后文我们将分别予以介绍.

GGH 密码是由 Goldreich, Goldwasser 以及 Halevi 于 1997 年提出的一种基于格理论的密码系统, 学术界普遍认为这是后量子密码时代替代 RSA 的一种新的公钥密码.

令 $L \subset \mathbb{Z}^n$ 为一个整格, B 与 R 为 L 的两个生成矩阵, 即

$$L = L(B) = L(R),$$

因为 L 中存在唯一的 HNF 基 (见引理 3.4). 令 $B = HNF(L)$ 为 HNF 矩阵, 把 B 作为公钥, R 作为私钥. 令 $v \in \mathbb{Z}^n$ 为一个整点, $e \in \mathbb{R}^n$ 为一个误差向量. 令 σ 为一个参数向量. 取 $e = \sigma$ 或者 $e = -\sigma$, 各以概率 $\frac{1}{2}$ 来选择.

加密: 对于编码输入的明文 $v\in\mathbb{Z}^n$, 以及根据参数向量 σ 随机选取的误差向量, 运用公钥 B 来进行加密, 加密函数 $f_{B,\sigma}$ 定义为

$$f_{B,\sigma}(v,e)=Bv+e=c\in\mathbb{R}^n. \tag{7.101}$$

解密: 运用私钥 R 对密文 c 进行解密, 因为 $c\in\mathbb{R}^n$, $R=[\alpha_1,\alpha_2,\ldots,\alpha_n]$, 则 c 可以用 $\{\alpha_1,\alpha_2,\ldots,\alpha_n\}$ 线性表出,

$$c=\sum_{i=1}^n x_i\alpha_i, x_i\in\mathbb{R}.$$

令 δ_i 为与 x_i 最邻近的整数, 定义 (见式 (7.81))

$$[c]_R=\sum_{i=1}^n \delta_i\alpha_i\in L. \tag{7.102}$$

定义解密函数为

$$\begin{cases} f_{B,\sigma}^{-1}(c)=B^{-1}[c]_R=v, \\ e=c-Bv. \end{cases} \tag{7.103}$$

为了验证解密函数 $f_{B,\sigma}^{-1}$ 的正确性, 我们先证如下简单引理. 对于任意的 $x\in\mathbb{R}^n$, 以及 $R=[\alpha_1,\alpha_2,\ldots,\alpha_n]\in\mathbb{R}^{n\times n}$ 为 $\mathbb{R}^n$ 的任意一组基, 如果 $x=(a_1,a_2,\ldots,a_n)\in\mathbb{R}^n$, 以 γ_i 表示与 a_i 最邻近的整数, 则定义 (见式 (7.7))

$$[x]=(\gamma_1,\gamma_2,\ldots,\gamma_n)\in\mathbb{Z}^n. \tag{7.104}$$

记 $x=\sum_{i=1}^n x_i\alpha_i$, δ_i 为与 x_i 最邻近的整数, 则定义 (见式 (7.102))

$$[x]_R=\sum_{i=1}^n \delta_i\alpha_i\in L(R). \tag{7.105}$$

引理 6.1 对 $\forall\, x\in\mathbb{R}^n$, $R\in\mathbb{R}^{n\times n}$ 为 $\mathbb{R}^n$ 的一组基, 我们有

$$[x]_R=R[R^{-1}x].$$

证明: 记

$$x=\begin{bmatrix} a_1\\ a_2\\ \vdots\\ a_n\end{bmatrix}\in\mathbb{R}^n\Rightarrow[x]=\begin{bmatrix} \delta_1\\ \delta_2\\ \vdots\\ \delta_n\end{bmatrix}\in\mathbb{Z}^n, |a_i-\delta_i|\leqslant\frac{1}{2}.$$

如果 $x=\sum_{i=1}^n x_i\alpha_i$, $R=[\alpha_1,\alpha_2,\ldots,\alpha_n]$, 则

$$x = R\begin{bmatrix} x_1 \\ x_2 \\ \vdots \\ x_n \end{bmatrix}\ [x]_R = R\begin{bmatrix} \delta_1 \\ \delta_2 \\ \vdots \\ \delta_n \end{bmatrix},\ \delta_i \text{ 为与 } x_i \text{ 最邻近的整数.}$$

因此有

$$R^{-1}[x]_R = \begin{bmatrix} \delta_1 \\ \delta_2 \\ \vdots \\ \delta_n \end{bmatrix} = [R^{-1}x].$$

引理 6.1 成立. □

定理 9 令 $L = L(R) = L(B) \subset \mathbb{Z}^n$ 为一个整格, B 为公钥, R 为私钥, $v \in \mathbb{Z}^n$ 为明文, e 为误差向量, 则当且仅当 $[R^{-1}e] \neq 0$ 时,

$$f_{B,\sigma}^{-1}(c) \neq v.$$

证明: 由定义, 密文 $c = Bv + e = f_{B,\sigma}(v, e)$, 且

$$f_{B,\sigma}^{-1}(c) \equiv B^{-1}[c]_R = B^{-1}R[R^{-1}c] = T[R^{-1}c], \tag{7.106}$$

其中 $T = B^{-1}R \in \mathbb{R}^{n\times n}$ 为一个幺模矩阵. 因为 $L(B) = L(R) \Rightarrow$

$$B = RU, U \in SLn(\mathbb{Z}).$$

故

$$B^{-1}R = UR^{-1}R = U = T,$$

即 T 为幺模矩阵. 由式 (7.106),

$$\begin{aligned} T[R^{-1}c] &= T[R^{-1}(Bv + e)] \\ &= T[R^{-1}Bv + R^{-1}e] \\ &= T[T^{-1}v + R^{-1}e]. \end{aligned}$$

因为 T 为幺模矩阵, $v \in \mathbb{Z}^n$, 所以

$$[T^{-1}v + R^{-1}e] = T^{-1}v + [R^{-1}e]. \tag{7.107}$$

因此

$$T[R^{-1}c] = v + T[R^{-1}e].$$

也就是

$$f_{B,\sigma}^{-1}(c) = v + T[R^{-1}e].$$

因为 T 为幺模矩阵, $T[R^{-1}e]=0 \Leftrightarrow [R^{-1}e]=0$, 所以定理成立. □

由定理 9, GGH 密码机制正确与否完全取决于 $[R^{-1}e]$ 是否为零向量, 即

$$f_{B,\sigma}^{-1}(c)=v \Leftrightarrow [R^{-1}e]=0. \tag{7.108}$$

因此, 当私钥 R 给定之后, 误差向量 e 以及参数向量 σ 的选取就成为 GGH 密码正确与否的关键. 注意到式 (7.106), 如果我们用公钥 B 来解密, 则

$$[B^{-1}c]=[B^{-1}(Bv+e)]=[v+B^{-1}e]=v+[B^{-1}e].$$

因此, GGH 密码安全准确的基本条件是

$$\begin{cases}[R^{-1}e]=0,\\ [B^{-1}e]\neq 0.\end{cases} \tag{7.109}$$

由于我们选择的公钥 B 为 HNF 矩阵, $[B^{-1}e]\neq 0$ 是容易满足的. 令 $B=(b_{ij})_{n\times n} \Rightarrow B^{-1}=(c_{ij})_{n\times n}$, 其中 $c_{ii}=b_{ii}^{-1}$. 令 $e=(e_1,e_2,\dots,e_n)$, 每个 e_i 有相同的绝对值, 即 $|e_i|=\sigma$, σ 为参数. 因此, $2|e_n|>b_{nn} \Rightarrow [B^{-1}e]\neq 0$. 我们重点转入讨论 $[R^{-1}e]=0$.

$\forall\, x=(x_1,x_2,\dots,x_n)\in\mathbb{R}^n$, 定义 x 的 L_1 范数 $|x|_1$ 与 L_∞ 范数 $|x|_\infty$ 为

$$|x|_\infty=\max_{1\leqslant i\leqslant n}|x_i|, |x|_1=\sum_{i=1}^n|x_i|. \tag{7.110}$$

引理 6.2 令 $R\in\mathbb{R}^{n\times n}$ 为可逆方阵, $R^{-1}=\begin{bmatrix}\alpha_1\\ \alpha_2\\ \vdots\\ \alpha_n\end{bmatrix}$, 其中 α_i 为 R^{-1} 的行向量. $e=(e_1,e_2,\dots,e_n)\in\mathbb{R}^n$, $|e_i|=\sigma$, $\forall\, 1\leqslant i\leqslant n$, 令

$$\rho=\max_{1\leqslant i\leqslant n}|\alpha_i|(|\alpha_i|_1) \tag{7.111}$$

为 R^{-1} 的 n 个行向量的 L_1 范数的极大值, 则当 $\sigma<\dfrac{1}{2\rho}$ 时, 我们有 $[R^{-1}e]=0$.

证明: 令 $\alpha_i=(c_{i1},c_{i2},\dots,c_{in})$, $R^{-1}e$ 的第 i 个分量可以写为

$$\left|\sum_{i=1}^n c_{ij}e_j|\leqslant\sigma\sum_{j=1}^n|c_{ij}\right|=\sigma|\alpha_i|_\infty\leqslant\sigma\rho.$$

如果 $\sigma<1/(2\rho)$, 则 $R^{-1}e$ 的每个分量 $<1/2$, 因此有 $[R^{-1}e]=0$. □

引理 6.3 $R\in\mathbb{R}^{n\times n}$, $R^{-1}=\begin{bmatrix}\alpha_1\\ \alpha_2\\ \vdots\\ \alpha_n\end{bmatrix}$, 令 $\max\limits_{1\leqslant i\leqslant n}|\alpha_i|_\infty=\dfrac{\gamma}{\sqrt{n}}$, 则 $[R^{-1}e]\neq 0$ 的概率为

$$P\{[R^{-1}e]\neq 0\}\leqslant 2n\exp\left(-\frac{1}{8\sigma^2\gamma^2}\right), \tag{7.112}$$

其中 σ 为参数, 误差向量 $e=(e_1,\ldots,e_n)$, $|e_i|=\sigma$.

证明: 令 $R^{-1}=(c_{ij})_{n\times n}$, $R^{-1}e=\begin{bmatrix}a_1\\a_2\\\vdots\\a_n\end{bmatrix}$, 其中 $a_i=\sum\limits_{j=1}^{n}c_{ij}e_j$.

由于 $|c_{ij}|\leqslant\dfrac{\gamma}{\sqrt{n}}$, $|e_j|=\sigma$, 则 $c_{ij}e_j$ 在区间 $\left[-\dfrac{\gamma\sigma}{\sqrt{n}},\dfrac{\gamma\sigma}{\sqrt{n}}\right]$, 因此, 由霍夫丁 (Hoeffding) 不等式, 我们有

$$P\left\{|a_i|>\frac{1}{2}\right\}=P\left\{\left|\sum_{j=1}^{n}c_{ij}e_j\right|>\frac{1}{2}\right\}<2\exp\left(-\frac{1}{8\sigma^2\gamma^2}\right).$$

要满足 $[R^{-1}e]\neq 0$, 只需要上述条件 $\left\{|a_i|>\dfrac{1}{2}\right\}$ 有一个成立. 因此

$$\begin{aligned}P\{[R^{-1}e]\neq 0\}&=P\left\{\bigcup_{i=1}^{n}\left\{|a_i|>\frac{1}{2}\right\}\right\}\\&\leqslant\sum_{i=1}^{n}P\left\{|a_i|>\frac{1}{2}\right\}\\&<2n\exp\left(-\frac{1}{8\sigma^2\gamma^2}\right).\end{aligned}$$

引理得证. □

推论 1 对于任意给定的 $\varepsilon>0$, 参数 σ 满足

$$\sigma\leqslant\left(\gamma\sqrt{8\ln\frac{2n}{\varepsilon}}\right)^{-1}\Rightarrow P\{[R^{-1}e]\neq 0\}<\varepsilon. \tag{7.113}$$

为了对式 (7.113) 有直接的印象, 我们举一个例子. 令 $n=120$, $\varepsilon=10^{-5}$, 当矩阵 $R^{-1}=(c_{ij})_{n\times n}$ 的元素在 $[-4,4]$ 区间变化, 即 $-4\leqslant c_{ij}\leqslant 4$ 时, 可以验证 R^{-1} 的行向量的极大 L_∞ 范数约等于 $\dfrac{1}{30\times\sqrt{120}}$, 从而 $\gamma=\dfrac{1}{30}$. 由推论, 当 $\sigma\leqslant\left(\dfrac{1}{30}\sqrt{8\ln(240\times 10^5)}\right)^{-1}\approx\dfrac{30}{11.6}\approx 2.6$ 时, 我们有

$$P\{[R^{-1}e]\neq 0\}<10^{-5}.$$

由以上分析可以看出 GGH 密码机制并没有有效解决私钥 R 和公钥 B, 特别是参数 σ 与误差向量的选择途径. 2001 年, 加州大学圣迭戈分校的 Micciancio 教授运用 HNF 基以及邻近平面方法对 GGH 密码做了进一步改进. 为了介绍 GGH/HNF 密码, 我们回顾前几节的几个重要结果.

引理 6.4 令 $L=L(B)\subset\mathbb{R}^n$ 为一个格, $B=[\beta_1,\beta_2,\ldots,\beta_n]$ 为生成基, $B^*=[\beta_1^*,\beta_2^*,\ldots,\beta_n^*]$ 为对应的正交基, $\lambda_1=\lambda(L)$ 为 L 的极小距离, 则

(i)

$$\lambda_1=\lambda(L)\geqslant\min_{1\leqslant i\leqslant n}|\beta_i^*|. \tag{7.114}$$

对于 $L = L(B)$, 取参数 $\rho = \rho(B)$ 为

$$\rho = \frac{1}{2}\min_{1\leqslant i\leqslant n}|\beta_i^*|. \tag{7.115}$$

则对任意的 $x \in \mathbb{R}^n$, 至多有一个格点

$$\alpha \in L \Rightarrow |x-\alpha| < \rho. \tag{7.116}$$

(ii) 假设 $L \subset \mathbb{Z}^n$ 为一个整格, 则 L 有唯一的 HNF 基 B, 即 $L = L(B)$, $B = (b_{ij})_{n\times n}$, 满足

$$0 \leqslant b_{ij} < b_{ii}, \text{当 } 1 \leqslant i < j \leqslant n, b_{ij} = 0, \text{当 } 1 \leqslant j < i \leqslant n,$$

即 B 为上三角矩阵, 且 B 对应的正交基 B^* 为对角矩阵, 即

$$B^* = \mathrm{diag}\{b_{11}, b_{22}, \ldots, b_{nn}\}.$$

证明: 式 (7.114) 由引理 2.8 给出, 性质 (ii) 由引理 3.5 给出. 我们仅证如果存在格点 $\alpha \in L \Rightarrow |x-\alpha| < \rho$, 则 α 为唯一的即可. 令 $\alpha_1 \in L$, $\alpha_2 \in L$, 且

$$|\alpha_1 - x| < \rho, |\alpha_2 - x| < \rho \Rightarrow |\alpha_1 - \alpha_2| < 2\rho = \min_{1\leqslant i\leqslant n}|\beta_i^*| \leqslant \lambda_1.$$

因为 $\alpha_1 - \alpha_2 \in L$, 这与 λ_1 的定义矛盾, 所以有 $\alpha_1 = \alpha_2$. 引理得证. □

我们在上一节介绍了 Babai 的邻近平面方法 (见式 (7.82)). $\mathbb{R}^n$ 中两个子集 A_1 与 A_2 的距离定义为

$$|A_1 - A_2| = \min\{|x-y||x \in A_1, y \in A_2\}.$$

$x \in \mathbb{R}^n$ 为一个向量, $A \subset \mathbb{R}^n$ 为一个子集, x 与 A 的距离定义为

$$|x - A| = \min\{|x-y||y \in A\}.$$

令 $L \in \mathbb{R}^n$, $B = [\beta_1, \beta_2, \ldots, \beta_n]$ 为一个生成基, $B^* = [\beta_1^*, \beta_2^*, \ldots, \beta_n^*]$ 为对应的正交基. 定义子空间

$$\begin{cases} U = L(\beta_1, \beta_2, \ldots, \beta_{n-1}) = \mathbb{R}^{n-1}, & L' = \sum\limits_{i=1}^{n-1}\mathbb{Z}\beta_i \text{ 为一个子格}, \\ A_v = U + v, & v \in L. \end{cases}$$

称 A_v 为以 v 为代表元素的一个仿射平面. 对于任意的 $x \in \mathbb{R}^n$, 令 A_v 为与 x 最邻近的仿射平面, 即

$$|x - A_v| = \min\{|x - A_\alpha||\alpha \in L\}.$$

令 x' 为 x 在 A_v 上的正交投影. 由于 $x' - v \in U = \mathbb{R}^{n-1}$. 递归地令 $y \in L'$ 为与 $x' - v$ 最邻近的格点. 则我们定义在基 B 下 x 的邻近平面算子 τ_B 为

$$\tau_B(x) = w = y + v \in L. \tag{7.117}$$

引理 6.5 在上述定义下, 如果 $v_1, v_2 \in L$, 且 $A_{v_1} \neq A_{v_2}$, 则有

$$|A_{v_1} - A_{v_2}| \geqslant |\beta_n^*|. \tag{7.118}$$

证明: $v_1, v_2 \in L$, 则可以用 $\{\beta_1^*, \beta_2^*, \ldots, \beta_n^*\}$ 的线性组合给出, 即

$$\begin{cases} v_1 = \sum_{i=1}^{n} a_i \beta_i^*, & \text{其中 } a_i \in \mathbb{R}, a_n \in \mathbb{Z}, \\ v_2 = \sum_{i=1}^{n} b_i \beta_i^*, & \text{其中 } b_i \in \mathbb{R}, b_n \in \mathbb{Z}. \end{cases}$$

为了证明第 n 个分量, a_n 及 b_n, 为整数, 令

$$v_1 = \sum_{i=1}^{n} a_i^* \beta_i, v_2 = \sum_{i=1}^{n} b_i^* \beta_i, a_i^*, b_i^* \in \mathbb{Z}.$$

因此,

$$a_n = \frac{< v_1, \beta_n^* >}{|\beta_n^*|^2} = \frac{< a_n^* \beta_n, \beta_n^* >}{|\beta_n^*|^2} = a_n^* \in \mathbb{Z}.$$

上式用到了式 (7.52), 同理可证 $b_n \in \mathbb{Z}$. 由条件 $v_1 - v_2 \notin U$, 则 $a_n = b_n$, 因此

$$|A_{v_1} - A_{v_2}| = |a_n - b_n||\beta_n^*| \geqslant |\beta_n^*|.$$

我们完成了对引理的证明. □

引理 6.6 在上述定义与符号下, 令 $x \in \mathbb{R}^n, x = \sum_{i=1}^{n} \gamma_i \beta_i^*$, δ 为与 γ_n 最邻近的整数, 则

(i) $v = \delta \beta_n, x' = \sum_{i=1}^{n-1} \gamma_i \beta_i^* + \delta \beta_n^*$, (7.119)

即与 x 最邻近的仿射平面为 A_{β_n}, x 在 A_v 上的正交投影为 x'.

(ii) 令 $u_x \in L$ 为与 x 最邻近的格点, 则

$$|x - x'| \leqslant |x - u_x|. \tag{7.120}$$

证明: (i) 取 $v = \delta \beta_n$, 则 $v \in L$, 我们首先要证明 x 与 A_v 的距离最小. 因为 $x = \sum_{i=1}^{n} \gamma_i \beta_i^*$, 所以 (参见式 (7.119))

$$\begin{aligned} x - v &= \sum_{i=1}^{n-1} \gamma_i' \beta_i^* + (\gamma_n - \delta) \beta_n^*, \\ &\Longrightarrow |x - A_v| = |x - v - U| \leqslant |\gamma_n - \delta||\beta_n^*| \leqslant \frac{1}{2}|\beta_n^*|. \end{aligned}$$

令 $v_1 \in L, v - v_1 \notin U$, 则由三角不等式

$$|x - A_{v_1}| \geqslant |A_{v_1} - A_v| - |x - A_v| \geqslant |\beta_n^*| - \frac{1}{2}|\beta_n^*| = \frac{1}{2}|\beta_n^*| \geqslant |x - A_v|.$$

所以取 $v = \delta \beta_n$ 是正确的. 我们其次来证 x 与仿射平面 A_v 的正交投影 x' 为

$$x' = \sum_{i=1}^{n-1} \gamma_i \beta_i^* + \delta \beta_n^*.$$

我们首先来证 $x' \in A_v$. 因为 $v = \delta \beta_n$, 且

$$\beta_n = \sum_{i=1}^{n-1} c_i\beta_i^* + \beta_n^* \Rightarrow \delta\beta_n = \sum_{i=1}^{n-1} \delta c_i\beta_i^* + \delta\beta_n^* = v. \tag{7.121}$$

因此

$$x' - v = \sum_{i=1}^{n-1}(\gamma_i - \delta c_i)\beta_i^* \in U,$$

即 $x' \in U + v = A_v$. 又 $x - x' = \delta\beta_n^* \Rightarrow (x - x')\perp U$. 因为

$$U \bigcap A_v = \varnothing,$$

故 A_v 与 U 是平行的两个平面, 因此 $(x - x')\perp A_v$. 这就证明了 x 在 A_v 上的正交投影就是 x', 从而 (i) 得证.

(ii) 证明是直接的. 由定义, x 与任意仿射平面 $A_\alpha, \alpha \in L$ 的距离满足

$$|x - \alpha| \geqslant |x - A_\alpha|.$$

当 $\alpha = v$ 时, 由于 $(x - x')\perp A_v$, 因此

$$|x - x'| = |x - A_v| \leqslant |x - A_\alpha|, \forall\ \alpha \in L.$$

令 $u_x \in L$ 为与 x 最邻近的格点, 则取 $\alpha = u_x$, 有

$$|x - x'| \leqslant |x - A_{u_x}| \leqslant |x - u_x|.$$

引理成立. □

引理 6.7 令 $L = L(B) \subset \mathbb{R}^n$ 为一个格, $x \in \mathbb{R}^n, \alpha \in L$. 如果 $|x - \alpha| < \rho$, 其中 $\rho = \frac{1}{2}\min\{|\beta_i^*||1 \leqslant i \leqslant n\}$, 则最邻近平面算子 τ_B 有

$$\tau_B(x) = \alpha. \tag{7.122}$$

证明: 由于

$$|x - A_\alpha| \leqslant |x - \alpha| < \rho.$$

由引理 6.5 可知, A_α 就是与 x 最邻近的平面 A_v, 即 $A_\alpha = A_v$. 又 $\tau_B(x) = w = y + v$, 则我们有

$$|x - w| \leqslant |x - \alpha| < \rho. \tag{7.123}$$

由引理 6.4 , 我们有 $\alpha = w = \tau_B(x)$. 引理成立! □

现在我们介绍 GGH/HNF 密码的工作流程:

(1) $L = L(B) = L(R) \subset \mathbb{Z}^n$ 为一个整格, $R = [r_1, r_2, \ldots, r_n]$ 为私钥, $B = [\beta_1, \beta_2, \ldots, \beta_n]$ 为公钥, 且为 L 的 HNF 基, 其中

$$B^* = \mathrm{diag}\{b_{11}, b_{22}, \ldots, b_{nn}\}.$$

我们选取私钥 R 为特别好的基, 即 $\rho = \frac{1}{2}\min\{|r_i^*||1 \leqslant i \leqslant n\}$. 特别地, 公钥 B 满足

$$\frac{1}{2}b_{ii} < \rho, \forall\, 1 \leqslant i \leqslant n.$$

(2) 令 $v \in \mathbb{Z}^n$ 为整点, $e \in \mathbb{R}^n$ 为误差向量, 满足 $|e| < \rho$.

(3) 加密: 任意的明文信息 $v \in \mathbb{Z}^n$, 以及误差向量 e 选定之后, 以 ρ 作为参数, 加密函数 $f_{B,\rho}$ 定义为

$$f_{B,\rho}(v, e) = Bv + e = c.$$

(4) 解密: 我们用私钥 R 对密文 c 进行解密. 解密变换为

$$f_{B,\rho}^{-1}(v, e) = B^{-1}\tau_R(c),$$

其中 τ_R 为私钥 R 所定义的最邻近平面算子.

由引理 6.7, $|e| < \rho \Rightarrow |c - Bv| = |e| < \rho$, 因此

$$B^{-1}\tau_R(c) = B^{-1}\tau_R(Bv + e) = B^{-1}Bv = v. \tag{7.124}$$

从而保证了解密的正确性.

比较 GGH 与 GGH/HNF, 两者选择了相同的加密函数, 但解密变换有很大区别, GGH 采用的是 Babai 的舍弃向量方法, 而 GGH/HNF 采用的是 Babai 的最邻近平面方法. 在误差向量 e 的选取点, 两者有一定差别. GGH 的误差向量 e 依赖参数 σ, e 的每个分量等概选取 $\pm\sigma$. GGH/HNF 的误差向量 e 依赖参数 ρ, 只要长度小于 ρ 即可. 因此, GGH/HNF 在误差向量 e 的选取上有更大的弹性.

下面我们解释公钥 B 选择 HNF 基的理由. 对于任意整格 $L = L(B) \subset \mathbb{Z}^n$, $B^* = [\beta_1^*, \beta_2^*, \ldots, \beta_n^*]$ 为对应的正交基. 利用 $\bmod L$ 同余关系, 我们定义了 $\mathbb{R}^n$ 中的一个等价关系, 当然也是 $\mathbb{Z}^n$ 中整点之间的等价关系. 由引理 3.3, 商群 $\mathbb{Z}^n/L$ 为有限群, 且 $|\mathbb{Z}^n/L| = d(L)$. 我们进一步给出 $\mathbb{Z}^n/L$ 的一个代表元素集合. 令

$$F(B^*) = \left\{ \sum_{i=1}^{n} x_i\beta_i^* | 0 \leqslant x_i < 1 \right\} \tag{7.125}$$

为一个平行四边形, 它与 $\mathbb{R}^n/L$ 的基础区域 $F = F(B)$ 可以进行比较 (见引理 2.6) ,

$$F = F(B) = \left\{ \sum_{i=1}^{n} x_i\beta_i | 0 \leqslant x_i < 1 \right\}.$$

F 只是一个四边形.

引理 6.8 对于任意的整点 $\alpha \in \mathbb{Z}^n$, 存在唯一的 $w \in F(B^*)$, 使得

$$\alpha \equiv w (\bmod L).$$

证明: $\alpha \in \mathbb{Z}^n$ 为一个整点, 则 α 可表示为 B^* 的线性组合, 记

$$\alpha = \sum_{i=1}^{n} a_i\beta_i^*, a_i \in \mathbb{R}.$$

以 $[a_i]$ 表示不大于 a_i 的最大整数, 令

$$w=\sum_{i=1}^{n}a_i\beta_i^*-\sum_{i=1}^{n}[a_i]\beta_i. \tag{7.126}$$

则

$$\alpha-w=\sum_{i=1}^{n}[a_i]\beta_i\in L\Rightarrow\alpha\equiv w(\text{mod}\,L).$$

我们来证 $w\in F(B^*)$, 把 w 用 B^* 的基向量线性表出,

$$w=\sum_{i=1}^{n}b_i\beta_i^*.$$

我们仅证 $0\leqslant b_i<1$ 即可. 由式 (7.52), 不难有

$$b_i=\frac{<w,\beta_i^*>}{|\beta_i^*|^2}=\frac{(a_i-[a_i])|\beta_i^*|^2}{|\beta_i^*|^2}=a_i-[a_i].$$

因此 $0\leqslant b_i<1, \forall\ 1\leqslant i\leqslant n$, 我们有 $w\in F(B^*)$, 为证唯一性, 令

$$w=\sum_{i=1}^{n}a_i\beta_i^*, \text{其中 } |a_i|<1.$$

我们来证, 如果

$$w=0(\text{mod}\,L)\Leftrightarrow w=0. \tag{7.127}$$

记 $w=\sum\limits_{i=1}^{n}b_i\beta_i$, 则由式 (7.52), 有

$$b_n=\frac{<w,\beta^*>}{<\beta_n,\beta_n^*>}=\frac{a_n|\beta_n^*|^2}{|\beta_n^*|^2}=a_n.$$

由 $w\in L$ 及 $|b_n|<1\Rightarrow b_n=0$, 用归纳法不难有 $b_1=b_2=\cdots=b_n=0$, 即 $w=0$, 式 (7.127) 得证.

$\alpha\in\mathbb{Z}^n$, 如果 $w_1\in F(B^*), w_2\in F(B^*), \alpha\equiv w_1(\text{mod}\,L), \alpha\equiv w_2(\text{mod}\,L)$, 则

$$w_1-w_2\equiv 0(\text{mod}\,L).$$

由式 (7.127) 有 $w_1=w_2$. 由上文可以看出, $w_1\in F(B^*), w_2\in F(B^*)$, 则当 $w_1\neq w_2$ 时, 有 $w_1\not\equiv w_2(\text{mod}\,L)$, 即 $F(B^*)$ 中的点在 $\text{mod}\,L$ 下是不同余的, 引理得证. □

由上面引理, 平行四边形 $F(B^*)$ 中任意两点在 $\text{mod}\,L$ 下是不同余的, 因此, 对于不同余的格点 $\alpha_1,\alpha_2\in L$, 有

$$\{F(B^*)+\alpha_1\}\bigcap\{F(B^*)+\alpha_2\}=\varnothing.$$

因此, $\mathbb{R}^n$ 可以拆分为

$$\mathbb{R}^n=\bigcup_{\alpha\in L}F(B^*)+\alpha. \tag{7.128}$$

再由引理 6.8 , 对于任意的 $\alpha\in\mathbb{Z}^n$, 存在唯一的 $w\in F(B^*)\Rightarrow\alpha\equiv w(\text{mod}\,L)$, 定义

$$w = \alpha \bmod L.$$

则 $\alpha \to \alpha \bmod L$ 给出了 $\mathbb{Z}^n \to \mathbb{Z}^n \bigcap F(B^*)$ 的一个满映射, 这个映射为 $\mathbb{Z}^n/L \to \mathbb{Z}^n \bigcap F(B^*)$ 的一个 1-1 对应. 因为如果 $\alpha, \beta \in \mathbb{Z}^n$, 则

$$\begin{cases} \alpha \equiv \beta (\bmod L) \Rightarrow \alpha \bmod L = \beta \bmod L \in \mathbb{Z}^n \bigcap F(B^*), \\ \alpha \not\equiv \beta (\bmod L) \Rightarrow \alpha \bmod L \neq \beta \bmod L. \end{cases}$$

由引理 3.3, 我们显然有如下推论.

推论 2 如果 $L = L(B) \subset \mathbb{Z}^n$ 为一个整格, 则 $F(B^*) \bigcap \mathbb{Z}^n$ 为 $\mathbb{Z}^n/L$ 的一个代表元素集合, 且

$$|F(B^*) \bigcap \mathbb{Z}^n| = d(L). \tag{7.129}$$

如果 B 为整格 L 的 HNF 基, 则 $B^* = \mathrm{diag}\{b_{11}, b_{22}, \ldots, b_{nn}\}$, 从而平行四边形 $F(B^*)$ 取最简单的形式:

$$F(B^*) = \{(x_1, x_2, \ldots, x_n) | 0 \leqslant x_i < b_{ii}\}. \tag{7.130}$$

此为体积是 $d(L)$ 的立方体. 因此

$$\mathbb{Z}^n/L = F(B^*) \bigcap \mathbb{Z}^n = \{(x_1, x_2, \ldots, x_n) | 0 \leqslant x_i < b_{ii}, x_i \in \mathbb{Z}\}. \tag{7.131}$$

这也是引理 3.3 的另一个证明.

称 $\alpha \bmod L$ 为 α 在模 L 下的缩减向量, 对于任意的 $\alpha \in \mathbb{Z}^n$, 表示缩减向量 $\alpha \bmod L$ 的比特位数为

$$\sum_{i=1}^{n} \log b_{ii} = \log \prod (b_{ii}) = \log d(L). \tag{7.132}$$

总的来说, L 的 HNF 基的平行四边形有特别简单的几何形状, 实际上就是一个立方体, 这对于计算一个整点 $x \in \mathbb{Z}^n$ 的缩减向量 $x \bmod L$ 非常有帮助, 缩减向量在 GGH/HNF 密码的进一步改进和分析中有重要意义, 详细的工作可参见参考文献 7 的 [13].

7.7 NTRU 密码

NTRU 密码是由美国布朗大学的三位数论学家 J.Hoffstein, J.Pipher, J.Silverman 组成的数论研究联盟 (Number Theory Research Unit, NTRU) 于 1996 年提出的一种新的公钥密码, 其主要特点是密钥的产生非常简单, 加解密算法的速度比常用的 RSA、椭圆曲线密码等快很多, 特别是 NTRU 密码可以抗击量子计算攻击, 被认为是后量子密码时代能够取代 RSA 的一种潜在公钥密码.

NTRU 密码设计的本质是 RSA 在多项式上的推广形式, 所以被称为基于多项式环的密码体制, 但 NTRU 密码可以利用 q 元格的概念给出一种完全等价的形式, 因此 NTRU 密

码也是一种基于格的密码体制. 为了简单起见, 我们从多项式环开始讨论.

令 $\mathbb{Z}[x]$ 为整系数多项式环, $N \geqslant 1$ 为正整数, 我们定义多项式商环 R 为

$$R = \mathbb{Z}[x]/ < x^N - 1 >= \{a_0 + a_1 x + \cdots + a_{N-1}x^{N-1} | a_i \in \mathbb{Z}\}.$$

任意的 $F(x) \in R$ 可以写成一个整向量的形式

$$F(x) = \sum_{i=0}^{N-1} F_i x^i = (F_0, F_1, \ldots, F_{N-1}) \in \mathbb{Z}^N. \tag{7.133}$$

在 R 中我们定义一种新的运算, 称为两个多项式的卷积 $\otimes$. 令

$$F(x) = \sum_{i=0}^{N-1} F_i x^i, G(x) = \sum_{i=0}^{N-1} G_i x^i.$$

定义

$$F \otimes G = H(x) = \sum_{i=0}^{N-1} H_i x^i = (H_0, H_1, \ldots, H_{N-1}),$$

其中, 对于任意的 $k, 0 \leqslant k \leqslant N-1$,

$$\begin{aligned} H_k &= \sum_{i=0}^{k} F_i G_{k-i} + \sum_{i=k+1}^{N-1} F_i G_{N+k-i} \\ &= \sum_{\substack{0 \leqslant i < N \\ 0 \leqslant j < N \\ i+j \equiv k (\text{mod}\, N)}} F_i G_j. \end{aligned} \tag{7.134}$$

由定义直接有如下引理.

引理 7.1 在新的乘法下, R 为一个交换环, 且有单位元素.

证明: 由式 (7.134) 有

$$F \otimes G = G \otimes F, F \otimes (G + H) = F \otimes G + F \otimes H.$$

所以在 $\otimes$ 下 R 构成一个交换环.

如果 $a \in \mathbb{Z}, 0 \leqslant a \leqslant N-1$, 为 R 中的常数多项式, 则

$$a \otimes F = aF = (aF_0, aF_1, \ldots, aF_{N-1}).$$

因此, R 有单位元素 $a = 1$. 引理成立. □

令 $F(x) = (F_0, F_1, \ldots, F_{N-1}) \in R$. 定义

$$\tilde{F} = \frac{1}{N} \sum_{i=0}^{N-1} F_i, \text{为 } F \text{ 的系数的算术平均值}. \tag{7.135}$$

定义 F 的 L^2 范数 (欧氏范数) 和 L^∞ 范数分别为

$$\begin{cases} |F|_2 = \left(\sum_{i=0}^{N-1} (F_i - \tilde{F})^2 \right)^{\frac{1}{2}}, \\ |F|_\infty = \max\limits_{0 \leqslant i \leqslant N-1} F_i - \min\limits_{0 \leqslant i \leqslant N-1} F_i. \end{cases} \tag{7.136}$$

定义 7.1 令 d_1, d_2 为两个正整数, 且 $d_1 + d_2 \leqslant N$, 定义多项式集合 $A(d_1, d_2)$ 为

$$A(d_1, d_2) = \{F \in R | F \text{ 有 } d_1 \text{ 个系数为 } 1, d_2 \text{个系数为 } -1, \text{其他系数为 } 0\}. \tag{7.137}$$

引理 7.2 令 $1 \leqslant d < \left[\frac{N}{2}\right]$,

(i) 假设 $F \in A(d, d-1)$, 则

$$|F|_2 = \sqrt{2d - 1 - \frac{1}{N}}.$$

(ii) 如果 $F \in A(d, d)$, 则

$$|F|_2 = \sqrt{2d}.$$

证明: (i) 如果 $F \in A(d, d-1)$, 由式 (7.135), 则 $\tilde{F} = \frac{1}{N}$, 因此

$$\begin{aligned}(|F|_2)^2 &= \sum_{i=0}^{N-1}\left(F_i - \frac{1}{N}\right)^2 \\ &= \sum_{i=0}^{N-1}\left(F_i^2 - \frac{2}{N}F_i + \frac{1}{N^2}\right) \\ &= 2d - 1 - \frac{2}{N} + \frac{1}{N} = 2d - 1 - \frac{1}{N},\end{aligned}$$

所以 (i) 成立.

(ii) 如果 $F \in A(d, d)$, 则 $\tilde{F} = 0$, 从而有

$$(|F|_2)^2 = 2d \Rightarrow |F|_2 = \sqrt{2d}.$$

引理成立. □

NTRU 密码系统的参数为三个正整数, N, q, p, 其中 $1 \leqslant p < q$, 且 $(p, q) = 1$, 即

$$\text{参数系统} = \{(N, q, p) | 1 \leqslant p < q, \text{且 } (p, q) = 1\}.$$

当参数 (N, q, p) 选取之后, 我们来讨论 NTRU 的密钥生成.

(1) 密钥生成.

每个 NTRU 用户选择两个多项式 $f \in R, g \in R, \deg f = \deg g = N - 1$, 作为私钥. 把 $f = (f_0, f_1, \ldots, f_{N-1}), g = (g_0, g_1, \ldots, g_{N-1})$ 作为行向量, 则 $(f, g) \in \mathbb{Z}^{2N} \subset R^{2N}$. 其中 $f \bmod q$ 作为 $\mathbb{Z}_q$ 上的多项式是可逆的, $f \bmod p$ 作为 $\mathbb{Z}_p$ 上的多项式也是可逆的, 即 $\exists\, F_q \in \mathbb{Z}_q[x], F_p \in \mathbb{Z}_p[x]$, 使得

$$F_q \otimes f \equiv 1 (\bmod q), \text{及 } F_p \otimes f \equiv 1 (\bmod p). \tag{7.138}$$

当私钥 (f, g) 选定之后, 公钥 h 由下式给出:

$$h \equiv F_q \otimes g (\bmod q). \tag{7.139}$$

h 可以看作 $\mathbb{Z}_q$ 上的一个多项式. 商环 $\mathbb{Z}_q$ 与 $\mathbb{Z}_p$ 为

$$\mathbb{Z}_q = \mathbb{Z}/q\mathbb{Z} = \left\{a \in \mathbb{Z} \middle| -\frac{q}{2} \leqslant a < \frac{q}{2}\right\},$$
$$\mathbb{Z}_p = \mathbb{Z}/p\mathbb{Z} = \left\{a \in \mathbb{Z} \middle| -\frac{p}{2} \leqslant a < \frac{p}{2}\right\}.$$

(2) 加密变换.

用户 B 希望使用 NTRU 密码给用户 A 发送加密信息 m, 首先把明文 m 编码为 $m \in R$, 即 $m \in \mathbb{Z}^N$, 再在 $\bmod p$ 下取值, 即

$$m \in \mathbb{Z}_p^N.$$

然后随机选取一个多项式 $\phi \in R, \deg\phi = N-1$, 再使用用户 A 的公钥 h 进行加密. 加密函数 σ 为

$$\sigma(m) = c \equiv p\phi \otimes h + m (\bmod q). \tag{7.140}$$

C 就是用户 A 收到的密文, c 为 $\mathbb{Z}_q$ 上的一个多项式, 也是 $\mathbb{Z}_q^N$ 中的一个向量.

(3) 解密变换.

用户 A 收到密文 c 之后, 用自己的私钥 f 及 F_p 进行解密, 首先计算

$$a \equiv f \otimes c (\bmod q). \tag{7.141}$$

a 作为 $\mathbb{Z}_q$ 上的一个多项式, 即 $a \in \mathbb{Z}_q^N$ 是唯一存在的. 最后, 解密变换 σ^{-1} 为

$$\sigma^{-1}(c) \equiv a \otimes F_p (\bmod p). \tag{7.142}$$

为什么解密变换是正确的呢? 如果参数选取满足

$$p\phi \otimes h + m \in \mathbb{Z}_q^N, \tag{7.143}$$

则有

$$c = p\phi \otimes h + m. \tag{7.144}$$

同样地, 如果 $c \otimes f \in \mathbb{Z}_q^N$, 则有 $a = f \otimes c$. 由式 (7.142),

$$a \otimes F_p = F_p \otimes f \otimes c \equiv c = p\phi \otimes h + m (\bmod p).$$

从而有

$$a \otimes F_p \equiv m (\bmod p).$$

因为 $m \in \mathbb{Z}_q^N$, 因此

$$\sigma^{-1}(c) \equiv a \otimes F_p \equiv m (\bmod p) \Rightarrow \sigma^{-1}(c) = m.$$

因此, 在式 (7.143) 及 $c \otimes f \in \mathbb{Z}_q^N$ 的条件下, 解密变换是正确的.

NTRU 的加解密变换不能保证 100% 的解密正确. 因为 a 作为 $\bmod q$ 下的一个多项式单独拿出来进行解密运算 (见式 (7.142)). 要满足式 (7.144), 以及 $c \otimes f \in \mathbb{Z}_q^N$ 的条件, 则下式是必要的,

$$|f \otimes c|_\infty = |f \otimes (p\phi \otimes h + m)|_\infty < q. \tag{7.145}$$

因此, 作为必要条件,

$$|f \otimes m|_\infty \leqslant \frac{q}{4}, \text{及 } |p\phi \otimes g|_\infty \leqslant \frac{q}{4} \tag{7.146}$$

成立时式 (7.145) 成立.

引理 7.3 对于任意的 $\varepsilon > 0$, 存在常数 r_1 与 $r_2 > 0$, 仅依赖于 ε 与 N, 对于随机选取的多项式 $F, G \in R$, 则满足下式的概率 $\geqslant 1-\varepsilon$, 即

$$P\{r_1|F|_2|G|_2 \leqslant |F \otimes G|_\infty \leqslant r_2|F|_2|G|_2\} \geqslant 1-\varepsilon.$$

证明: 见参考文献 7 的 [9]. □

由引理, 为了满足式 (7.146), 我们选择三个参数 d_f, d_g 以及 d, 其中

$$f \in A(d_f, d_f - 1), g \in A(d_g, d_g), \phi \in A(d, d). \tag{7.147}$$

由引理 7.2, $|f|_2, |g|_2$ 以及 $|\phi|_2$ 是已知的, 我们选取

$$|f|_2 \cdot |m|_2 \approx \frac{q}{4r_2}, |\phi|_2 \cdot |g|_2 \approx \frac{q}{4pr_2}, \tag{7.148}$$

则能保证式 (7.146) 成立 (在概率意义下), 从而解密算法的成功率将大于 $1-\varepsilon$. 因此式 (7.148) 成为 NTRU 密码的主要参数选取指标.

下面我们利用 q 元格的概念对上述 NTRU 密码做一个等价描述, 我们首先从循环矩阵开始讨论. 令 T 与 T_1 为如下两个 N 阶方阵.

$$T = \begin{pmatrix} 0 & 0 & \cdots & 0 & 1 \\ & & & & 0 \\ & I_{N-1} & & & 0 \\ & & & & \vdots \\ & & & & 0 \end{pmatrix}, \quad T_1 = \begin{pmatrix} 0 & & & & \\ 0 & & I_{N-1} & & \\ \vdots & & & & \\ 0 & & & & \\ 1 & 0 & 0 & \cdots & 0 \end{pmatrix}.$$

则 $T^N = T_1^N = I_N, T_1 = T'$, 且 $T_1 = T^{-1}$, 因为 T 为正交矩阵 $\Rightarrow T_1 = T^{N-1}$, 其中 I_N 为 N 阶单位矩阵, 令 $a = (a_1, a_2, \ldots, a_N) \in \mathbb{R}^N$, 则容易验证

$$T \cdot \begin{bmatrix} a_1 \\ a_2 \\ a_3 \\ \vdots \\ a_N \end{bmatrix} = \begin{bmatrix} a_N \\ a_1 \\ a_2 \\ \vdots \\ a_{N-1} \end{bmatrix}, \ (a_1, a_2, a_3, \ldots, a_N)T_1 = (a_N, a_1, a_2, \ldots, a_{N-1}). \tag{7.149}$$

以下总假设 $a = \begin{bmatrix} a_1 \\ a_2 \\ \vdots \\ a_N \end{bmatrix} \in \mathbb{R}^N$ 为列向量. 由 a 所生成的 N 阶循环矩阵 $T^*(a)$ 定义为

$$T^*(a) = [a, Ta, T^2a, \dots, T^{N-1}a]. \tag{7.150}$$

如果 $b = (b_1, b_2, \dots, b_N) \in \mathbb{R}^N$ 为行向量, 则我们定义 N 阶矩阵

$$T_1^*(b) = \begin{bmatrix} b \\ bT_1 \\ \vdots \\ bT_1^{N-1} \end{bmatrix}. \tag{7.151}$$

为了在数学式中加以区别, $T^*(a)$ 与 $T_1^*(a)$ 有时写为 T^*a 与 T_1^*a 或者 $[T^*a]$ 与 $[T_1^*a]$. 显然, $T^*(a)$ 的转置为

$$(T^*(a))' = \begin{bmatrix} a' \\ a'T_1 \\ \vdots \\ a'T_1^{N-1} \end{bmatrix} = T_1^*(a'). \tag{7.152}$$

式 (7.150) 为循环矩阵的列向量分块. 为了得到循环矩阵的行向量分块, 对任意 $x \in (x_1, \dots, x_N) \in \mathbb{R}^N$, 我们令

$$\overline{x} = (x_N, x_{N-1}, \dots, x_2, x_1) \Rightarrow \overline{\overline{x}} = x.$$

同理, 定义列向量 $\overline{x}$. 因此, 对任意的列向量 $a \in \mathbb{R}^N$, 我们有

$$T^*(a) = [a, Ta, T^2a, \dots, T^{N-1}a] = \begin{bmatrix} \overline{a'}T_1 \\ \overline{a'}T_1^2 \\ \vdots \\ \overline{a'}T_1^N \end{bmatrix}. \tag{7.153}$$

式 (7.153) 右边是一个循环矩阵按行进行分块. 我们首先证明, 循环矩阵的转置仍为循环矩阵.

引理 7.4 $\forall \alpha = \begin{bmatrix} \alpha_1 \\ \alpha_2 \\ \vdots \\ \alpha_N \end{bmatrix} \in \mathbb{R}^N$, 则 $(T^*(\alpha))' = T^*(\overline{T^{-1}\alpha})$.

证明: 令 $\alpha = \begin{bmatrix} \alpha_1 \\ \alpha_2 \\ \vdots \\ \alpha_N \end{bmatrix} \in \mathbb{R}^N$, 由式 (7.152), $(T^*(a))' = T_1^*(a')$, 其中 $\alpha' = (\alpha_1, \dots, \alpha_N)$ 为 α 的转置, 令

$$\beta = (\alpha_1, \alpha_N, \alpha_{N-1}, \dots, \alpha_2) = \overline{\alpha'}T_1.$$

容易验证

$$T_1^*(\beta) = \begin{bmatrix} \beta \\ \beta T_1 \\ \vdots \\ \beta T_1^{N-1} \end{bmatrix} = T^*(\alpha).$$

因此有

$$T_1^*(\beta) = (T^*(\beta'))' = T^*(\alpha).$$

由于 $\overline{\alpha'} = (\alpha_N, \alpha_{N-1}, \cdots, \alpha_2, \alpha_1)$, 由 $\beta = \overline{\alpha'} T_1$, 所以

$$\beta' = T\overline{\alpha} \Rightarrow T^{-1}\beta' = \overline{\alpha} \Rightarrow \alpha = \overline{T^{-1}\beta'}.$$

我们令 $\alpha = \beta'$, 则

$$(T^*(\alpha))' = T^*(\alpha) = T^*(\overline{T^{-1}\alpha}).$$

我们完成了对引理的证明. □

下面我们给出循环矩阵的一个等价刻画.

引理 7.5 令 $A = (a_{ij})_{N\times N}, a = \begin{bmatrix} a_{11} \\ a_{21} \\ \vdots \\ a_{N1} \end{bmatrix} \in \mathbb{R}^N$ 为 A 的第一列, 则 $A = T^*(a)$ 为循环矩阵的充要条件是, 对一切 $1 \leqslant k \leqslant N$, $1 + i - j \equiv k (\mathrm{mod}\, N) \Rightarrow a_{ij} = a_{k1}$.

证明: 如果 $A = T^*(a)$ 为循环矩阵, 则简单观察有

$$\begin{cases} a_{11} = a_{22} = \cdots = a_{NN} = a_{11}, \\ a_{21} = a_{32} = \cdots = a_{N(N-1)} = a_{21}, \\ \cdots\cdots \\ a_{(N-1)1} = a_{N2}, \\ a_{N1} = a_{N1}. \end{cases}.$$

因此有 $1 + i - j = k$. 同理于 $i < j$ 时. 我们有

$$k = N + 1 + i - j \Rightarrow 1 + i - j \equiv k (\mathrm{mod}\, N).$$

因此引理成立. □

下面的引理刻画了循环矩阵的主要性质.

引理 7.6 若 $a = \begin{bmatrix} a_1 \\ \vdots \\ a_N \end{bmatrix}, b = \begin{bmatrix} b_1 \\ \vdots \\ b_N \end{bmatrix}$ 为两个列向量, 则

(i) $T^*(a) + T^*(b) = T^*(a + b)$.

(ii) $T^*(a)\cdot T^*(b)=T^*([T^*a]\cdot b)$, 且 $T^*(a)T^*(b)=T^*(b)T^*(a)$.

(iii) $\det(T^*(a))=\prod\limits_{k=1}^{N}(a_1+a_2\xi_k+\cdots+a_N\xi_k^{N-1})$. 其中 $\xi_k(1\leqslant k\leqslant N)$ 是 1 的所有 N 次单位根.

(iv) 如果循环矩阵 $T^*(a)$ 可逆, 则逆矩阵 $(T^*(a))^{-1}=T^*(b)$, 其中 b 为 $T^*(a)$ 的第一列.

证明: (i) 差不多是平凡的, 因为

$$T^*(a)+T^*(b)=[a+b,T(a+b),\ldots,T^{n-1}(a+b)]=T^*(a+b).$$

(ii) 运用循环矩阵的行向量分块 (见式 (7.153)), 则

$$[T^*(a)]b=\begin{bmatrix}\overline{a'}T_1\\\overline{a'}T_1^2\\\vdots\\\overline{a'}T_1^N\end{bmatrix}b=\begin{bmatrix}\overline{a'}T_1b\\\overline{a'}T_1^2b\\\vdots\\\overline{a'}T_1^Nb\end{bmatrix}.$$

及

$$T^*(a)\cdot T^*(b)=\begin{bmatrix}\overline{a'}T_1\\\overline{a'}T_1^2\\\vdots\\\overline{a'}T_1^N\end{bmatrix}[b,Tb,\ldots,T^{N-1}b]=(A_{ij})_{N\times N},$$

其中

$$A_{ij}=\overline{a'}T_1^i\cdot T^{j-1}b=\overline{a'}T_1^{N+i-j+1}b=\overline{a'}T_1^{i+1-j}b.$$

由引理 7.5, 知 $T^*(a)\cdot T^*(b)=T^*([T^*(a)]b)$, 所以有 (ii) 的第一个结论. 我们注意到

$$A_{ij}=A'_{ij}=b'T_1^{j-1}T^i\overline{a}=b'T_1^{N-i-1+j}\overline{a}=b'T_1^{j-i-1}\overline{a}.$$

容易证明, 对任意的行向量 x 与列向量 y, 有 $x\cdot\overline{y}=\overline{x}\cdot y$, 且

$$\overline{xT_1^k}=\overline{x}\cdot T_1^{N-k},1\leqslant k\leqslant N. \tag{7.154}$$

因此

$$A_{ij}=b'T_1^{j-i-1}\overline{a}=\overline{b'}T_1^{N+i+1-j}a=\overline{b'}T_1^{i+1-j}a.$$

这就证明了 $T^*(a)T^*(b)=T^*(b)T^*(a)$, 即循环矩阵对矩阵的乘法是交换的.

(iii) 设 $(T^*(a))'=A$, 而 $\det(T^*(a))=\det((T^*(a))')$, 所以我们只需求 $\det(A)$. 作多项式 $f(x)=a_1+a_2x+\cdots+a_Nx^{N-1}$, 又令

$$
V=\begin{bmatrix}1 & 1 & 1 & \cdots & 1\\ \xi_1 & \xi_2 & \xi_3 & \cdots & \xi_N\\ \xi_1^2 & \xi_2^2 & \xi_3^2 & \cdots & \xi_N^2\\ \vdots & \vdots & \vdots & & \vdots\\ \xi_1^{N-1} & \xi_2^{N-1} & \xi_3^{N-1} & \cdots & \xi_N^{N-1}\end{bmatrix}.
$$

则

$$
AV=\begin{bmatrix}f(\xi_1) & f(\xi_2) & \cdots & f(\xi_N)\\ \xi_1 f(\xi_1) & \xi_2 f(\xi_2) & \cdots & \xi_N f(\xi_N)\\ \vdots & \vdots & & \vdots\\ \xi_1^{N-1}f(\xi_1) & \xi_2^{N-1}f(\xi_2) & \cdots & \xi_N^{N-1}f(\xi_N)\end{bmatrix}.
$$

所以

$$
\det(A)\det(V)=\det(AV)=f(\xi_1)f(\xi_2)\cdots f(\xi_N)\det(V).
$$

因为 ξ_i 互不相同, 即 $\det(V)\neq 0$, 所以

$$
\begin{aligned}
\det(A)&=f(\xi_1)f(\xi_2)\cdots f(\xi_N)\\
&=\prod_{k=1}^{N} f(\xi_k)\\
&=\prod_{k=1}^{N}(a_1+a_2\xi_k+\cdots+a_N\xi_k^{N-1}).
\end{aligned}
$$

(iv) 令 $e=\begin{bmatrix}1\\0\\ \vdots\\0\end{bmatrix}\in\mathbb{R}^N$, 则

$$
T^*(e)=[e,Te,\ldots,T^{N-1}e]=I_N.
$$

因此取 $b\in\mathbb{R}^N$ 满足

$$
T^*(a)\cdot b=e\Rightarrow b=(T^*(a))^{-1}e.
$$

显然 b 为 $(T^*(a))^{-1}$ 的第一列, 由 (ii) 可知,

$$
T^*(a)T^*(b)=T^*([T^*(a)]b)=T^*(e)=I_N.
$$

因此 $(T^*(a))^{-1}=T^*(b)$. 也就是说, 可逆循环矩阵的逆矩阵也是循环矩阵. □

推论 1 令 N 为一个素数, $a=\begin{bmatrix}a_1\\ \vdots\\ a_N\end{bmatrix}\in\mathbb{R}^n$, 满足 $a\neq 1$, 且 $\sum_{i=1}^{N}a_i\neq 0$, 则由 a 生成的循环矩阵 $T^*(a)$ 是可逆方阵.

证明: 在给定条件下, 我们仅证 $\det(T^*(a)) \neq 0$ 即可. 令 $\varepsilon_k = \exp\left(\dfrac{2\pi i k}{N}\right), 1 \leqslant k \leqslant N-1$, 为 $N-1$ 个 N 次本原单位根 (因为 N 为素数), 如果 $\det(T^*(a)) = 0$, 由于 $\sum\limits_{i=1}^{N} a_i \neq 0$, 则必有某个 $k, 1 \leqslant k \leqslant N-1$, 使得

$$a_1 + \varepsilon_k a_2 + \varepsilon_k^2 a_3 + \cdots + \varepsilon_k^{N-1} a_N = 0.$$

换言之, ε_k 为多项式 $\phi(x) = a_1 + a_2 x + \cdots + a_N x^{N-1}$ 的一个根, 因此 $\phi(x)$ 与 $1 + x + \cdots + x^{N-1}$ 有一个公根 ε_k, 因此两个多项式的最大公约数

$$(\phi(x), 1 + x + \cdots + x^{N-1}) > 1.$$

由于 $1 + x + \cdots + x^{N-1}$ 为分圆多项式, 是不可约多项式, $a \neq 1$, 矛盾表明 $\det(T^*(a)) \neq 0$, 推论成立. □

下面我们利用循环矩阵给出 NTRU 密码的一个格的等价描述. 首先在偶数维欧氏空间 $\mathbb{R}^{2N}$ 中定义线性变换 σ, 若 x 与 y 为两个列向量, 定义

$$\sigma \begin{bmatrix} x \\ y \end{bmatrix} = \begin{bmatrix} Tx \\ Ty \end{bmatrix} \in \mathbb{R}^{2N}. \tag{7.155}$$

等价地, 如果 $x \in \mathbb{R}^N, y \in \mathbb{R}^N$ 为两个行向量, 定义

$$\sigma(x, y) = (xT_1, yT_1) \in \mathbb{R}^{2N}. \tag{7.156}$$

显然, 上述定义的 σ 为 $\mathbb{R}^{2N} \to \mathbb{R}^{2N}$ 的一个线性变换.

定义 7.2 一个整格 $L \subset \mathbb{R}^{2N}$ 称为一个卷积 q 元格, 如果

(i) L 为 q 元格, 即 $q\mathbb{Z}^{2N} \subset L \subset \mathbb{Z}^{2N}$,

(ii) L 在线性变换 σ 下是闭的, 即 $x, y \in \mathbb{R}^N$ 为列向量,

$$\begin{bmatrix} x \\ y \end{bmatrix} \in L \Rightarrow \sigma \begin{bmatrix} x \\ y \end{bmatrix} = \begin{bmatrix} Tx \\ Ty \end{bmatrix} \in L.$$

回忆 NTRU 密码的私钥为两个 $N-1$ 次多项式 $f = \sum\limits_{i=0}^{N-1} f_i x^i, g = \sum\limits_{i=0}^{N-1} g_i x^i$, 记 f 与 g 为列向量形式:

$$f = \begin{bmatrix} f_0 \\ \vdots \\ f_{N-1} \end{bmatrix} \in \mathbb{Z}^N, f' = (f_0, f_1, \ldots, f_{N-1}) \in \mathbb{Z}^N,$$

及

$$g = \begin{bmatrix} g_0 \\ \vdots \\ g_{N-1} \end{bmatrix} \in \mathbb{Z}^N, g' = (g_0, g_1, \ldots, g_{N-1}) \in \mathbb{Z}^N.$$

NTRU 密码的参数系统为 N, q 和 p 为两个正整数, N 为素数, $p < q$, 定义多项式集合.

$$A_d\{p,0,-p\}=\{f(x)\in\mathbb{Z}^N|f \text{ 的系数有 } d+1 \text{ 个为 } p, d\text{个为 }-p,\text{ 其他为 }0\}. \tag{7.157}$$

选择两个 $N-1$ 次多项式 $f,g\in\mathbb{Z}^N$, 及参数 d_f 为正整数, 满足下列限制条件.

(1) N,p,q,d_f 为正整数, N 为素数, $1<p<q,(p,q)=1$.

(2) f 与 g 为两个 $N-1$ 次多项式, 且 f 的常数项为 1, 并且

$$f-1\in A_{d_f}\{p,0,-p\}, g\in A_{d_f}\{p,0,-p\}.$$

(3) $T^*(f)$ 在 $\bmod q$ 下是可逆的.

(1) 至 (3) 称为 NTRU 密码的参数限制条件. 显然, 在这些条件下 $T^*(f)$ 及 $T^*(g)$ 都是可逆矩阵, 并且有

$$T^*(f)\equiv I_N(\bmod p), T^*(g)\equiv 0(\bmod p). \tag{7.158}$$

满足上述条件的多项式 f 及 g 作为私钥选定之后, 则 $\begin{bmatrix} f\\ g\end{bmatrix}\in\mathbb{Z}^{2N}$, 我们现来构造一个包含 $\begin{bmatrix} f\\ g\end{bmatrix}$ 的最小的卷积 q 元格. 令

$$A=[T_1^*(f'),T_1^*(g')]_{N\times 2N}, \text{ 及} A'=\begin{bmatrix} T^*(f)\\ T^*(g)\end{bmatrix}. \tag{7.159}$$

把 A 看作 $\mathbb{Z}_q$ 上的一个 $N\times 2N$ 阶矩阵, 即 $A\in\mathbb{Z}_q^{N\times 2N}$, 则由式 (7.45), A 定义了一个 $2N$ 维的 q 元格 $\Lambda_q(A)$, 即

$$\Lambda_q(A)=\{y\in\mathbb{Z}^{2N}|\text{存在}x\in\mathbb{Z}^N\Rightarrow y\equiv A'x(\bmod q)\}. \tag{7.160}$$

我们证明 $\Lambda_q(A)$ 就是包含 $\begin{bmatrix} f\\ g\end{bmatrix}$ 的一个卷积 q 元格. 首先, 我们证明如下一般的恒等式.

引理 7.7 令 $a=\begin{bmatrix} a_1\\ \vdots\\ a_N\end{bmatrix}\in\mathbb{R}^N$, 则对于 $\forall\, x\in\mathbb{R}^N$ 及 $0\leqslant k\leqslant N-1$, 我们有

$$T^k(T^*(a)x)=T^*(a)(T^kx), \text{其中 } T^0=I_N.$$

证明: $k=0$ 是平凡的, 显然我们假设 $k=1$ 时即可, 即

$$T(T^*(a)x)=T^*(a)(Tx). \tag{7.161}$$

由式 (7.153),

$$T(T^*(a)x)=T\begin{bmatrix} \overline{a'}T_1x\\ \overline{a'}T_1^2x\\ \vdots\\ \overline{a'}T_1^Nx\end{bmatrix}=\begin{bmatrix} \overline{a'}x\\ \overline{a'}T_1x\\ \vdots\\ \overline{a'}T_1^{N-1}x\end{bmatrix}.$$

由于 $T=T_1^{N-1}$, 则式 (7.161) 右边为

$$T^*(a)(Tx)=\begin{bmatrix}\overline{a'}T_1Tx\\ \overline{a'}T_1^2Tx\\ \vdots\\ \overline{a'}T_1^NTx\end{bmatrix}=\begin{bmatrix}\overline{a'}x\\ \overline{a'}T_1x\\ \vdots\\ \overline{a'}T_1^{N-1}x\end{bmatrix}.$$

所以式 (7.161) 成立, 从而引理得证. □

引理 7.8 $\Lambda_q(A)$ 为一个卷积 q 元格, 且 $\begin{bmatrix}f\\ g\end{bmatrix}\in\Lambda_q(A)$.

证明: 由引理 3.6, $\Lambda_q(A)$ 为一个 q 元格, 即 $q\mathbb{Z}^{2N}\subset\Lambda_q(A)\subset\mathbb{Z}^{2N}$, 我们仅证 $\Lambda_q(A)$ 在线性变换 σ 下为闭的. 如果 $y\in\Lambda_q(A)$, 则存在 $x\in\mathbb{Z}^N\Rightarrow y\equiv A'x(\bmod q)$, 由 σ 的定义可知

$$\sigma(y)\equiv\begin{bmatrix}T(T^*(f)x)\\ T(T^*(g)x)\end{bmatrix}=\begin{bmatrix}T^*(f)Tx\\ T^*(g)Tx\end{bmatrix}\equiv A'Tx(\bmod q).$$

由于 $x\in\mathbb{Z}^N\Rightarrow Tx\in\mathbb{Z}^N$, 因此 $\sigma(y)\in\Lambda_q(A)$, 即 $\Lambda_q(A)$ 为一个卷积 q 元格, 现来证 $\begin{bmatrix}f\\ g\end{bmatrix}\in\Lambda_q(A)$.

令 $e=\begin{bmatrix}1\\ 0\\ \vdots\\ 0\end{bmatrix}\in\mathbb{Z}^N$, 则 $T^*(f)\cdot e$ 为 $T^*(f)$ 的第一列, 即

$$T^*(f)e=f,T^*(g)e=g.$$

从而

$$A'e=\begin{bmatrix}T^*(f)e\\ T^*(g)e\end{bmatrix}=\begin{bmatrix}f\\ g\end{bmatrix}\in\Lambda_q(A).$$

引理得证. □

有了上述准备, 我们现在介绍 NTRU 密码在格理论中的等价形式.

(1) 公钥生成.

选定私钥 $\begin{bmatrix}f\\ g\end{bmatrix}\in\mathbb{Z}^{2N}$ 之后, NTRU 密码的公钥按下述方法生成: 因为包含 $\begin{bmatrix}f\\ g\end{bmatrix}$ 的卷积 q 元格 $\Lambda_q(A)$ 是一个整格, 所以 $\Lambda_q(A)$ 存在唯一的 HNF 基 H, 其中

$$H=\begin{bmatrix}I_N & T^*(h)\\ 0 & qI_N\end{bmatrix},\text{其中 } h\equiv[T^*(f)]^{-1}g(\bmod q). \tag{7.162}$$

由引理 3.7 的式 (7.48), $\Lambda_q(A)$ 的行列式 $d(\Lambda_q(A))$ 为

$$d(\Lambda_q(A))=|\det(\Lambda_q(A))|=q^{2N-N}=q^N.$$

所以 H 的对角元素为 I_N 与 qI_N. 由假设 $T^*(f)\in\mathbb{Z}^{N\times N}$, 且在 $\bmod q$ 下可逆, $[T^*(f)]^{-1}$ 为 $T^*(f)$ 在 $\bmod q$ 下的逆矩阵, $h\in\mathbb{Z}^N$, 其分量 h_i 在 $-\frac{q}{2}$ 与 $\frac{q}{2}$ 之间选定, 即 $-\frac{q}{2}\leqslant h_i<\frac{q}{2}$, 这样的 h 是唯一存在的. 不难验证 H 为一个 HNF 矩阵, 且 H 生成的格为 $\Lambda_q(A)$, 所以 H 为 $\Lambda_q(A)$

的 HNF 基. H 作为公钥向外公布.

(2) 加密变换.

消息发送者把明文编码为 $m\in\mathbb{Z}^N$, 并随机选定一个向量 $r\in\mathbb{Z}^N$ 满足

$$m\in A_{d_f}\{1,0,-1\},\ r\in A_{d_f}\{1,0,-1\}, \tag{7.163}$$

即 m 有 d_f+1 个 1, d_f 个 -1, 其他分量为 0. 然后利用消息接收者的公钥 H 对明文 m 进行加密:

$$c=H\begin{bmatrix}m\\r\end{bmatrix}\equiv\begin{bmatrix}m+[T^*(h)]r\\0\end{bmatrix}(\mathrm{mod}\,q). \tag{7.164}$$

c 称为密文, 其中前 N 个分量为 $m+[T^*(h)]r$, 后 N 个分量为 0.

(3) 解密变换.

如果 $m+[T^*(h)]r$ 的所有分量位于区间 $\left[-\frac{q}{2},\frac{q}{2}\right)$, 则消息接收者可以确定密文 c 为

$$c=\begin{bmatrix}m+[T^*(h)]r\\0\end{bmatrix}.$$

然后利用自己的私钥 $T^*(f)$ 进行解密

$$\begin{aligned}[T^*(f)]c&\equiv[T^*(f)]m+[T^*f][T^*(h)]r(\mathrm{mod}\,q)\\&\equiv[T^*(f)]m+[T^*(g)]r(\mathrm{mod}\,q).\end{aligned} \tag{7.165}$$

由 h 定义有

$$[T^*(f)]h\equiv g(\mathrm{mod}\,q)\Rightarrow T^*([T^*(f)]h)\not\equiv T^*(g)(\mathrm{mod}\,q).$$

再由引理 7.6, 有 $T^*([T^*(f)]h)\equiv T^*(f)\cdot T^*(h)$, 所以有

$$T^*(f)T^*(h)\equiv T^*(g)(\mathrm{mod}\,q).$$

所以式 (7.165) 成立.

如果

$$[T^*(f)]m+[T^*(g)]r\in\left[-\frac{q}{2},\frac{q}{2}\right]^N, \tag{7.166}$$

那么对 $[T^*(f)]m+[T^*(g)]r$ 做 $\mathrm{mod}\,p$ 运算, 并由式 (7.158), 有

$$([T^*(f)]m+[T^*(g)]r)\,\mathrm{mod}\,p=I_Nm+0\cdot r=m. \tag{7.167}$$

保证了解密变换的正确性.

为了保证式 (7.167) 成立, 由上面的分析可知, 下列条件是必需的:

$$\begin{cases}m+[T^*(h)]r\in\left[-\frac{q}{2},\frac{q}{2}\right]^N,\\[T^*(f)]m+[T^*(g)]r\in\left[-\frac{q}{2},\frac{q}{2}\right]^N.\end{cases} \tag{7.168}$$

显然, 由第二个条件可以推出第一个条件, 即由式 (7.166) 可以推出式 (7.168). 我们先证如下引理.

引理 7.9 如果参数满足 $d_f < \dfrac{\left(\frac{q}{4}-1\right)}{2p}$, 则

$$[T^*(f)]m + [T^*(g)]r \in \left[-\frac{q}{2}, \frac{q}{2}\right]^N.$$

证明: 因为 m 与 r 的所有分量为 ± 1 或 0, 所以我们仅证 $[T^*(f)]$ 与 $[T^*(g)]$ 的行向量的加和的绝对值不大于 $\frac{q}{2}$ 即可. 记 $f' = (f_0, f_1, \ldots, f_{N-1})$, 由于 $f_0 = 1$, 所以

$$\left|\sum_{i=0}^{N-1} f_i\right| \leqslant \sum_{i=0}^{N-1} |f_i| = 1 + (2d_f + 1)p < \frac{q}{4}.$$

同理

$$\left|\sum_{i=0}^{N-1} g_i\right| \leqslant \sum_{i=0}^{N-1} |g_i| = (2d_f + 1)p < \frac{q}{4}.$$

因此

$$[T^*(f)]m + [T^*(g)]r \in \left[-\frac{q}{2}, \frac{q}{2}\right]^N.$$

引理成立. □

由上述引理, NTRU 算法还需加上如下附加条件才能保证解密变换的正确性:

(4) $d_f < \dfrac{\left(\frac{q}{4}-1\right)}{2p}$.

总的来说, NTRU 密码系统当参数系统满足附加限制条件 (1) – (4) 时, 私钥为 $\begin{bmatrix} f \\ g \end{bmatrix}$, 公钥为 HNF 矩阵 H, 加解密算法按上述介绍的算法即可.

7.8 McEliece/Niederreiter 密码

McEliece/Niederreiter 密码是基于有限域上一类特殊的线性码 (Goppa 码) 的编码与解码的不对称性而设计的一种密码系统, 是由 McEliece 于 1978 年与 Niederreiter 于 1985 年提出的, 被纳入后量子密码范畴. 我们先从循环码开始讨论. 回忆第二章有关线性码的概念, 令 $\mathbb{F}_q$ 为一个 q 元有限域, 又称字母表, $\mathbb{F}_q$ 中的元素称为字母或字符. $\mathbb{F}_q$ 上的 N 维线性空间 $\mathbb{F}_q^N$ 称为长度 N 的码字空间. 任意一个向量 $a = (a_0, a_1, \ldots, a_{N-1}) \in \mathbb{F}_q^N$, 称 a 为一个长度为 N 的码字, 通常把码字写为 $a = a_0a_1 \cdots a_{N-1} \in \mathbb{F}_q^N$, 由上节内容我们有

$$aT_1 = (a_0, a_1, \ldots, a_{N-1})T_1 = (a_{N-1}, a_0, a_1, \ldots, a_{N-2}). \tag{7.169}$$

一个码字 $a = a_0a_1 \cdots a_{N-1}$ 的逆序码字 $\overline{a}$ 定义为

$$\overline{a} = a_{N-1}a_{N-2} \cdots a_1a_0 \in \mathbb{F}_q^N. \tag{7.170}$$

如果 $C\subset\mathbb{F}_q^N$, 且 C 为 $\mathbb{F}_q^N$ 的一个 k 维线性子空间, 则称 C 为一个线性码, 通常记为 $C=[N,k]$, 当 $k=0$ 或 $k=N$ 时, $[N,0]$ 及 $[N,N]$ 称为平凡码, 实际上,

$$[N,0]=\{0=00\cdots 0\},[N,N]=\mathbb{F}_q^N.$$

码 C 的逆序码 $\overline{C}$ 定义为 $\overline{C}=\{\overline{c}|c\in C\}$, 显然, 如果 $C=[N,k]$, 则 $\overline{C}=[N,k]$.

定义 8.1 一个长度为 N 的线性码 C 称为循环码, 如果 $\forall\, c\in C\Rightarrow cT_1\in C$.

下面我们用理想理论给出循环码的一个代数学的表达. 为此, 记 $\mathbb{F}_q[x]$ 为 $\mathbb{F}_q$ 上的一元多项式环, $<x^N-1>$ 是多项式 x^N-1 生成的主理想. 记 $R=\mathbb{F}_q[x]/<x^N-1>$ 为商环. 假如 $a=a_0a_1\cdots a_{N-1}\in\mathbb{F}_q^N$, 则 $a(x)=a_0+a_1x\cdots a_{N-1}x^{N-1}\in R$, 于是 $a\to a(x)$ 为 $\mathbb{F}_q^N\to R$ 的一个一一对应, 也是加法群之间的同构. 在这个对应下, 我们把码字 a 与多项式 $a(x)$ 等同起来, 即 $a=a(x)\Rightarrow\mathbb{F}_q^N=R=\mathbb{F}_q[x]/<x^N-1>$, 以及任意一个码 $C\subset\mathbb{F}_q^N$.

$$C=C(x)=\{c(x)|c\in C\}\subset R,$$

也就是把一个码 C 等同于 $\mathbb{F}_q[x]/<x^N-1>$ 中的一个子集合. 下面的引理揭示了循环码的代数学含义.

引理 8.1 $C\subset\mathbb{F}_q^N$ 为一个循环码 $\Leftrightarrow C(x)$ 为 $\mathbb{F}_q[x]/<x^N-1>$ 中的一个理想.

证明: 如果 $C(x)$ 为 $\mathbb{F}_q[x]/<x^N-1>$ 的一个理想, 显然 C 为一个线性码, 对于任意的码字 $c=c_0c_1\cdots c_{N-1}$, 有 $c(x)=c_0+c_1x+\cdots+c_{N-1}x^{N-1}\in C(x)$, 从而 $xc(x)=c_{N-1}+c_ox+c_1x^2+\cdots+c_{N-2}x^{N-1}\in C(x)$. 因此 $cT_1=c_{N-1}c_0c_1\cdots c_{N-2}\in C$, C 为 $\mathbb{F}_q$ 上的一个循环码. 反过来, 如果 C 为一个循环码, 则 $cT_1\in C$, 从而 $cT_1^k\in C$, 对一切 $0\leqslant k\leqslant N-1$ 成立. 其中 $T_1^0=I_N$ 为 N 阶单位矩阵. 由于 cT_1^k 所对应的多项式 $cT_1^k(x)$ 为

$$cT_1^k(x)=x^kc(x), \tag{7.171}$$

因此 $\forall\, g(x)\in R\Rightarrow g(x)c(x)\in C(x)$. 这就证明了 $C(x)$ 为一个理想. 引理成立. □

下面运用环的同态定理, 给出 R 中所有理想的数学表达. 令 π 为 $\mathbb{F}_q[x]\xrightarrow{\pi}\mathbb{F}_q[x]/<x^N-1>$ 的自然同态, 则 R 中的所有理想与 $\mathbb{F}_q[x]$ 中包含 $ker\pi=<x^N-1>$ 的所有理想是一一对应的, 即

$$ker\pi=<x^N-1>\subset A\subset\mathbb{F}_q[x]\xrightarrow{\pi}\mathbb{F}_q[x]/<x^N-1>=R.$$

由于 $\mathbb{F}_q[x]$ 为主理想环, A 为 $\mathbb{F}_q[x]$ 的一个理想, 且 $<x^N-1>\subset A$, 则

$$A=<g(x)>, \text{其中 } g(x)|x^N-1. \tag{7.172}$$

所以 R 中全部理想为有限个主理想, 全部可以列示如下:

$$\{<g(x)>\bmod N-1|g(x)|x^N-1\},$$

其中 $<g(x)>\bmod x^N-1$ 表示 $g(x)$ 在 R 中生成的主理想, 即

$$< g(x) > \bmod x^N - 1 = \{g(x)f(x)|0 \leqslant \deg f(x) \leqslant N - \deg(x) - 1\}. \tag{7.173}$$

这就证明了 $\mathbb{F}_q[x]/ < x^N - 1 >$ 为一个主理想环, 其主理想的个数为 $x^N - 1$ 的正因子的个数 $d + 1$, 所谓正因子就是首项系数为 1 的多项式. 所以有如下推论:

推论 1 令 d 为 $x^N - 1$ 的正因子的个数, 则长度为 N 的循环码的个数为 $d + 1$.

一个循环码 C 对应的是 R 中一个理想 $C(x) =< g(x) > \bmod x^N - 1$, 我们有如下定义:

定义 8.2 令 C 为一个循环码, 如果 $C(x) =< g(x) > \bmod x^N - 1$, 则称 $g(x)$ 为 C 的生成多项式, 其中 $g(x)|x^N - 1$.

如果 $g(x) = x^N - 1$, 则 $< x^N - 1 > \bmod x^N - 1 = 0$, 对应于 R 中的零理想. 从而对应的循环码 $C = \{0 = 00 \cdots 0\}$ 称为零码. 如果 $g(x) = 1$, 则 $< g(x) > \bmod x^N - 1 = R$, 对应的码 $C = \mathbb{F}_q^N$. 因此长度为 N 的循环码中总有两个平凡的循环码 —— 零码和 $\mathbb{F}_q^N$, 分别对应于 R 中的零理想与 R 本身.

引理 8.2 令 $g(x)|x^N - 1$, $g(x)$ 为循环码 C 的生成多项式, 且 $\deg g(x) = N - k$, 则 C 为 $[N, k]$ 线性码. 进一步地, 令 $g(x) = g_0 + g_1 x + \cdots + g_{N-k-1} x^{N-k-1} + g_{N-k} x^{N-k}$, 对应的码字 $g = (g_0, g_1, \ldots, g_{N-k}, 0, 0, \ldots, 0) \in C$, 则 C 的生成矩阵 G 为

$$G = \begin{bmatrix} g \\ gT_1 \\ \vdots \\ gT_1^{k-1} \end{bmatrix}_{k \times N}. \tag{7.174}$$

证明: 令 C 对应的理想 $C(x) =< g(x) > \bmod x^N - 1$, 则 $g(x), xg(x), \ldots, x^{k-1}g(x) \in C(x)$, 它们对应的码字为 $\{g, gT_1, \ldots, gT_1^{k-1}\} \subset C$, 我们来证 $\{g, gT_1, \ldots, gT_1^{k-1}\}$ 为 C 的一组基. 如果 $\exists a_i \in \mathbb{F}_q \Rightarrow \sum_{i=0}^{k-1} a_i g T_1^i = 0$, 则它对应的多项式为 0, 即

$$\left(\sum_{i=0}^{k-1} a_i g T_1^i\right)(x) = \sum_{i=0}^{k-1} a_i g T_1^i(x) = \sum_{i=0}^{k-1} a_i x^i g(x) = 0.$$

从而有

$$\sum_{i=0}^{k-1} a_i x^i = 0 \Rightarrow \forall\ a_i = 0, 0 \leqslant i \leqslant k-1,$$

即 $\{g, gT_1, \ldots, gT_1^{k-1}\}$ 为 C 中的一个线性无关组. 进一步地, $\forall c \in C$, 我们可以证明 c 可由其线性表出. 令 $c \in C$, 则 $c(x) \in C(x)$, 由式 (7.175), 存在 $f(x)$,

$$f(x) = f_0 + f_1 x + \cdots + f_{k-1} x^{k-1} \Rightarrow c(x) = g(x)f(x) = \sum_{i=0}^{k-1} f_i x^i g(x) \Rightarrow c = \sum_{i=0}^{k-1} f_i g T_1^i.$$

这就证明了, 线性子空间 C 的维数为 $N - \deg g(x) = k$, 即 C 为 $[N, k]$ 线性码. 其生成矩阵 G 为

$$G=\begin{bmatrix} g \\ gT_1 \\ \vdots \\ gT_1^{k-1} \end{bmatrix}_{k\times N}.$$

引理得证. □

下面我们讨论循环码的对偶码及其校验矩阵.

引理 8.3 令 $C\subset\mathbb{F}_q^N$ 为一个循环码, $g(x)$ 为 C 的生成多项式, $\deg g(x)=N-k$, 令 $g(x)h(x)=x^N-1, h(x)=h_0+h_1x+\cdots+h_kx^k, h=(h_0,h_1,\ldots,h_k,0,0,\cdots,0)\in\mathbb{F}_q^N$ 为对应的码字. $\overline{h}$ 为逆序码字, 则 C 的校验矩阵为

$$H=\begin{bmatrix} \overline{h} \\ \overline{h}T_1 \\ \vdots \\ \overline{h}T_1^{N-k-1} \end{bmatrix}_{(N-k)\times N}. \tag{7.175}$$

C 的对偶码 $C^{\perp}$ 为 $[N,N-k]$ 线性码, 且

$$C^{\perp}=\{aH|a\in F_q^{N-k}\},$$

称 $h(x)$ 为循环码 C 的校验多项式.

证明: 由引理 8.2, C 为一个 k 维线性子空间, 生成矩阵 G 由式 (7.175) 给出. 由于 $g(x)h(x)=x^N-1$, 则在环 R 中有 $g(x)h(x)=0$. 等价地

$$g_0h_i+g_1h_{i-1}+\cdots+g_{N-k}h_{i-N+k}=0, \forall\ 0\leqslant i\leqslant N-1.$$

上式的矩阵表达为 $GH'=0$, 因此 H 为 C 的对偶码的生成矩阵. 引理成立. □

注: 逆序码字 $\overline{h}$ 所对应的多项式 $\overline{h}(x)$ 为

$$\overline{h}(x)=h_0x^{N-1}+h_1x^{N-2}+\cdots+h_kx^{N-k-1}.$$

一般来说, 当 $h(x)|x^N-1$ 时, $\overline{h}(x)\nmid x^N-1$, 所以循环码的对偶码不一定是循环码.

定义 8.3 令 $x^N-1=g_1(x)g_2(x)\cdots g_t(x)$ 为 x^N-1 在 $\mathbb{F}_q$ 上的不可约分解, 其中 $g_i(x)(1\leqslant i\leqslant t)$ 为 $\mathbb{F}_q[x]$ 中的首项系数为 1 的不可约多项式. 则由 $g_i(x)$ 生成的循环码称为 $\mathbb{F}_q^N$ 中的第 i 个极大循环码, 记为 M_i^+. 由 $\dfrac{x^N-1}{g_i(x)}$ 生成的循环码称为第 i 个极小循环码, 记为 M_i^-.

极小循环码又称为不可约循环码, 因为在 M_i^- 内不再包含 $\mathbb{F}_q^N$ 的非平凡的循环码. 极小循环码的不可约性可以由 M_i^- 所对应的 R 中的理想 $\overline{M}_i(x)$ 为一个域导出. 对于这个观察我们可以给出一个纯代数的证明.

推论 2 令 M_i^- 为 $\mathbb{F}_q^N$ 的第 i 个极小循环码 $(1 \leqslant i \leqslant t)$, $M_i^-(x)$ 为 M_i^- 在 R 中所对应的理想, 则 $M_i^-(x)$ 为一个域, 从而 M_i^- 中不再含有 $\mathbb{F}_q^N$ 的任意非平凡循环码.

证明: 令 $g(x) = (x^N - 1)/g_i(x)$, $g_i(x)$ 为 $\mathbb{F}_q[x]$ 中的不可约多项式, 由式 (7.175),

$$M_i^-(x) = g(x)\mathbb{F}_q[x]/(x^N - 1)\mathbb{F}_q[x] \cong \mathbb{F}_q[x]/g_i(x)\mathbb{F}_q[x],$$

其中 $g(x)\mathbb{F}_q[x]$ 表示 $g(x)$ 在 $\mathbb{F}_q[x]$ 中生成的主理想. 由于 $g_i(x)$ 为不可约多项式, 所以 $M_i^-(x)$ 为一个域. 推论成立. □

例 1 在二元有限域 $\mathbb{F}_2$ 上确定长度为 7 的全部循环码.

解: 多项式 $x^7 - 1$ 在 $\mathbb{F}_2$ 上有如下不可约分解:

$$x^7 - 1 = (x - 1)(x^3 + x + 1)(x^3 + x^2 + 1).$$

因此, $x^7 - 1$ 在 $\mathbb{F}_2$ 上有 7 个正因子, 由推论 1, $\mathbb{F}_2$ 上长度为 7 的循环码共有 8 个. 其中 0 及 $\mathbb{F}_2^7$ 为两个平凡的循环码. 极大循环码有三个, 分别由 $g(x) = x - 1, g(x) = x^3 + x + 1$ 以及 $g(x) = x^3 + x^2 + 1$ 生成, 对应的循环码的维数分别为 6 维、4 维及 4 维. 同理, 极小循环码也有三个, 对应的维数为 1 维, 以及两个 3 维循环码.

循环码的另一个刻画是化零多项式, 如果 $x^N - 1 = g_1(x) \cdots g_t(x), g_i(x)$ 生成的极大循环码 $M_i^+(1 \leqslant i \leqslant t)$ 所对应的 R 中的理想 $M_i^+(x)$ 为

$$M_i^+(x) = \{g_i(x)f(x) | 0 \leqslant \deg f(x) \leqslant N - \deg g_i(x) - 1\}.$$

令 β 为 $g_i(x)$ 在分裂域中的一个根, 则 $g_i(x)$ 为 β 在 $\mathbb{F}_q[x]$ 中的极小多项式, 所有的 $c(x) \in M_i^+(x) \Rightarrow c(\beta) = 0$. 因此

$$M_i^+(x) = \{c(x) | c(x) \in R, \text{且 } c(\beta) = 0\}.$$

例 2 令 $N = (q^M - 1)/q - 1, (M, q - 1) = 1, \beta$ 为 $\mathbb{F}_{q^M}$ 中的一个 N 次本原单位根, 则循环码

$$C = \{c(x) | c(\beta) = 0, c(x) \in R\}$$

与汉明码 $[N, N - M]$ 是等价的.

证明: 因为 $(M, q - 1) = 1$, 及

$$N = q^{M-1} + q^{M-2} + \cdots + q + 1 = (q - 1)(q^{M-2} + 2q^{M-3} + \cdots + (M - 1)) + M,$$

所以有 $(N, q - 1) = 1$. 因此 $\beta^{i(q-1)} \neq 1$, 对于 $1 \leqslant i \leqslant N - 1$ 成立, 换言之, $\beta^i \notin \mathbb{F}_q$, 对于 $\forall\, 1 \leqslant i \leqslant N - 1$ 成立. 在 $\mathbb{F}_{q^M}$ 中 $\{1, \beta, \beta^2, \ldots, \beta^{N-1}\}$ 的任意两个元素在 $\mathbb{F}_q$ 上是线性无关的. 把每个元素看作 $\mathbb{F}_q$ 上的一个 M 维列向量, 则 $M \times N$ 阶矩阵

$$H = [1, \beta, \beta^2, \ldots, \beta^{N-1}]_{M \times N}$$

构成了循环码 C 的校验矩阵, 而且 H 的任意两行在 $\mathbb{F}_q$ 上线性无关, 由定义, C 为 $[N, N-M]$ 汉明码. □

引理 8.4 令 $C \subset \mathbb{F}_q^N$ 为一个循环码, $C(x) \subset F_q[x]/ < x^N - 1 >$ 为一个理想, $(N, q) = 1$, 则 $C(x)$ 中包含一个乘法单位元素 $c(x) \in C(x) \Rightarrow$

$$c(x)d(x) \equiv d(x)(\bmod x^N - 1), \forall\, d(x) \in C(x).$$

$C(x)$ 中的这个单位元素 $c(x)$ 是唯一存在的.

证明: 因为 $(N, q) = 1 \Rightarrow x^N - 1$ 在 $\mathbb{F}_q$ 中没有重根, 令 $g(x)$ 为 C 的生成多项式, $h(x)$ 为 C 的校验多项式, 即 $g(x)h(x) = x^N - 1$, 因此 $(g(x), h(x)) = 1$, 所以存在 $a(x), h(x) \in \mathbb{F}_q[x] \Rightarrow$

$$a(x)g(x) + b(x)h(x) = 1.$$

令 $c(x) = a(x)g(x) = 1 - b(x)h(x) \in C(x)$, 因此, 对 $\forall\, d(x) \in C(x)$, 记 $d(x) = g(x)f(x)$, 于是有

$$\begin{aligned} c(x)d(x) &= a(x)g(x)g(x)f(x) \\ &= (1 - b(x)h(x))g(x)f(x) \\ &= g(x)f(x) - b(x)h(x)g(x)f(x). \end{aligned}$$

因此有

$$c(x)d(x) \equiv d(x)(\bmod x^N - 1).$$

在 $R = \mathbb{F}_q[x]/ < x^N - 1 >$ 中有 $c(x)d(x) = d(x)$, 即 $c(x)$ 为 $C(x)$ 的乘法单位元素. 显然 $c(x)$ 是唯一存在的. 引理得证. □

定义 8.4 $C \subset \mathbb{F}_q^N$ 为一个循环码, $C(x)$ 中的乘法单位元素 $c(x)$ 称为 C 的幂等元素. 如果 $C = M_i^-$ 为第 i 个极小循环码, 则 C 的幂等元素称为本原幂等元素, 记为 $Q_i(x)$.

引理 8.5 令 $C_1 \subset \mathbb{F}_q^N, C_2 \subset \mathbb{F}_q^N$ 为两个循环码, $(N, q) = 1$, 幂等元素分别为 $c_1(x)$ 与 $c_2(x)$, 则

(i) $C_1 \bigcap C_2$ 也是 $\mathbb{F}_q^N$ 的循环码, 幂等元素为 $c_1(x)c_2(x)$.

(ii) $C_1 + C_2$ 也是 $\mathbb{F}_q^N$ 的循环码, 幂等元素为 $c_1(x) + c_2(x) + c_1(x)c_2(x)$.

证明: $C_1 \bigcap C_2$ 及 $C_1 + C_2$ 为 $\mathbb{F}_q^N$ 中的循环码是显然的, 因为它们对应的 R 中的理想 $C_1(x)$ 与 $C_2(x)$, 我们有

$$C_1(x) \bigcap C_2(x) \text{ 及 } C_1(x) + C_2(x)$$

仍然为 R 中的理想. 因此, 对应的码 $C_1 \bigcap C_2$ 与 $C_1 + C_2$ 仍为循环码, 关于幂等元素的结论不难验证. 引理成立. □

1959 年 A.Hocquenghem 以及 1960 年 R.Bose 与 D.Chaudhuri 独立提出了一类特殊的循环码, 这类循环码对极小距离做了要求, 目前, 学界普遍称之为 BCH 码.

定义 8.5　一个长度为 N 的循环码 $C \subset \mathbb{F}_q^N$ 称为一个 δ–BCH 码, 如果它的生成多项式为 $\beta, \beta^2, \ldots, \beta^{\delta-1}$ 的极小多项式的最小公倍数, 其中 δ 为正整数, β 为一个本原 N 次单位根. δ–BCH 码又称为设计距离为 δ 的 BCH 码. 如果 $\beta \in \mathbb{F}_{q^m}, N = q^m - 1$, 则这样的 BCH 码称为本原的.

引理 8.6　令 d 为一个 δ–BCH 码的极小距离, 则我们有 $d \geqslant \delta$.

证明: 令 $x^N - 1 = (x-1)g_1(x)g_2(x)\cdots g_t(x)$, β 为 $\mathbb{F}_q$ 上的一个本原 N 次单位根, 则 β 为某个 $g_i(x)$ 的根. 令 $\deg g_i(x) = m \Rightarrow \beta \in \mathbb{F}_{q^m}$. 由于 $[\mathbb{F}_{q^m} : \mathbb{F}_q] = m$, 我们可以把 $\beta, \beta^2, \ldots, \beta^{\delta-1}$ 看作一个 m 维列向量. 令 H 为如下 $m(\delta-1) \times N$ 阶矩阵.

$$H = \begin{bmatrix} 1 & \beta & \beta^2 & \cdots & \beta^{N-1} \\ 1 & \beta^2 & \beta^4 & \cdots & \beta^{2(N-1)} \\ \vdots & \vdots & \vdots & & \vdots \\ 1 & \beta^{\delta-1} & \beta^{2(\delta-1)} & \cdots & \beta^{(\delta-1)(N-1)} \end{bmatrix}_{m(\delta-1)\times N}.$$

实际上 H 为 δ–BCH 码 C 的校验矩阵, 即

$$c \in C \Longleftrightarrow cH' = 0.$$

我们来证 H 的任意 $(\delta-1)$ 个列向量是线性无关向量组. 令这 $(\delta-1)$ 个列向量的第一个分量为 $\beta^{i_1}, \beta^{i_2}, \ldots, \beta^{i_{\delta-1}}$, 其中 $i_j \geqslant 0$, 则对应的行列式为范德蒙行列式 Δ, 且

$$\Delta = \beta^{i_1+i_2+\cdots+i_{\delta-1}} \prod_{r>s} (\beta^{i_r} - \beta^{i_s}) \neq 0.$$

因此 H 的任意 $(\delta-1)$ 个列向量是线性无关的. 从而 C 的极小距离 $d \geqslant \delta$. 引理得证. □

现在, 我们可以介绍 McEliece/Niederreiter 密码的设计原理, 其基本的数学思想是依据纠错码的解码原则. 回忆第二章关于纠错码的概念, 一个码 $C \subset \mathbb{F}_q^N$ 称为 t– 纠错码 ($t \geqslant 1$ 为正整数), 如果对于 $\forall\, y \in \mathbb{F}_q^N$, 最多存在一个码字 $c \in C \Rightarrow d(c, y) \leqslant t, d(c, y)$ 为 c 与 y 的汉明距离. 我们知道, 如果一个码 C 的极小距离为 d, 则 C 为 t–纠错码, 其中 $t = \left\lceil \dfrac{d-1}{2} \right\rceil$ 为不小于 $\dfrac{d-1}{2}$ 的最小整数. 引理 8.6 证明了对于任意的正整数 t, t– 纠错码的存在性, 即 $2t+1$–BCH 码 ($\delta = 2t+1$), 我们称这类码为 Goppa 码 (见下节). 这就为 McEliece/Niederreiter 密码提供了理论基础. 下面我们详细介绍这类密码的工作机制, 首先我们来看密钥的生成.

(1) 私钥.

选取一个 t–纠错码 $C \subset \mathbb{F}_q^N, C = [N, k]$, H 为 C 的校验矩阵, H 为一个 $(N-k) \times N$ 维矩阵. 对 $\forall\, x \in \mathbb{F}_q^N, x \to xH' \in \mathbb{F}_q^{N-k}$ 为空间 $\mathbb{F}_q^N$ 到 $\mathbb{F}_q^{N-k}$ 的一个对应, 我们来证明这个对应在权不大于 t 的特殊码字上是一个单射.

引理 8.7　$\forall\, x, y \in \mathbb{F}_q^N$, 如果 $xH' = yH'$, 且 $w(x) \leqslant t, w(y) \leqslant t$, 则 $x = y$.

证明: 由假设

$$xH' = yH' \Rightarrow (x-y)H' = 0 \Rightarrow x-y \in C.$$

显然, x 与 0 的汉明距离 $d(0,x)=w(x)\leqslant t$, 又 x 与 $x-y$ 的汉明距离 $d(x,x-y)$ 为

$$d(x,x-y)=w(x-(x-y))=w(y)\leqslant t.$$

由于 C 为 $t-$纠错码, 故有 $x-y=0$, 引理得证. □

我们把 $t-$纠错码 C 与校验矩阵 H 作为私钥.

(2) 公钥.

为了生成私钥, 我们随机选取一个置换矩阵 $P_{N\times N}$, 令 I_N 为 N 阶单位矩阵, $I_N = [e_1, e_2, \ldots, e_N], \sigma \in S_N$ 为一个 N 元替换, 则

$$P=\sigma(I_N)=[e_{\sigma(1)}, e_{\sigma(2)}, \ldots, e_{\sigma(N)}].$$

这类矩阵又称为 Wyel 矩阵. 也可以随机选取一个非奇异的对角矩阵 $\mathrm{diag}\{\lambda_1, \lambda_2, \ldots, \lambda_N\}(\lambda_i \in \mathbb{F}_q, \lambda_i \neq 0)$, 而令

$$P=\sigma(\mathrm{diag}\{\lambda_1, \lambda_2, \ldots, \lambda_N\}) = \mathrm{diag}\{\lambda_{\sigma_1}, \lambda_{\sigma_2}, \cdots, \lambda_{\sigma_N}\}.$$

令 M 为一个 $(N-k)\times(N-k)$ 阶可逆矩阵. 公钥为如下生成的 $(N-k)\times N$ 阶矩阵 K,

$$K=PH'M, \text{此为 } N\times(N-k) \text{ 阶矩阵}.$$

我们把 K 作为公钥, 把 H 以及 P 与 M 作为私钥.

(3) 加密.

令 $m \in \mathbb{F}_q^N$ 为一个码字, $w(m)\leqslant t$, 把 m 作为明文进行如下加密.

$$c=mK \in \mathbb{F}_q^{N-k}, c \text{ 为密文}.$$

实际上是把 $\mathbb{F}_q$ 上的一个长度为 N、权不大于 t 的明文, 通过公钥 K 加密为 $\mathbb{F}_q$ 上的一个长度为 $(N-k)$ 的密文.

(4) 解密.

收到密文 c 后, 通过私钥 H, P 以及 M 进行解密.

$$c\cdot M^{-1}=mKM^{-1}=mPH'MM^{-1}=mPH'.$$

$mP\in\mathbb{F}_q^N$ 与 m 有相同的根, 即

$$w(m)=w(mP)\leqslant t.$$

利用纠错码的解码原则: 所有满足 $xH'=mPH'$ 的码字 $x\in\mathbb{F}_q^N$ 实际上构成了码 C 的一个加法陪集, mP 作为这个加法陪集的领导向量, 可以准确地得到, 即

$$mPH' \xrightarrow{\text{解码}} mP.$$

最后, 我们有 $m=(mP)\cdot P^{-1}$, 从而得到明文.

7.9 Ajtai/Dwork 密码

选择合适的 $n \times m$ 阶矩阵 $A \in \mathbb{Z}_q^{n\times m}$, 则定义了两个 m 维的 q 元格 $\Lambda_q(A)$ 及 $\Lambda_q^{\perp}(A)$ (见式 (7.45) 与式 (7.46)),

$$\Lambda_q(A) = \{y \in \mathbb{Z}^m | \exists\ x \in \mathbb{Z}^n \Rightarrow y \equiv A^{'}x (\bmod q)\}$$

及

$$\Lambda_q^{\perp}(A) = \{y \in \mathbb{Z}^m | Ay \equiv 0 (\bmod q)\}.$$

利用矩阵 A, 可以定义一个抗碰撞的哈希 (Hash) 函数:

$$f_A : \{0, 1, \ldots, d-1\}^m \to \mathbb{Z}_q^n, \tag{7.176}$$

其中对任意的 $y \in \{0, 1, \ldots, d-1\}^m$, 定义 $f_A(y)$ 为

$$f_A(y) = Ay \mod q, \tag{7.177}$$

如果参数 d, q, n, m, 满足

$$n \log q < m \log d \Rightarrow \frac{n \log q}{\log d} < m, \tag{7.178}$$

则哈希函数 f_A 将产生碰撞, 即存在 y, $y' \in \{0, 1, \ldots, d-1\}^m$, $y \neq y'$, 且 $f_A(y) = f_A(y')$. 由式 (7.177), 我们直接有

$$A(y - y') \equiv 0 (\bmod q) \Rightarrow y - y' \in \Lambda_q^{\perp}(A),$$

这表明哈希函数 f_A 的碰撞产生点 y 与 y' 直接导致了 q 元格 $\Lambda_q^{\perp}(A)$ 上的一个最短向量 $y - y'$.

为了得到抗碰撞的哈希函数, $n \times m$ 阶矩阵 A 的选取非常关键. 首先我们可以选取参数系统: 令 $d = 2$, $q = n^2$, $n|m$, 以及 $m \log 2 > n \log q$, 其中 n 为一个正整数. 在 Ajtai/Dwork 密码算法中, 参数矩阵 A 的选择有两种: 一种是循环矩阵, 另一种是更一般的理想矩阵. 它们对应的 q 元格 $\Lambda_q^{\perp}(A)$ 分别为循环格与理想格.

由于 $n|m$, 故可以把 A 分块为 $\frac{m}{n}$ 个 $n \times n$ 阶循环矩阵, 即

$$A = [A^{(1)}, A^{(2)}, \ldots, A^{(\frac{m}{n})}], \tag{7.179}$$

其中 $\alpha^{(i)} \in \mathbb{Z}_q^n$ 为 n 维列向量, $A^{(i)}$ 为 $\alpha^{(i)}$ 生成的循环矩阵 (见式 (7.149)), 即

$$A^{(i)} = T^*(\alpha^{(i)}) = [\alpha^{(i)}, T\alpha^{(i)}, \ldots, T^{n-1}\alpha^{(i)}], 1 \leqslant i \leqslant \frac{m}{n}.$$

A 称为 $n \times m$ 阶广义循环矩阵, 由 A 定义的 $\mathbb{R}^m$ 中的 q 元格

$$\Lambda_q^{\perp}(A) = \{y \in \mathbb{Z}^m | Ay \equiv 0 (\bmod q)\}$$

称为一个循环格. 基于循环格的 Ajtai/Dwork 密码系统可以陈述如下:

算法 1: 基于循环格的哈希函数.

参数: q, n, m, d 为正整数, $n \mid m, m\log d > n\log q$.

密钥: $\dfrac{m}{n}$ 个列向量 $\alpha^{(i)} \in \mathbb{Z}_q^n, 1 \leqslant i \leqslant \dfrac{m}{n}$.

哈希函数 $f_A : \{0,1,\ldots,d-1\}^m \longrightarrow \mathbb{Z}_q^n$ 定义为

$$f_A(y) \equiv Ay(\operatorname{mod} q),$$

循环矩阵 $A \in \mathbb{Z}_q^{n\times m}$ 由式 (7.179) 给出.

我们可以把上述循环矩阵与循环格的概念推广到更一般的情形, 从而得到理想矩阵与理想格的概念. 令 $h(x)$ 为一个 n 次的首一整系数多项式, $h(x) = x^n + a_{n-1}x^{n-1} + \cdots + a_1x + a_0 \in \mathbb{Z}[x]$, 定义旋转矩阵 T_h 为

$$T_h = \begin{pmatrix} 0 & \cdots & 0 & -a_0 \\ & & & -a_1 \\ & I_{n-1} & & \vdots \\ & & & -a_{n-1} \end{pmatrix}, \tag{7.180}$$

如果 $h(x) = x^n - 1$ 为一个特殊的多项式, 则记 $T_h = T$. T 在 7.7 节中做了重点介绍. 在此, 我们讨论更一般的 T_h. 显然, 当常数项 $a_0 \neq 0$ 时, T_h 为可逆 n 阶方阵, 且 $T_h = \det(T_h) = (-1)^n a_0$.

引理 9.1 旋转矩阵 T_h 的特征多项式为 $f(\lambda) = h(\lambda)$.

证明: 由定义, T_h 的特征多项式 $f(\lambda)$ 为

$$\begin{aligned} f(\lambda) &= \det(\lambda I_n - T_h) \\ &= \begin{vmatrix} \lambda & 0 & \cdots & 0 & a_0 \\ -1 & \lambda & \cdots & 0 & a_1 \\ \vdots & \vdots & & \vdots & \vdots \\ 0 & 0 & \cdots & \lambda & a_{n-2} \\ 0 & 0 & \cdots & -1 & a_{n-1} \end{vmatrix} \\ &= \frac{1}{\lambda}\frac{1}{\lambda^2}\cdots\frac{1}{\lambda^{n-1}} \begin{vmatrix} \lambda & 0 & \cdots & 0 & a_0 \\ 0 & \lambda^2 & \cdots & 0 & a_1\lambda + a_0 \\ \vdots & \vdots & & \vdots & \vdots \\ 0 & 0 & \cdots & 0 & \lambda^n + a_{n-1}\lambda^{n-1} + \cdots + a_1\lambda + a_0 \end{vmatrix} \\ &= \lambda^n + a_{n-1}\lambda^{n-1} + \cdots + a_1\lambda + a_0 = h(\lambda). \end{aligned}$$

□

引理 9.2 令 $h(x) = x^n + a_{n-1}x^{n-1} + \cdots + a_1x + a_0 \in \mathbb{Z}[x]$, 如果 $a_0 \neq 0$, 则旋转矩阵 T_h 为可逆 n 阶方阵, 且

$$T_h^{-1} = \begin{bmatrix} -a_0^{-1}\alpha & I_{n-1} \\ -a_0^{-1} & 0 \end{bmatrix}, \quad \alpha = \begin{bmatrix} a_1 \\ a_2 \\ \vdots \\ a_{n-1} \end{bmatrix} \in \mathbb{Z}^{n-1}.$$

证明: 由 T_h 的定义,

$$T_h \cdot \begin{bmatrix} -a_0^{-1}\alpha & I_{n-1} \\ -a_0^{-1} & 0 \end{bmatrix} = \begin{bmatrix} 0 & -a_0 \\ I_{n-1} & -\alpha \end{bmatrix} \begin{bmatrix} a_0^{-1}\alpha & I_{n-1} \\ -a_0^{-1} & 0 \end{bmatrix}$$
$$= \begin{bmatrix} 1 & 0 \\ 0 & I_{n-1} \end{bmatrix} = I_n.$$

所以有

$$T_h^{-1} = \begin{bmatrix} -a_0^{-1}\alpha & I_{n-1} \\ -a_0^{-1} & 0 \end{bmatrix}.$$

□

对于给定的首一 n 次多项式 $h(x) = x^n + a_{n-1}x^{n-1} + \cdots + a_1 x + a_0 \in \mathbb{Z}[x]$, 令 R 为 $\mathbb{Z}[x]$ 中模 $h(x)$ 的剩余类环, 即

$$R = \mathbb{Z}[x]/ < h(x) >, \tag{7.181}$$

其中 $< h(x) >$ 为 $h(x)$ 在 $\mathbb{Z}[x]$ 中生成的理想. 由于 $\deg h(x) = n$, 故 R 中多项式 $g(x) \in R$ 有唯一的表达: $g(x) = g_{n-1}x^{n-1} + g_{n-2}x^{n-2} + \cdots + g_1 x + g_0 \in R$, 定义映射 $\sigma : R \longrightarrow \mathbb{Z}^n$ 为

$$\sigma(g(x)) = \begin{bmatrix} g_0 \\ g_1 \\ \vdots \\ g_{n-1} \end{bmatrix} \in \mathbb{Z}^n. \tag{7.182}$$

显然, σ 为 $R \longrightarrow \mathbb{Z}^n$ 的一个阿贝尔群同构. 因此, 我们可以把 R 中的任意一个多项式 $g(x)$ 看作一个 n 维的整数列向量.

定义 9.1 对于 $\mathbb{Z}^n$ 中的任意一个 n 维列向量 $g = \sigma(g(x)) = \begin{bmatrix} g_0 \\ g_1 \\ \vdots \\ g_{n-1} \end{bmatrix} \in \mathbb{Z}^n$, 定义

$$T_h^*(g) = [g, T_h(g), T_h^2(g), \ldots, T_h^{n-1}(g)]_{n\times n}, \tag{7.183}$$

称 n 阶方阵 $T_h^*(g)$ 为由向量 g 生成的理想矩阵.

理想矩阵是循环矩阵更一般的推广, 前者对应于一个首一 n 次多项式 $h(x)$, 后者对应于一个特殊的多项式 $x^n - 1$. 我们首先证明由任意一个向量 $g \in \mathbb{Z}^n$ 所生成的理想矩阵 $T_h^*(g)$ 与旋转矩阵 T_h 在矩阵乘法下是可交换的.

引理 9.3 对于任意给定的首一 n 次多项式 $h(x) \in \mathbb{Z}[x]$ 与 n 维列向量 $g \in \mathbb{Z}^n$, 我们有

$$T_h \cdot T_h^*(g) = T_h^*(g) \cdot T_h.$$

证明: 令 $h(x) = x^n + a_{n-1}x^{n-1} + \cdots + a_1 x + a_0 \in \mathbb{Z}[x]$, 由引理 9.1, 旋转矩阵 T_h 的特征多项式为 $h(\lambda)$, 再由哈密尔顿 – 凯莱 (Hamilton-Cayley) 定理, 我们有

$$T_h^n + a_{n-1}T_h^{n-1} + \cdots + a_1T_h + a_0 = 0, \tag{7.184}$$

所以有

$$\begin{aligned}
T_h^*(g)T_h &= [g, T_hg, T_h^2g, \ldots, T_h^{n-1}g]\begin{bmatrix} 0 & -a_0 \\ I_{n-1} & -\alpha \end{bmatrix} \\
&= [T_hg, T_h^2g, \ldots, -a_0g - a_1T_hg - \cdots - a_{n-1}T_h^{n-1}g] \\
&= [T_hg, T_h^2g, \ldots, (-a_0 - a_1T_h - \cdots - a_{n-1}T_h^{n-1})g] \\
&= [T_hg, T_h^2g, \ldots, T_h^ng] \\
&= T_h[g, T_hg, \ldots, T_h^{n-1}g] \\
&= T_h \cdot T_h^*(g).
\end{aligned}$$

引理得证. □

当首一 n 次整系数多项式 h 选定后, 我们希望建立商环 $R = \mathbb{Z}[x]/ < h(x) >$ 中理想与整格 $L \subset \mathbb{Z}^n$ 之间的对应关系. 首先, 我们来定义一个理想格的概念, 简言之, 一个理想格为一个由理想矩阵生成的整格.

定义 9.2 令 $g = (g_0, g_1, \ldots, g_{n-1})^T \in \mathbb{Z}^n$ 为一个给定的列向量, $T_h^*(g)$ 为 g 生成的理想矩阵, 称整格 $L = L(T_h^*(g))$ 为一个理想格.

我们的主要结果是建立在 $R = \mathbb{Z}[x]/ < h(x) >$ 中的理想与理想格之间的一一对应关系. 这也解释了 $L(T_h^*(g))$ 称为理想格的原因.

定理 10 $R = \mathbb{Z}[x]/ < h(x) >$ 中的主理想与 $\mathbb{Z}^n$ 中的理想格是一一对应的. 具体地说,

(i) 如果 $N =< g(x) >$ 为 R 中的任意一个主理想, 则

$$\sigma(N) = \{\sigma(f) | f \in N\} = L(T_h^*(\sigma(g(x)))) = L(T_h^*(g)).$$

(ii) 如果 $g = (g_0, g_1, \ldots, g_{n-1})^{\mathrm{T}} \in \mathbb{Z}^n$, $T_h^*(g) \subset \mathbb{Z}^n$ 为任意一个理想格, 则

$$\sigma^{-1}(T_h^*(g)) = \{\sigma^{-1}(b) | b \in T_h^*(g)\} =< g(x) >\subset R,$$

其中 $g(x) = g_0 + g_1x + \cdots + g_{n-1}x^{n-1} = \sigma^{-1}(g)$.

证明: 我们首先证明 (i). 令 $g(x) = g_0 + g_1x + \cdots + g_{n-1}x^{n-1} \in R$ 为一个给定的多项式, $N =< g(x) >\subset R$ 为 $g(x)$ 在 R 中生成的一个主理想, 由式 (7.182),

$$\sigma(g(x)) = (g_0, g_1, \ldots, g_{n-1})^{\mathrm{T}} = T_h^*(g) \cdot \begin{bmatrix} 1 \\ 0 \\ \vdots \\ 0 \end{bmatrix} \in L(T_h^*(g)).$$

又因为

$$
\begin{aligned}
xg(x) &= g_{n-1}x^n + g_{n-2}x^{n-1} + \cdots + g_1x^2 + g_0x \\
&= (g_{n-2} - g_{n-1}a_{n-1})x^{n-1} + (g_{n-3} - g_{n-1}a_{n-2})x^{n-2} + \cdots \\
&\quad +(g_0 - g_{n-1}a_1)x - g_{n-1}a_0
\end{aligned}
$$

所以

$$
\sigma(xg(x)) = \begin{bmatrix} -g_{n-1}a_0 \\ g_0 - g_{n-1}a_1 \\ \vdots \\ g_{n-2} - g_{n-1}a_{n-1} \end{bmatrix} = T_h \cdot g = T_h^*(g) \begin{bmatrix} 0 \\ 1 \\ 0 \\ \vdots \\ 0 \end{bmatrix} \in L(T_h^*(g)).
$$

同理, 对 $0 \leqslant k \leqslant n-1$, 我们有

$$
\sigma(x^k g(x)) = T_h^k \cdot g = T_h^*(g) \cdot \begin{bmatrix} 0 \\ 0 \\ \vdots \\ 1 \\ 0 \\ 0 \end{bmatrix} \in L(T_h^*(g)).
$$

令 $f(x) \in N =< g(x) >$, 则 $f(x) = b(x) \cdot g(x)$, 其中 $b(x) = b_0 + b_1x + \cdots + b_{n-1}x^{n-1}$, 则我们有

$$
\begin{aligned}
\sigma(f(x)) &= \sigma(b(x)g(x)) \\
&= \sum_{k=0}^{n-1} b_k \sigma(x^k g(x)) \\
&= T_h^*(g) \begin{bmatrix} b_0 \\ b_1 \\ \vdots \\ b_{n-1} \end{bmatrix} \in L(T_h^*(g)).
\end{aligned}
\tag{7.185}
$$

这就证明了

$$
\sigma(x) = \sigma(< g(x) >) \subset L(T_h^*(g)).
$$

反过来, 对于任意格点 $\alpha \in L(T_h^*(g))$, 则有

$$
\alpha = T_h^*(g)b = T_h^*(g) \begin{bmatrix} b_0 \\ b_1 \\ \vdots \\ b_{n-1} \end{bmatrix},
$$

由于 σ 为一一对应, 由式 (7.185), 故有

$$
f(x) = \sigma^{-1}(f(x)) = \sigma^{-1}(T_h^*(g)b) \in N =< g(x) > .
$$

所以我们有

$$\sigma(N)=\sigma(<g(x)>)=L(T_h^*(g)).$$

(i) 得证. 再一次由 σ 为一一对应, 所以 (ii) 直接可以推出. 我们完成了对定理 10 的证明. □

上述关于理想矩阵与理想格的讨论可以推广到一个有限域 $\mathbb{Z}_q$ 上加以讨论, 因为有限域的多项式环 $\mathbb{Z}_q[x]$ 上的任意一个商环 $\mathbb{Z}_q[x]/<h(x)>$ 都是主理想环, 从而, 我们可以建立 $R=\mathbb{Z}_q[x]/<h(x)>$ 中的所有理想与 $\mathbb{Z}_q$ 上的线性码之间的一一对应关系.

回到 Ajtai/Dwork 密码, 令 $h(x)\in\mathbb{Z}_q[x]$ 为一个给定的多项式, 选择一个 $n\times m$ 阶矩阵 $A\in\mathbb{Z}_q^{n\times m}$ 为广义的理想矩阵, 即

$$A=[A_1,A_2,\ldots,A_{\frac{m}{n}}],\tag{7.186}$$

其中 $A_i\left(1\leqslant i\leqslant\dfrac{m}{n}\right)$ 为 $g^{(i)}\in\mathbb{Z}_q^n$ 所生成的理想矩阵, 即

$$A_i=T_h^*(g^{(i)})=[g^{(i)},T_hg^{(i)},\ldots,T_h^{n-1}g^{(i)}],\tag{7.187}$$

我们得到了 Ajtai/Dwork 密码系统的第 2 个算法:

算法 2: 基于理想格的哈希函数.

参数: q,n,m,d 为正整数, $n|m$, $m\log d>n\log q$.

密钥: $\dfrac{m}{n}$ 个列向量 $g^{(i)}\in\mathbb{Z}_q^n(1\leqslant i\leqslant\dfrac{m}{n}$, 多项式 $h(x)=x^n+a_{n-1}x^{n-1}+\cdots+a_1x+a_0\in\mathbb{Z}_q[x]$.

哈希函数 $f_A:\{0,1,\ldots,d-1\}^m\longrightarrow\mathbb{Z}_q^n$ 定义为

$$f_A(y)\equiv Ay(\bmod q),$$

理想矩阵 $A\in\mathbb{Z}_q^{n\times m}$ 由式 (7.186) 给出.

关于由循环格与理想格构造的哈希函数的抗碰撞性能我们这里不做介绍, 有兴趣的同学可参见参考文献 7 的 [14].

习题 7

1. $L\subset\mathbb{R}^n$ 为一个格 (满秩格), L^* 为 L 的对偶格, 则整数格 $L=\mathbb{Z}^n$ 为自对偶格, 即 $(\mathbb{Z}^n)^*=\mathbb{Z}^n$. 令 $L=2\mathbb{Z}^n$, 求 L^* 的值.
2. 当且仅当 $L=\mathbb{Z}^n$ 时, L 为自对偶格. 这个结论正确吗? 为什么?
3. 在习题 1 的假设下, 令 $\lambda_1(L)$ 为 L 的最短向量长度, $\lambda_1(L^*)$ 为对偶格 L^* 的最短向量长度. 则

$$\lambda_1(L)\cdot\lambda_1(L^*)\leqslant n.$$

4. 令 $\lambda_1(L),\lambda_2(L),\ldots,\lambda_n(L)$ 为格 L 的逐次最短向量的长度, 证明

$$\lambda_1(L)\cdot\lambda_n(L^*)\geqslant 1.$$

5*. 令 L 为一个格, $B=[\beta_1,\beta_2,\ldots,\beta_n]$ 为 L 的生成矩阵, $B^*=[\beta_1^*,\beta_2^*,\ldots,\beta_n^*]$ 为对应的正交矩阵. 证明: 任意一个格 L 存在一组基 $\{\beta_1,\beta_2,\ldots,\beta_n\}$, 使得

$$\frac{1}{n}\lambda_1(L)\leqslant \min\{|\beta_1^*|,|\beta_2^*|,\ldots,|\beta_n^*|\}\leqslant \lambda_1(L).$$

(提示: 运用格 L 上的 KZ 基).

6. 在习题 5 的假设下, 令 $\lambda_1(L),\lambda_2(L),\ldots,\lambda_n(L)$ 为格 L 的连续极小, 证明:

$$\lambda_j(L)\geqslant \min_{j\leqslant i\leqslant n}|\beta_i^*|,\ 1\leqslant j\leqslant n.$$

7. 对于一个满秩格 $L\subset\mathbb{R}^n$, 定义其覆盖半径 $\mu(L)$ 为

$$\mu(L)=\max_{x\in\mathbb{R}^n}|x-L|.$$

证明: 任意一个格 L 的覆盖半径存在.

8. 证明: $\mu(\mathbb{Z}^n)=\frac{1}{2}\sqrt{n}$.

9. 对于任意一个格 $L\subset\mathbb{R}^n$, 证明: $\mu(L)\geqslant\frac{1}{2}\lambda_n(L)$.

10*. 对于任意一个格 $L\subset\mathbb{R}^n$, 证明下面的定理:

$$\lambda_1(L)\cdot\mu(L^*)\leqslant n.$$

参考文献 7

[1] M. Ajtai. Generating hard instances of lattice problems. In Complexity of computations and proofs, volume 13 of Quad. Mat., pp. 1-32. Dept. Math., Seconda Univ. Napoli, Caserta, 2004. Preliminary version in STOC 1996.

[2] M. Ajtai and C. Dwork. A public-key cryptosystem with worst-case/average-case equivalence. In Proc. 29th Annual ACM Symposium on Theory of Computing (STOC), 1997: 284-293.

[3] L. Babai. On Lov'asz lattice reduction and the nearest lattice point problem. Combinatorica, 1986: 6:1-13.

[4] J. W. S. Cassels. An introduction to the geometry of numbers. Berlin, Heidelberg, New York: Springer, 1971.

[5] J. W. S. Cassels. Introduction to Diophantine Approximation. Cambridge University Press, 1963.

[6] N. Gama and P. Q. Nguyen. Finding short lattice vectors within Mordell's inequality. In Proc. 40th ACM Symposium on Theory of Computing (STOC), 2008: 207-216.

[7] N. Gama and P. Q. Nguyen. Predicting lattice reduction. In Advances in Cryptology-Proc. Eurocrypt'08, Lecture Notes in Computer Science. Springer, 2008.

[8] O. Goldreich, S. Goldwasser, and S. Halevi. Public-key cryptosystems from lattice reduction problems. In Advances in cryptology, volume 1294 of Lecture Notes in Computer Science. Springer, 1997: 112-131.

[9] J. Hoffstein, J. Pipher, and J. H. Silverman. NTRU: a ring based public key cryptosystem. In

Proceedings of ANTS-III, 1998, 1423: 267-288.

[10] P. Klein. Finding the closest lattice vector when it's unusually close. In Proc. 11th Annual ACM-SIAM Symposium on Discrete Algorithms, 2000: 937-941.

[11] A. K. Lenstra, H. W. Lenstra, Jr., and L. Lov'asz. Factoring polynomials with rational coefficients. Math. Ann., 1982, 261(4):515-534.

[12] R. McEliece. A public-key cryptosystem based on algebraic number theory. Jet Propulsion Laboratory, 1978, DSN Progress Report: 42-44.

[13] D. Micciancio. Improving lattice based cryptosystems using the hermite normal form. In J. Silverman, editor, Cryptography and Lattices Conference-CaLC 2001, volume 2146 of Lecture Notes in Computer Science, Providence, Rhode Island, Springer-Verlag, Mar. 2001: 126-145.

[14] D. Micciancio and O. Regev.Lattice-based Cryptography. Berlin, Heidelberg: Springer, 2009.

[15] H. Niederreiter.Knapsack-type cryptosystems and algebraic coding theory. Problems Control Inform. Theory/Problemy Upravlen. Teor. Inform., 1986, 15(2): 159-166.

[16] C. Peikert. A Decade of Lattice Cryptography. Foundations & Trends in Theoretical Computer Science, 2016, 10(4): 283-424.

[17] O. Regev. Lattices in Computer Science. Lecture 1-Lecture 7. Tel Aviv University, Fall 2004.

参考文献

[1] A. EI Gamal, Y. H. Kim. Network information theory. Cambridge: Cambrige University Press, 2011.

[2] A. J. Thomasian. An elementaty proof of the AEP of information theory. Ann. Math. Stat., 1960, 31(2): 452-456.

[3] A. M. Odlyzko. Discrete logarithms in finite fields and their cryptographic significance. Advances in Cryptology: Proceedings of Eurocrypt 84, 1985: 224-314.

[4] A. Shamir. A polynomial time algorithm for breaking the basic Markle-Hellman Cryptosystem. Proceedings of the 23rd Annual Symposium on the Foundations of Computer Science, 1982: 145-152.

[5] A. Fait and A. Shamir. How to prove yourself: Practical solutions to identifications and signature problems. Advances in Crypology-CRYPTO'86, 1986: 186-194.

[6] A. M. Barg, S. L. Katsman and M. A. Tsfasman. Algebraic Geometric Codes from Curves of Small Genus. Problems of Information Transmission, 1987, 23: 34-38.

[7] A. M. Kerdock. A class of low-rate nonlinear codes. Info and Control, 1972, 20: 182-187.

[8] A. M. Odlyzko. Discrete logarithms in finite fields and their cryptographic significance. Advances in Cryptography: Proceeds of Eurocrypt 84, 1985, 224-314.

[9] A. Rényi. Probability Theory. North-Holland, 1970.

[10] A. Tietävåinen. On the nonexistence of perfect codes over finite fields. SIAM J. Appl. Math., 1973, 24: 88-96.

[11] B. McMillan. The basic theorems of information theory. Ann. Math. Stat., 1953, 24(2): 196-219.

[12] B. L. 范德瓦尔登. 代数学 (Ⅰ). 丁石孙, 曾肯成, 郝钢新, 译, 北京: 科学出版社, 1963.

[13] B. L. 范德瓦尔登. 代数学 (Ⅱ). 曹锡华, 曾肯成, 郝钢新, 译, 北京: 科学出版社, 1976.

[14] B. Schneier. Applied Cryptography. John Wiley & Sons, 1996.

[15] C. E. Shannon. A mathematical theory of communication. Bell Sys. Tech. Journal, 1948, 27(4): 379-423, 623-656.

[16] C. E. Shannon. Channels with side information at the transmitter, IBM J. Res. Develop.,1958, 2(4): 189-193.

[17] C. E. Shannon. Coding theorem for a discrete source with a fidelity criterion. IRE National Convention Record, 1959, 4: 142-163.

[18] C. E. Shannon. Two-way communication channels. Proc Fourth Berkeley Symp. on Math. Stat. and Prob., 1961, 1: 611-644.

[19] C. Fragouli, J. Y. Le Boudec, J. Widmer. Network coding: an instant primer. ACMSIGCOMM Computer Communiation Review, 2006, 36:63-68.

[20] C. E. Shannon. A mathematical theory of communication. Bell Syst. Tech. J, 1948, 27: 379–423, 623-656.

[21] C. E. Shannon. Communication theory of secrecy system. Bell System Tech, Journal, 1949, 28: 656-715.

[22] C. Pomerance and S. S. Wagstaff. Implementation of the continued fraction interger factorin algorithm. Proceedings of the 12th Winnipeg Conference on Numerical Methods and Computing, 1983.

[23] C. Pomerance. Analysis and comparison of some integer factoring algorithms. Computation Methods in Number Theory, Part 1, Mathematics Chentrum, Amsterdam, 1982.

[24] C. Pomerance. Recent development in primality testing. The Mathematical Intelligencer, 1981, 3: 97-105.

[25] C. Pomerance. The search for prime number. Scientific American, 1982, 427: 136-147.

[26] C. Roos. On the structure of convolutional and cyclic convolutional codes. IEEE Trans. Info. Theory, 1979, 25:676-683.

[27] C. W. Curtis and I. Reiner. Representation Theory of Finite Groups and Associative Algebras. New York, London: Interscience, 1962.

[28] D. Coppersmith. Fast evaluation of logarithms in fields of characteristic two. IEEE Transactions in Information Theory, 1984, IT-30: 587-594.

[29] D. E. Knuth. The Art of Computer Programming, Vol. Ⅱ. Addision-Wesley, 1973.

[30] D. H. Lehmer and R. E. Powers. On factoring large number. Bull. Amer. Math. Soc., 1931, 37: 770-776.

[31] D. Kahn. The Codebreakers, the Story of Secret Writing. Macmillan, 1967.

[32] D. R. Stinson. 密码学原理与实践. 冯国登, 译. 北京: 电子工业出版社, 2003.

[33] D. Spencer. Computers in Number Theory. Computer Science Press, 1982.

[34] E. C. Posner. Combinatorial structures in planetary reconnaissance. In: Error Correcting Codes. (Edited by H. B. Mann). New York, London, Sydney, Toronto: Wiley, 1968: 15-46.

[35] E. Kranakis. Primality and Cryptography. John Wiley& Sons, 1986.

[36] E. R. Berlekamp. Algebraic Coding Theory. New York: McGraw-Hill, 1968.

[37] E. R. Berlekamp. Decoding the Golay Code. Pasadena, Calif. : Jet Propulsion Laboratory, 1972.

[38] F. J. Macwilliams and N. J. A. Sloane. The Theory of Error-correcting Codes. Amsterdam, New York, Oxford: North Holland, 1977.

[39] G. Solomon and H. C. A. van Tilborg. A connection between block and convolutional codes. SIAM J. Appl. Math, 1979, 37: 358-369.

[40] G. -L. Feng and T. R. N. Rao. A simple approach for construction of algebraic-geometric codes from affine plane curves. IEEE Trans. Info. Theory, 1994, 40: 1003-1012.

[41] G. D. Forney. Convolutional codes I: algebraic structure. IEEE Trans. Info. Theory, 1970, 16: 720-738.

[42] G. H. Hardy and E. M. Wright. An Introduction to the Theory of Number. Oxford University Press, 1979.

[43] G. L. Miller. Riemann's hypothesis and tests for primality. Proceedings of the 7th Annual ACM Symposium on the Theory of Computing, 234-239.

[44] G. Ruggiu. Cryptology and complexity theories, advances in cryptology. Proceedings of Eurocrypt'84, 1985, 3-9.

[45] G. van der Geer and J. H. van Lint. Introduction to Coding Theory and Algebraic Geometry, Basel: Birkhäuser, 1988.

[46] H. Cohen and H. W. Lenstra. Primality testing and Jacobi Sums. Mathematics of Computation, 1984, 42: 297-330.

[47] H. Davenport. The Higher Arithemetic. Cambridge University Press, 1982.

[48] H. J. Helgert and R. D. Stinaff. Minimum distance bounds for binary linear codes. IEEE Trans. Info. Theory, 1973, 19: 344-356.

[49] H. Schoof. Elliptic curves over finite fields and the computation of square roots mod p. Mathematics of Computation , 1985, 44: 483-494.

[50] H. Stichtenoth. Algebraic function fields and codes. Berlin: Springer Verlag, 1993.

[51] H. W. Lenstra Jr. Elliptic curves and number-theoretic algorithms, Report 86-19. Mathematics Inistitute, University of Van Amsterdam, 1986.

[52] H. W. Lenstra Jr. Factoring integers with elliptic curves, Report 86-18. Mathematics Institute, University of Van Amsterdam, 1986.

[53] I. Csiszár, J. Körner. Informaton Theory: Coding Theorems for Discrete Memoryless Systems. New York:Academic Press, 1981.

[54] J. Wolfowitz. Coding Theorems of Infromation Theory, 3rd. ed. New York: Springer-Verlag, 1978.

[55] J. A. Gordon. Strong prime are easy to find. Advances in Cryptology: Proceedings of Eurocrypt 84, 1985, 216-223.

[56] J. D. Dixon. Factorization and primality tests. American Math Monthly, 1984, 91: 333-352.

[57] J. H. Conway and N. J. A. Sloane. Quaternary constructions for the binary single-error-correcting codes of Julin, Best, and others. Designs, Codes and Cryptography, 1994, 41: 31-42.

[58] J. H. Peek. Communications aspects of the compact disc digital audio system. IEEE Communications Magazine, 1985, 23(2): 7-15.

[59] J. H. van Lint and F. J. Macwilliams. Generalized quadratic residue codes. IEEE Transactions on Information Theory, 1978, 24: 730-737.

[60] J. H. van Lint and R. M. Wilson. A Course in Combinatorics. Cambrge University Press, 1992.

[61] J. H. van Lint. Introduction to Coding Theory, GTM86. Springer-Verlag, 1999.

[62] J. H. van Lint. A new description of the Nadler code. IEEE Transactions on Information Theory, 1972, 18: 825-826.

[63] J. H. van Lint. A survey of perfect codes. Rocky Mountain J. Math, 5, 1975: 199-224.

[64] J. H. van Lint. Algebraic geometric codes. In: Coding Theory and Design Theory I, The IMA Volumes in Math and Appl. 20 (edited by D. Ray-Chaudhuri). Springer Verlag, 1990.

[65] J. H. van Lint. Nonexistence theorems for perfect error-correcting codes. Computers in Algerbra and Theory, IV(SIAM-AMS Proceedings), 1971.

[66] J. H. VanLint. Introduction to Coding Theory. Berlin, Heidelberg, NewYork: Springer-Verlag 1991.

[67] J. Justesen, K. J. Larsen, Elbrønd H. Jensen, A. Havemose, and T. Høholdt. Construction and decoding of a class of algebraic geometry codes. IEEE Transactions on Information Theory, 1989, 35: 811-821.

[68] J. Justesen. An algebraic construction of rate$\frac{1}{v}$ convolutional codes. IEEE Transactions on Information Theory, 1975, 21: 577-580.

[69] J. L. Massey and O. N. Garcia. Error-correcting codes in computer arithmetic. In: Advances in Information Systems Science, Vol. 4, Ch. 5. (Edited by J. T. Ton). New York: Plenum Press, 1972.

[70] J. L. Massey, D. J. Costello and J. Justesen. Polynomial weights and code construction. IEEE Transactions on Information Theory, 1973, 19: 101-110.

[71] J. L. Massey. Logarithms in finite cyclic group-cryptographic issues. Proceedings of the 4th Benelux Symposium on Informations Theory, 1983: 17-25.

[72] J. M. Goethals. The extended Nadler code is unique. IEEE Transactions on Information Theory, 1977 23: 132-135.

[73] J. M. Pollard. A Monte Carlo method for factorization. BIT, 1975, 15: 331-334.

[74] J. M. Pollard. Theorems on factorization and primality testing. Proceedings Cambridge Phil. Soc., 1974, 76: 521-528.

[75] J. Silverman. The Arithmatic of Elliptic Curves. Springer-Verlag, 1986.

[76] K. L. Chung A note on the ergodic theorem of information theory. Ann. Math Statist., 1961, 32: 612-614.

[77] K. H. Rosen. Elementaty Number Theory and Its Applications. Addison-Wesley, 1984.

[78] L. E. Dickson. History of the Theory of Number, Vol 1. Chelsea, 1952.

[79] L. M. Adelman, C. Pomerance and R. S. Rumely. On distinguishing prime number from composite numbers. Annuals of Mathematics, 1983, 117: 173-206.

[80] L. M. Adelman, R. L. Rivest and A. Shamir. A method for obtaining digital signatures and public-key crypto system. Communications of ACM, 1978, 21: 120-126.

[81] L. M. Adleman. A subexponential algorithm for the discrete logarithm problem with application to cryptography. Proceedings of the 20th Annual Symposium on the Foundations of Computer Science, 1979: 55-60.

[82] L. S. Hill. Concerning certain linear transformasion apparatus of cryptography. American Math.

Monthly, 1931, 38: 135-154.

[83] M. A. Nielsen and I. L. Chuang. Quantum Computation and Quantum Information. Cambridge: Cambridge University Press, 2000.

[84] M. A. Morrison and J. Brillhart. A method of factoring and the factorization of $\mathbb{F}_7$. Mathematics of Computation, 1975, 29: 183-205.

[85] M. Blum. Coin-flipping by telephone: a protocol for solving impossible problems. Proceedings of the 24th IEEE Computer Conference. 133-137.

[86] M. C. Wunderlich. A running time and analysis of Brillhart's continued fraction factoring method. Number Theory, Carbondale, 1979, 175: 328-342.

[87] M. C. Wunderlich. Implementing the continued fraction factoring algorithm on Parallel Machines. Mathematics of computation, 1985, 44: 251-260.

[88] M. E. Hellman and R. C. Merkle. Hiding information and signatures in trap door knapascks. IEEE Transactions on Information Theory, 1978, IT-24: 525-530.

[89] M. E. Hellman. The mathematics of public-key cryptography. Scientific American, 1979, 241: 146-157.

[90] M. Goto and T. Fukumara. Perfect nonbinary AN codes with distance three. Info. and Control, 1975, 27: 336-348.

[91] M. Goto. A note on perfect decimal AN codes. Info. and Control, 1975, 29: 385-387.

[92] M. H. Rosen. Number Theory in Function Fields. NewYork, Heidelberg: Springer-Verlag, 2002.

[93] M. O. Rabin. Probabilistic algorithms for testing primality. J. Number Theory, 1980, 12: 128-138.

[94] M. R. Best. Binary cades with a minimum distance of four. IEEE Transactions on Information Theory, 1980, 26: 738-742.

[95] M. R. Best. On the Existence of Perfect Codes, Report ZN 82/78. Amsterdam: Mathematical Centre, 1978.

[96] M. R. Garey and D. S. Johnson. Computers and Intractability:A Guide to the Theory of NP-Completeness. W. H. Freeman, 1979.

[97] N. J. A. Sloane, S. M. Reddy and C. L. Chen. New binary codes. IEEE Tranactions on Information Theory, 1972, 18: 503-510.

[98] N. Jacobson. 基础代数学 (I). 上海师范大学数学系代数教研室, 译. 北京: 高等教育出版社, 1989.

[99] N. Koblitz. A Course in Number Theory and Cryptograph. Springer-Verlag, 1994.

[100] N. Koblitz. Introduction to Elliptic Curves and Modular Forms. Springer-Verlag, 1984.

[101] N. Koblitz. Why study equations over Finite Fields. Mathematics Magazine, 1982, 55: 144-149.

[102] O. Goldreich. Foundation of Cryptography. Cambridge University Press, 2001.

[103] P. Billingsley. Ergodic Theory and Informtion. New York: Wiley, 1965.

[104] P. C. van Oorschot and S. A. Vanstone. An Introduction to Error Correcting Codes with Applications. Dordrecht: Kluwer, 1989.

[105] P. Delsarte and J. M. Goethals. Unrestricted codes with the Golay parameters are unique. Discrete Math., 1975, 12: 211-224.

[106] P. J. Cameron and J. H. van Lint. Designs, Graphs, Codes and Their Links. Cambridge: Cambridge Univ. Press, 1991.

[107] P. Wah and M. Z. Wang. Realization and application of Massey-Omura lock. Proceedings of the International, Zürich Seminar, 1984: 175-182.

[108] Ph. Piret. Algebraic properties of convolutional codes with automorphisms (Ph. D. Dissertation). Univ. Catholique de Louvain, 1977.

[109] Ph. Piret. Convolutional Codes, An Algebraic Approach. Cambridge, Mass. : The MIT Press, 1988.

[110] R. Bassoli, H. Marques, J. Rodriguez Network coding theory, a survey. IEEE Communications Surveys & Tutorials, 2013, 15(4) :1950-1978.

[111] R. G. Gallager. Information Theory and Reliable Communication. New York: Wiley, 1968.

[112] R. M. Gray. Entropy and Information Theory. New York: Springer, 1990.

[113] R. W. Yeung. A First Course in Information Theory. New York: Kluwer Academic, 2002.

[114] R. G. Gallagher. Information Theory and Reliable Communication. New York: Wiley, 1968.

[115] R. Gupta and M. R. Murty. Primitive points on elliptic curves. Compositio Math, 1986, 58: 13-44.

[116] R. J. McEliece, E. R. Rodemich, H. C. Rumsey and L. R. Welch. New upper bounds on the rate of a code via the Delsarte-MacWilliams inequalities. IEEE Transactions on Information Theory, 1977, 23: 157-166.

[117] R. J. McEliece. The bounds of Delsarte and Lovasz and their applications to coding theory. In: Algebraic Coding Theory and Applications. (Edited by G. Longo, CISM Courses and Lectures, Vol. 258.) New York: Springer, 1979.

[118] R. J. McEliece. The Theory of Information and Coding. Encyclopedia of Math. and its Applications, Vol. 3. Mass. : Addison-Wesley, 1977.

[119] R. K. Guy. How to factor a number. Proceedings of the 5th Manitoba conference on mumberical ,athematics, 1975, 49-89.

[120] R. L. Graham and N. J. A. Sloane. Lower bounds for constant weight codes. IEEE Transactions on Information Theory, 1980, 26: 37-40.

[121] R. L. Rivest. RSA chips(past, present, and future). Advances in Cryptology: Proceedings of Eurocrypt 84, 1985, 159-165.

[122] R. Lidl and H. Niederreiter. Finite Fields. Addison-Wesley, 1983.

[123] R. P. Berent and J. M. Pollared. Factorization of the eighth Fermat number. Mathematics of Computation, 1981, 36: 627-630.

[124] R. P. Brent. An improved Monte Carlo factorization algorithm. BIT, 1980, 20: 176-184.

[125] R. S. Lehman. Factoring large number. Mathematics of Computation, 1974, 28: 637-646.

[126] R. Solovag and V. Strassen. A fast Munte Carlo test for primality. SIAM Journal for Computing, 1977, 6: 84-85.

[127] S. C. Moy. A note on generalizations of Shannon-McMilllan theorem. Pacific J. Math., 1961, 11: 705-714.

[128] S. Guiasu. Information Theory With Applications. New York:McGraw-Hill, 1977.

[129] S. Ihara Information Theory for Continuous Systems. Singapore: World Scientific, 1993.

[130] S. Lang. Elliptic Curves:Diophantine Analysis. Springer-Verlag, 1978.

[131] S. Wagon. Primality testing. The Mathematical Intelligence, 1986, 8: 58-61.

[132] T M. Cover. 信息论基础. 北京: 清华大学出版社, 2003.

[133] T. Berger. Rate distortion theory: a mathematical basis for data compression. Englewood Cliffs: Prentice-Hall, 1971.

[134] T. Ho and D. Lun. Network coding: an introduction. Cambridge University Press, 2008.

[135] T. M. Cover and J. A. Thomas. Elements of Information Theory. New York: Wiley, 1991.

[136] T. EIGamal. A public key cryptosystem and a signature scheme based on discrete logarithms. IEEE Transactions on Information Theory, 1985, IT 314: 469-472.

[137] T. Høholdt and R. Pellikaan. On the decoding of algebraic-geometric codes. IEEE Transactions on Information Theory, 1995, 41: 1589-1614.

[138] T. Høholdt, J. H. van Lint, and R. Pellikaan. Algebraic Geometry Codes. In: Handbook of Coding Theory (edited by V. S. Pless, W. C. Huffman, and R. A. Brualdi). Amsterdam: Elsevier Science Publishers, 1998.

[139] T. Kasami. An upper bound on k/n for affine invariant codes with fixed d/n. IEEE Transactions on Information Theory, 1969, 15: 171-176.

[140] T. M. Apostol. Introduction to Analytic Number Theory. New York, Heidelberg, Berlin: Springer-Verlag, 1976.

[141] T. R. N. Rao. Error Coding for Arithmetic Processors. New York, London: Academic Press, 1974.

[142] V. D. Goppa. A new class of linear error-correcting codes. Problems of Info. Transmission, 1970, 6: 207-212.

[143] V. I. Levenshtein. Minimum redundancy of binary error-correcting codes. Info. and Control, 1975, 28: 268-291.

[144] V. M. Gritsenko. Nonbinary arithmetic correcting codes. Problems of Info. Transmission, 1969, 5: 15-22.

[145] V. Miller. Use of elliptic curves in cryptography. Abstracts for Crypto. 85, 1985.

[146] W. D. Blair, C. B. Lacampague and J. L. Selfridge. Factoring large numbers on a pocket calculator. American Math Monthly, 1986, 93: 802-808.

[147] W. Diffie and M. E. Hellman. New direction in crytography. IEEE Transactions on Information Theory, 1976, IT-22: 644-654.

[148] W. Feller. An Introduction to Probability Theory and Its Applications, Vol. I. New York, London: Wiley, 1950.

[149] W. Fulton. Algebraic Curves. Benjamin, 1969.

[150] W. H. Bussey. Galois field tables for $p^n \leqslant 169$. Bull. Amer. Math. Soc., 1905, 12: 22-38.

[151] W. H. Bussey. Tables of Galois fields of order less than 1000. Bull. Amer. Math. Soc., 1910, 16: 188-206.

[152] W. J. Leveque. Fundamentals of Number Theory. Addison-Wesley, 1977.

[153] W. Trappe, L. C. Washington. 密码学与编码理论. 王全龙, 等译. 北京: 人民邮电出版社,

2008.
[154] W. W. Peterson and E. J. Weldon. Error-correcting Codes (2nd ed.). Cambridge, Mass.: MIT Press, 1972.
[155] X. H. Hu, Z. X. Ye. Generalized quantum entropy. J. Math. Phys., 2006, 47(2): 1-7.
[156] Y. Kakihara. Abstact methods in information theory. Singapore: World Scientific, 1999.
[157] Y. Hong. On the nonexistence of unknown perfect 6-and 8-codes in Hamming schemes $H(n,q)$ with q arbitrary. Osaka J. Math., 1984, 21: 687-700.
[158] Z. X. Ye, T. Berger. Information Measures for Discrete Random Fields. New York: Science Press, 1998.
[159] 仇佩亮, 张朝阳, 杨胜天, 等. 多用户信息论. 北京: 科学出版社, 2012.
[160] 仇佩亮. 信息论与编码. 北京: 高等教育出版社, 2003.
[161] 李贤平. 基础概率论. 北京: 高等教育出版社, 2010.
[162] 龙永红. 概率论与数理统计. 北京: 高等教育出版社, 2020.
[163] 聂灵沼, 丁石孙. 代数学引论. 北京: 高等教育出版社, 2000.
[164] 叶中行. 信息论基础. 北京: 高等教育出版社, 2003.
[165] 章照止, 林须端. 信息论与最优编码. 上海: 上海科学技术出版社, 1993.